U0395973

星空十大奇迹

——感受天文学家新发现

柳益景　编著

苏州大学出版社

图书在版编目(CIP)数据

　　星空十大奇迹:感受天文学家新发现/柳益景编著.
—苏州:苏州大学出版社,2012.3
　　ISBN 978-7-5672-0000-5

　　Ⅰ.①星… Ⅱ.①柳… Ⅲ.①天文学-普及读物
Ⅳ.①P1-49

　　中国版本图书馆 CIP 数据核字(2012)第 037180 号

星空十大奇迹
——感受天文学家新发现

柳益景　编著

责任编辑　金振华

苏州大学出版社出版发行
(地址:苏州市十梓街1号　邮编:215006)
南通印刷总厂有限公司印装
(地址:南通市通州经济开发区朝霞路180号　邮编:226300)

开本 787mm×960mm　1/16　印张 27.25　字数 445 千
2012 年 3 月第 1 版　2012 年 3 月第 1 次印刷
ISBN 978-7-5672-0000-5　定价:50.00 元

序　言

公元前 3 世纪，腓尼基旅行家昂蒂帕克将自己见过的人造景观总结为"世界七大奇迹"。经过 2000 多年的洗礼，"世界七大奇迹"只剩下埃及金字塔。

1999 年，加拿大公益活动家贝尔纳·韦伯希望从世界 21 个著名的建筑中选出"世界新七大奇迹"。经过 8 年的评选，有 9000 万人参与，终于选出了"世界新七大奇迹"，中国的万里长城名列第一。

2011 年，中国航空工程师柳益景希望从著名星空天体中评选出"星空十大奇迹"（简称天选）。评选"星空十大奇迹"，可感受星空的魅力，展现天文学家们的功绩，扩展宇宙视觉的新领域，使人们感到天外有天。

宇宙已经 137 亿年了，太空中出现了千千万万个奇迹，地球人诞生只有 250 万年，知道的星空奇迹寥寥无几。几百年前有了天文望远镜，人们对星空的了解翻开了新的一页，那时才真正看到遥远的星系、彩色的星云、球状的星团、超新星遗迹、星系之间的碰撞、看不见的黑洞以及太阳系以外的行星；几十年前，有了空间望远镜，人类有了更加敏锐的视力，可以看到 100 多亿光年之远的星空。人们发现，真实的星空世界远远超过最大胆的科幻小说家的想象。宇宙无奇不有，还有许多未解之谜有待探讨，等待你去发现。

人们的眼睛只能看到可见光波段，它仅占电磁波谱中很窄的一段，而宇宙天体的光辐射并不局限于可见光波段。我们采用的天文学家们提供的天文照片是无与伦比的，天文学家们把可见光波段、红外线波段、紫外线波段、X 射线波段、γ 射线波段等叠加起来，使我们看到全波段天体形象的"庐山真面目"。

有了这本天文资料介绍,足不出户就能看到部分星空。其实"出户"走南闯北也只能看到几十颗亮星,在有的城市甚至连 4 等星、银河系也看不见,因为空气污染、光污染阻挡了我们的视线。

通过天文照片和作者的叙述,你可亲眼看到恒星的形成,亲眼看到宇宙的演化,亲自了解星空奇迹的内涵。看完本书,星空奇迹将明确地展现在你的眼前,我们期待着每个读者的推荐、评议和选拔。现把太空最美丽的一部分天体形象介绍给你,使你产生灵感并得到启发,做一位关注天空的"天文学人"。

李东泉

2011 年 5 月 27 日

目　录

一、太　阳

宇宙中的重大事件在一幕一幕上演

137 亿年以前,宇宙发生了大爆炸(美国宇航局空间探测器测得的宇宙年龄为 137 亿年),这是人们能够想象的最大的爆炸,从此宇宙由黑暗变成了光明,宇宙空间迅速膨胀,宇宙中的重大事件一幕一幕上演,宇宙中千姿百态的星空奇迹一个一个展现。

宇宙在大爆炸中"重新诞生"无疑是宇宙重大事件的第一幕,也是最轰轰烈烈的一幕。宇宙大爆炸时温度达到 100 亿度,热得足以使每个区域都能发生核反应,宇宙由一个灼热的辐射火球填充。随着时间的推移,温度很快降低。当温度下降到 10 亿度时,化学元素开始形成,宇宙大爆炸产生的化学元素只有氢、氦和锂:大量的氢,少量的氦,极少的锂。温度下降到 100 万度时,形成这三种化学元素的过程结束。

宇宙大爆炸产生的氢、氦和锂有 2×10^{50} 吨,还产生了比这个数字大 6 倍的暗物质、大 17 倍的暗能量。这是我们接触的第一个"天文数字"。这批巨大的物质为宇宙的大发展、为宇宙创造新的奇迹奠定了"物质基础"。

宇宙的恒星时代是宇宙惊心动魄重大事件的第二幕。根据威尔金森宇宙微波背景辐射各向异性探测器(WMAP)对宇宙学参数进行的精确测量,大爆炸 4 亿年后,背景辐射温度才降到 28.8 K,在万有引力的作用下,一团团由氢、氦和锂组成的气团在宇宙中运动,气团中形成第一代恒星;大爆炸 4.7 亿年后出现第一批星系。从此,宇宙过渡到最辉煌的恒星时代。天文学家们发现,微波背景辐射随着宇宙的膨胀不断变小,仍然均匀地充满整个宇宙,目前微波背景辐射峰值为 2.725 K。

宇宙大爆炸发生在 137 亿年以前,我们现在仍然能够感受到宇宙大爆炸

图 1-1　美国纽约大都会歌剧院宇宙大爆炸吊灯

的信息。如果我们打开电视机,调到电视节目频道之外的空白频段,就会看到跳动的白点,就会听到"吱吱"的声音,这里就有宇宙大爆炸向我们播送的节目:微波背景辐射。它直接传播到我们家里。

恒星时代的太空充斥着数以亿计的恒星,第一批恒星的质量大都为 100 倍质量,恒星中心制造出大量比氦重的元素。当这些大质量恒星由于过热纷纷解体而发生超新星爆发以后,一批批比氦重的元素被抛向空间。这些比氦重的元素是产生行星的原材料。不久,行星就出现了。

0.8～7.8 个太阳质量的恒星数量非常巨大(天文学家们普遍认为,7.8 个太阳质量是恒星超新星爆发的临界质量,小于临界质量的恒星不会发生超新星爆发),是产生比氦重的化学元素的主力军。恒星核心的温度最高,压力最大,"氢聚变成氦""氦聚变成碳"等的核反应进行得很顺利,非常稳定。小质量的恒星,包括我们的太阳,它们没有足够的质量使碳产生核反应。而那些质量较大的恒星中心温度提高到 6 亿度左右时,将引发碳的核反应、氧的核反应……甚至几种核反应同时进行。类似的过程在较大质量的恒星中继续下去,一直到产生稳定的铁元素为止,而重于铁的元素几乎都是超新星爆炸时合成

的。观测表明:超新星 1006 遗迹中,铁的丰度高得惊人。(请看超新星章节)

经过几次核反应,产生比氢重的元素有碳、氮、氧、镁、铝、硅、磷、硫、钙、钛、铁等,这些元素产生的次物质有一氧化碳、石墨(包括钻石)、碳化硅、氧化铝、氧化钛以及含有钙、镁、铁的硅酸盐等。恒星们死亡或"氦闪"之类剧烈活动的时候,这些物质和没有用完的大量的氢将会被撒到空间,形成尘埃云,然后再组成新一代的恒星、行星。

耐人寻味的是,就连地球上的黄金、稀土元素、地球上的人类生命的五大基本元素(氢、碳、氮、氧、磷),也是恒星中心和超新星爆发制造出来的。恒星中心制造化学元素是宇宙的重大事件之一。(请看"元素周期表上的物质从哪里来"一节)

恒星时代初期,我们的宇宙非常清亮。大爆炸 7 亿年以后就有了星际尘埃。很快,尘埃物质布满全宇宙,使我们的宇宙暗淡了、浑浊了。

大爆炸 70 亿年以后,在暗能量的推动下,宇宙加速膨胀。暗能量在宇宙万物中的比例高达 73±4%,它主宰整个宇宙的膨胀。这个神秘的、巨大的暗能量作为一种斥力,推动宇宙加速膨胀,使宇宙每 100 亿年胀大一倍。一直到现在,宇宙还在加速膨胀。

恒星系统中的行星上出现生物也是一次重大事件。人们最愿意看到的是外星人。恒星时代是生物进化的最佳时代。有人认为,宇宙到处爬满了生物。

太阳系在气体云团中形成

宇宙大爆炸 87 亿年以后,太阳形成了;91 亿年以后,太阳的八大行星、三大矮行星、143 颗大卫星以及太阳附近的其他天体先后形成,组成了太阳系。太阳系的形成,对于地球人来说无疑是个重大事件。太阳系是怎样形成的呢?太阳系的形成有三种假说:

1. 拉普拉斯星云假说:太阳系是在一个旋转着的气体云团中形成的,气体云由氢、氦和尘埃组成。这个气体尘埃云,在旋转的过程中,中心部分体积不断缩小,密度不断增加,压力不断增大,产生核聚变,最终形成了太阳。气体尘埃云的外层,我们称它"原始行星盘",在旋转的过程中,形成许多互相扰动的旋涡。旋涡彼此相遇,大约经过 4 亿年的演化,最终形成大小不同的八大行星,所以,行星都是同龄的。同时,太阳系形成的过程中,在电磁场的作用下,太阳巨大的角动量转移到了行星。木星的角动量占太阳系总角动量的60%，土星的角动量占太阳系的25%。木星和土星的质量只占太阳的1/800。"拉普拉斯星云假说"是行星系统在太阳形成时必然发生的结果。

巨蛇座M16星云的外形像一只展翅飞翔的雄鹰，所以又称鹰状星云。让人关注的是M16柱状物，柱高约2000万亿千米，距离地球7000光年。在乌黑的柱体上，新恒星在那里形成。在图1-2左画白圈的柱顶区域，有一颗新形成的恒星E42，它的大小、化学成分都与太阳相似。它刚刚点燃氢燃料，天文学家们正在关注它的形成和演化。（白圈的中心部分就是E42恒星。）

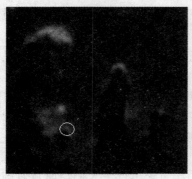

图1-2　鹰状星云中的E42恒星和鹰状星云

既然行星系统是在太阳形成时必然发生的结果，难道天上的恒星都有行星系统吗？天文学家们经过仔细观察，发现天上的恒星有的没有行星。93%的恒星自转缓慢，它们把角动量传给了行星，也就是说，93%的恒星有行星系统；7%的恒星自转迅速，没有行星系统。哈勃空间望远镜2002年拍摄的一颗刚诞生的猎户座恒星，行星正在原始行星盘中诞生。不料，它附近的年轻热星突然发出强大星风，将原始行星盘摧毁，吹向一侧，产生了一个彗星状的星云气尾巴。从此，这颗恒星就不再有行星系统了。

2. 太阳灾变假说：英国天文学家毕丰（1849—1929）认为，太阳是由以氢、氦为主要成分的、旋转着的气体云团形成的。在旋转的过程中，气体云的体积不断缩小，密度不断增加，中心部分的压力增大，产生核聚变，最终形成了孤独的太阳。太阳形成以后，与另外一颗恒星在运行中彼此靠得很近。由于引力的作用，太阳和恒星之间形成了一条物质流。当太阳和恒星渐渐远离的时候，这条从太阳旁拖出来的雪茄烟形的物质流，便拉向恒星，并获得巨大的角动量，从而形成太阳的行星和那颗恒星的行星。其中雪茄烟形状较粗的物质流部分形成木星和土星,细的部分形成地球、金星……形成两个行星系统以后,恒星和太阳便远离了。"太阳灾变假说"还列举了钱德拉空间望远镜拍摄的两颗恒星近距离时两星之间的物质桥。主星正处在红巨星阶段,是太阳直径的600倍,燃料已经耗尽。伴星是一颗地球大小的白矮星,是伴星将主星物质吸引而形成的物质流。

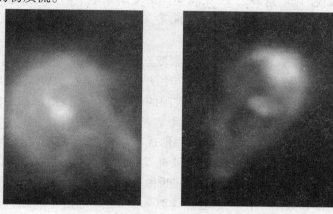

图1-3　恒星的原始行星盘被摧毁

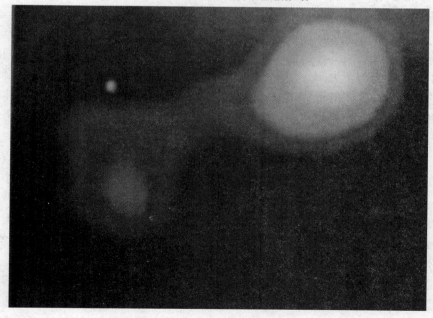

图1-4　两星之间的物质桥

"太阳灾变假说"认为,太阳与另外一颗恒星在运行中彼此靠近,造就了行星系统,是偶然的突发事件,不是必然发生的结果。如果"太阳灾变假说"是正确的,宇宙中的恒星则不可能都遇到过灾变,大部分恒星没有行星。然而,天文学家们用三种方法测量的结果得知,宇宙中的恒星 93% 是有行星系统的,"太阳灾变假说"难以解释。另外,据英国天文学家毕丰的计算,太阳附近的恒星距离很大,两颗恒星靠近的几率在 50 亿年中只有一次(有的天文学家计算有两次)。

3. 太阳是双星假说:美国天文学家罗素(1877—1947)提出太阳是双星中的一颗,太阳系的行星是太阳的伴星产生的。"太阳是双星假说"认为,宇宙中的星大部分是双星,太阳也不例外。太阳的伴星几亿年就要回归一次,由于与其他恒星的摄动,每次回归离太阳的距离都不一样,其中一次与太阳靠得很近。由于引力的作用,太阳和伴星之间形成了一条物质流,这条巨大的物质流形成太阳的行星系统。无独有偶,2004 年美国天文学家们在天蝎星座的左脚爪处,找到了一颗"太阳的孪生兄弟",叫做天蝎 18,它的年龄、质量、直径、温度、自转周期都和太阳一样。它也有类似太阳 11 年的活动周期,离太阳还有460 万亿千米(46 光年)。如果它按 30 千米/秒的速度向太阳的方向运行,再过 46 万年就又回到太阳身边了。

太阳系是怎样形成的? 我们不妨想一想,哪种假说比较合理呢? 世界上大多数的天文学家都相当信服地接受了"拉普拉斯星云假说"。天文学家们观测了数十个类似于太阳的恒星,它们与太阳的形成大同小异。就连大质量恒星的形成也与太阳的形成相似:北双子天文台发现,W33A 恒星在还被气体云包裹着的时候就已经形成了一个 10 倍太阳质量的恒星,恒星周围也有一个形成行星的吸积盘。

太阳系形成初期,太阳的直径很大,非常活跃,非常不稳定,直径不断收缩和膨胀(请看武仙座新星章节中的罗盘座 T 星)。太阳周围的行星、卫星、小行星、彗星、陨星布局密密麻麻,运行杂乱无章,相互碰撞不可避免。当时地球的温度高达 2000 多度,非常干燥,在太阳诞生 3000 万年的时候,一颗火星大小的行星猛烈地撞在地球上,在地球附近抛出一大块炎热干燥的物质形成月亮。至今,月亮仍然干燥无比,显示出地球早期的干燥形象。

太阳渐渐稳定,地球渐渐冷却,一大批彗星携带大量水分和尘埃,向水星、金星、地球、火星猛烈轰击,这就是被天文学家们命名的"重轰炸期"。"重轰炸期"一直延续了 5000 万年,至今仍然有零星带水彗星光顾地球,地球的水分还在增加。"重轰炸期"使水星、金星、地球、火星得到大量水分,有的行星形成大海、大洋,有的行星洪水大爆发,有的行星被水蒸气包裹,还有的行星将彗星撞击的残骸几乎全部抛回到太空(月亮就是这样)。太阳强大的星风把靠近太阳的水星、金星上的易挥发的水分吹到 2 亿千米远的地带后,强度就是强弩之末了。正巧我们的地球就在那里。地球的位置绝佳,地球引力能清除运行轨道上的物质。当时轨道上的物质大部分是水,形成平均 1000 米深的大洋(请看第十三章"地球上的水从哪里来"一节)。火星洪水大爆发,形成几千米宽的大江大河,几百千米直径的湖泊。但是,火星的直径只有 6760 千米,是地球直径的 53%,火星的质量只有地球的 11%,不能使水长久地留在火星表面,大部分蒸发到太空,一部分转移到地下和极地。

目前太阳的直径为 139 万千米,是地球直径的 109 倍;太阳的质量是 1.989×10^{27} 吨,占整个太阳系总质量的 99.86%,八大行星和它们的卫星们只占太阳系总质量的 0.14%。

水星的直径 4720 千米,是地球直径的 0.37 倍。

金星的直径 12200 千米,是地球直径的 0.96 倍。

地球的直径 12757 千米,与太阳的距离是 1.5 亿千米,为 1 天文单位。

火星的直径 6760 千米,是地球直径的 0.53 倍。

木星的直径 14.3 万千米,是地球直径的 11.2 倍。

土星的直径 12 万千米,是地球直径的 9.4 倍。

天王星的直径 5 万千米,是地球直径的 4 倍。

海王星的直径 4.5 万千米,是地球直径的 3.5 倍。

太阳系形成理论也有很多疑问,在形成八大行星的行星盘里,天王星和海王星如此远离太阳,它们的质量却大得离奇,以至于在那个距离上不能取得足够的材料来形成。相反,在太阳附近形成的行星却是一些小的行星。观测表明,其他恒星的行星盘都是离恒星越近越厚实,行星盘离太阳近的区域,也应该很厚实,却形成了像水星、金星、地球和火星这样的小的行星;而行星盘的外层,物质较稀薄,却形成了大行星如木星、土星、天王星、海王星。那是为什么?这等待你去发现。

目前太阳每秒消耗 6 亿吨氢,变成 5.952 亿吨氦,"丢失"了 480 万吨物质转换成了能量,太阳系形成初期所消耗的能量比这个数字还大。我们的太阳正在以太阳风、日冕物质抛射、光辐射等形式持续损失质量。虽然在运动的过程中太阳得到一些物质,如彗星、陨石的撞击和星际物质的补充,但每秒仍有

60 亿千克的相对损失。随着时间的推移,这会产生大的影响。例如,由于太阳质量的减少,水星到太阳的平均距离每 200 年增大 6 千米;地球到太阳的距离为 1 天文单位,其数值 149597870.691 千米(近似 1.5 亿千米)也不准确了,也许每 100 年应该更新一次。

太阳是一颗中等的星

太阳的直径 139 万千米,是地球直径的 109 倍,如果用月亮到地球距离 38.44 万千米的 1.8 倍为半径制一个圆球,那就是太阳的大小。

太阳的体积是地球体积的 130 万倍,或者说太阳的体积可以容纳 130 万个地球。太阳的质量大约是 1.989×10^{27} 吨,是地球质量的 33 万倍,约占整个太阳系总质量的 99.86%,八大行星和它们的卫星只占 0.14%。太阳的平均密度是水的 1.4 倍(地球的平均密度是水的 5.5 倍),太阳中心的密度是水的 110 倍,表面密度是水的 10^{-7} 倍。

太阳是黑暗的征服者,它从东方升起,强大的阳光压服天上所有的星光,它在星空中简直是无与伦比的。其实,太阳在星空中只是一颗中等的星,晚上看到的 21 颗亮星都比太阳大。一般认为,比太阳的直径大几十倍的星被称为巨星,比太阳的直径大几百倍的星被称为超巨星。

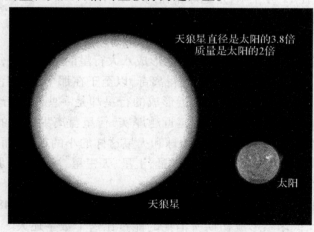

天狼星直径是太阳的3.8倍
质量是太阳的2倍

天狼星

太阳

图 1-5　天狼星与太阳的示意图

全天最亮的恒星天狼星(大犬 α),距离太阳 8.65 光年,直径是太阳的 3.8

倍,质量是太阳的2倍,表面温度11000度,蓝白色,视亮度-1.46。天狼星是一颗双星,正在向太阳方向运行。

北河三的直径是太阳的9倍
质量是太阳的2倍

天狼星

太阳

北河三
(双子β)

图1-6 北河三与太阳的示意图

双子β(北河三)是一颗一等星,它是颗6聚星,主星是红巨星,直径是太阳的9倍,质量是太阳的2倍,距离地球35光年。

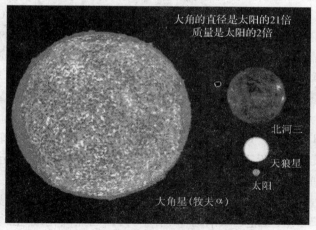

大角的直径是太阳的21倍
质量是太阳的2倍

北河三

天狼星

太阳

大角星(牧夫α)

图1-7 大角星与太阳的示意图

大角星(牧夫α)的直径是太阳直径的21倍,质量是太阳的2倍,星等0.2,是一颗红色巨星。

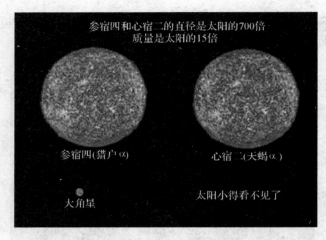

图1-8　参宿四和心宿二与太阳的示意图

　　参宿四是猎户星座中最明亮的猎户α，它是一颗红色超巨星，绝对星等−5.6，直径是太阳的700倍，质量是太阳的15倍。参宿四是一颗变星，亮度在0.3~0.4之间变化。测量变星的直径一般都很不准确。一个天文学家小组测量的参宿四的直径为太阳直径的1180倍，体积是太阳的10亿倍。

　　心宿二（天蝎α）是一颗典型的红巨星，它的直径是太阳的700倍，光度是太阳的一万倍，质量是太阳的15倍。天蝎α是一颗双星，伴星的亮度6.4，伴星的颜色呈蓝色，周期878年，距离地球410光年。心宿二已演化成超新星（请看第八章"在天蝎座里寻找外星人"一节）。

　　天文学家们迄今发现直径最大的恒星是大犬座VY星（VY Canis Majoris），直径是太阳的2100倍，比土星轨道还大，表面温度3000 K。恒星的直径越大，表面温度越低。理论上温度低于3000 K，直径就会达到太阳直径的2600倍，这就是最大的巨无霸了。但是，大犬座VY星的质量不是巨无霸，迄今发现的大质量恒星中它只排第27位。

　　比恒星大小不能只比直径，就像铅球与棉花团相比一样，还要比质量。参宿四和心宿二的质量都是太阳的15倍左右，都已经演化成超新星，它们的爆发迫在眉睫。天文学家们普遍认为，7.8倍于太阳质量的恒星是超新星爆发的最低质量。心宿二的质量达到15倍于太阳质量，也许它已经爆发，只是其效应还没有到达地球。在银河系最近的超新星爆发已经过了400年，肉眼还没有一次看到超新星，也许心宿二是我们看到的最近的超新星。

　　已知质量最大的恒星是R136a1星，是太阳质量的265倍，估计在诞生时的质量是太阳的 320 倍。R136a1 星表面温度超过 4 万摄氏度。R136a1 恒星位于狼蛛星云之中,狼蛛星云位于大麦哲伦星系,这个星系距离地球 165000 光年。(请看第二章"大质量恒星都是什么样的世界"一节)

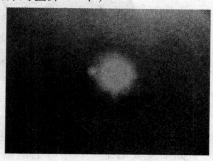

图 1-9　参宿四(猎户 α)和心宿二(天蝎 α)红色超巨星

　　笔者知道的最大的超巨星是武仙 α 星,它的直径是太阳的 800 倍。如果把武仙 α 星放在太阳的位置上,连地球和火星轨道都在其中了。超巨星如此巨大,而且很不稳定,在它们的行星上会有生物吗? 会有外星人吗? 笔者将在"外星人需要的生存环境"一节中叙述。

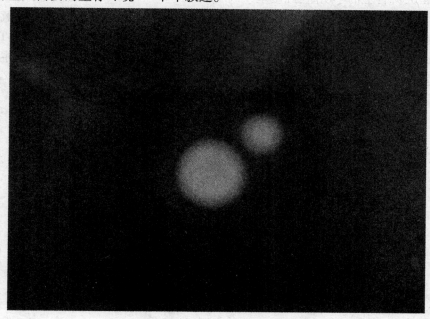

图 1-10-1　武仙 α 星和它的伴星

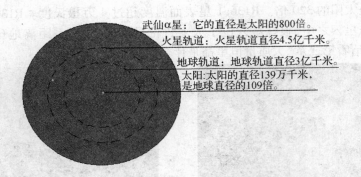

武仙α星：它的直径是太阳的800倍。

火星轨道：火星轨道直径4.5亿千米。

地球轨道：地球轨道直径3亿千米。

太阳：太阳的直径139万千米，是地球直径的109倍。

图1-10-2　武仙α星与火星、地球、太阳的大小比较

　　如果说太阳是一颗中等的恒星，那么就有50%的星比太阳小。最靠近太阳的68颗恒星中，红矮星就有50颗，约占73.5%。2007年4月，欧洲南方天文台的天文学家发现的一颗红矮星，是银河系里最古老、非常稳定的恒星，比太阳小得多。让人刮目相看的是，它有一颗适合人类居住的行星，被命名为"宜居行星581C"。请看第十五章"太阳系以外的行星"一节和第二章第三节"宇宙大舞台上的小明星：红矮星"一小节。

　　天文学家们给出的恒星质量下限是太阳质量的0.075倍，这是产生氢的核聚变所需的恒星临界质量。目前发现质量最小的恒星是船底座OGLE-TR-122b星，质量是太阳的0.08倍，直径是太阳的0.12倍，是双星中的一颗，主星是类日恒星，周期7.3天。

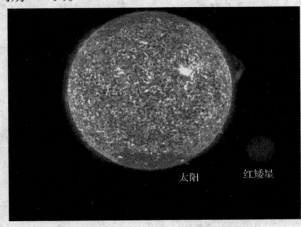

太阳　　　红矮星

图1-11　太阳和红矮星

太阳的燃料

太阳的光和热是怎么产生的呢？太阳的"燃料"是什么呢？如果太阳是由煤和氧气组成的，太阳的体积是地球体积的 130 万倍，太阳的体积可以容纳130 万个地球，那么，"煤球"在"太阳炉"中燃烧，通过计算，太阳也只能燃烧1300 年；如果太阳是由天然气和氧气组成的，也只能燃烧 1500 年。可是，太阳已经"燃烧"50 亿年了！

我们研究太阳和恒星，不能从那里取来"标本"分析它的成分。法国哲学家孔德（Auguste Comte）1825 年断言"恒星的化学成分是人类绝对不能得到的知识"。然而，随着科学技术的不断发展，天文学家们通过恒星发出的光线来研究它的成分，并取得了巨大进展。

如果我们把几粒食盐放在酒精灯里，酒精灯的火焰会变成黄色，将这种黄色的光线通过一个狭窄的缝，使光形成一束光线通过玻璃三棱镜，然后将其放大，投影在屏幕上，便形成一条光谱，我们看到了两条 D 谱线，这就是食盐里的钠谱线。通过仪器试验，我们知道任何不同的元素的光谱是不同的。而这样的设备叫摄谱仪。

一个棱镜就能把太阳的一束光分解成红、橙、黄、绿、蓝、靛、紫七种颜色。把太阳光也通过一个狭窄的缝，使太阳光形成一束光线通过玻璃棱镜，然后将其放大，投影在屏幕上，便形成一条太阳的光谱。对太阳的光谱分析表明，太阳的主要成分是氢，是一个氢原子球，其次是氦，其他元素如钠、镁、氧、碳、铁等元素所占的比例极小。

太阳是由气体组成的。它内部的密度是水的 110 倍，中心压力几百亿标准大气压，中心温度 1500 万度，约占太阳直径 12% 的中心部分温度最高，压力最大，4 个氢原子核变成 1 个氦原子核的反应进行得很顺利，十分缓慢，非常稳定。所以，太阳中年时期占一生的绝大部分。太阳每秒钟消耗 6 亿吨氢，变成5.952 亿吨氦，"丢失"了 480 万吨物质（约占 8‰）转换成了能量，太阳每秒释放出 9×10^{25} 卡的热量，地球得到的只有 22 亿分之一，却使地球生机盎然。太阳多么伟大。

太阳每秒消耗 6 亿吨氢，从地球的观点来看非常巨大，然而，对于太阳来说却微乎其微。但是，随着时间的推移，太阳中心氢的含量不断减少，氦的含量不断增加，70亿年以后形成一个有一定比例的氦核，太阳将步入衰老的阶段。

太阳是恒星中的"模特"。随着发现大量恒星系统中的行星，天文学家们越来越认为它们很像太阳系，它们的行星盘、行星形成的过程、恒星的活动规律，都像是太阳系的翻版。

天上的恒星都很遥远，它们给我们的只有一束光线。我们把恒星的这束光线输入到摄谱仪里，发现恒星的主要成分也是氢，其次是氦，还有钠、镁、氧、碳、铁等元素，没有一颗主星序的星出现例外。太阳和恒星们的成分几乎相同，所以，太阳也是一颗恒星。

阳光和星光是星辰派来的"天使"，她们居住在仙山琼阁（恒星世界），穿着七彩的裙子，七种颜色的天衣，飘飘荡荡，来到人间（地球）。中国有句成语：天衣无缝，比喻事物非常完美、周密，没有破绽。天使们穿的衣裙（星光）也非常完美，没有破绽，但人们实在是太聪明了，用摄谱仪就发现"天衣有缝"。它直接或间接地告诉了我们恒星的大气温度、压力、化学成分、物理性质、质量、体积、密度、运动、距离等一系列参数。地球人对天使带来的信息还是一知半解。

太阳系的运动

水星、金星、地球、火星、木星、土星、天王星、海王星八大行星，以及像冥王星那样的亚行星、小行星、彗星都围绕太阳旋转，像月亮那样的卫星围绕行星旋转一样。太阳是恒星。恒星是永恒不动的吗？

太阳围绕太阳轴线自转得非常缓慢。太阳是一个气态球体，它赤道附近的自转周期为24天，随着纬度的增加，自转速度减慢，到极区附近自转周期为34天，这种不一致的自转方式叫做"较差自转"。天文学家们普遍认为，太阳核心的自转比表面要快，太阳年轻时候的自转比现在快。

也许有人要问，如何知道太阳和恒星的自转呢？太阳或者恒星围绕自身的轴心线旋转的时候，根据多普勒效应，星向我们转的边沿的光谱向紫端移动，星离开我们的边沿的光谱向红端移动，星的中心没有变化。自转的效应使这个星的所有谱线都变宽了。从谱线变宽的差异能测定出星球自转的周期，谱线愈宽周期愈小，自转得越快。

自转很快的星是天鹰α(河鼓二，即牵牛)，自转的线速度260千米/秒，谱线很宽。一般主星序的热星(光谱O-F型)自转很快，主星序的晚型星(光谱G-M型)自转缓慢，甚至不转。巨星和超巨星自转速度很小。

狮子星座里最亮的一颗星是狮子α(轩辕十四)，它的质量是太阳的5倍，比太阳亮350倍。轩辕十四的赤道直径比极直径大1/3，赤道明显膨胀，这是因为轩辕十四自转速度过快导致的变形。轩辕十四赤道线速度达到311千米/秒，而太阳赤道线速度只有2千米/秒，竟大了150多倍，这在恒星中是十分罕见的。轩辕十四自转的离心力使它的赤道明显膨胀，如果轩辕十四的自转速度再提高10%，它的离心力就会超过自身引力，就会甩出大量物质。狮子星座是黄道星座，最亮的狮子α是黄道上唯一的一颗一等星。

太阳自转赤道线速度只有2千米/秒，它的自转缓慢是八大行星造成的，太阳巨大的角动量转移到了行星：木星的角动量占太阳系总角动量的60%，土星的角动量占太阳系的25%。牵牛星自转的线速度为260千米/秒，是太阳的130倍。轩辕十四赤道线速度达到311千米/秒，是太阳的150多倍。它们自转如此之快，说明都没有行星系统，更不要说有八大行星了。

当我们坐在每小时300千米的京沪高铁列车上，我们发现路旁的树木、田野、村庄，远处的山丘等景物，都沿着与我们运动相反的方向奔驰。如果我们驾驶着宇宙飞船，以每秒20万千米的速度飞行，我们就会看到宇宙飞船两边的星辰，都沿着相反的方向飞驰而去，我们前方的星辰都好像在迅速地向两边散开，给我们让开了一条路似的。

科学家威廉·赫歇尔(William Herschel)仔细观测恒星发现，天上的繁星也向着天空中的一个区域奔驰，即向着与武仙星座相反的方向奔驰。我们两旁的星都在后退，我们前面的星都在散开，好像在为我们开辟一条道路似的。计算说明，这种透视的现象，就是太阳带领着地球和其他的行星、卫星、彗星等，向太空的武仙星座方向运动的结果。这一区域在赤经18 h，赤纬+30°附近，武仙星座o(读音奥米克隆)星附近的一点，这一点叫太阳的向点。太阳系就是向这一点飞驰而去的，速度约为230千米/秒，是太阳系在太空中长途旅行的方向，是永远也达不到的区域。

寻找太阳的向点是不容易的，首先要找到天琴α(织女星)，它是全天第五亮星。然后再找北冕星座，它的七颗星组成一个弧面，像冠冕上的发卡。在天琴座和北冕座之间有一个大的星座，那就是武仙座。武仙座中的两颗四等星和一颗变星以及一颗五等星组成的四边形区域就是太阳的向点。

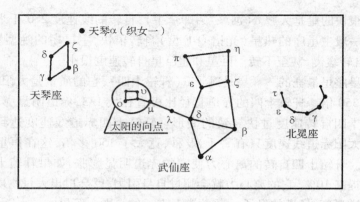

图 1-12 太阳的向点

研究发现，太阳与附近的其他恒星都有自己的运动方向，它们运动速度的大小都差不多，好像一群星在作集体飞行。这种透视现象表明，太阳与附近的其他恒星都围绕银河系的中心在旋转着，太阳的速度约为 230 千米/秒，2.3 亿年才围绕银河系中心运转一周。自从地球诞生以来，地球跟着太阳在银河系里已绕了 20 多圈了。这个银河系的中心在人马座星云的后面。

地球围绕太阳旋转，一个直径 12757 千米的地球，1 秒钟要运行 30 千米，是炮弹速度的 30 倍，我们也不感到眩晕；太阳又带着行星们围绕银河系中心旋转，一秒钟要走 230 千米。如果你知道正在乘坐这么快的太阳车在太空旅游，也许会感到无比逍遥。那么，银河系又围绕什么中心旋转呢？像银河系这样的星系数以万计，这些星系大体上都在互相逃逸，离我们越远逃逸得越快。我们到现在也不知道这些星系究竟是怎样运动的，是不是也围绕什么"中心"在旋转呢？

太阳系的边疆

太阳系是以太阳为中心、八大行星为外围的星系。冥王星是亚行星，在太阳系的最外面。冥王星就是太阳系的边疆了吗？不是。

2002 年 6 月 4 日，美国加州理工大学迈克尔·布朗（Michael Brown）小组在蛇夫座发现一颗行星，发现者建议命名"侉瓦尔"。"侉瓦尔"是柯伊伯带天体，用哈勃空间望远镜光学测量结果显示，"侉瓦尔"的直径 1250 千米，体积比已知的所有小行星体积的总和还要大，亮度 18.5 等，绕太阳公转一周需要 285

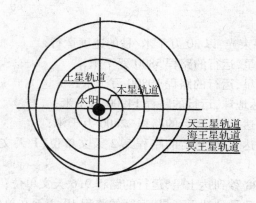

图1-13 太阳系外围行星的轨道

年。它的轨道很圆,不像冥王星轨道那样古里古怪,而且很精确地处于第九大行星的位置上。

2004年3月,在冥王星以外,发现了一颗围绕太阳旋转的行星,被命名为赛德娜星。赛德娜星的直径为1930千米,与太阳的距离为96亿千米(64天文单位)。发现赛德娜星的也是天文学教授迈克尔·布朗领导的研究小组。从赛德娜星看到的太阳,是一个金光闪闪的小亮点。凡是围绕太阳旋转的所有天体,都属于太阳系。而这几颗行星也不是太阳系的边疆,它的外围还可能有行星。

天文学家们在离太阳30~1000天文单位处发现了很多100千米以上的彗星,它们都围绕太阳运行,称为柯伊伯带。

1950年,荷兰天文学家奥尔特在3万至10万天文单位处发现无数颗彗星包围着太阳系,天文学家们把这里称为奥尔特云,它的质量至少是地球的40~50倍。奥尔特云就是太阳系的边缘了,因为奥尔特云的边缘是10万天文单位,太阳离邻居半人马α星只有28万天文单位(约4.27光年,1光年等于10万亿千米),太阳系占去了太阳和半人马α星距离的1/3还要多。如果半人马α星也有一个半人马α星系,它的外围也是10万天文单位,与太阳系的外围快要碰到一起了。所以,太阳系的半径是10万天文单位,太阳系的直径是20万天文单位,或者说太阳系直径约3光年。

有人把天蝎18称为太阳的"孪生兄弟",是太阳的伴星,它离太阳46光年。如果设想把天蝎18也算入太阳系,那可太大胆了。

地球人可以看到远在130亿光年的星系。太阳系的半径只有区区1.5光年,是不是我们对太阳系"了如指掌"了呢?不是的,地球人对太阳系的了解大约只有三分。

从太阳发出一束光,以 30 万千米/秒的速度运行,

193 秒到达水星,运行的路程 5800 万千米;

6 分秒到达金星,运行的路程 10800 万千米;

8 分 17 秒到达地球,运行的路程 14900 万千米;

12 分 40 秒到达火星,运行的路程 22800 万千米;

43 分 03 秒到达木星,运行的路程 5.2 天文单位(1 天文单位为 1.5 亿千米);

1 小时 19 分 28 秒到达土星,运行的路程 9.6 天文单位;

2 小时 41 分 07 秒到达天王星,运行的路程 19.3 天文单位;

3 小时 50 分 33 秒到达海王星,运行的路程 27.6 天文单位;

5 小时 27 分 48 秒到达冥王星,运行的路程 39.6 天文单位;

8 小时 53 分 20 秒到达赛德娜星,运行的路程 64 天文单位;

13 小时 53 分 20 秒到达柯伊伯带,运行的路程 100 天文单位;

1.5 年到达奥尔特云,运行的路程 10 万天文单位,约 1.5 光年。

我们很清楚地看到,从柯伊伯带到奥尔特云有一大片“空白”,天文学家们在那里没有看到什么,只看到一些彗星。难道那里真的是一片空白吗?也许很快就有新的发现。

如果从地球上发射一艘宇宙飞船,它的速度是 30 千米/秒,向太阳方向直线飞行(2003 年 7 月,美国发射的“旅行者 1 号”宇宙飞船以 17 千米/秒的速度飞行,方向是黄道面以北 35 度,“旅行者 2 号”以 16.7 千米/秒的速度向黄道面以南 48 度飞行。),16 天到达金星,35 天到达水星。

如果这艘宇宙飞船以 30 千米/秒的速度从地球出发,向太阳系外围飞行,30 天到达火星,241 天到达木星,1.35 年到达土星,2.9 年到达天王星,4.23 年到达海王星,6.08 年到达冥王星,9.92 年到达赛德娜星,15.59 年到达柯伊伯带,15749 年到达奥尔特云。

以 30 千米/秒的速度飞行的宇宙飞船,速度是飞机的 100 倍,是炮弹速度的 30 倍,飞到太阳系的外边缘就需要 1.5 万年。是我们的宇宙飞船速度太慢,还是太阳系太大呢?

来自太阳的威胁

通常，人们认为对地球的威胁来自小行星的撞击。但是，地球表面有一层浓密的大气，小行星进入大气不是被烧毁，就是爆裂成碎块，对地球的威胁是局部的、有限的，是可以预防的。然而，来自太阳对地球的威胁也不能忽视。

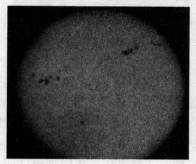 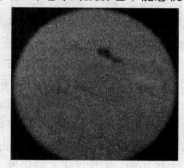

图1-14　太阳黑子群　　　　　　　图1-15　2001年3月29日太阳黑子群

2003年10月，太阳出现一大群黑子，紧接着出现一个很强的耀斑爆发，从太阳的表面向外抛射了几十亿吨物质，速度高达1500千米/秒。这些等离子体粒子流（CME，Coronal Mass Ejection）到达地球大气层的时候，地球上空出现一条新的辐射带，地球两极上空出现美丽的极光。这个太阳风暴抛射的等离子体与地球磁场相互作用，扰乱了地球磁场，甚至几天地球无线电通讯都非常困难。幸亏地球有磁场的保护，才没有造成重大灾害。2003年10月28日，火星附近的"奥德赛"飞船被这个太阳耀斑等离子体粒子流击中，飞船上的一台仪器受损。接着，CME打击了木星附近的"尤里西斯"号飞船和土星附近的"卡西尼"号飞船，还诱发了土星磁暴。2004年4月，CME在离太阳72.48天文单位处追上了"旅行者2号"宇宙飞船。天文学家们担心宇宙飞船会翻滚，但是，这个太阳等离子体粒子流已经是强弩之末，"翻滚事件"没有发生。太阳500年来最剧烈的一次CME爆发发生在1859年9月1日，仅比2003年10月的这次稍强。

目前太阳十分稳定，它像慈父般呵护着太阳系，每11年就有一个活跃期，难免发一些小脾气；就是这点小脾气，对我们来说也是惊天动地的。

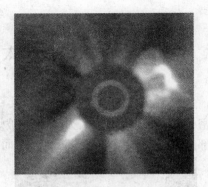

图 1-16　2000 年 11 月 8 日的 CME　　　　图 1-17　2001 年 2 月 26 日的 CME

　　有记录以来,太阳最大的 CME 发生在 1859 年 9 月 1 日,抛出的物质质量有 $5×10^{10}$ 吨,抛出的速度 1600 公里/秒,产生的能量有 $5×10^{25}$ 焦耳,约等于 10 亿颗氢弹。太阳最大的 CME 规模几乎是全日的,近 360 度。来自太阳的威胁仅此而已。太阳在过去的 10 亿年内,未曾发生过一次大的爆发。从地球的地质勘测中,地层里的生物化石,自古至今未曾间断可以得到证明;太阳在未来的几十亿年内,也不会有大的爆发。世界各地天文台 200 多年的观测证明,太阳的辐射没有变化,这说明太阳内部的核反应没有加剧。

　　太阳为什么有 11 年的活动周期呢? 主要原因是太阳的"较差自转"。太阳纬度方向的每一个点转动速度都不一样,每一层纬度物质都在摩擦,摩擦产生的结果是原子中的电子游离,正离子大量出现,磁场也发生变化。这样,日新月异地积累 11 年达到极限,产生高温,形成等离子体粒子流(CME),进入活动期。释放以后又恢复常态,如此周而复始。

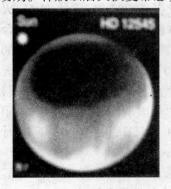

图 1-18　恒星 HD12545 的黑子　　　　图 1-19　太阳正在抛出物质

　　太阳黑子最大的时候也只有几个地球那么大,恒星 HD12545 的黑子竟然有 30 个太阳那样大,参宿四黑子的直径竟然有 1 天文单位(参宿四,猎户 α,它是一颗红色超巨星,直径是太阳的 600 倍)。相比之下,我们的太阳多么温和。天文学家们发现太阳黑子有很强的磁场,磁场阻碍了内部灼热的物质流向表面,使表面温度稍低,形成比较暗的区域。当黑子大量出现的时候,太阳的其他部位就更加明亮。天文学家赫歇尔发现,太阳黑子少的时候,地球上的雨雪也少了,很多地区发生干旱;当太阳黑子多的时候,地球上的小麦丰收了,使小麦价格下跌。

太阳发出的白光是充满能量的洪流,太阳能使水星、金星的表面温度达到 400 多度,能使地球形成太阳系里无与伦比的生物天堂。太阳的辐射能力一般用太阳常数表示,在地球大气以外,距离太阳 1 天文单位,垂直于太阳光束,每平方厘米一分钟内太阳所有波段的总辐射能量等于 1.97 卡/平方厘米·分钟。考虑到大气对能量地吸收,地球上每平方米每小时接受的太阳能量只有 1000 千卡左右。

太阳经天纬地,质量有 1.989×10^{27} 吨,约占整个太阳系总质量的99.86%,是它控制着八大行星(水星、金星、地球、火星、木星、土星、天王星、海王星),三大矮行星"(谷神星、冥王星、阋神星),143 颗大卫星(地球 1 颗卫星,火星 2 颗卫星,木星 63 颗卫星,土星 37 颗卫星,天王星 27 颗卫星,海王星 13 颗卫星),它们都按照太阳的谋划运行着,没有一个图谋不轨。太阳系多么宏伟。

太阳将演化成红巨星

随着时间的推移,占太阳直径 12% 的核心的氢的含量不断减少,氦的含量不断增加。大约再过 70 亿年,太阳的中心将形成一个以氦为主的氦核。从此,太阳中心的 4 个氢原子核变成 1 个氦原子核的反应就结束了,太阳中心的能量供应将大量减少,太阳中心的温度降低到 1000 万度,核心开始收缩。氦核的收缩是要产生巨大能量的,这些能量输送到外层,使太阳大气膨胀,太阳的表面积迅速扩大。太阳内部收缩,外部膨胀的新格局,使太阳变成了体积很大、温度较低、密度很小、颜色偏红的红巨星。

氦核收缩产生的巨大能量也使氦核升温。当氦核温度达到 2 亿度左右时,氦将发生热核反应,开始 3 个氦原子聚变成 1 个碳原子的反应,太阳重新得到能量。氦发生热核反应并不稳定,因为它需要巨大的压力和非常高的温度。当氦核收缩后再膨胀的时候,中心压力再一次降低,氦的核反应有可能熄灭,然后再度收缩,这样反复几次。天文学家们把这个过程命名为"恒星的氦闪"。氦闪有可能发生几次,氦闪产生的热脉冲和冲击波有效地将太阳核心产生的氦、碳等元素输送到外层。"氦聚变为碳"的核反应也使太阳核心以外12% - 15%的氢产生高温,这个层面的"氢聚变成氦"的核反应也被点燃。这两种核反应提供的能量,足以使太阳至少有10亿年稳定期。此后,太阳将步入衰老阶段。

从对星空的观测看到,恒星 Gliese86 进入红巨星阶段,它的直径为 1.5 天文单位,相当于火星轨道。它有一颗伴星,在伴星附近有一颗行星,行星质量是木星级的,距离恒星 Gliese86 相当于太阳到天王星的距离。

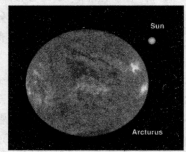

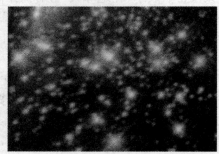

图1-20　红巨星　　　　　　图1-21　大麦哲伦星系中的红巨星

距离太阳 500 光年还有一颗红巨星——狮子 CW(IRC + 10216)星,它的直径有 5.2 天文单位,相当于太阳系木星的轨道。这颗红巨星被尘埃包裹着,它的大气和星风含有非常丰富的碳、氧和一氧化碳,还有少量的水蒸气,天文学家们希望找到质量相当于地球海洋的水和像地球那样行星的痕迹……这项研究太迟了,要是在 10 亿年以前研究狮子 CW 星,可能是一个振奋人心的课题,还可能发现成熟的行星,发现外星人,而现在就是有行星,也被红巨星吞没或蒸发了。遗憾的是,10 亿年以前地球人还没有诞生,地球人是在 250 万年以前诞生的,没有来得及研究狮子 CW 恒星。咱们还是研究太阳 70 亿年以后的红巨星吧,因为相同的命运等待着太阳系的水星、金星、地球和火星。

无独有偶,大犬 VY 星已经是一颗红巨星了,它正在抛射大量的物质,从光谱分析得知,这些物质是碳、氧、氮以及一氧化碳和水。让人毛骨悚然的是整个大犬 VY 星系被几千度高温水蒸气包裹。我们的太阳系含水量十分丰富,地球 78% 的表面积被水覆盖,木星液态氢海洋下面是水的海洋,整个天王星有

8000 千米深的大海,这些水也许在太阳成为红巨星以后都会被蒸发。难道太阳演化成红巨星以后,我们也要洗一个几千度的"桑拿浴"吗?

太阳形成红巨星,体积之大,将会吞没金星轨道(金星离太阳最大视角距不超过 48 度),从地球上看太阳,眼睛的张角可能达到 90 度(现在我们看太阳的张角为半度,我们看书时看到的句号,眼睛的张角也是半度)。试想,我们仰望天空,眼睛视角张开 90 度,所看到的天空就是太阳形成红巨星的大小。红巨星的星风非常强,外层大气的逃逸速度很小。红巨星以太阳风的形式向外抛射物质,同时把碳、氧、硅等元素也抛射出去,形成尘埃。在漫长的岁月里,太阳质量不断减少,围绕红巨星旋转的地球轨道可能扩展到 1.5 天文单位,火星的轨道也向外扩展。地球在巨大的"红太阳"照耀下,温度升高几倍,海水蒸发以后剩下一片盐滩,整个大陆将被大火烧毁,地球将变成人类无法居住的蛮荒星球,月亮也会消失。太阳的红巨星时代要延续 10 亿年左右,在这 10 亿年里,火星或土卫六有了"千载难逢"的机遇,很有可能演化成有生命的星,成为地球人名副其实的第二故乡。

图 1-20、1-21 是哈勃空间望远镜拍摄的大麦哲伦星系中的红巨星照片。在银河系 100 光年的范围内至少有 150 颗红巨星。这说明红巨星是鱼中之鲸,并不罕见,寿命不长,存量有限。

太阳形成红巨星以后,太阳系也步入灭亡的阶段。太阳内部的温度越来越低,热压力不能抵抗引力的作用,太阳内部猛烈坍缩,由巨大的太阳坍缩成体积很小的白矮星,所释放的势能达到 10^{46} 焦耳。如此巨大的能量,以强大的星风和冲击波的形式把太阳大气带走,使太阳中心的白矮星裸露出来,显现出一个体积很小、亮度极白、密度极高的白矮星。太阳的可用能量全部用完后,随着时间的推移,太阳将渐渐冷却,光亮渐渐变暗。

图 1-22 是美国宇航局公布了一颗垂死恒星的照片——NGC 2440 星云中心附近的一个亮点就是一颗白矮星——它曾经与我们的太阳非常类似,距离地球约为 4000 光年,表面温度 20 万度。这颗濒死恒星发出的紫外线照亮了正在摆脱星核的气态物质,也就是照亮了它自己的过去。这张照片是由哈勃空间望远镜拍摄的。

太阳中心 4 个氢原子核变成 1 个氦原子核的反应进行 120 亿年,过渡到 3 个氦原子聚变成 1 个碳原子的反应用 10 亿年,就此为止了。遗憾的是,太阳没有足够的质量上升到碳的核反应,注定要形成白矮星。为了证实太阳形成白矮星的过程,天文学家们在宝瓶座找到了一颗与太阳几乎一样的恒星,只是

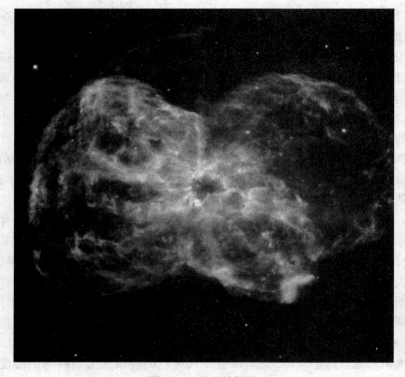

图1-22　死亡的恒星

它已进入晚年,正在形成白矮星。这颗和太阳一样的恒星距离太阳700光年,它在死亡时抛出的物质形成一片星云,像寿衣那样将死亡的恒星包裹起来。星云中央充斥着尘埃,不断向外扩散。不久,白矮星就会裸露出来。死星周围的尘埃盘是冰冷的,那是因为恒星死亡的动作搅乱了周围寒冷的彗星区域,使彗星们相互碰撞起来。大约几万年以后,星云不见了,尘埃消散了,白矮星也会渐渐暗淡下去。

前面曾经说过,太阳系的柯伊伯带和奥尔特云有无数的彗星,它们的质量至少有40~50个地球质量。人们看到宝瓶座的那颗类日死亡恒星,也有柯伊伯带或奥尔特云彗星区。

太阳形成白矮星以后,如果地球人还在的话,人们可能不知道应该往哪里迁移了! 去我们的邻居半人马α星? 它早就灭亡了,它的寿命还不如太阳。去太阳的第二邻居巴纳德星? 它每年自行10.31角秒,运行速度达每秒149千米,那时候这颗"飞毛腿星"早就飞远了。去我们的第八邻居波江ε? 它虽然是"类日恒星",那时候它也变成白矮星了。人们眼望天上的星,21 颗亮星全不存在了,那些不太明亮的星也消失了,天空一片空白。那时候只有太阳质量 0.2 倍、不起眼的红矮星将走上舞台。红矮星吸附几十亿年的物质不断壮大,数量庞大,总质量也超过其他星体的质量总和。红矮星质量很小,把氢燃烧成氦的过程也很漫长,有的几太年(1 太年 $= 10^{12}$ 年)以后还在发出耀眼的光芒,它的亮度没有大起大落,可能也没有耀斑和黑子,从诞生到死亡,它的大小、亮度、温度都几乎不变。如此稳定的红矮星,在它们中合适的行星上产生生命或迁移人类是非常理想的。一旦地球人迁移到那里,人们就找到了一个"永恒的太阳"。行星也与现在的地球差不多,只是在晚上天上没有星了,也没有月亮,因为红矮星的亮度比起太阳来是"萤火虫之光",也许几光年之外就看不见它了。

大约在 10^{14} 年以后,红矮星们也将失去光辉,宇宙的燃料耗尽,新的恒星不会再形成,宇宙的恒星时代结束,宇宙的人类也将彻底灭亡。

回想起来,太阳是宇宙大爆炸 87 亿年以后形成的,在大爆炸 91 亿年以后就有了八大行星,4 颗内行星是"硬壳星"(类地行星),4 颗外行星是浓密气体覆盖星(类木行星),还有 3 颗类冥行星;有黄色的金星,蓝色的地球,红色的火星,淡蓝色的海王星。太阳是八大行星的主宰,多么光辉灿烂。太阳是光明和生命的源泉,是黑暗的征服者。太阳从东方升起,它的光辉压倒众多的星光,多么伟大!

地球上的能源来自太阳,地球蕴藏着丰富的煤、石油、天然气,是亿万年以前植物和动物吸收太阳的辐射而造就的。太阳的辐射使地球上的海水形成水蒸气,太阳的能量引起地球的天气变化,大气环流把水蒸气带到陆地,形成雨雪,使地球川流不息:落差大的,可以水力发电;大气环流强的,可以风力发电。水资源丰富,使地球生机盎然。

地球上的生命也起源于太阳,其中包括地球人自己。在临近的恒星中,只有太阳出类拔萃。没有太阳就没有生命,也没有地球人。太阳的功劳无与伦比,地球上的 60 亿人赞美它,崇拜它。

但是太阳不是永恒的,它也有诞生、兴旺、衰老、死亡,无论我们多么爱它。

二、一颗星是一个世界

天上的星比地球上沙子的颗粒还多

天上的星数不清。宇宙有多少颗星呢?

在良好天气的情况下,人的眼睛可以看到 6 等星,也就是可以看到比 1 等星暗 100 倍的星,这是肉眼能够感光的极限。在没有仪器的帮助下,肉眼可以看见 6000 颗星,这个数字已经让人感到天上的星无限多了,这 6000 颗星有一半还在地平线以下。还有几百亿颗星是肉眼看不到的。我们之所以看不到那些星,是因为有的离我们太远,有的直径太小,有的亮度太暗,有的被吸光物质遮蔽,甚至有的恒星不发可见光。人的眼睛看到的 6 等星,是星空中肉眼能见的最暗的星,在十分之一秒的时间里,接受 300 个光子。可是 21 等星,每小时送给肉眼的只有 10 个光子,这样的星,肉眼是绝对看不见的。人类建造的东西,如照相机、望远镜配合起来使用,可以看到天上的 23 等星。天上的每一个亮点、每颗星都是一个世界,都有一个体系,都像太阳那样发光、发热。

一台可见光望远镜能看到的星比肉眼看到的多很多倍。一台普通的可见光望远镜,能观测到亮于 21 等星的星近 200 亿颗。

亮于 6 等星	0.3 万颗	亮于 14 等星	1.2 亿颗
亮于 7 等星	10 万颗	亮于 15 等星	2.7 亿颗
亮于 8 等星	32 万颗	亮于 16 等星	5.5 亿颗
亮于 9 等星	97 万颗	亮于 17 等星	12 亿颗
亮于 10 等星	270 万颗	亮于 18 等星	24 亿颗
亮于 11 等星	700 万颗	亮于 19 等星	51 亿颗
亮于 12 等星	1800 万颗	亮于 20 等星	94.5 亿颗
亮于 13 等星	5100 万颗	亮于 21 等星	189 亿颗

一台普通的可见光望远镜能观测到近 200 亿颗星,而银河系就有 2000 亿颗恒星,太阳是其中之一,望远镜能看到的星十分有限。像仙女座星系有 4000 亿颗恒星,因为它不属于银河系,我们叫它河外星系。

离我们比较近的河外星系如猎犬座星系、大熊座星系、后发座星系等,这些河外星系,星的数量平均值是 2000 亿颗。天文学家梅西叶有一个星表,记载了 110 个天体,M 是梅西叶的字头,简称 M 天体,如 M31 是仙女座星系。天文学家德雷尔(Dreyer)也发表了一个星表,记载了 13226 个星系,以星表的缩写 NGC(New General Catalogue 新总星表)命名。后来又有很多星表,但这些星表不能把河外星系全部写进去,甚至连它们的数目也数不清,因为大型望远镜发现的河外星系达到了 6 亿个。

1998 年 10 月,哈勃空间望远镜对南外空进行了观测,估算像银河系那样的河外星系达到 1250 亿个。随着对外空观测距离的扩大,估算河外星系竟达到 2000 亿个,然而,还没有看到宇宙的边缘。

每个河外星系的星的数量平均值大约是 2000 亿颗,而河外星系竟达到 2000 亿个,两数相乘等于 400 万亿亿颗星。这个数字的精确性就不必计较了,我们生活中不曾有这么大的数字,它已经接近"无穷大"了。一个国际天文学家小组评估出宇宙有 7×10^{22} 颗恒星,比地球上沙子的颗粒还多。这么多恒星中,出现一颗特殊形态的星,也算不上恒星中的奇迹;这么多星,出现几颗有人类的星,也不足为奇。前面介绍的红矮星,就有一颗适合人类居住的行星,被命名"宜居行星 581C",距离地球 20 光年。

太阳附近的恒星

序号	星的名称	光谱	视星等	绝对星等	温度 K	赤经	赤纬	距离(光年)
1	比邻星	M5	11.09	15.53	3040	14h29m43s	−62°40′46″	4.22
2	半人马 αA	G2	0.01	4.38	5790	14h39m36s	−60°50′02″	4.365
3	半人马 αB	K0	1.34	5.71	5260	14h39m35s	−60°50′14″	4.365
4	巴纳德星	M4	9.53	13.22	3134	17h57m48s	+04°41′36″	5.963
5	沃尔夫 359	M6	13.44	16.55	2800	10h56m29s	+07°00′53″	7.783
6	拉朗德 21185	M2	7.47	10.44	3400	11h3m20s	+35°58′12″	8.291
7	天狼星 A	A1	−1.43	1.47	9940	06h45m09s	−16°42′58″	8.583
8	天狼星 B	A2	8.44	11.34	25000	06h45m09s	−16°42′58″	8.583

序号	星的名称	光谱	视星等	绝对星等	温度K	赤经	赤纬	距离（光年）
9	鲸鱼座 BL	M5	12.54	15.4	2670	01h39m01s	−17°57′01″	8.728
10	鲸鱼座 UV	M6	12.99	15.85	2600	01h39m01s	−17°57′01″	8.728
11	罗斯 154	M3	10.43	13.07	2700	18h49m49s	−23°50′10″	9.681
12	罗斯 248	M5	12.29	14.79	2600	23h41m55s	+44°10′30″	10.322
13	天苑四	K2	3.73	6.19	5100	03h32m56s	−09°27′30″	10.522
14	Lacaille 9352	M1	7.34	9.75	3340	23h05m52s	−35°51′11″	10.742
15	罗斯 128	M4	11.13	13.51	2800	11h47m44s	+00°48′16″	10.919
16	EZ Aquarii A	M5	13,33	15.64	？	22h38m33s	−15°18′07″	11.266
17	EZ Aquarii B	？	13.27	15.58	？	22h38m33s	−15°18′07″	11.266
18	EZ Aquarii C	？	14.03	16.34	？	22h38m33s	−15°18′07″	11.266
19	南河三 A	F5	0.38	2.66	6650	07h39m18s	+05°13′30″	11.402
20	南河三 B	F5	10.70	12.98	9700	07h39m18s	+05°13′30″	11.402
21	天鹅 61A	K5	5.21	7.49	4640	21h06m54s	+38°44′58″	11.403
22	天鹅 61B	K7	6.03	8.31	4440	21h06m55s	+38°44′31″	11.403
23	Struve 2398 A	M3	8.90	11.16	？	18h42m47s	+59°37′49″	11.525
24	Struve 2398 B	M3	9.69	11.95	？	18h42m47s	+59°37′37″	11.525
25	Groombridge 34A	M1	8.08	10.32	？	0h18m23s	+44°01′23″	11.624
26	Groombridge 34B	M3	11.06	13.30	？	0h18m23s	+44°01′23″	11.624
27	Epsilon Indi A	K5	4.69	6.89	4280	22h03m22s	−56°47′10″	11.824
28	Epsilon Indi Ba	T1	大于23等	大于25等	1280	22h04m11s	−56°46′58″	11.824
29	Epsilon Indi Bb	T6	大于23等	大于25等	850	22h04m11s	−56°46′58″	11.824
30	DX Cancri	M6	14.78	16.98	？	08h29m49s	+26°46′37″	11.826
31	Tau Ceti	G8	3.49	5.68	5344	01h44m04s	−15°56′15″	11.887
32	GJ 1061	M5	13.09	15.26	？	03h35m60s	−44°30′45″	11.991
33	YZ Ceti	M4	12.02	14.17	？	01h12m31s	−16°59′56″	12.132
34	鲁坦 BD +05°1668	M3	9.86	11.97	？	07h27m25s	+05°13′33″	12.366

续表

序号	星的名称	光谱	视星等	绝对星等	温度 K	赤经	赤纬	距离（光年）
35	Teegarden's star	M6	15.14	17.22	?	02h53m01s	+16°52′53″	12.514
36	SCR1845 – 6357 A	M8	17,39	19.41	?	18h45m05s	−63°57′48″	12.571
37	SCR1845 – 6357 B	T6	?	?	950	18h45m03s	−63°57′52″	12.571
38	卡普坦星	M1	8.84	10.87	3800	05h11m41s	−45°01′06″	12.777
39	Lacaille 8760	M0	6.67	8.69	3340	21h17m15s	−38°52′03″	12.870
40	Kruger 60 A	M3	9.79	11.76	3180	22h27m06s	+57°41′45″	13.149
41	Kruger 60 B	M4	11.41	13.38	2890	22h27m60s	+57°41′45″	13.149
42	DEN 1048 – 3956	M8	17.39	19.37	?	10h48m15s	−39°56′06″	13.167
43	罗斯 614A	M4	11.15	13.09	?	06h29m23s	−02°48′50″	13.349
44	罗斯 614B	M5	14.23	16.17	?	06h29m23s	−02°48′50″	13.349
45	Gl 628	M3	10.07	11.93	?	16h30m18s	−12°39′45″	13.820
46	Van Maanen's Star	D2	12.38	14.21	?	00h49m10s	+05°23′19″	14.066
47	Gl 1	M3	8.55	10.35	?	00h05m24s	−37°21′27″	14.231
48	Wolf 424 A	M5	13.18	14.97	?	12h33m17s	+09°01′15″	14.312
49	Wolf 424 B	M7	13.17	14.96	?	12h33m17s	+09°01′15″	14.312
50	TZ Arietis	M4	12.27	14.03	?	02h00m13s	+13°03′08″	14.509
51	Gl 687	M3	9.17	10.89	/	17h36m26s	+68°20′·21″	14.793
52	LHS 292	M6	15.6	17.31	/	10h48m13s	−11°20′14″	14.805
53	Gl 674	M3	9.38	11.09	/	17h28m40s	−46°53′43″	14.809
54	GJ 1245 A	M5	13.46	15.17	/	19h53m54s	+44°24′55″	14.812
55	GJ 1245 B	M6	14.01	15.72	/	19h53m55s	+44°24′56″	14.812
56	GJ 1245 C	M6	16.75	18.46	/	19h53m54s	+44°24′55″	14.812
57	GJ 440	F1	11.5	13.18	7500	11h45m43s	−64°50′29″	15.060
58	GJ 1002	M5	13.76	15.40	/	00h06m44s	−07°32′22″	15.313
59	Ross 780	M3	10.17	11.81	3480	22h53m17s	−14°15′49″	15.342
60	LHS 288	M5	13.9	15.51	/	10h44m21s	−61°12′36″	15.610
61	GJ 412 A	M1	8.77	10.34	/	11h05m29s	+43°31′36″	15.832

序号	星的名称	光谱	视星等	绝对星等	温度 K	赤经	赤纬	距离（光年）
62	GJ 412 B	M5	14.48	16.05	/	11h05m30s	+43°31′18″	15.832
63	GJ 380	K7	6.59	8.16	4000	10h11m22s	+49°27′15″	15.848
64	GJ 388	M3	9.32	10.87	/	10h19m36s	+19°52′10″	15.942
65	GJ 832	M3	8.66	10.20	/	21h33m34s	−49°00′32″	16.085
66	LP 944−020	M9	18.5	20.02	/	03h39m35s	+35°25′41″	16.195
67	DEN 0255−4700	L7	22.92	24.44	/	02h55m04s	−47°00′52″	16.197
68	GJ 682	M4	10.95	12.45	/	17h37m04s	−44°19′09″	16.337
……								

太阳附近恒星的特点

1. 上表中的 68 颗最靠近太阳的恒星是半人马比邻星,距离太阳4.22 光年,1~4 光年的范围内没有一颗恒星,4~8 光年内有 10 颗恒星,9~12 光年内有 29 颗,13~16 光年内有 29 颗,其中,双星和三联星有 32 颗。太阳是一颗单星,没有伴儿(星)。太阳多么孤单。

2. 这 68 颗靠近太阳的恒星,光谱型 M 的星有 50 颗,占 73.5%。M 星非常暗淡,但很快就会成为明星。比较亮的星只有 4 颗,一个巨星也没有。一颗星就是一个世界。

3. 太阳周围的 M 星最让人刮目相看的是它们可能有外星人。此前人们认为类似太阳的恒星(如天苑四)是可能有外星人的恒星。太阳系有地球人,天苑四也许有天苑人。人们选择了几万颗类似太阳的星进行研究,却没有把小的 M 星作为研究对象。自从发现格利斯 581 有类似地球的行星以后,人们的观念才有了大的改变,从此 M 星走上了舞台成为明星。

4. 太阳周围的 M 星都不能产生比氦重的元素,可太阳金属丰度十分可观,所有的恒星跟太阳相比都逊色。

5. 恒星离我们都很远,距离地球最近的南门二也有 4.27 光年,我们不能从那里采取标本进行化验。它们的物理性能和化学组成从哪里得来呢? 恒星给我们的只有一束光,把这一束光通过一个狭窄的缝隙,再通过一个玻璃三棱镜,然后放大,就出来一组光谱。不同的物理属性有不同的光谱,不同的化学组成有不同的光谱(请看太阳的燃料一节)。天文学家们总结出光谱的分类:

O 型星表面温度 3 万度,有特别多的电离氦;

B 型星温度 2 万度,有电离金属谱线;

A 型星温度 1 万度,有电离钙谱线;

F 型星温度 7000 度,有电离铁和钛的谱线;

G 型星温度 5600 度,有中性铁、钛、钙谱线,太阳就是 G 型星;

K 型星温度 4000 度,分子光带很强,出现氧化钛谱带;

M 型星温度 3000 度,有很强的红色特征。(请看红矮星章节)

在距离太阳 1000 秒差距(1 秒差距 = 206265 天文单位 = 3.2616 光年)的范围内,O 型星一颗也没有,B 型星有 440 颗,A 型星有 400 颗,巨星有 630 颗,F 型星有 3600 颗,G 型星有 6000 颗,K 型星有 9000 颗,M 型星约有 60000 颗。

揭开太阳附近恒星的面纱

(一) 半人马 α 星(中文名南门二)

最靠近太阳的恒星是半人马 α 星(中文名南门二),是全天第三亮星,视星等 -0.3,也是离太阳最近的亮星,太阳的第一邻居。南门二两颗主星围绕共同的质心旋转,周期为 80.089 年。一颗伴星是红矮星,围绕两颗主星的质心旋转。南门二是颗三联星,离地球的距离约 4.27 光年(依巴谷卫星的资料是 4.39 ± 0.01 光年),用小倍率望远镜就可分辨它们。我们现在看到的半人马 α 星的位置是 4 年多以前的位置。也就是说这颗星的光线在途中运行 4 年多才能到达地球。

半人马 α 星自行速度 32 千米/秒,主星有两颗:半人马 αA 星是黄色的,很像太阳,甚至连化学构成都很相似,视星等 0.01,绝对星等 4.6,质量是太阳的 1.07 倍。B 星是一颗橙色的星,有 0.92 太阳质量,视星等 1.13 等,绝对星等 5.8,直径是太阳的 0.84 倍,表面温度 5300 K,光度为太阳的 0.47 倍。这颗双星的总质量是 2 倍太阳质量,它们按长椭圆轨道运行,偏心率 0.52,彼此相距最近为 11.2 天文单位(大约是太阳与土星之间的距离),最远则达到 35.6 天文单位(大约是太阳与冥王星之间的距离),年龄与太阳相同。

半人马 α 星还有一颗小伴星 C 星,星等 11,绝对星等 15.1(太阳的绝对星等为 5 等），与主星相比非常暗淡。小伴星绕双星主体运转，是一颗红矮星，这就是著名的"比邻星"，距离太阳 4.22 光年（270000 天文单位，1 天文单位约合 1.5 亿千米），距离南门二主星 13000 天文单位，约合 0.21 光年，以圆形轨道围绕两颗主星旋转，周期约 50 万年。有人认为小伴星按双曲线轨道运转，一去就不再回来。

天文学家们深信，黄色 A 星至少有一颗类似地球的岩质行星，而且是一颗处在"可居住带"的行星，离主星距离约 1.4 天文单位，天文学家们已经寻找了五年，但还没有找到。如果我们站在那颗未发现的行星上，就会看到天上有三个"太阳"，两个太阳光芒四射，红色小伴星非常暗淡。那两个光芒四射的"太阳"，视星等分别是 −21.0 等和 −18.2 等（从地球上看太阳视星等为 −26.7 等）。根据普森公式：星等每差 1 等，亮度相差 2.512 倍。从南门二未知名的行星上看南门二双星，亮度比地球上看太阳，暗了 250 倍；当这对双星同时照耀的时候，亮度大增。红色小伴星就更暗淡了，成为一颗不起眼的 4.5 等星。

比邻星（Proxima Centauri）是半人马座 α 三合星的第三颗星，它是由天文学家罗伯特·因尼斯（Robert Innes）发现的。比邻星是一颗红矮星，直径大约是太阳的 1/7，质量大约是太阳的 0.126 倍，或者是木星的 150 倍。比邻星核聚变的速率很慢，自转周期大约 31 天，表面温度有 3040 K。

天文学家们给出的恒星质量下限是太阳质量的 0.075 倍，这是产生氢的核聚变所需的恒星临界质量。比邻星比这个数字稍大。天文学家们发现的质量最小的恒星是船底座 OGLE-TR-122b 星，质量是太阳的 0.08 倍，直径是太阳的 12%，是双星中的一颗，主星是类日恒星，周期 7.3 天。

比邻星距离主星遥远，运转周期为十分罕见的 50 万年，似乎不是土生土长的三联星，倒像是光学小伴星，似乎是从半人马 α 那里经过，闯入半人马 α 引力圈后被捕获的，虽然天文学家们推算比邻星与半人马 α 形成年龄相同。

比邻星不像其他红矮星那么稳定，有很活跃的色球层（chromosphere），在 X 光波段可观测到它色球层的喷发，属于典型的耀星。法国天文学家弗拉马里翁统计，比邻星 24 年就爆发了 52 次。比邻星还年轻，才 48 亿岁，天文学家推算它的寿命可达数千亿年以上。它现在还是个孩子，可能还很调皮，到中年就稳定了。

哈勃太空望远镜在紫外线波长观测它的色球层的变化显示，比邻星有一颗尚未观测到的暗淡伴星，或者是一颗大质量行星，或者是一颗棕矮星，但尚未完全证实，有没有像地球这样的行星更没有迹象。

如果地球放在半人马α星附近,当两个"太阳"照耀地球的时候,地球的温度可能升到 70 度,几万年后海水就会全部蒸发,留下白茫茫的盐滩;两个"太阳"与地球成一条直线的时候,地球受到强大的引力,很有可能将我们的月亮掠去;更不能容忍的是,那颗小伴星 24 年就爆发了 52 次,当我们假设的地球靠近它的时候,它的爆发会损害人们的 DNA。如果是这样,如此蛮荒恶劣的环境下,还会有高级生命存在吗?

如果地球上一艘速度为 30 千米/秒的宇宙飞船从地球飞行到半人马α星附近,往返一次需要 8.54 万年,我们的邻居实在是住得太远了。我们地球人也太孤单了,太阳系里我们唯一的、最近的邻居也离我们 4.27 光年,而且,里面还没有人儿。可想而知,南门二对太阳来说近在咫尺,对我们人类来说远在天涯。

1969 年 7 月 20 日,阿姆斯特朗、奥尔德林、科林斯乘坐"阿波罗 11"号宇宙飞船抵达月球,这是人类第一次到其他星球上去。人们记得,阿波罗 11 号宇宙飞船起飞重量相当于一艘巡洋舰的重量,地球到月亮的距离只有 1.3 光秒(从地球发出一束光,1.3 秒就能到达月球)。然而,我们最近的邻居也相距 4.27 光年(半人马α星发出的光,4.27 年才能到达地球)。也许人们能估计出去半人马α星的宇宙飞船,往返飞行 8.54 万年需要携带多少燃料,起飞重量相当于多少艘巡洋舰的重量。

半人马α正在向太阳方向运行,根据伊巴谷卫星的测量,2.7 万年以后它将运行到离太阳 3.2 光年。

(二) 巴纳德星

巴纳德星是太阳的第二邻居,距离太阳 5.963 光年。天文学家们发现它有两颗行星。一颗行星的轨道周期为 11.7 年,距离巴纳德星 2.7 天文单位,质量是木星的 0.8 倍;另外一颗行星的轨道周期为 20 年,距离巴纳德星 3.8 天文单位,质量是木星的 0.4 倍。

巴纳德星有两颗行星,这可让人们激动不已,也许这两颗行星上有外星人。然而,科学家计算出这两颗行星都是木星级别的,它们从周围空间吸附气体和尘埃,致使行星表面气压非常大,风速达到 600 千米/小时。这样的行星不大可能有外星人。目前,天文学家们发现了 400 多颗太阳系以外的行星,它们大都是木星级别的。那是因为我们的观测手段还不够先进。以后,会不会发现巴纳德星有像地球那样的行星呢?我们拭目以待。我们都知道太阳非常巨大,它的体积是地球的 130 万倍,然而,从巴纳德的行星上看太阳,它只是一颗绝对星等只有 5、依稀可见的、不起眼的小星。

巴纳德星向太阳方向飞驰而来，自行速度非常快。一般的恒星自行每年不到 1 角秒（把手臂伸直，立起小拇指，小拇指所挡住的视角是 1 度，1 度是 3600 角秒），而巴纳德星自行每年 10.31 角秒，运行速度达每秒 149 千米，几千年以后就会超过半人马 α，成为我们的第一邻居，一万多年以后，就会与太阳擦肩而过。

巴纳德星是美国科学家巴纳德（E. Barnard）发现的。它的位置在赤经 17 时 57 分，赤纬 +4°25′；视星等 9.5，肉眼看不见；绝对星等 13.1，非常暗淡。太阳的绝对星等是 5，巴纳德星的亮度非常暗弱，如此暗淡的恒星会不会有外星人呢？根据伊巴谷卫星的测量，巴纳德星 1 万年以后运行到离太阳 3.7 光年，也与太阳擦肩而过。

巴纳德星位于蛇夫座 β 星附近，属于红矮星，光谱分类为 M4V，表面温度约为 3134K，非常暗弱，它的亮度只有太阳的万分之四，它的质量约为太阳的 17%，直径是太阳的 1/6。

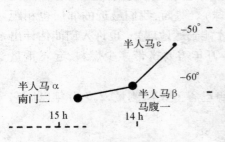

图 2-1　半人马 α 星的位置　　　图 2-2　太阳巴纳德星和木星大小比较

巴纳德星是自行运动最快的恒星之一，因此有时候也叫做"逃亡之星"（Runaway Star）。牧夫座的大角星算是自行比较快的，一年也不到 2 角秒。而巴纳德星的自行一年是 10.31 角秒，但是，这只相当于 175 年巴纳德在天上移动一个目视月亮直径的距离。

（三）沃尔夫 359 星

沃尔夫 359 是太阳的第三邻居，是靠近太阳的 68 颗恒星中质量最小、亮度最暗的星。沃尔夫 359 是一颗 M6 型红矮星，位于狮子座内，赤经 10 时 56 分，赤纬 +7013，视星等 13.44，绝对星等 16.55，非常暗淡，年龄不会超过 10 亿年，距离太阳 7.783 光年，质量是太阳的 9%，直径只有太阳的 16%，温度 2800 K，比太阳的亮度暗 1 万倍，可能不足以使它的行星生物进化到人类。

沃尔夫 359 是一颗自行速度非常快的星,空间速度 103 千米/秒,径向速度 19 千米/秒,自转速度低于 3 公里/秒。

沃尔夫 359 外围的大气层温度很低,分光出现 FeH、CrH、H2O 等分子的光谱。TiO 和 CaOH 的光谱的谱线也很暗,是唯一由地基天文台观测到星冕光谱的恒星。沃尔夫 359 是闪光星,并且有很高的闪焰发生率。哈勃太空望远镜观测到,沃尔夫 359 在 2 小时的周期内发生 32 次闪焰,是已知的红矮星闪焰发生率最高的,释放出的能量也非常大。

哈勃空间望远镜没有发现沃尔夫 359 有伴星,也没有发现过量的红外辐射,说明它附近没有行星盘或小行星带,但不排除有低于望远镜侦测能力之下的水星那样的行星。

(四) 拉朗德 21185

拉朗德 21185 恒星是太阳的第四邻居,也是一颗红矮星,距离太阳 8.291 光年。为什么太阳附近有这么多红矮星呢? 前面说过,大质量恒星大部分在银河系中心,蓝巨星大部分在银河系的旋臂上,从地球上看,银河系核心方向与核心反方向有两个恒星密集区,一个是银河系的人马旋臂,一个是银河系的英仙旋臂,旋臂之间的距离约 1000 秒差距。太阳在两个旋臂之间,恒星相当稀少,而不是在比较密集的旋臂上,距离银河系中心约 3 万光年。所以认为太阳附近大部分是小恒星,往更外估计,银河系的银晕比银河系大得多,那里的红矮星更密集。

拉朗德 21185 红矮星光谱型 M2,视星等 7.47,绝对星等 10.44,温度 3400 K,非常暗淡,赤经 11 时 03 分 20.2 秒,赤纬 +35°58′12″。拉朗德 21185 红矮星是匹兹堡大学盖特伍德(George Gatewood)发现的。拉朗德 21185 红矮星离地球只有 8.291 光年。

拉朗德 21185 恒星有两个气体巨行星,大小都与木星一样,一个行星距离红矮星 2 天文单位(火星离太阳 1.5 天文单位),另一个行星距红矮星 11 天文单位(土星距离太阳 9.6 天文单位)。不论拉朗德 21185 恒星有没有地球那样的行星,发现红矮星有行星本身就是振奋人心的。

(五) 天狼星(大犬 α)

天狼星(大犬 α)是全天第一亮星,太阳的第五邻居,视星等 −1.46,是一颗双星系统,距离太阳 8.583 光年。主星直径是太阳的 3.8 倍,表面温度 11000 度,蓝白色,绝对星等 +1.3,质量是太阳的 2.02 倍。天狼星正在向太阳方向运行,速度 7.6 千米/秒。天狼星 A(主星)的光谱显示出一些重于氢的元素,大气层中的铁的含量是太阳的 3.16 倍。

伴星天狼 B 的直径为 12000 千米(地球的直径 12757 千米),是一颗典型的白矮星,质量与太阳相近,主星和伴星相距 20 天文单位,环绕周期 50.09 年。天狼 B 的质量约等于太阳的质量,是人们知道的最大质量、最大直径的白矮星,表面温度 25200 K。它已经没有产生能量的机制,会逐渐冷却,2 亿年以后会变成黑矮星。天狼 A 比天狼 B 星等差 10,因而暗了一万倍。天狼 B 的质量和太阳的质量相近,然而,它的直径只有太阳的 2%。天狼 B 的直径小,体积也就小,体积只有太阳的百万分之八。体积小,而质量和太阳相近,天狼 B 的密度就特别大了,密度是太阳的 17 万倍。天狼星正在向太阳方向运行,根据伊巴谷卫星的测量,6.6 万年以后运行到离太阳 7.5 光年。

伴星天狼 B 的前身是一颗 5 倍于太阳质量的恒星,原是主星,经过主序星和红巨星阶段,中心氢的核聚变生成碳和氧,大约 1 亿 2 千万年前形成白矮星,从此它就是伴星了。天狼星 B 在红巨星的阶段增加了当时的伴星天狼 A 的金属量。

人类用哈勃太空望远镜拍摄了天狼星 A 和天狼星 B 的照片,白矮星天狼 B 位于左下方。

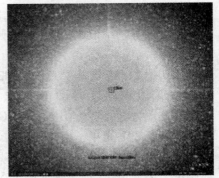

图 2-3 天狼星(左下角天狼 B)　　　　图 2-4 南门二主星

(六)鲁坦 726-8:鲸鱼座 BL(鲁坦 726-8A),鲸鱼座 UV(鲁坦 726-8B)

鲁坦 726-8 双星是威廉·鲁坦发现的。鲁坦 726-8A 光谱型 M5,表面温度 2670 度,绝对星等 15.4,直径是太阳的 14%,亮度是太阳的十万分之六,是一颗红矮星;鲁坦 726-8B(鲸鱼座 UV)光谱型 M6,表面温度 2600 度,绝对星等 15.85,直径是太阳的 14%,亮度是太阳的十万分之四,也是一颗红矮星。这对双星之间的距离在 2.1~8.8 天文单位间变化,轨道变化周期 26.5 年,与地球之间的距离 8.728 光年。这对双星的总质量只有太阳的 0.2 倍。

鲁坦 726-8B（鲸鱼座 UV）是一颗闪光星，闪光频率高，幅度也很大。1952年，在 20 秒以内它的亮度增加了 75 倍，是一对非常活跃的红矮星。

（七）最新发现的红矮星

美国天体物理学家在太阳系边缘发现一颗新的恒星，位于白羊座，距离太阳仅 7.8 光年，是一颗黯淡红矮星，编号 SO25300.5 + 165258。

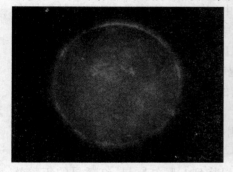

图 2-5　红矮星 SO25300.5 + 165258　　　　图 2-6　红矮星与太阳大小比较

新发现的这颗红矮星质量约为太阳质量的 70%，而其亮度要比太阳亮度弱 30 万倍，比一般典型的红矮星暗 3 倍，是距离太阳第三近的红矮星，仅比比邻星、巴纳德星远一些，它的外围就是沃尔夫 359 红矮星，距离太阳约 6.5 光年。

这些数字是不匹配的，质量偏大、亮度偏小、距离偏近，这颗新恒星离太阳的距离应该更远，如果在 8.7 光年之远才比较符合实际。预计这些数据很快就会得以修正。

（八）宇宙大舞台上的小明星：红矮星

红矮星（red dwarf）是指表面温度低、颜色偏红的矮星，在主序星中比较"冷"的 M 型及 K 型恒星。这些恒星质量在 0.8 太阳质量以下，表面温度为 2500 至 5000 绝对温度。

前面已经介绍了比邻星、巴纳德星、沃尔夫 359 星、拉朗德 21185、鲁坦 726-8，这些星都是红矮星。离太阳再远一点的罗斯 154、罗斯 248、鲁坦 789-6、罗斯 128 也是红矮星。红矮星有什么共同特点呢？

人们有句名言"眼见为实"，这在天文领域失效了。我们肉眼只能看到天上 6000 颗星。我们每看见一颗恒星，就有几百亿亿颗肉眼看不到的星。一个国际天文学家小组评估出宇宙有 7×10^{22} 颗恒星,比地球上沙子的颗粒还多,绝大部分我们没有看见,而它们确实存在。银河系是由 2000 亿颗恒星组成的,其中就有 1500 亿颗红矮星我们没有看见。有了天文望远镜,我们的眼睛更加敏锐,才第一次看到诸多小恒星,其中包括红矮星。

红矮星是主序带上的小恒星。一般的红矮星,直径只有太阳的三分之一,温度低于 3500 K,光度甚至低于太阳的万分之一,光谱型属于 K 或 M 型。红矮星在恒星中的数量较多,新诞生的恒星中红矮星也占多数,银河系每年约有 20 颗恒星诞生,其中便有 15 颗是 M 型红矮星,质量不足 5 个太阳质量。红矮星由于内部的氢元素核聚变的速度缓慢,因此它们也拥有很长的寿命。红矮星的质量根本不足以进行氦的核聚变,也不可能膨胀成红巨星,而是逐步收缩,直至氢元素耗尽。因此,一颗红矮星的寿命可多达数百亿年,甚至数千亿年。

人们可凭着红矮星的悠长寿命来推测一个星团的大约年龄。因为同一个星团内的恒星,其形成的时间均差不多。一个年老的星团,脱离主序星阶段的恒星较多,剩下的主序星质量也较低。如果找到一颗红矮星,红矮星的年龄就是星团的年龄。

宇宙众多恒星中,红矮星占了大多数,离太阳最近的鼎鼎大名的恒星比邻星,便是一颗红矮星,其光谱分类为 M5,视星等 11.0(人的肉眼只能看到 6 等星)。

2005 年,人们首度发现有行星围绕红矮星旋转,其质量与海王星差不多,距离红矮星 600 万千米,其表面温度约为摄氏 150℃。2006 年,人们又发现一颗与地球差不多的行星绕着另一颗红矮星旋转,距离红矮星 3.9 亿千米,表面温度为摄氏零下 220℃。2007 年 4 月,欧洲南方天文台的天文学家使用 3.6 米口径的望远镜发现一颗围绕红矮星旋转的"宜居行星",代号 Gliese581C(格利斯 581C),质量是地球的 5 倍,距离地球 20.5 光年。

人们非常清楚,太阳系里没有外星人,太阳的 68 个邻居中,红矮星占 73.5%。美国科学家艾伦·博斯(Alan Boss)认为,发现红矮星中的宜居行星是"天文学领域的重要里程碑",因为地球附近恒星约 75% 是红矮星。Gliese 581 红矮星是距地球最近的 100 颗恒星中的一颗。

格利斯 581 是一颗红矮星,而红矮星不是一颗像太阳那样的恒星,这颗红矮星的亮度只有太阳的 1/50,比一般的红矮星还暗,质量只有太阳的 1/3,温度只有 3000 度,发出的光十分微弱,是一颗比太阳更暗、更小、更冷的恒星。

但是,格利斯581C行星离红矮星很近,不会很寒冷。行星围绕红矮星旋转一周需要13天,地心引力为地球的1.6倍,距离红矮星只有地球到太阳距离的1/14。

人们普遍认为,外星人是普遍存在的,而且高级智慧生命在地球上已经存在的事实促使人们瞄准了类似太阳那样的恒星、类似地球那样的行星,这样的恒星、行星也会有高等文明。这个"地球假设"类似陷阱那样,把人们寻找地外智慧生命的努力拘束起来了。然而,当天文学家们发现格利斯581系统以后,人们才对红矮星刮目相看。

几十年来,科学家认为红矮星附近根本不可能有智慧生命。假如红矮星周围有行星围绕,也会由于它们之间相距太近,行星完全被红矮星"锁定",就如同月球被地球锁定一样,行星将只有一面向着它的红矮星,而另一面永远处于黑暗之中。因此,这个行星将出现极端恶劣的环境:在黑夜的一面任何大气气体都将被冻结,白昼的一面却完全暴露在恒星射线的照射之下。难以想像,这样的行星环境会有生命存在。于是,红矮星几乎毫无争议地被排除在地外生命探索目标的名单之外。

但是,美国科学家提出,红矮星可能更适合孕育生命。美国维拉诺瓦大学的科学家最近在美国天文学会的一次学术会议上说,他们计算了20颗红矮星的辐射,发现如果一颗行星的大气层和磁场足以散射和反射有害射线,其环境就适合生命存在。此外,尽管引力作用会逐渐使行星以固定的一面对着红矮星,另一面得不到光照,但空气流动能传递热量,使行星背阴面也温暖有如夏夜。

计算机模拟显示,如果有行星近距离围绕M型红矮星运行,大气会相当浓厚,大气环流也相当活跃,能把行星光照面的热量运到阴面,类似太阳系的金星那样。1967年6月11日发射的"金星4号"探测器,用降落伞向金星投放了一个装置,测得金星大气的压力是地球大气的90倍,大气密度是地球的60倍。金星大气外围风力很大,风速达每小时350千米,而金星表面风速却很低,风速只有每小时3千米。如果行星围绕M型红矮星运行的距离再远一点,行星直径再小一点,便可以保持行星大气温度在合理的范围内。

红矮星上的核聚变很缓慢,这使它们的寿命非常长。第一个10亿年有剧烈的活动,包括频繁的闪焰;第二个10亿年就逐渐缓和;第三个10亿年就非常稳定了。它的寿命很长,可以保持几十亿年甚至更长久的稳定状态,这对生命发展是有利的。与之相比,太阳只能再支持地球生命50亿年,此后将变成红巨星,把地球烤焦并吞噬。

（九）类似太阳的恒星：天苑四（波江座 ε 星）

在太阳附近还有一些类似太阳的星，可能有地球那样的行星。天苑四（波江座 ε 星）是一颗光谱型 K2 的恒星，它是波江座内最靠近太阳的恒星，太阳的第九邻居，视星等 3.73，亮度是太阳的 28%，绝对星等 6.19，位置在赤经 3 时 32 分 55.8 秒，赤纬 −9°27′30″，距离太阳 10.522 光年，质量是太阳的 0.85 倍，直径是太阳的 0.84 倍，温度 5073 ±42 K。它的年龄小于 10 亿岁，是颗年轻的恒星。因此，这颗恒星的磁场活动比太阳强，而恒星风的强度估计是太阳的 30 倍；自转也比较快，周期约为 11.1 天。天苑四不仅质量和直径都比太阳小，它的金属丰度也比较低，在它的色球层中铁的含量只有太阳的 74%。

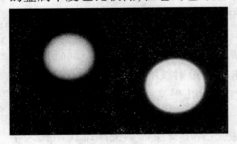

图 2-7 天苑四（左）和太阳大小的比较　　图 2-8 天苑四行星清空了轨道上的尘埃

2008 年，天文学家们证实有一颗行星天苑四 b 环绕着天苑四恒星运转。这颗恒星还有两条小行星带，一条在大约 3 天文单位的距离上，另一条在 20 天文单位上。天苑四 b 是类似木星的行星，它的轨道周期是 2502 天，与天苑四的平均距离为 3.4 天文单位，有一个非常高的偏心率（偏心率 0.7），穿越在 3 天文单位处的小行星带。这颗行星穿越小行星带时会很快地将轨道清空。天苑四是距离太阳最近的已知拥有行星的类日恒星，还可能有一颗低质量的行星天苑四 c 在 40 天文单位的距离上，以低于 0.3 的离心率运行着。没有第三颗或更多木星等级的行星存在于这个系统内。

天苑四 b 行星有木星那么大，穿越小行星带，把大量气体吸收到它的怀抱，高椭圆轨道，恒星风比太阳强 30 倍。天苑四 c 的轨道在离天苑四 40 天文单位的距离上，而天苑四的亮度只有太阳的 28%（海王星离太阳的距离 30 天文单位，它的表面温度是 −173℃）。这样的行星会有生命吗？所以，天文学家们估计，在天苑四周围的轨道出现适居行星的可能性只有 3.3%。

我们的太阳是一颗 G 型星，寻找地外智慧生命计划的目标是比太阳热一点的 F 型星，或者比太阳冷一点的 K 型星。天苑四正好是一颗 K 型星。目前已经搜寻了约 25 万颗这样的星,仍然一无所获。人们不曾将 M 型星作为搜寻目标,因为 M 型红矮星质量太小,亮度太低,除非行星非常靠近母星,生物才能得到满意的温度;行星太靠近母星又容易被母星锁定,失去正常自转,一面永远朝向母星形成滚烫的地狱,一面背向母星形成冷酷的冰宫,不会有液态水,不会有生命。更不能容忍的是 M 型红矮星经常发生"闪焰",还伴随着紫外线和 X 射线,会损害生物的 DNA,所以类似太阳的恒星天苑四就让人刮目相看了。在天苑四周围的轨道出现适居行星的可能性有 3.3% 已经不小了。

天苑四色球层的磁场活动比太阳活跃,整颗恒星的磁场活动是不规则的,但它可能有 5 年的周期性变化。光度计的观测证实天苑四的表面也像太阳一样有微差转动,因此自转周期会随着纬度改变,从 10.8 天至 12.3 天不等。

高程度的色球活动、比较强烈的磁场和比较快速的自转,都显示天苑四是一颗年轻的恒星。相对于太阳,天苑四的外层大气看起来比太阳热,这是它的恒星风比太阳强 30 倍、大量物质损失造成的。

根据天苑四空间速度 20 千米/秒、距离银河中心 8800 秒差距、偏心率 0.09 的轨道上运转状况推算,在过去的数百万年间,曾有三颗恒星近距离(2 秒差距)与天苑四擦肩而过,最近一次大约是在 12500 年前与卡普坦星的遭遇(卡普坦星是 M1 红矮星,绝对星等 10.87,温度 3800 度,目前距离太阳 12.777 光年),但这些遭遇都被认为没有进入天苑四的引力圈,没有造成"引力控制这两个系统"的影响。天苑四大约在 105000 年前最接近太阳,当时的距离大约只有 7 光年。

天苑四 c 距离天苑四 40 天文单位,以低于 0.3 的偏心率运行着,外围有一颗行星存在,会对附近有彗星体的小行星带造成摄动效应,使得其中有些天体进入系统的内部,并且可能会掠过任何一颗行星的轨道。因此,如果有一颗类地行星,可能会遭遇到更多的陨星撞击。

因为天苑四有能力形成类地行星的特点,也许会发现比地球小的行星,故它依然是 NASA(the search for extra-terrestrial intelligence,搜寻地外智慧生命计划)的目标之一。

波江 ε(天苑四)是一颗"类日恒星",它的周围环境很好,空间也很"干净",天文学家们正在观测它,希望它有像地球那样的"类地行星",希望有外星人。如果地球上一艘速度为 30 千米/秒的宇宙飞船(是飞机速度的 100 倍,是炮弹速度的 30 倍),从地球飞行到波江 ε 星附近,往返一次需要 22 万年。如果有人说,他们看到了一个晃晃悠悠的飞碟,是外星人的宇宙飞船,你还信吗？这么个晃晃悠悠的飞碟能飞到地球上来？

（十）类似太阳的恒星：天仓五（鲸鱼τ）

天仓五（鲸鱼τ）是一颗在质量和恒星分类上都和太阳相似的恒星，直径是太阳的81.6%±1.3%，质量是太阳的90%，与太阳的距离的12光年，是一颗接近太阳的恒星。天仓五是颗金属含量稀少的恒星，人们推测它拥有岩石行星的可能性较低。根据观测结果，它周围的尘埃是太阳系的10倍，说明天仓五有行星盘和小行星带。这颗恒星十分稳定，只有少量的恒星变异。

通过天体位置和径向速度的测量并未发现天仓五有伴星，但这只排除了大的伴星。因为有比太阳系大几倍的尘埃盘和小行星带，任何环绕着天仓五的行星都将面对比地球更多的撞击事件，尽管这些事情导致行星不适宜居住（任何行星与地球相比都逊色），但它和太阳类似，必然引起地球人对它的兴趣，它是地外文明计划（SETI）搜寻的目标。

天仓五是肉眼可以看见的视星等为3等的暗星。从天仓五看太阳，它也只是在牧夫座内的一颗3等星。天仓五径向速度大约是−17千米/秒，负值表示它向太阳方向运动，空间速度大约是37公里/秒。这个速度可以用来计算天仓五穿越银河的轨道半径，平均半径约为32000光年，轨道偏心率是0.22（太阳的偏心率为0.1），自转周期约为34天（太阳赤道附近的自转周期为24天，极区附近自转周期为34天），自转速度大约是2.5千米/秒（太阳赤道自转速度为2千米/秒）。天仓五非常像太阳，它的自转轴朝向地球。

天仓五的光度大约只有太阳的55%，这就可以计算出它的一颗类似地球的行星只有在0.7天文单位轨道上绕行，才能得到如同地球所获得的太阳照度，保持液态水，平均温度20度左右（地球的平均温度14度）。如果想找到这颗类似地球的行星，就在0.65到0.75天文单位处找，小于0.65天文单位那就太热了，是水星的位置，大于0.75天文单位那就是火星的位置了。

观测表明，天仓五的色球层呈现很少或没有磁场的活动，它的米粒组织和色球层没有明显的系统性变化，而且有微弱的类似太阳11年活动周期循环，正处于类似太阳极小期的低活动阶段。我们可以推测天仓五表面的黑子非常少，耀斑也非常少，显示这是颗稳定的恒星。

天仓五处在主星序阶段，它的化学成分主要是氢和氦，但它的铁丰度比太阳低得多。低的铁丰度显示天仓五是比太阳更早诞生的老恒星。对它的年龄的估算差别很大，模式不同，估算的年龄也不同，有的估算为44亿年，有的估计为100亿年，还有的估计为120亿年（太阳50亿年），平均值为88亿年。

根据天仓五的自转、谱线、辐射测量天仓五的表面重力的对数值,大约是4.4,非常接近太阳的 log g＝4.44。

2004 年,一组由珍·格里维斯(Jane Greaves)领导的英国天文学家发现天仓五尘埃和小天体的总量十倍于太阳系彗星和小行星。天仓五行星遭受大撞击事件的频率十倍于地球。格里维斯说道:"天仓五任何一颗行星都可能经历消灭恐龙的小行星撞击事件。"所以,人们希望天仓五应该有一颗木星,把小行星和彗星吸引到它的怀抱,成为天仓五的保护神。

天仓五的"岩屑盘"出现在距离天仓五 3.5 天文单位处,它的外径在 5.5 天文单位,尘埃盘的外层温度 -210 度左右,与冥王星的温度(冥王星阳光下的温度为 -223℃)差不多。这个巨大的岩屑盘已经位于适居带的外面,对天仓五的适合居住的行星威胁不大。为什么距离天仓五 3.5 天文单位之内岩屑少呢? 是因为大量的岩屑被恒星天仓五吸收。为什么距离天仓五 5.5 天文单位之外岩屑也少呢? 距离天仓五 5.5 天文单位之外可能有一颗冷木星,存在着周期短于 15 年、质量大于木星的行星的可能性(木星和太阳之间的平均距离 5.2 天文单位,它围绕太阳转一周需要 12 年)。

由于天仓五没有伴星,没有热木星,与太阳质量相近,非常稳定,很少有磁场活动,有生命进化的时间,如此大的相似,而它亦可能拥有行星并孕育生命,所以天仓五适合做第二颗太阳。而天仓五比起太阳还是逊色的,那就是天仓五尘埃和小天体的总量十倍于太阳系彗星和小行星;像天仓五这种低金属量恒星拥有行星的几率不大。尽管如此,天文学家杜布尔评论说:"如果上帝将我们投入到另一个星球,我最想居住的地方是鲸鱼 τ(天仓五)。"每位天文学家都有一颗最偏爱的天体。

天文学家们使用最先进的设备,投入巨大的资金,孜孜不倦地对波江 ε、鲸鱼 τ 进行光谱分析,看看它们是否有水的光谱、植物的叶绿素光谱,行星上空人类活动的无线电波和汽车排出的氰,但两年的观测没有取得一点收获。尽管人们尽了很大的努力,但仍然没有找到天仓五的行星。

外星人就在我们太阳系周围

看过太阳附近的恒星,类日恒星以及红矮星几乎都有行星,不免得出这样的结论:外星人就在我们太阳系周围。理由是:

1. 红矮星能使外星人进化100亿年。根据RECONS（近距恒星调查协会）统计，在10秒差距（一秒差距＝3.26光年）范围内的348颗恒星中，有239颗是红矮星，约占69%。红矮星一般只有太阳质量的0.2左右，数量庞大，总质量也超过其他星体的质量总和。红矮星质量很小，把氢燃烧成氦的过程也很漫长，有的几太年以后还在发出耀眼的光芒。大部分红矮星的亮度没有大起大落，它诞生10亿年以后几乎没有耀斑和黑子，从诞生到死亡，它的大小、亮度、温度都几乎不变，是十分稳定的星，在那些合适的行星上，人类有足够的进化发展时间。

2. 太阳附近20光年范围内环境很好。太阳系在银河系两个旋臂之间，那里没有高辐射的蓝色巨星，没有O型星、B型星和A型星，没有大质量恒星，没有超新星，亮星也不多，星云也很少，红矮星却很多，类似太阳的恒星也不少。这里有外星人居住的良好环境。

3. 太阳系已经有人类存在这样的事实。红矮星格里斯581有地球那样的行星，随着人们思维的转变、技术的提高，预计这样的行星今后会如雨后春笋般地出现。有的陨石也存在氨基酸，它们有的可能来自太空。观测表明，在红矮星的行星盘上，发现有机含碳分子，有机分子是所有生命的构成基石，在太阳系里，除地球以外，还能在彗星和土卫6上看到它们的踪迹。人们知道氢、碳、氮、氧、磷是地球上人类生命五大基本元素，在太阳系附近的天体上，这五大基本元素一个也不缺。地球人是碳基的，但没有一位科学家敢说外星人也是碳基的，外星人也许是硅基的，也许是氨基的。

4. 有大量的行星存在。比邻星可能有一颗大质量行星；巴纳德星有两颗木星级的行星；沃尔夫359可能有水星那样的行星；拉朗德21185恒星有两个木星；鲁坦726－8是双星；天苑四b有类似木星的行星；鲸鱼τ有一个与太阳系一样大的尘埃盘……因为我们的观测水平还不够先进，像地球那样的行星难以辨认，类似地球那样的行星应该有很多。我们的太阳系里有"类地行星"（水星、金星、地球、火星）、"类木行星"（木星、土星、天王星、海王星）和"类冥矮行星"（谷神星、冥王星、阋神星）。类似月亮的卫星目前确认的就有143颗（地球1颗，火星2颗，木星63颗，土星37颗，天王星27颗，海王星13颗），还有很多没有发现，卫星数量还会增加，或者有的卫星太小，没有计算在内。此外，柯伊伯带有数十亿颗彗星，奥尔特云有数万亿颗彗星，连小行星带算在一起，足有50个地球质量。

这么多物质从哪里来？太阳系附近的恒星不产生这些物质，分明是由40

光年大的"天狼——太阳宇宙星云"遗留下来的。"天狼——太阳宇宙星云"又是从哪里来的呢？是第一批和第二批大质量恒星产生的。这两代"老祖宗"质量都很大，它们中心产生的化学元素是无与伦比的。中国有句名言：物以类聚。红矮星、人类、地球和太阳类聚在一起了。北斗七星辅星附近的红矮星也类聚到一起了，太阳周围与它非常类似。所以不妨大胆推论：外星人就在我们太阳系周围。

图 2-9　NGC 3603 星云中的大质量恒星类聚　图 2-10　大熊座 80（辅星）附近红矮星类聚

太阳系可能出现两个太阳

太阳系周围的一颗 GL710 星（Gliese Gl710）正在向太阳方向运行，目前它的位置在赤经 18 时 19 分 51 秒，赤纬 −01°56′19.1″。根据伊巴谷卫星的测量，140 万年以后运行到离太阳 0.63 光年处（39840 天文单位）。那时地球夜空将出现一颗耀眼的亮星，像猎户 α（参宿四）那样明亮。包括奥尔特云在内的太阳系的半径只有 1.5 光年，那时侯 GL710 星横穿太阳系的奥尔特云，使奥尔特云受到强烈的冲击，乱飞的彗星四处狂飙，GL710 星俘获一批彗星扬长而去。同时，也使奥尔特云中的大量彗星改变运行轨道，一部分陆续进入地球轨道，地球人会看到大批彗星出现。如果 GL710 星横穿太阳系的奥尔特云扬长而去，则太阳安然无恙，地球也安然无恙。

如果 GL710 星所处的路线是伊巴谷卫星测量的下差，GL710 星更靠近太阳，太阳系将有翻天覆地的变化。当它运行到距离太阳 1.5 光年的时候，已经进入太阳的引力圈，在太阳的引力下加速向太阳靠拢。如果 GL710 星靠近冥王星的轨道将被太阳捕获，在太阳和 GL710 星重力的牵引下，它可能与太阳形成双星，但不会与太阳相撞，只是互相环绕着旋转。GL710 星变成长椭圆轨道,从此太阳系出现两个太阳。两个太阳相互绕着旋转,它们的引力作用也跟着变化,它们周围的行星天体受到扰动,有的互相碰撞形成碎块,产生高温,然后被星风吹散。

室女座γ双星的质量各为太阳的1.4倍,两星之间的距离在近星点只有5.3天文单位,相当于太阳到木星的距离;远星点有83天文单位,是太阳到冥王星距离的2倍(冥王星离太阳39.6天文单位),公元2092年过远星点。难道GL710星与太阳也和室女座γ星那样成为双星?常见的双星的距离是10天文单位,远的有10万天文单位,那时GL710星与太阳只有4万天文单位。房宿四(天蝎座β)两颗成员星之间的距离有2200天文单位,目视双星开阳和辅星之间距离3光年。著名的比邻星距离南门二主星13000天文单位,约合0.21光年,以圆形轨道围绕两颗主星旋转,周期约50万年。GL710星也和比邻星那样可能围绕太阳旋转。

蛇夫座GL710星是一颗暗淡的红矮星,桔红色,星等9.66,质量只有太阳的一半,目前距离太阳63光年。

太阳曾经遭遇过恒星

太阳系诞生以来,曾经遭遇过恒星。美国犹他州大学物理学家 Ben Bromley 和天文学家 Scott Kenyon 通过计算机模拟显示,大约40亿年前,一颗恒星以高度倾斜的轨道闯入太阳系。

图2-11　一颗恒星闯入太阳系　　引力控制了两个系统　　两个系统都捕获对方天体而去

当闯入的这颗恒星和太阳的距离达到近星点220亿至300亿千米时,引力控制了这两个系统。当这颗恒星远离的时候,它不但把小的、背道而驰的边缘行星"丢给"了太阳系,同时也可能捕获了太阳系的小天体。被太阳系捕获的行星可能就是赛德娜星。赛德娜星的直径为 1930 千米,它一反常态,从西方升起而向东方落下,是逆行的,它高度扁椭的轨道是太阳的引力将它捕获时造成的。人们认为,赛德娜星是外来物,不是土生土长的,它与太阳的距离为 96 亿千米(64 天文单位)。被太阳系捕获的行星可能还有一颗 1520 千米、代号为 2004DW 的行星。看来,40 亿年前的恒星只是进入了太阳系的边缘。

恒星之间的距离很大,它们运动的相对速度很慢,太阳遭遇恒星的机会很小。科学家们推测,太阳诞生 50 亿年以来,与另外一颗恒星近距离(小于 1.5 光年)相遇的几率只有两次;而太阳与另外一颗恒星直接相撞则需要 4.8×10^{19} 年,这个数字明显超大,比银河系的年龄 130 亿年还大得多。因为计算这个数字时,人们假设太阳附近的恒星不动(有的恒星比太阳运动还快),太阳的运动直接撞上了恒星。这也道出了实情,银河系自从诞生以来,太阳不曾与另外一颗恒星直接相撞。观察球状星团中两颗恒星直接相撞的"蓝离散星",与太阳有巨大的区别就是佐证。

太阳系可能遭遇黑洞

2002 年 11 月 19 日,法国天文学家证实,一些巨大的黑洞目前正在以比周围的恒星高出四倍的速度穿过银河系,并且大致方向是朝着地球而来的。如果它向地球逼近,它将凭借其几乎无限大的引力,在一瞬间将地球吃掉。

科学家们发现这个黑洞正以每秒 500 英里的惊人速度向我们扑来。它的质量是太阳的 10 倍。当它距离地球还有 3 亿公里时候,黑洞将把地球捕获。黑洞比月亮的潮汐力大 2 亿倍,将引发凶猛的洪水、剧烈的地震和 200 米高的海啸……当黑洞来到距我们 700 万英里的地方时,人们自身的重量消失了,像一场飓风把已经失重的人们向上卷起,同时被卷起的还有岩石、汽车、海洋……最后,黑洞强大的引力把地球撕成碎片,并在宇宙中蒸发,形成一个数百万度高温的等离子盘。这是美国天文学家菲利普·布雷特在《地球的终结:未来世界是这样走向消亡的》一书中叙述的。

不论太阳系遭遇恒星还是地球遭遇黑洞,都是 100 多万年以后的事。100 万年对于我们人类来讲简直是个天文数字。在这个漫长时间里,不知还有多少变数。

牛郎织女星

夏天晴朗的天气,一条由恒星组成的银河横跨夜空。织女星位于银河的西岸,牛郎星位于银河的东岸,两颗星遥遥相对。农历七月初七前后,牛郎星和织女星运行到天顶。它们的明亮引人注目,它们的故事家喻户晓。

图 2-12 银河系

唐代诗人杜牧的《秋夕》多么悠闲雅致:

银烛秋光冷画屏,轻罗小扇扑流萤。

天阶夜色凉如水,卧看牛郎织女星。

天琴座最亮的星是天琴 α(中文名织女一),俗称织女星,是一颗很明亮的星。根据她的运行方向和速度,1.2 万年以后,我们的子孙后代将看到织女一在北极,她是一颗候补的北极星。公元13600年,北天极将要遇到最耀眼的北极星,就是这颗天琴座的织女星,在位3000年。

织女星是全天第五亮星,她曾经是我们祖先在1.4万年前的北极星。织女星离我们有26光年,星等0.1,比太阳亮60倍,赤道直径是太阳的2.69倍,质量是太阳的2.5倍,表面温度10000度左右(太阳6000度)。织女星的自转非常快,自转周期13小时(太阳自转一周27天),自转轴和视线方向夹角只有5度,所以人们称织女星是"快速自转的极向恒星"。织女星赤道自转速度是245千米/秒,临界自转速度422千米/秒。如果达到临界自转速度,织女星就会甩出很多物质。

图 2-13　织女星　　　　　　　　　　图 2-14　太阳

织女星是光电测光和光谱分类的标准星。从织女星照片上可以清楚地看到,织女星有一个亮核。有人猜测,这是因为有一颗直径2000千米的星撞击造成的,亮核是残骸盘,外面被巨大的尘埃盘环绕着。织女星与我们的太阳有巨大的区别。我们看到的太阳光球,是由不透明的气体组成的,所以它的界限很清楚。太阳的直径就是根据光球来确定的,织女星没有明显的光球界限。

如果说织女星是位女性,那么,她非常年轻,只有3.5亿岁,处在豆蔻年华阶段。太阳已经50亿岁了,处在壮志凌云阶段。红巨星毕宿五已经110亿岁,处在老气横秋阶段。天文学家们利用钍和铀元素谱线来估算恒星的年龄,它们有非常长的半衰期。银河系中的恒星HE1523-0901是最古老的,它的年龄132亿年,几乎与宇宙的年龄一样古老(美国宇航局空间探测器测得的宇宙年龄为137亿年)。织女星太年轻了,不曾有过儿女,或者说她没有行星系统,既没有像地球、火星、金星那样的"类地行星",也没有像木星、土星、天王星、海王星那样的"类木行星"。所有自转非常快的星都没有行星系统,或者说行星系统正在形成。

如果有 10 岁、50 岁和 100 岁的人在一起，我们一下子就能认出哪位年轻，哪位年老。同样，天文学家们对天上年轻的早型星和年老的晚型星也一目了然。在主星序里，质量较大的，光谱型 O、A、B 型的，明亮、灼热、稳定的那类星，就是年轻的早型星；质量较小的，光谱型 K、M 型的，比较暗、比较冷的那类星，叫做晚型星。织女星的光谱型 A0，年龄只有 3.5 亿岁。牛郎星的光谱型 A7，也十分年轻。给牛郎星和织女星编一段爱情故事，在年龄上是非常匹配的；如果把织女星和毕宿五编一段爱情故事，一个 3.5 亿岁，一个 110 亿岁，那可成了笑话了。

天鹰座最亮的星是天鹰 α（河鼓二），它有很多中文名字，如牛郎星、牵牛星、属牛宿、大将军等。它的国际专名是 Altair。牛郎星与织女星隔银河相望，传说中的一对儿女就在牛郎星两侧，一个是天鹰 β（河鼓一），一个是天鹰 γ（河鼓三），与牛郎星构成民间所说的扁担星。牛郎星是一颗单星，光谱型 A7，直径是太阳的 1.7 倍，光度是太阳的 8 倍，表面温度 7000 度左右，距离地球 16.8 光年。牛郎星自转一周需要 7 小时，自转速度非常快，自转轴倾角约 35 度。牛郎星的高速自转，导致它的赤道直径非常膨大，赤道直径是极直径的 1.8 倍，所以，人们形容牛郎星是"扁球状的牛郎星"。

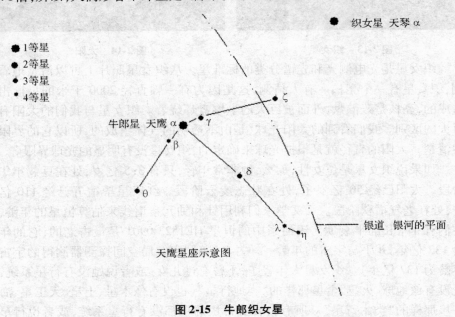

天鹰星座示意图

图 2-15　牛郎织女星

　　每年七月七日,织女选择这个吉利的日子与牛郎相会。古代民间传说,天上的织女七夕(每年农历七月初七晚上)渡银河与牛郎相会,成千上万的喜鹊,翅膀与翅膀相连,在银河上搭起渡桥,叫做鹊桥,让织女星渡过银河与牛郎星相会。

　　织女脚踩"雀儿桥",含情脉脉,穿过银河系与牛郎相会;牛郎手挽一对儿女,苦苦地在银河系东岸等待,情意绵绵。宇宙中确实有物质桥,但不是雀儿搭的。太阳章节介绍了两星之间的物质桥,两个星系之间也有物质桥。NGC8335 的两个星系之间就有物质桥,两个明亮的部分是两个星系核心,中间是由恒星和尘埃组成的物质桥。这样的物质桥织女不愿意走。

图 2-16　两个星系之间也有物质桥

　　牛郎和织女的探亲假只有一天,2006 年是两天(闰七月),而且路途非常遥远,牛郎星和织女星之间的距离是 16 光年,1 光年就是星发出的光线以 30 万千米/秒的速度运行一年所走的距离。如果织女星面对牛郎星发出亲昵的一线目光,牛郎星 16 年以后才能看到。正如古诗中所写:

　　　　　终日不成章,泣涕零如雨。

　　　　　河汉清且浅,相去复几许?

　　　　　盈盈一水间,脉脉不得语。

牛郎星和织女星相距如此遥远，还脉脉不得语，只能用"目语"传递感情，怎能维持新婚和生儿育女时的夫妻感情呢！更让人遗憾的是，牛郎星以26千米/秒的速度向太阳方向运行，织女星以14千米/秒的速度也向太阳方向运行，而且，还有一个不小的运行夹角，两者之间的距离不断拉大，哪还有机会相会呀。眼见得无情郎牵挽着一对儿女，要把痴情女甩掉！

天上、人间不一样，不论牛郎星还是织女星，它们是由最简单的氢和氦组成的物质，氢和氦的比例非常悬殊，牛郎星和织女星之间是没有感情的；我们人类是由氢、碳、氮、氧、磷五大基本元素组成的人类生命，五大基本元素非常匹配，不多也不少，是最优秀的黄金组合，所以他们有感情，而且感情深厚，喜、怒、哀、乐、愁样样皆有。地球上有成千上万的情人选择农历七月初七喜结良缘。七夕是个好日子，是最吉利的日子，织女星也选中这个好日子。"七月七"是所有情人的专利品牌，所以喜鹊祝贺，嫦娥羡慕，七仙女模仿，牛郎织女星也赞赏。

两个太阳的世界

人们已经习惯天上只有一个太阳。其实，宇宙中大多数是两个太阳的世界，颜色也不全是"金色的"。

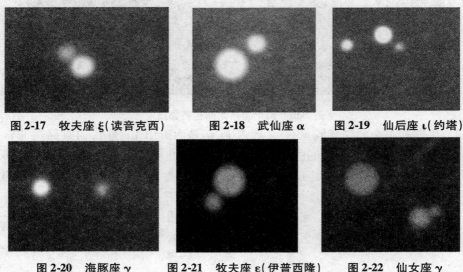

图2-17 牧夫座 ξ（读音克西）　　图2-18 武仙座 α　　图2-19 仙后座 ι（约塔）

图2-20 海豚座 γ　　图2-21 牧夫座 ε（伊普西隆）　　图2-22 仙女座 γ

仙王座 δ 主星的颜色为黄色,伴星的颜色为蓝色,仙后座 η 的颜色是黄色和红色,巨蛇 θ 双星都是白色,巨蛇 δ 双星都是淡蓝色,蛇夫 70 双星都是玫瑰色……有的双星共用大气,有的与黑洞为伍,有的相互交食,有的颜色各异,有的形象如卵蛋,有的高速旋转似风车,还有的双双喷环,亮度变幻无常……大部分是两颗异常接近的星组成的一对,因为这对恒星之间的距离非常近,肉眼看上去像一颗星,有的大型望远镜也很不容易分辨。即使一个双星离我们只有 5 秒差距(16.3 光年),用一般天文望远镜也不能把它们分辨开来。然而,也有目视双星。北斗七星的开阳星就是目视双星,它的伴星被命名为辅星,轨道周期约 60 年,是中国古代最早发现的目视双星。

把大熊星座中的七颗亮星看做一个勺子,这就是我们常说的北斗七星。这个大勺子恰好是一季度指一个方向,斗柄东指是春天,斗柄南指是夏天,斗柄西指是秋天,斗柄北指是冬天。勺柄第二颗,也就是大熊星 ζ 星,中文名开阳星,它旁边还有一颗暗星,叫大熊座 80(辅星)。开阳星和辅星构成了一对目视双星。虽然北斗七星斗柄能告诉我们四季,能指出地球的北天极,而且开阳双星与我们的"60 年干支次序"多么匹配,但是地球始终与它们没有关系,只是天地之间的巧合而已。

双星在天空中的比率是非常高的,天文学家艾肯特得出每三星中就有一颗是双星的结论。在太阳附近的 5 秒差距范围内的 39 颗恒星中,就有 26 颗是双星和聚星,约占 60%。天文学家们对太阳附近的星的认识是比较准确的。天文学家柯伊伯研究太阳附近 11 秒差距的星,得出的结果更让人惊奇:11 秒差距内 80% 的星是双星。宇宙的成员双体星是常见的,单体星是少见的。近距离双星发生的数量远远高于地球上的母鸡生的双黄蛋的数量,双蛋黄靠得很近,共用一个蛋清。就连太阳,也有人认为是双星,它的伴星是天蝎 18(还有人认为 GL710 星是伴星),距离太阳 46 光年。人们只见过小于 3 光年的双星,太阳和天蝎 18 相距 46 光年,它们之间的引力微乎其微。看来太阳确实是单体星,天蝎 18 不是太阳的伴星,也不是太阳的孪生兄弟,只是与太阳相似而已。

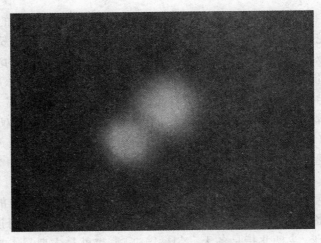

图 2-23　瓦特巴德望远镜拍摄的双星

　　双星是由两颗异常接近的星组成的,它俩相互环绕着运动,这样的双星叫做"物理双星"。有的双星虽然是由两颗异常接近的星组成,但是,它们是偶然地凑合而形成的,这样的双星叫做"光学双星"。钱德拉空间望远镜拍摄的两颗恒星近距离时两星之间的物质桥,主星正处在红巨星阶段,是太阳直径的600倍,燃料已经耗尽。伴星是一颗地球大小的白矮星,将主星变成卵形星,同时将主星物质吸引而形成了物质流(请看"太阳系在气体云团中形成"一节的照片)。

　　斯必泽空间望远镜对猎犬座 RS 双星进行长时间观测,发现两颗子星靠得太近,只有 300 万千米,是太阳到地球距离的 2%。比较大一点的主星将伴星锁定,伴星失去自转,它的一面永远对准主星,就像月亮的一面永远对准地球那样。

　　一般的双星两个子星自转得都很快,因此有很强的磁场活动。两个子星相互绕着旋转,它们的引力作用也跟着变化,它们周围的行星天体受到扰动,必然互相碰撞,形成碎块,产生 2000 多度的高温,甚至被星风吹散。行星天体被碰碎、被吹散,自然双星就没有行星系统了;没有行星,也就没有外星人了。斯必泽空间望远镜发现紧密双星周围有高温尘埃盘的红外辐射。天文学家们认为:双星周围行星间的碰撞不断产生新的尘埃碎块。

著名双星一箩筐

（1）御夫 α（中文名五车二），是一颗御夫座的 1 等星，是近距离的紧密双星，主星的质量是太阳的 2.7 倍，表面温度 4900 度，直径是太阳的 12 倍，体积是太阳的 2700 倍，视星等 0.2，绝对星等 0.5（太阳的绝对星等 5），光度是太阳的 78 倍。伴星的质量是太阳的 2.6 倍，温度为 5700 度，直径是太阳的 9 倍，光度是太阳的 77 倍。这对双星的距离在最远的时候也只有 1/20 弧秒，平均距离 1.26 亿千米，比地球和太阳之间的距离（1.5 亿千米）还近；偏心率 0.02，距离太阳 43 光年。此外，五车二还有一颗小伴星，星等 13.7，非常暗淡，总质量是太阳的 6 倍左右。主星与伴星的公转周期约为 104 年，目前它正以每秒 30千米的速度远离地球。

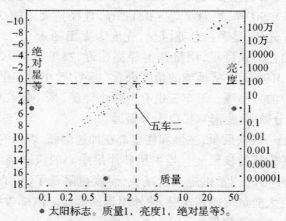

图 2-24　主星序质量与亮度的关系

（2）五车二（御夫 α）双星是最明亮的双星之一，是全天第六亮星，仅次于织女星。五车二非常明亮的原因是它们的质量比较大，主星的质量是太阳的 2.7 倍，伴星的质量是太阳质量的 2.6 倍，绝对星等 0.5，根据质量和光度的关系，分别是太阳光度的 78 倍和 77 倍。五车二的光度是有变化的，亮度变化在 2.9－3.8 等之间，变光周期 27 年。五车二的光度变化不是因为主星和伴星相互遮蔽，而是因为主星质量较大，其中心氢核反应已经结束，进入氦的核反应阶段产生碳和氧，"恒星的氦闪"使直径收缩或膨胀造成光度增亮或变暗。

五车二主星的氦闪是这样造成的：主星中心的 4 个氢原子核变成 1 个氦原子核的反应造成氢的含量不断减少，氦的含量不断增加，随着时间的推移，主星的中心形成一个以氦为主的氦核。从此，主星中心的 4 个氢原子核变成 1 个氦原子核的反应就结束了，中心的能量供应大量减少，温度也降低了，核心开始收缩。氦核收缩产生的巨大能量使氦核升温，当氦核温度达到 1 亿度左右时，氦发生热核反应，开始了 3 个氦原子聚变成 1 个碳原子的反应，五车二主星重新得到能量并开始膨胀。氦发生热核反应并不稳定，因为它需要巨大的压力和非常高的温度。当主星重新得到能量并开始膨胀、压力降低的时候，氦的核反应有可能熄灭，然后再度收缩。这样反复几次。天文学家们把这个过程命名为"恒星的氦闪"。氦闪有可能发生几次，氦闪产生的热脉冲和冲击波有效地将恒星核心产生的碳、氧等元素输送到外层。观测表明，发现主星有碳和氧的成分，而伴星却没有。

（3）五车三（御夫座 β）也是一颗著名的双星，是御夫座第二亮星，全天第 41 亮星，视星等 1.90 等，绝对星等 -0.11 等，直径是太阳的 3 倍，温度 8800 度，距离地球 85 光年，是颗白色亚巨星，光度为太阳的 45 倍。御夫座 β 的主星和伴星都是白色的次巨星，质量和半径都相近，视星等在 +1.85 和 +1.93 区间变动，周期 3.96 天。从地球的角度来看，每 47.5 小时其中一颗星就会部分地遮掩双星中的另一颗。五车三也有一颗小伴星，是一颗红矮星，它围绕双星旋转，亮度十分微弱，距离双星也十分遥远。

御夫座 β 是一颗次巨星，主星和伴星都在加速膨胀，表示它的核聚变开始由氢的核聚变转为氦的核聚变。当主星和伴星中心的氢燃烧结束时，产生以氦为主的氦核，中心的能量供应大量减少，温度也降低了，核心开始收缩。氦核收缩产生的巨大能量传递到外层，使外层迅速膨胀。内部收缩、外部膨胀的格局正是御夫座 β 的新格局。

（4）英仙座 β 星被阿拉伯人命名为"食尸鬼"的大陵五，是一对星光变化很有规律的交食双星，主星与伴星之间的距离为 1100 万千米，还不到地球到太阳距离的 1/10。

此外，渐台二（天琴座 β）也是交食双星，周期 12.9 天，主星抛出的强大气流一部分被伴星捕获，有频繁的物质交流，大陵五也是那样。像大陵五这样的双星还有很多，统称"大陵型变星"。大陵五是这种变星的一个典型代表。

一颗光学子星与一颗致密星（白矮星、中子星、脉冲星、黑洞）组成的双星数量也很多。天鹅星座里一颗比太阳大 30 倍的高温蓝巨星正在和一个看不见的不明物体彼此环绕着旋转,周期为5.6天,之间的距离只有3000万千米,比水星到太阳的距离还近。根据它环绕的轨道、速度和它的质量,计算出这个不明物体的质量是7个太阳质量,而且还不停地放射出X射线。经过15年的观测,确定这个不明伴星就是一个黑洞,编号GRS1915+105。

（5）南三角星座（TrA）MyCn18星云是非常罕见的天体,它中间的热星在爆发时喷射的物质形成两个粉红色的环,距离地球8000光年。为什么会喷射出两个环呢? 有人认为,它中间的热星是双星,主星和伴星质量相当,都曾经爆发过一次。主星毁灭了,伴星还在。

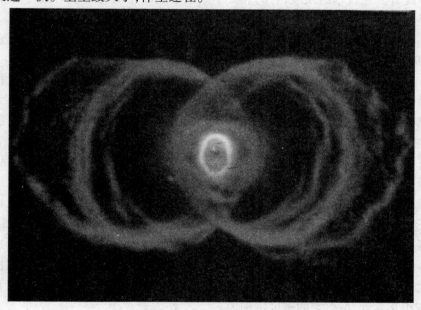

图2-25　整页大片1 南三角星座 MyCn18 星云

（6）东上相（室女座γ星）也是一颗著名双星,是室女座第二亮星,视星等2.7等,距离地球39光年,表面温度8000度,颜色淡黄,直径是太阳的2.8倍,是由两颗质量相同的星组成的。它们的质量各为太阳的1.4倍,比太阳亮得多,绝对星等2.34等。它们围绕共同的中心旋转,周期172年。两星之间的距离在近星点只有5.3天文单位,相当于太阳到木星的距离,公元2006年过了近星点。那时,两个恒星都变成卵形星。远星点有83天文单位,是太阳到冥王星距离的2倍（冥王星离太阳39.6天文单位）,公元2092年过远星点。双星中的距离,有的近到日地间距离的1/100,即和太阳的直径相等。

（7）房宿四（天蝎座 β）是房宿的第四星，是一对短命的双星。主星（房宿四1）和伴星的质量都是太阳的10倍。主星比伴星更亮。两颗成员星之间的距离有2200天文单位（一般为10天文单位），在双星中距离是比较远的，都是灼热的B型星，表面温度10000度左右。预计它们都会以超新星爆发的形式崩溃。

房宿四由两颗较大的恒星组成，都有一颗小伴星。让人奇异的是，小伴星只围绕主星旋转，而不是围绕双星的质心，距离主星约80天文单位。

随着分光技术的发展，有的天文学家把主星和伴星精确分光，似乎主星和伴星都是由两颗星组成的。如果被确认，房宿四就是颗五5联星了。

房宿四接近黄道，可以被月球和行星遮蔽（掩食），最近一次被行星掩食是在1971年5月13日被木星掩食。

（8）南河三（小犬 α）在冬季大三角的顶点，另外两颗是大犬座的天狼星与猎户座的参宿四。南河三是邻近太阳的恒星，距离太阳11.4光年，是太阳的第13邻居。南河三视星等0.5等，绝对星等2.8等，表面温度6500℃，颜色有些发黄。

南河三主星是一颗黄白色的恒星，光度是太阳的7.5倍，是一颗次巨星。伴星是一颗白矮星，两星之间的距离为16天文单位。主星中心的4个氢原子核变成1个氦原子核的反应已经结束了，中心的能量供应大量减少，温度也降低了，核心开始收缩。氦核收缩产生的巨大能量使氦核升温，也使外层膨胀，是氦核聚变反应的前奏。白矮星是小质量的恒星耗尽核燃料以后收缩形成的星。天文学家们对"白矮星本质"的研究表明，当白矮星的质量小于太阳质量的时候，组成白矮星的物质，仍然是原子＋电子层的结构。电子层能够阻止原子核相互靠近，虽然它的密度特别大。

（9）斗宿四（人马座 σ，读音西格马）是人马座的第2亮星，仅次于人马座 ε（伊普西隆）。主星质量是太阳的7倍，直径是太阳的5倍，温度2万度，在赤经18时55分、赤纬−26度（参考），视星等2.1，绝对星等−2.14，亮度是太阳的1200倍，光谱型B3，距离太阳228±5光年。

斗宿四有一颗视星等9.5的伴星，分光显示可能还有一颗更靠近的伴星。斗宿四靠近黄道，有可能被月球或行星遮蔽（掩食），最近一次被行星掩食是在1981年11月17日，那时斗宿四被金星遮挡。

（10）恒星BD-2205866是一颗比较明亮的恒星，用大型望远镜观测是一个亮斑，用光谱分析方法观察是一颗四联星。它的第一组成员的两星之间的距离只有 0.06 天文单位（水星到太阳的距离 0.39 天文单位），环绕周期 5 天，环绕速度 133 千米/秒。距离近、周期短、速度快，意味着不久就会并合。它的第二组成员两星之间的距离为 0.26 天文单位，环绕周期 55 天。这两对恒星又互相环绕在一起，环绕最远距离也只有 5.8 天文单位（木星到太阳的距离 5.2 天文单位），形成一个名副其实的异常接近的四联星。

（11）巨蟹座 HM 星是一对由白矮星组成的双星。两星的距离很近，只有 10 万千米（地球与月亮的距离是 38.44 万千米），轨道周期只有 5.4 分钟。两星不断靠近，两星之间还有物质桥相连。

白矮星是小质量的恒星耗尽核燃料以后坍缩形成的星，密度很高。巨蟹座 HM 星就是一对罕见的由这样的白矮星组成的双星。

此外，著名双星还有天狼星（大犬 α），总质量 3.8 太阳质量；双子 α（北河二），总质量 3.9 太阳质量。天空中 21 颗亮星中的双星质量，没有一颗超过 10 倍太阳质量的。

天鹅 β 星是由一颗明亮的黄色主星和一颗美丽的蓝色小伴儿星组成的双星；巨蟹 ζ 是三联星，是三个太阳的世界；天琴 ε 是四联星，是四个太阳的世界；猎户座大星云里的六联聚星是六颗蓝色的星，沉浸在淡绿色的光辉里面。

人马座有一颗异常接近的双星，两颗星的距离只有 30 多万千米，比地球到月亮的距离还近，比太阳的直径还小，是一颗异常接近的双星。主星是一颗脉冲星，伴星是一个氦球。两星的燃料都已经耗尽，旋转周期 54.7 分钟，被命名为 SWIFT J1756.9-2508。它为什么如此奇异？应该这样解释：

几十亿年以前，人马座诞生一对双星，主星的质量是太阳的 30 倍，亮度是太阳的 100 万倍；伴星的质量是太阳的 2 倍，亮度是太阳的 10 倍。两星围绕一个共同的中心旋转，运行得非常和谐，十分辉煌。刚诞生几亿年以后，主星就超新星爆发了。超新星爆发是一次分崩离析的爆炸，几乎把全部能量突然释放出来。质量过大、亮度过高的主星是非常不稳定的，爆炸喷射出大量物质，这对伴星是一次脱胎换骨的"洗礼"。爆炸剩下的残余只有一个坚实的星核，密度非常大，形成了一颗脉冲星。伴星虽然受到致命的打击，毕竟还是生存了下来，但它的质量、运行轨道有了巨大的变化。不久，这个双星系统又稳定下来了。

随着时间的推移，占伴星直径 12% 的中心，4 个氢原子核变成 1 个氦原子核的反应使氢的含量不断减少，氦的含量不断增加。大约又过了 20 亿年，伴星的中心形成一个以氦为主的氦核。从此，伴星中心的氢核反应结束了，能量供应大量减少,温度也降低了,核心开始收缩。氦核的收缩产生的巨大能量使伴星外层迅速膨胀,表面积迅速扩大,变成了体积很大、温度较低、密度很小、颜色偏红的红巨星。氦核收缩产生的巨大能量也使氦核升温。氦核还没有来得及被"点燃",伴星的大部分外层被主星掠去,导致孤零零的氦星与主星的脉冲星共用一个壳层。人们这才看到脉冲星和氦星的"对食"。氦星的质量减小了,没有机会再被"点燃"了,轨道也发生了巨大的变化,氦星不断向主星靠拢。目前主星和伴星之间的距离只有30万千米,比地球到月亮的距离还近。人们也许能看到它们死亡后的合葬。

此外,有名气的双星还有天枢(大熊α)、库楼七(半人马γ)、天津(天鹅δ)、斗宿六(人马ζ)、天纪二(武仙ζ)、贯索增三(北冕η)以及大熊ξ、白羊γ、南十字α、猎犬α、牧夫ε、宝瓶ζ……

把著名双星说成"一箩筐"似乎很俗气,把一批巨大的恒星像皮球那样放置在一个箩筐里简直不可思议。上面说的这一箩筐双星,最远的斗宿四距离228光年,最近的南门二4.27光年。我们人类有非常敏锐的视力,可以看到130亿光年之远的星空。一个区区直径228光年的范围,统称一个箩筐,比起130亿光年的星空来,是个小箩筐。

一对对臃肿的胖子

小麦哲伦星系因为离我们很近,它的星很容易分辨。其中一对双星HD5980,一般望远镜并不能看出是双星。它是一对臃肿的胖子。HD5980的两颗恒星相距0.5天文单位,只有太阳到地球距离的一半,两颗恒星中大一点的有太阳质量的50倍,小一点的也有太阳质量的30倍。如此两颗巨大的恒星是非常明亮的,它们发出的强大星风不可避免地碰撞在一起,产生的能量是无与伦比的。(请参考瓦特巴德望远镜拍摄的双星)

船底座η星质量是太阳质量的150倍,可谓大质量恒星,是最著名的大胖子,却有一颗小伴(儿)星,围绕船底座η星旋转,周期5.5年。如果船底座η星超新星爆发,小伴星也难以生存下来。

LS54-425也是一对臃肿的胖子,位于麦哲伦星系中。大胖子质量是太阳质量的62倍,小胖子质量是太阳质量的37倍。两星之间的距离只有太阳到地球距离的1/6,环绕周期只有2.25天,距离地球16.5万光年。通过观测发

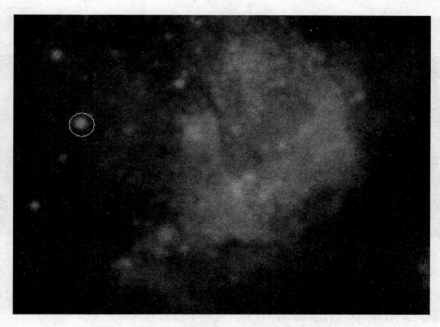

图 2-26　小麦哲伦星系中的一颗双星（白圈部分）

现,这两颗恒星的体积还在膨胀,运行轨道不断靠近,质量太大,温度太高,还经常出现物质流,所以很不稳定,总有一天相撞,同时引发超新星爆发,最终形成一片星云。天文学家们认为,这两颗恒星是 300 万年前诞生的,几乎与我们地球人同时诞生。

新发现的重量级双星是 2004 年 5 月 26 日科学家在 2 万光年以外的船底星座中正式命名为 WR20a 的双星。它是一种很少见的、生命短暂的、炙热的双星,它们每 3.7 天相互环绕一周,二者距离非常近,以至于每个星的引力都使另一个星变形。这两个恒星的质量都是太阳的 80 倍,它们的历史为 200 万至 300 万年之间,是非常年轻的恒星。哈佛—史密森天体物理学中心天文学家预测说:"再过几百万年,不管哪个稍大一点,它都会发生中心爆裂,其外层表面会被炸掉。另一个星,尽管离得很近,但可能会幸免。"

H. D. 星表中有一对双星,编号 47129,质量分别是太阳质量的 76 倍和 63 倍。

天蝎座 NGC6357 星云中,有一批大质量恒星,它们的质量有的超过太阳质量的 120 倍,图 2-28 下方最亮的那颗蓝色恒星就是 Pismis24-1 双星,它是已知最大质量的双星,距离太阳 8150 光年。NGC6357 星云是非常活跃的星云,那里产生了数以百计的大质量恒星。其状之所以暗涛滚滚、形状繁杂、立柱尘埃，是因为那些大质量恒星辐射和强劲星风所造成。它的大小足有 50 光年。

图 2-27　Pismis24-1 双星

图 2-28　天蝎座 NGC6357 星云

Pismis24-1 双星的位置在赤经 17 时 24 分 43.41 秒、赤纬 – 34°11′56.5″（参考），视星等 10.43，绝对星等 – 7.3。主星的质量是太阳的 120 倍，伴星的质量是太阳的 100 倍，温度 50700 K。它的年龄只有 600 万年。

这颗大质量高亮度的蓝色双星浸没在 NGC6357 星云之中，光学望远镜看不到它。哈勃空间望远镜使我们人类的眼睛更加敏锐，在红外设备的帮助下，我们看到了它。这对双星质量巨大，距离很近，引力强大，以至双双变形，形成一对卵形星。（请看"大质量恒星都是什么样的世界"。）

双星附近的行星是怎样的呢？有人认为双星附近不会有行星。这是不正确的。天文学家们已经发现双星附近有 40 颗行星。北京的夏天，最高温度有时达 39℃，酷热难挡；而冬天最低温度降到 – 18℃，是寒冷的气候。那不过是太阳斜射角度不同造成的。如果太阳是双星，夏天两颗太阳同时照耀地球，温度可能上升到 70℃；冬天当两个太阳互相遮蔽的时候，温度就会直线下降。那么双星附近的行星上的植物和动物都难以生存，高级智慧生物也难以进化。所以，双星附近可能没有外星人。

100 颗亮星 100 个世界

（一）100 颗亮星

宇宙是个大舞台，每颗星都扮演一个角色，这 100 颗亮星扮演的是什么样的角色？在天气良好的情况下，人的眼睛可以看到 6 等星，也就是可以看到比 1 等星暗 100 倍的星。这是肉眼能够感光的极限。在没有仪器的帮助下，肉眼可以看见 6000 颗星。从这 6000 颗亮星中选出 100 颗最亮的星，以亮度的次序排列，是这一章节要叙述的。

我们肉眼看到的天空中的亮星，它们非常明亮的原因是离地球很近，质量比较大，而且它们有较高的发射可见光波段的本领。据统计，一等星（比视星等 1.4 还亮的星）有 21 颗，亮过视星等 3 等的星有很多。这里，按亮度只列出前 100 颗。

天狼星

全天最亮的恒星天狼星（大犬 α），距离太阳 8.583 光年，直径是太阳的 3.8 倍。（请看"揭开太阳附近恒星的面纱"天狼星章节）

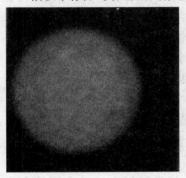 

图 2-29　红矮星　　　　　　　　　　　图 2-30　天狼星

老人星（船底 α）是全天第二亮星，视星等 −0.72，是南半球船底座中最亮的一颗星，我国南方可以看到它在近地平线处出现。光度为太阳的 6000 倍，质量为太阳的 12 倍。颜色呈青白色，距离 310 光年，绝对星等 −5.53，直径是太阳的 65 倍，温度 7350 K。

老人星的直径是太阳的 65 倍。如果将它放置在太阳系的中心，它将会占据水星轨道内侧空间的 75%，水星将被烧焦，金星也将被烧焦。从地球上看"太阳"（老人星），眼睛的张角达到 32 度。如此巨大的青白色的"太阳"，如果火辣辣地照射地球，地球将被烤干，成为蛮荒的星球。如果地球生物能够生存，必须在 120 天文单位之远找到一颗行星。

地球的北极星附近有很多明亮的星，成为北极星的恒星前赴后继；地球的南天极却空空如也，没有一颗肉眼可见的南极星。南天极附近只有三颗 4 等星，都离南天极很远，且没有向南天极方向运行的迹象。最靠近南天极的恒星

是南极座 σ 星,肉眼依稀可见,是一颗巨大的黄白色变星,星等在 5.45 到 5.5 之间变化,周期 2 小时 20 分,与南天极相差 1 度左右,距离地球 270 光年。最让人们关注的就是这颗老人星(船底座 α),它的运动方向是南天极,视向速度 20 千米/秒。它现在的方位是赤经 6 时 25 分,赤纬 -52.5^0(参考),预计 2 万年后也不会成为南极星。

占星家认为,老人星的出现是天下太平的征兆,见到了这颗星将国泰民安。见到老人星是很不容易的,它的位置太偏南,就是在南方偶尔看到它,也是在低低的南天。

虽然老人星是全天第二亮星,1843 年船底座 η 伊塔星的亮度却曾经超过它。

南门二(半人马座 α)是全天第三亮星,视星等 -0.3,也是离太阳最近的亮星,太阳的第一邻居。南门二是由 3 颗星组成的三联星,用小倍率望远镜就可分辨它们。两颗主星围绕共同的质心旋转,周期为 80.089 年。一颗伴星是红矮星,围绕两颗主星的质心旋转。南门二自行速度 32 千米/秒,距离我们 4.27 光年(依巴谷卫星的资料是 4.39 ± 0.01 光年)。(请看"揭开太阳附近恒星的面纱"南门二章节)

大角星(牧夫座 α 星)是全天第四亮星,视星等 -0.04 等,是牧夫座中最亮的星,也是北半球夜空中最亮的恒星(天狼星在地平线以下时),绝对星等 -0.24 等,距离地球约 36 光年(依巴谷距离 36.7 ± 0.3 光年),直径为太阳的 21 倍,质量是太阳的 2 倍,亮度是太阳的 98 倍,能量辐射大约是太阳的 160 倍,表面温度 4400 K,是一颗橙色巨星。运行速度很高,每秒约 240 千米。年龄约 90 亿年(太阳 50 亿年)。

大角星是继老人星之后 100 颗亮星排行榜中的第二颗单星。

织女一(天琴 α)是全天第五亮星(不包括太阳),视星等 0.03,比太阳亮 60 倍,赤道直径是太阳的 2.69 倍,质量是太阳的 2.5 倍,表面温度 1 万度左右,距离地球 26 光年。(已在"牛郎织女星"章节详细介绍)

五车二(御夫 α)是全天第六亮星,视星等 0.08,是近距离的紧密双星,光度是太阳的 78 倍,距离太阳 43 光年。此外,五车二还有一颗小伴星,星等 13.7,非常暗淡。目前它正以每秒 30 千米的速度远离我们。(已在"著名双星一箩筐"章节介绍)

参宿七(猎户座 β)是全天第七亮星,视星等 0.12,是年轻的、最亮的蓝超巨星,光度是太阳的 11 万倍,位于猎户座的右下角,绝对星等 -7.2 等,表面温度 12000 K，直径是太阳的 77 倍，质量是太阳的 17 倍，距离太阳 850 光年。参宿七不仅有很强的星风，还间断地抛出物质。它的星风使附近的星都产生一个尾巴状的气流，像一群小蝌蚪头部朝向参宿七。

参宿七还有一颗视星等 6.8 等的伴星。因为参宿七太明亮了，它的伴星很难看清，所以很多资料说它是单星。（猎户座 β 在猎户星座章节有介绍）

图 2-31　参宿七　　　　　　　　　　　　　　图 2-32　马腹一

南河三（小犬 α）是全天第八亮星，视星等 0.38。南河三主星是一颗黄白色的恒星，光度是太阳的 7.5 倍，是一颗次巨星。南河三伴星是一颗黄白色的白矮星（南河三 B），视星等 10.8 等，绝对星等 13.1 等，绕转周期为 40 年，直径只有地球的 2 倍，质量为太阳质量的一半。（在双星中已经介绍）

水委一（波江座 α 星）是全天第九亮星，视星等 0.46 等，是波江座最亮的星，蓝白色，绝对星等 2.7 等，表面温度 14500 开，辐射能量为太阳的 3000 倍，直径是太阳的 10 倍，质量是太阳的 6 倍，距离地球 144 光年。对于北半球而言，水委一永远位于地平线之下，因此南半球比北半球更适合观测水委一。水委一是高速自转的星体，自转速度非常高，每秒 225 千米。高速自转导致它的赤道直径非常膨大，类似牛郎星的自转。

参宿四（猎户 α）是全天第十亮星，视星等 0.5 等，猎户星座最明亮的星。它是一颗红色超巨星，是太阳直径的 800 倍，质量为太阳的 15 倍，绝对星等 −5.55，表面温度 3500 度。它的大小甚至超过火星轨道，自转周期 17 年。别看它非常巨大，天文望远镜也看不到它的圆轮，在天文望远镜上安装仪器才能看到它的真面貌。其光度为太阳的 10 万倍，体积为太阳的 325 万倍，是迄今人类发现的体积最大的恒星之一。参宿四是一颗变星，亮度在 0.6 ~ 0.75 等之间变化，变光周期为 5.5 年，属于不规则变星，亮度在变化，半径也在变化，距离太阳 520 光年。我们现在看到的参宿四是 520 年以前的模样。参宿四已经演化成超新星，它的爆发迫在眉睫。

如果参宿四超新星爆发，其光度将增至原来的几万倍，最大光度可能达到满月一样亮（－12.5 等），地球将出现强烈的北极光和大面积的臭氧层空洞。爆发剩下的残余只有一个坚实的星核。如果这个星核的质量小于太阳质量的 1.44 倍（钱德拉塞卡极限），它将成为一颗白矮星；如果这个星核的质量在 1.44～3.2 之间，它将成为中子星；如果这个星核的质量超过 3.2 倍太阳质量（奥本海默极限），中子间的排斥力不能抵抗引力的作用，则物质必然无限制地坍缩下去。坍缩造成的后果是形成黑洞。天文学家们普遍认为，参宿四质量为太阳的 15 倍。超新星爆发以后，它的星核不会超过 3 倍太阳质量，甚至不能形成一颗中子星，只能形成一颗白矮星。

天文学家查尔斯·汤斯发现，过去 15 年中参宿四的直径缩小了 15%，其缩小幅度平缓，但呈逐年加快趋势。为什么参宿四体积会缩减呢？

大质量恒星（超过太阳质量的 7.8 倍）占 12% 中心的氢核聚变十分猛烈，温度也非常高。大质量恒星的体积一般也很大，猛烈的氢聚变成氦产生的热量向外传递也不容易，温度逐渐升高，当温度达到 2 亿度的时候，正好氦达到一定的比率，氦发生核聚变，产生碳和氧，体积越发膨胀。氦的核聚变需要很高的温度和压力，体积膨胀造成压力减小，氦的核聚变可能熄灭，使恒星再度收缩，压力增大，再度引发氦燃烧，这样的氦闪可能反复几次才能稳定下来。参宿四的质量是太阳的 15 倍，体积是太阳的 325 万倍。参宿四体积的缩减，也许与氦闪有关。大质量恒星有没有"碳闪""氧闪"呢？也许有。

参宿四过去 15 年中的直径缩小了 15%，缩小了 0.72 天文单位，被认为已经靠近了极限，人们将看到它由缩小转为稳定再转为膨胀，直至超新星爆发。

通过 2.1 米望远镜的观测，参宿四周围已形成极厚的气壳，至少伸展到本星半径约 600 倍处。这表明该星向星际空间抛出了大量物质。

天文学家们发现参宿四有两颗行星，命名为 Betelgeuse Ⅰ、Betelgeuse Ⅱ。第一颗行星 Betelgeuse Ⅰ 有类似地球的大气层，拥有类似土星的环，自转一周需 16 小时，温度是 372 K。第二颗行星 Betelgeuse Ⅱ 有类似地球的大气层，大气层下有五成陆地，三成的冰，两成的海水；自转一周需 28 小时，温度是 378 K。

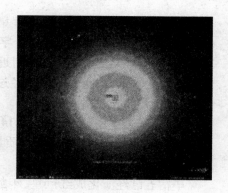

图 2-33　参宿四（左上）　　　　　　　　　图 2-34　毕宿五

马腹一（半人马 β 英文名称 Hadar）是全天第 11 亮星，视星等 0.61。它是半人马座第二亮星，光度为太阳的 8630 倍，属于大犬座 β 型变星，在 0.61 – 0.66 等之间变化，变光周期为 0.157 日（3 时 46 分 4.8 秒），是一颗蓝白色的巨星，绝对星等 –5.1 等，距离地球 525 光年。

1935 年，J. G. Voute 确认马腹一是一颗双星，伴星与主星的距离是 1.3″，编号为 VOU 31，但是迄今只有少许的变动，因此推断有很长的周期。主星本身也是分光双星，至少有一颗轨道周期 352 天的伴星，并且可能还有其他的伴星。

河鼓二（天鹰 α）是全天第 12 亮星，视星等 0.77，天鹰座最亮的星，即著名的牛郎星，与河鼓一、河鼓三构成民间所说的扁担星。牛郎星是一颗单星，光谱型 A7，非常年轻。直径是太阳的 1.7 倍，自转一周只要 7 小时。牛郎星的高速自转导致它的赤道直径非常膨大，距离地球 16.8 光年。（"牛郎织女星"章节已有介绍）

十字架二（南十字 α）是全天第 13 亮星，复合星等 0.79 等，是最南边的一颗亮星。它是由视星等为 1.39 等和视星等 1.86 等的两颗主星组成的双星，绝对星等 –3.8 等。十字架二是一个距离太阳系 320 光年的三联星，但以目视（包括天文望远镜）观测只能分辨出两颗星。两颗主星都是高温的 B 型星：

主星南十字 α1 的质量是太阳的 14 倍，光度 1.40 等，绝对星等 –2.7 等，表面温度 28000 K，亮度是太阳的 25000 倍；主星南十字 α2 的质量是太阳的 7 倍，光度 2.09 等，绝对星等 – 2.2 等，表面温度 26000 K，亮度是太阳的 16000 倍。

两颗主星的轨道周期非常长，使得这两颗星看起来几乎静止不动，椭圆型轨道，两颗星最小距离为 430 天文单位，轨道周期 1500 年。

主星南十字 α1 还有一颗大伴星,伴星的质量是太阳的 10 倍,相距 1 天文单位,周期 76 天,只围绕主星南十字 α1 旋转。

此外,十字架二(南十字 α)附近还有一颗光学伴星。它是一颗次巨星,距离地球 600 光年,是偶然从那里经过的,不曾有引力的束缚,也没有对十字架二产生重力上的影响。

毕宿五(金牛座 α)是全天第 14 亮星,视星等 0.85。毕宿五的直径是太阳的 46 倍,橙色,绝对星等 −0.63,质量是太阳的 1.5 倍,亮度是太阳的 150 倍,距离太阳 65.1 ± 1.2 光年。

毕宿五已经演化成红巨星,年龄已经 110 亿年,中心的氢燃料已经耗尽,产生了大量的氦,启动了氦的核聚变生成碳和氧。靠燃烧氦来继续发光、发热的毕宿五是最后一次产生核聚变了,它的质量不能再启动碳的核聚变,最终形成白矮星。

毕宿五有一颗伴星,是视星等 11 等的白矮星,肉眼不能见。这颗伴星的原始星比毕宿五的质量还大,大约在 2 亿年以前已经形成白矮星。

观测表明,毕宿五有一颗行星,是这颗行星把毕宿五的运行轨道弄成很多小弯儿,其质量大约是木星的 11 倍,离毕宿五只有 1.3 天文单位。1972 年,美国发射"先驱者 10 号"探测器,向外星人报告地球人的确切位置。如果外星人得到这个探测器,就会知道地球人的模样、太阳和地球的确切位置,然后就可以用无线电波向我们发送信息和图像。先驱者号以不足 20 千米/秒的速度飞行,需要 6.4 万年才能到达第一站——半人马 α 星,大约 200 万年才能接近毕宿五。

角宿一(室女 α)是全天第 15 亮星,视星等 0.97。角宿一为角宿第一星,北半球春季的夜晚,在东南方向的天空中可以看到这颗明亮的 1 等星。绝对星等 −3.55,质量是太阳的 11 倍,亮度是太阳的 13400 倍,表面温度达到 2 万度,发出青白色的光,距离太阳 262 ± 18 光年。它在恒星间以每秒 1.6 公里的速度缓慢地离开太阳。

角宿一是一对有大质量暗伴星的分光双星。主星是变星,亮度变化在 0.95 等 ~1.05 等之间,变光周期 4 日 0 时 21 分 21.8 秒。主星质量是太阳的 11 倍,直径是太阳的 8 倍。伴星的质量是太阳的 7 倍,直径是太阳的 4 倍。两颗恒星距离只有 0.12 天文单位,偏心率为 0.13。

图 2-35　卵形星示意图

主星和伴星都是大质量恒星，两星的距离只有太阳到地球距离的 1/8。两颗星都变成了卵形星，卵形的小头相互对照。卵形的长轴也在变化，在它们公转的时候，亮度自然就有变化，这是变光的主要原因；主星是变星，变光的次要原因是主星的脉动，主星的脉动周期为 0.1738 天，两个原因加在一起，光变就非常复杂了。

角宿一坐落在黄道附近，因此有可能被月球和其他行星掩食。

心宿二（天蝎 α）是全天第 16 亮星，视星等为 0.96。心宿二英文名 Antares，意思是"火星的敌手"。因为心宿二的亮度和颜色很像火星，而且两星的运行轨道都在黄道附近，当火星运行到天蝎座时，两个红星闪耀天空，于是心宿二由此得名。心宿二是一颗著名的红巨星，能放出火红色的光亮，每年农历五月的黄昏，位于正南方；七月的黄昏，心宿二的位置由中天逐渐西降，天气渐渐转凉，每当黄昏的时候，可以看见心宿二从西方落下。

心宿二是颗双星。主星是颗变星，亮度变化于 0.9 至 1.8 等之间，变光周期 48 年。视星等 1.2 等，光度为太阳的 6000 倍，表面温度 3600 K，直径是太阳的 700 倍，表面积是太阳的 36 万倍，质量是太阳的 15.5 倍。

伴星是颗 B4V 的蓝矮星，亮度为 5.4 等，两星角距为 3"。伴星的射电辐射与主星的射电辐射在两星之间相遇，在两星之间产生耀斑，这可能是由两星的星风相互作用形成的。轨道周期为千年数量级的目视双星。复合星等 0.96 等，绝对星等 −4.7 等，距离地球 604 ± 190 光年。

2009 年 8 月 1 日，中国大部分地区都可目睹月亮遮掩心宿二的特殊天象。

北河三（双子座 β 星）是全天第 17 亮星，视星等 1.14 等。北河三是颗红巨星，是距离我们最近的红巨星之一，温度 4500 K，亮度是太阳的 32 倍，赤经 7 小时 45 分，赤纬 +28°01′35″，绝对星等 0.98 等，距离地球 33.7 光年，质量是太阳的 1.7 倍,自转周期 38 天。

双子星座有两颗明星,哥哥的中文名字叫"北河二",是一颗一等星,后来变得暗了,轮为二等星……弟弟的名字叫"北河三",是一颗名副其实的一等星。

北落师门(南鱼座 α 星)是全天第 18 亮星,视星等 1.16。北落师门是南鱼座最亮的白色主序星,秋夜南天中的一颗亮星,位置在赤经 22 时 57 分 38 秒、赤纬 −29°37,直径是太阳的 1.7 倍,绝对星等 2.03 等,质量是太阳的 2.3 倍,亮度是太阳的 15 倍。汉代长安城的北门叫做"北落门",名称来源于这颗北落师门。北落师门的年龄只有 2 亿年,是非常年轻的恒星,距离地球 25.1 光年。

图 2-36　北落师门系统

图 2-37　天蝎 α

北落师门周围围绕着一圈圆盘状尘埃云。距离北落师门 133 ~ 158 天文单位处,围绕着一圈圆盘状尘埃云,那里有一颗行星北落师门 b。2008 年 5 月,加州大学伯克利分校的天文学家 Paul Kalas 从哈勃太空望远镜在 2006 ~ 2008 年间拍摄的照片中成功找出了此行星的位置。这是目前唯一一颗通过光学方式发现的太阳系外行星。北落师门 b 的大小与木星相仿,质量约在木星质量的 0.54 ~ 3 倍之间,或海王星的质量到三个木星的质量之间。北落师门 b 距离北落师门约 170 亿公里,公转周期约 872 年。

天津四(天鹅 α)是全天第 19 亮星,视星等 1.25,天鹅座最亮的星,呈蓝白色,是颗蓝超巨星。天津四是脉动变星,视星等在 1.21 ~ 1.29 等之间,没有明确的变光周期。位置在赤经 20 时 41 分 25.9 秒,赤纬 +45°16′49″,视星等 1.25,绝对星等 −6.95,光度为太阳的 11 万倍,表面温度 10400 K,直径为太阳的 116 倍,质量为太阳的 22 倍,距离地球 1740 光年(依巴谷距离 3200 ± 1800 光年)。因为天津四太遥远了,与地球的距离误差十分大。

巨大的质量、不寻常的高温与强大的星风意味着天津四的生命将是短暂的。现在它已经停止氢融合，正在进行碳和氧的核聚变，几百万年后将变成一颗超新星。天津四的恒星风每年损失千万分之八个太阳质量，损失质量的速率大约为太阳的 10 万倍。

十字架三（南十字座 β）是全天第 20 亮星，视星等 1.25 等，南十字星座中的第二颗亮星，是一颗蓝色巨星。质量是太阳的 14 倍，直径是太阳的 8 倍，绝对星等？3.92，亮度是太阳的 34000 倍，温度 28200 K，金属量是太阳的 80%，位置在赤经 12 时 47 分 43.2 秒、赤纬 −59°41′19″，依巴谷距离 353 ± 23 光年。十字架三亮度经常变化，最小时为 1.31 等，变光周期为 5 时 40 分 34.2 秒。十字架三是一个 X 射线源。

十字架三是由甲、乙两颗星组成的双星。主星是变星，变幅大约为 0.03 个目视星等，周期大约为 0.19 天。伴星比主星暗约 2.9 等。

轩辕十四（狮子 α）是全天第 21 亮星，视星等 1.35。轩辕十四是狮子座最明亮的恒星，是一颗蓝白色主序星、三联星，距离地球约 84 光年，绝对星等 −0.6，光度是太阳的 260 倍，表面温度 12200 K，直径是太阳的 36 倍，质量是太阳的 4.5 倍。

轩辕十四是一颗年龄只有几亿年的年轻恒星。它的自转非常快，只需 15.9 小时就可以自转一周，这也造成轩辕十四呈现一个扁率非常高的形状。轩辕十四的赤道直径比极直径大 1/3，两极比赤道温度高 5100℃。因为温度的不同，两极比赤道亮 5 倍。（请看狮子星座章节。）

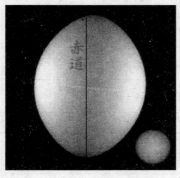

图 2-38　轩辕十四的主星和伴星

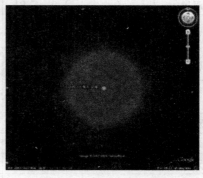

图 2-39　天津四蓝色超巨星

21 颗明亮的一等星

星名	星等	光谱型	依巴谷视差（毫角秒）	依巴谷距离（光年）	绝对星等	对比距离（光年）
大犬 α（天狼）双星	−1.46 7.1	A0 A5	379.21 ± 1.58	8.6 ± 0.04	+1.3 +10.3	8.65
船底 α（老人）	−0.72	F0	10.43 ± 0.53	313 ± 16	−4.6	290
半人马 α（南门二）三联星	0.3 1.7 11	G0 M5 M1	742.12 ± 1.4	4.39 ± 0.01	+4.7 +6.1 +15.4	4.27
牧夫 α（大角）	−0.04	K0	88.85 ± 0.74	36.7 ± 0.3	−0.024	36
天琴 α（织女一）	0.03	A0	128.93 ± 0.55	25.3 ± 0.1	+0.5	26.3
御夫 α（五车二）三联星	0.08 10 13.7	G0 M1 M5	77.29 ± 0.89	42.2 ± 0.5	+0.5 +9.3 −13.0	43
猎户 β（参宿七）	0.12	B8p	4.22 ± 0.81	773 ± 150	−7.2	850
小犬 α（南河三）双星	0.38 10.8	F5 F5	285.93 ± 0.88	11.4 ± 0.04	+2.8 +13.1	11.4
波江 α（水委一）	0.46	B5	22.68 ± 0.57	144 ± 4	−2.6	130
猎户 α（参宿四）	0.5	M2	7.63 ± 1.64	427 ± 92	−5.6	600
半人马 β（马腹一）	0.61	B1	6.21 ± 0.56	525 ± 47	−3.1	480
天鹰 α（河鼓二）	0.77	A7	194.44 ± 0.94	16.8 ± 0.1	+2.4	17.1
南十字 α（十字架二）双星	0.8 1.9	B1 B1	10.17 ± 0.67	321 ± 21	−2.7 −2.2	370
金牛 α（毕宿五）双星	0.85 11	K5 M2	55.09 ± 0.95	65.1 ± 1.2	−0.63 +11.4	65
室女 α（角宿一）双星	0.97 1.4	B2 B4	12.44 ± 0.86	262 ± 18	−3.55 +3.1	270
天蝎 α（心宿二）双星	0.97 5.4	M1 B4	5.40 ± 1.68	604 ± 190	−2.4 +1.6	410
双子 β（北河三）	1.14	K0	96.74 ± 0.87	33.7 ± 0.3	+0.98	35
南鱼 α（北落师门）	1.16	A3	13.08 ± 0.92	25.1 ± 0.2	+2.03	22
天鹅 α（天津四）	1.25	A2p	1.01 ± 0.57	3200 ± 1800	−4.8	1740
南十字座 β（十字架三）	1.25	Go	9.25 ± 0.61	353 ± 23	−3.92	480
狮子 α（轩辕十四）三联星	1.35 7.6 13	B8 K2	42.09 ± 0.79	77.5 ± 1.5	−0.6 +5.6 +11.0	84

对 21 颗一等星的疑问：

1. 南门二的主星绝对星等 +4.7，而天津四的绝对星等 −4.8，天津四的发光本领（绝对星等）比南门二高 9.5 等，为什么南门二是全天第三亮星，而天津四是全天第 19 亮星呢？原因是南门二离我们只有 4.27 光年，而天津四离我们有 1740 光年，一个眼前的手电筒比远处的探照灯还明亮。南门二就是我们眼前的"手电筒"，天津四是我们远方的"探照灯"。

2. 十字架二（南十字 α）是最南边的一颗 1 等星，是一颗三联星，质量分别是太阳的 14 倍、10 倍和 7 倍，都是高温的 B 型星，有强大的引力。一颗次巨星眼见得从那里经过，人们将会看到十字架二系统有翻天覆地的变化。太阳在 40 亿年以前曾经遭遇过恒星，太阳和那颗闯入的恒星都捕获对方天体而去。十字架二距离太阳 370 光年，"闯入"十字架二的次巨星距离太阳 600 光年，两者相距很远。次巨星是偶然从我们视方向经过的，没有对十字架二产生重力上的影响。

3. 这些太阳附近的 21 颗一等星，氢聚变成氦的有 17 颗，氦聚变成碳的有 3 颗，碳燃烧的只有 1 颗。那么，比碳重的元素氮、氧、镁、铝、硅、磷、硫、钙、钛等是从哪里来的呢？我们的肉眼能看到比 6 等星亮的有 6000 颗星，望远镜能看到 189 亿颗星，区区 21 颗亮星没有代表性。那我们再看看 2 等星。

弧矢七（大犬座 ε）亮星排名第 22，主星视星等 +1.5 等，大犬座第 2 亮星。弧矢七是双星，是一颗蓝白色的巨星，表面温度 25000 K，亮度是太阳的 2 万倍。如果把它放到天狼星位置上，它将比金星还要亮 15 倍。距离地球 430 光年。

弧矢七的伴星视星等为 7.5 等，绝对星等为 5.0 等，与主星角直径的距离为 161°，虽然角直径相对是比较大的，但只有大型望远镜才能观测到伴星，因为主星太亮影响观测，主星比伴星亮 250 倍。

北河二（双子座 α）亮星排名第 23，复合视星等 +1.58 等。北河二有两颗主星，分别是 1.96 等和 2.91 等，都是 A 型蓝白色恒星，都是双星，实际主星有 4 颗。伴星是一对由红矮星组成的食变星，实际伴星是两颗，所以北河二是一颗六合星。天球位置在赤经 7 时 34 分 35 秒、赤纬 31°53′18″，距离太阳 53 光年。

主星的目视星等分别是 1.96 等、2.91 等，绝对星等分别是 1.33 等、2.28 等。伴星是一颗远距伴星，亮度为 9 等，是一对密近红矮星构成的交食变星。

几百年前，据当时的星图，北河二比北河三明亮，因此才把北河二称为双

子座 α 星,把北河三称为 β 星。大约 18 世纪,北河二和北河三的亮度趋于相同。而现在,北河二暗于北河三。科学家推测,北河二可能是一颗周期长达几百年的食变星。

十字架一(南十字座 γ)亮星排名第 24,复合视星等 1.63 等,位置在赤经 12 时 319.9 秒、赤纬 −57°06′45″(参考),质量是太阳的 3 倍,直径是太阳的 113 倍,亮度是太阳的 1500 倍,温度 3400 K,距离地球约 88 光年。

十字架一是一对双星,主星视星等 1.59,绝对星等 −0.5 等,是一颗红巨星。伴星的视星等 +6.4 等,为 A3 型恒星,与主星的角距为 128°,可用双筒望远镜观测到。

十字架一是南十字座内第三亮的恒星。由于十字架一位于赤纬 −57 度,所以只有在北回归线以南的地方才可以看到它。

尾宿八(天蝎座 λ)亮星排名第 25,其英文名 Shaula 的意思为蝎子的螯刺,是颗脉动变星,亮度变化在 1.59 ～ 1.65 等之间,变光周期 5 时 7 分 43.8 秒,绝对星等 −3.0 等,光度为太阳的 1247 倍,距离地球 280 光年。

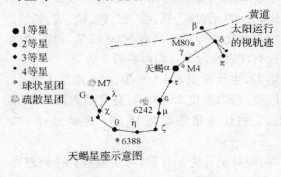

图 2-40 天蝎座 λ 星—蝎子的螯刺

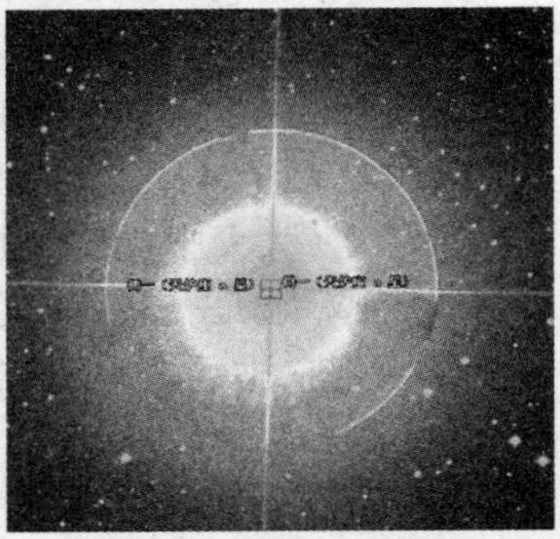

图 2-41 鹤一(天鹤座 α 星)

参宿五(猎户座 γ)亮星排名第 26,英文名 Bellatrix,意思是"女性战士"。视星等 1.64 等,绝对星等 −3.6 等,是一颗蓝白色巨星,是一位非常英武的"女战士",位于猎户的左肩,距离地球约 360 光年。

五车五(金牛座 β),英文名 El nath,视星等 +1.65 等,绝对星等 −1.6 等。五车五为金牛座第二亮星。与太阳相比较,五车五含有相当丰富的锰,但缺乏钙与镁。五车五也开始离开主星带,将会变成一颗巨星,距离地球 150 光年。

金牛座 β 星的位置在赤经 5 时 25 分、赤纬 +28°(参考),靠近黄道。2007 年 2 月 25 日 23 时 58 分,广州、深圳地区可以看见一次月遮蔽五车五。

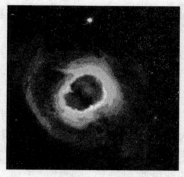

图 2-42　行星状星云宇宙巨眼　　　　　图 2-43　参宿一和火焰星云

参宿二（猎户座 ε），英文名 Alnina，视星等 1.70 等，绝对星等 –6.2 等，距离地球 1200 光年。参宿二依巴谷距离 1340±500 光年，是颗亮超巨星，光度为太阳的 25000 倍。参宿二是一颗天鹅座 α 型脉动变星，亮度变化于 1.64～1.74 等之间。

参宿二是猎户座三星之一，猎户座三星是由参宿一（寿星）、参宿二（福星）、参宿三（禄星）组成的。从地球上看，三颗星的亮度相近，三颗星之间的距离相同，三颗星以在同一条直线上而著名。如果我们乘宇宙飞船游览三星，当宇宙飞船靠近参宿一的时候，参宿一像一颗火红的太阳，处在火焰星云的边缘上。它的直径是太阳的 30 倍，质量也是太阳的 30 倍，辐射是太阳的 10 万倍，用肉眼也能看出它是一颗双星。而参宿二和参宿三仍然是天上的两颗星，这两颗星与地球上肉眼看到的没有两样。

玉衡（大熊座 ε）视星等 1.74，北斗七星（北斗七星是天枢、天璇、天机、天权、玉衡、开阳、摇光）之一，又名北斗五、廉贞星，位于斗柄与斗勺连接处，即斗柄的第一颗星。位置赤经 12 时 54 分 01.76 秒、赤纬 +55°57′35.6″，视星等 1.74 等，绝对星等 0.3 等，距离地球 80.9±1.2 光年，是颗白色亚巨星。玉衡又是一颗变星，亮度在 1.76～1.78 等之间变化，变光周期 5 日 2 时 7 分 43.7 秒。

玉衡是个好名称，是公元 311—334 年是十六国时期成武帝李雄的第三个年号，共计 24 年。玉衡二十四年六月李班即位沿用，十月李期即位沿用。次年改元玉恒元年。中国古代把玉佩叫玉衡，所以民间把玉衡看做吉祥美好的意思。

参宿一（猎户座 ζ）视星等 1.77 等。参宿一是颗蓝色超巨星，绝对星等 –5.9 等，是由三颗子星组成的三合星，主星视星等 1.9 等，子星 B 视星等 4.0 等，子星 C 视星等 9.9 等。参宿一主星处在火焰星云的边缘上，它的直径是太阳的 30 倍,质量也是太阳的 30 倍,辐射是太阳的 10 万倍,用肉眼也能看出它是一颗双星,距离地球 1300 光年。

天社一(船帆座 γ)视星等 1.78 等,是颗光学双星,子星 γ2 视星等 1.78 等,是全天最亮的沃尔夫—拉叶型恒星,也是距离太阳系最近的一颗沃尔夫—拉叶型恒星,绝对星等 -0.6 等,距离地球 800 光年。它的光度是太阳的 10 万倍,是已知最热的恒星。沃尔夫—拉叶星是法国天文学家沃尔夫(WOlf)和拉叶(Rayet)于 1867 年发现的,是一批质量巨大的热星,表面温度平均 6 万度(太阳表面温度 6000 度),最热星达到 10 万度,一般是 O 型星,是含氮多的氮星,或者是碳星和氧星。它们以几千千米/秒的速度喷射物质。天社一子星 γ2 是偶然从子星 γ1 处经过的,不曾有引力的束缚。子星 γ1 视星等为 4.27 等,是颗蓝白色亚巨星。

天枢(大熊座 α)视星等 1.79,又名北斗一、北斗七星之首,绝对星等 0.2 等,位置赤经 11 时 03 分 43.70 秒、赤纬 +61°45′03.2″(参考),距离地球 124 ± 2 光年。天枢是一颗橙色巨星、目视双星,有一颗亮度为 4.8 等的伴星,双星轨道周期为 44.4 年。

天船三(英仙座 α)视星等 1.79 等,是颗超巨星,绝对星等 -4.6 等,距离地球 620 光年,光度为太阳的 5500 倍,直径是太阳的 54 倍。

图 2-44　英仙座 α 星　　　　　　　图 2-45　猎户座 ζ 星

弧矢一(大犬座 δ)视星等 1.80 等,绝对星等 -6.9 等,距离 1972 光年。弧矢一是颗超巨星,直径为太阳的 365 倍,光度为太阳的 125000 倍,位置在赤经 7 时 8 分 49 秒,赤纬 -26 度 24 分 38 秒。

海石一(船底座 ε)视星等 1.86 等,亮度星表上排名 38,绝对星等 -2.1 等,绝对星等 -4.29,距离地球 630 光年。它是颗红巨星,直径是太阳的 52 倍。

图 2-46　海石一

图 2-47　摇光

摇光(大熊座 η)视星等 1.86 等,是北斗七星之一,位于斗柄的最末端,是颗蓝白色主序星,绝对星等 −1.7 等,位置在赤经 13 时 47 分 32.44 秒,赤纬 +49°18′48.1″,距离地球 101 ±2 光年。

尾宿五(天蝎座 θ)视星等 1.87 等,绝对星等 −5.6 等,是颗黄白色超巨星,光度为太阳的 13500 倍。尾宿五的直径为太阳的 20 倍,质量为太阳的 3.7倍,距离地球 272 光年。

孔雀十一(孔雀座 α)视星等 1.94,距离地球 30 光年。孔雀十一的位置在赤经 19 时 30 分、赤纬 −66 度,是孔雀座最亮的星。孔雀座的赤纬很低,只有南半球的观测者可以在春夜看到它。孔雀座内亮星很少,最亮的 α 星为 2 等星,这颗星就是"孔雀十一"。孔雀座亮于 4 等的星有 11 颗。

军市一(大犬座 β),亮星排名第 46,视星等 1.98 等。它是一颗脉动变星,光度变化在 1.93～2.00 等之间,变光周期 6 小时。军市一绝对星等 −4.8 等,是颗亮巨星,光度是太阳的 6500 倍,距离地球 740 光年。

星宿一(长蛇座 α)视星等 1.98 等,绝对星等 −0.2 等,距离地球 89 光年,是颗橙色巨星,光度为太阳的 95 倍。欧洲人称星宿一为 Cor hydrae(长蛇的心)。古代阿拉伯人称它为 Alphard(孤独者),因为在星宿一周围没有亮星,只有它孤零零地发着冷寂的红光。

NGC 3621 是一个距离太阳 2200 万光年,而且远离银河系的星系,旋臂中充满了明亮的年轻星团和黑暗的尘埃。

图 2-48　NGC 3621 长蛇座旋涡星系

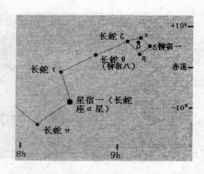

图 2-49　长蛇头部和心脏星宿一

北冕座 T 星是一颗新星,最亮时视星等为 2 等,为北冕最亮的星。原来肉眼看不到的暗星的亮度在几小时至几天突然剧增,然后亮度又缓慢下降,几十年后亮度再次剧增,叫作再发新星。北冕 T 星第一次爆发后 80 年,于 1946 年 2 月又第二次爆发。第二次爆发过后,星等仍然是 2。罗盘 T 新星也属于这一类,罗盘 T 新星 1890 年、1912 年、1920 年、1944 年连续四次爆发的间隔时间只有几十年,四次爆发以后亮度仍然未变。

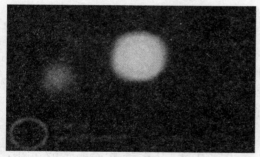

图 2-50　鲸鱼 o

图 2-51　天大将军一

天大将军一(仙女座 γ)视星等 2.26,颜色为橙色的巨星,全天第 73 亮星。仙女座 γ 是一颗双星,伴星视星等 5.1,蓝色、橙色、金色、黄色变化无常。伴星为什么像变色龙那样不断变化呢? 太阳发出的是白光,通过一个三棱镜就变成七色光。难道仙女座 γ 的伴星与地球之间也有个三棱镜? 这个不规则的三棱镜由气体组成,当它移动的时候,星光就变色。仙女座 γ 的伴星还有一个小伴星,只围绕仙女座 γ 的伴星旋转,是伴星的伴星。其实,仙女座 γ 是个三联星。(请看双星图片)

蒭藁增二(鲸鱼座 o)星等最亮时为 2 等,绝对星等 -0.4,它的直径是太阳的 500 倍,是一颗红巨星。鲸鱼座 o 星神出鬼没,有一个犀牛角般的触角,有

一条 13 光年的长尾巴,还有一个隆隆作响的激波头盔,放射出红色的光辉。鲸鱼怪星名不虚传。(请看鲸鱼怪星变星一节)

北极星(小熊座 α)视星等 2.02 等。中国古代称北极星为"勾陈一"或"北辰",又称帝星、紫微星。北极星是一颗高光度星,距离地球约 401 光年,质量是太阳的 4 倍,是一颗内部能量反应活跃的超巨星,其亮度是太阳的 2000 多倍。

北极星是一颗三合星。较远的伴星北极星 B 距离主星 2400 天文单位,较近的伴星北极星 Ab 距离主星 18.5 天文单位,但这颗伴星因为和北极星距离太近、光芒太暗,所以过去从来没有被观测到。美国哈佛—史密森尼安天体物理中心的南希·伊文斯等人借助哈勃望远镜上的先进测绘照相机,在 2005 年 8 月首次观测到了这颗神秘的伴星"北极星 Ab"。他们发现,这颗伴星与北极星平均距离有 18.5 个天文单位。在地球上观察北极星和"北极星 Ab"的距离,好比要从 30 公里外分辨出一个硬币,这只有哈勃太空望远镜的先进测绘照相机才能做到。

北极星处在地球自转轴的延长线附近,地球沿顺时针方向自转,天上的星就像围绕北极星逆时针运转一样。北极星号称群星之首,好像天空中所有的星都围绕着它,只有它固定在北天不动。其实,北天没有一颗肉眼可见的星围绕北极星旋转。北极星不是静止不动的,它也在变迁:

1. 公元前 2700 年,中国轩辕黄帝的典籍上记载了一颗星,叫做"紫微垣右枢星",说天球上的星,只有它是静止的,这就是最早发现北极星的记载。那时的北极星是天龙座 α 星,星等 3.6。

2. 现在的这颗北极星是小熊座 α 星,亮度为 2.02 等,是北天极已经遇到的最亮的北极星之一,它已经享有 1000 多年的北极星盛名,而且还能保留到公元 3500 年。然后,北极星将逐渐远离北天极。

3. 根据恒星的运动方向和速度,公元 3500 年以后,北天极将接近仙王座 γ 星,亮度为 3 等星。公元 7400 年,北极星将被天鹅 α 取代,亮度为 1.25 等星,是北天极将要遇到的最亮的北极星。

4. 公元 13600 年,北天极将要遇到最耀眼的北极星,即天琴座织女星,它是全天第五亮星。她曾经是我们祖先在 1.4 万年前的北极星。织女星充当我们后代的北极星,至少有 3000 年。

地球的北极星前赴后继,各个都很明亮;地球的南天极却空空如也,没有一颗肉眼可见的南极星。南天极附近只有三颗 4 等星,都离南天极很远,也没有向南天极方向运行的迹象。最靠近南天极的恒星是南极座 σ 星，肉眼依稀可见，是一颗黄白色巨大的变星，星等在 5.45～5.5 之间变化，周期 2 小时 20 分，与南天极相差 1 度左右。它没有向南天极移动，距离地球 270 光年。最让人们关注的是老人星（船底座 α），它的运动方向是南天极，视向速度 20 千米/秒，全天第 2 亮星，星等 -0.72，绝对星等 -5.53（太阳的绝对星等为 5），比太阳亮 1 万左右。它现在的方位是赤经 6 时 25 分，赤纬 -52.5°（参考），预计 2 万年后也不会成为南极星。

北极星为什么会变迁呢？这首先是地球北天极附近的恒星自行的结果，其次是地球自转轴周期性摆动造成的。地球自转轴摆动周期大约是 26000 年。

土司空（鲸鱼座 β）视星等 2.04，是鲸鱼座中最亮的一颗恒星，它的位置在赤经 00 时 43 分 35.2 秒、赤纬 -17°59′12″。土司空的绝对星等为 -0.31 等，视星等为 2.04 等，质量是太阳的 3 倍，直径是太阳的 17 倍，亮度是太阳的 1000 倍，距离地球 96±2 光年。

斗宿四（人马座 σ）视星等 2.05，是人马座第二亮星，视星等 2.05，光谱型 B3。位置在赤经 18 时 55 分 15.93 秒、赤纬 -26°17′（参考），绝对星等 -2.14，质量是太阳的 7 倍，直径是太阳的 5 倍，亮度是太阳的 3300 倍，温度 2 万 K，距离太阳 228±5 光年。

斗宿四有一颗视星等为 9.5 的伴星人马座 σB，二者相距 5.2 弧分。

斗宿四靠近黄道，所以有可能被月亮或行星遮蔽。上一次该现象发生在 1981 年 11 月 17 日，那时斗宿四被金星遮蔽。

壁宿二（仙女座 α）视星等 2.06，是颗白色亚巨星，也是颗变星，亮度变化在 2.02～2.06 等之间，变光周期为 23 时 11 分 21.6 秒。壁宿二绝对星等 -0.7 等，是在仙女座中最亮的一颗恒星，位置在飞马座与仙女座交界处。它也曾经被称为飞马座 δ，这个名称现在已经不使用了。壁宿二是一对双星，公转周期 96.7 天，主星的质量是太阳质量的 3.6 倍，表面温度 13800 K，光度是太阳的 800 倍。伴星质量是太阳的 1.8 倍，表面温度 8500 K。它是一颗早期型的 A 型星，光谱类型 A3V，距离太阳 97 光年。

壁宿二光谱中有异乎寻常的锰谱线，所以壁宿二的主星是一颗汞锰星。它的大气中包含异常高浓度的汞和锰元素，以及过量的镓和氙，是已知的汞—锰星中最亮的一颗。伴星的大气层中还有过量的钡。主星的质量是太阳的 3.6 倍，伴星的质量只有太阳的 1.8 倍，都小于 7.8 倍太阳质量（7.8 太阳质量是超新星爆发的最低质量)。主流理论认为,比铁轻的元素是由小于 7.8 太阳质量的恒星制造的,比铁重的元素是大于 7.8 太阳质量的恒星在超新星爆发时制造的。汞、镓、氙、钡都是比铁重的元素,只有锰比铁轻。怎么能在壁宿二质量只有太阳质量的 3.6 倍,伴星质量只有太阳的 1.8 倍产生超新星爆发呢?

有人认为,壁宿二的汞、镓、氙、钡来自它的大气层以外。观测壁宿二大气层以外非常干净,没有汞、镓、氙、钡之类的元素;壁宿二大气层以内非常宁静,就是有重金属也会沉淀到内部,几乎把"汞、镓、氙、钡来自外部"的说法否决了。有人认为,壁宿二的汞、镓、氙、钡来自壁宿二内部,大于太阳质量的恒星都能制造比铁重的元素,只是快慢而已。壁宿二是变星,它的直径不断膨胀或收缩,把内部制造的重元素带到表层,我们在分光的时候就看到了它的谱线。天文学家们最近发现鲸鱼 o 有碳、硅、氧、铁、钛、钙、锶等元素,和壁宿二类似。有人认为,壁宿二的重金属是固有的,壁宿二形成前的星云就是超新星爆发的星云,星云中就有汞、镓、氙、钡。屏一(天兔座 μ)也是这样。

五帝座一(狮子座 β)视星等 2.14,是狮子座内的第二亮星,位置在赤经 11 时 49 分 3.6 秒、赤纬 +14°34 分 19.0 秒,光谱型 A3V,绝对星等 1.91,是太阳质量的 1.75 倍,直径是太阳的 1.728 倍,温度 8500 K,距离地球 36.2 ±0.4 光年,年龄 4 亿年,自转速度 120 千米/秒。狮子 β 星是个金黄色的双星系统,亮度分别为 2.2 和 3.5 等,约 619 年互绕一圈。自转的速度至少高达 120 千米/秒,高速的自转造成这颗恒星的赤道隆起。五帝座一有强烈的红外辐射,这意味着它必然有一个由低温尘埃组成的岩屑盘在轨道上环绕着。

娄宿三(白羊座 α)视星等 2.2,是白羊座最亮的星,位置在赤经 2 时 0 分 10.4 秒、赤纬 +23°27′44″,绝对等级 0.48,质量是太阳的 2 倍,直径是太阳的 15 倍,表面温度 4590 K,距离地球 66 ±1 光年。

弧矢增廿二(船尾座 ζ)是一颗炽热的蓝白色超巨星,星等为 2.25 等,距离我们 240 光年,是一颗变星,亮度变化在 4.92～4.35 等之间,光变周期为 1 天 10 时 54 分 27.6 秒。

在船尾座 ξ 星西北 1°.5 处有一个较明亮的疏散星团 M93(NGC2447),其视星等为 6.2 等,成员星数约 80 颗,年龄为 9800 万年,距离地球约 3600 光年。

天大将军一(仙女座 γ)视星等 2.26,是仙女座第三亮星。仙女座 γ 是一个双星系统,由一个橙色巨星和一个蓝色小伴星组成。

库楼二(半人马座 η)是半人马座的一颗变星,亮度变化很小,视星等 +2.33,绝对星等 −2.54,光谱分类 B1,直径是太阳的 5～6 倍,亮度是太阳的

6000 倍,温度 2 万 K,位置在赤经 14 时 35 分 30.4 秒,赤纬 -42°09′28″,自转速度每秒 333 千米。它转速极快的原因是没有行星系统,自转周期小于一天。距离地球 310 ± 20 光年。

库楼二的质量是太阳质量的 9 倍,氢的核聚变进行得十分凶猛,紧接着就是氦的核反应、碳的核聚变、氧的核聚变⋯⋯7.8 个太阳质量的恒星是超新星爆发的临界质量,而库楼二的质量只有太阳质量的 9 倍,比起几十倍太阳质量的恒星,反应速度就逊色得多了。经过几次核反应时代,产生比氦重的元素有碳、氮、氧、镁、铝、硅、磷、硫、钙、钛、铁等,这些元素产生的次物质有一氧化碳、石墨(包括钻石)、碳化硅、氧化铝、氧化钛以及含有钙、镁、铁的硅酸盐。库楼二死亡或爆炸的时候,将这些尘埃物质和没有用完的大量氢撒到空间,形成尘埃云,然后再组成新一代的恒星和行星。

库楼二光谱分类 B1,表面温度 2 万度,有明显的电离金属谱线。这样的星经常出现含氮多的氮星、碳星、氧星、硫星。而库楼二离超新星爆发还有几十亿年,制造化学元素的时间还很长,但最终也许不会出现超新星爆发。

弧矢二(大犬座 η)视星等 2.38,绝对星等 -7.51。它的位置在赤经 7 时 24 分 11.1 秒,赤纬 -29°18′11″。古阿拉伯天文学家把大犬座的四颗恒星称作 Adhara(处女)。它是一颗大质量恒星,质量是太阳的 15 倍,直径是太阳 32.6 倍,亮度是太阳的 10 万倍,温度 18000 K,距离地球 3000 光年。

因为弧矢二的质量是太阳的 15 倍,它已经将中心的氢、氦、碳燃烧完毕,正在向比碳重的元素燃烧,所以温度特别高,十分活跃,直径不断变化,正在扩张并可能成为一颗红超巨星。天文学家们估计,弧矢二在数百万年后,会变成一颗超新星。

室宿二(飞马座 β)视星等 2.44,绝对星等 -1.49,位置在赤经 23 时 03 分 46.5 秒、赤纬 +28°04′58.0″。室宿二是一颗红巨星,质量是太阳的 6 倍,直径是太阳的 95 倍,亮度是太阳的 1500 倍,表面温度 3700 K。它也是一颗不规则变星,视星等在 +2.31 ~ +2.74 之间变动,距离地球 199 ± 9 光年。

天钩五(仙王座 α)视星等 2.45,绝对星等 1.56。天钩五的质量是太阳的 1.9 倍,直径是太阳的 2.5 倍,温度 7600K,是仙王座内的一颗类日恒星。它比太阳温度高,质量比太阳大,年龄比太阳老,已经开始燃烧氦了。它的位置赤经 21 时 18 分 34.8 秒,赤纬 +62°35′08.0″,距离太阳 48.8 ± 0.4 光年。

天钩五自转速度非常快,达 246 千米/秒(太阳自转速度 2 千米/秒)。别看天钩五年龄比太阳老,它还不曾过过儿女(行星系统)呢。大凡自转速度非常快的星大都没有行星系统,包括织女星、牛郎星、轩辕十四竟然都达到 311 千米/秒以上。太阳自转缓慢的原因是八大行星造成的,太阳巨大的角动量转移到了行星,木星的角动量占太阳系总角动量的 60%,土星的角动量占太阳系的 25%。

天社五(船帆座 κ)视星等 2.47,是船帆座三颗 2 等星之一,为全天第 94 亮星。天社五是一颗分光双星,被分类为蓝 - 白亚巨星,距地球约 539 光年。二者绕行周期为 116.65 天。该星偏离火星的南天极仅仅几度,因此也被称作火星的南极星。公元 9000 年左右,它将成为距离地球最近的亮星,但永远也不会成为地球的南极星。

天囷一(鲸鱼座 α)视星等 2.54,距离地球 129 光年,为鲸鱼座第三亮星,也是全天第 95 亮星。天囷一是一颗即将死亡的恒星,它的氢和氦都已经燃烧完毕。天囷一当前是一颗红巨星,由于其质量有限,未能启动碳的核聚变,因而变得非常不稳定,内部温度不断降低。预计天囷一内部将会猛烈坍缩,由巨大的红巨星坍缩成体积很小的白矮星,所释放的势能非常巨大,以强大的星风和冲击波的形式把天囷一大气带走,使白矮星裸露出来,显现出一个体积很小、温度很高、亮度极白、密度极高的白矮星。

图 2-52 天囷一

图 2-53 天社五

尾宿九(天蝎 υ)视星等 2.69 等,位置赤经 17 时 30 分 45.8 秒,赤纬 -37°17′45″,光谱型 B2,质量是太阳的 10 倍,光度是太阳的 12300 倍,表面温度 22400 K,直径是太阳的 7.5 倍,距离太阳 519 ± 67 光年。由于质量较大,尾宿九在其生命尽头会变成大质量的白矮星。

梗河一(牧夫座 ε)是牧夫座的一颗双星。主星是一颗明亮的黄巨星,视星等 2.7,绝对星等 -1.8,质量是太阳的 4 倍,直径是太阳的 33 倍,温度 4800

K,金属丰度是太阳的 2.3 倍,光谱型 K0。伴星是一颗稍小的主序星,视星等 5.12,绝对星等 0.6,质量是太阳的 2 倍,温度 8700 K,直径是太阳的 2 倍,光谱型 A2,距离太阳 300 光年,位置在赤经 14 时 44 分 59.2 秒、赤纬 + 27°04′ 27.2″。

黄巨星已经耗尽了氢,正在点燃氦的燃烧,处在“氦闪”阶段,所以它的直径有时膨胀,有时收缩。而伴星正处在主星序正常阶段,它的氢的燃烧还要延续很久,至少 20 亿年。

斗宿二(人马座 λ)视星等 2.82,光谱 K1,距离太阳 77.3 ±1.6 光年,位置在赤经 18 时 27 分 58 秒、赤纬 − 25°25′18″。斗宿二是一颗 K 光谱型的橙巨星,当前它的核心正在进行把氢聚变成碳和氧的反应。斗宿二质量为太阳的 2.3 倍,光度为太阳的 52 倍,直径是太阳的 11 倍。

由于靠近黄道,斗宿二有时会被月球和行星掩食。最近一次的行星掩食发生在 1984 年 11 月 19 日,斗宿二被金星掩食。

心宿三(天蝎座 τ)复合星等 2.82 等,绝对星等 − 5.1 等。主星视星等 3.03 等,B0 型蓝超巨星,光度为太阳的 3500 倍。伴星是颗蓝色矮星,亮度为 5.1 等。两星角距为 2″,是一个光变明显的变星,并与一个蓝色主序星组成一个目视双星系统,距离 790 光年。心宿三也是一个射电源。

昴宿六(金牛座 η 星)视星等 2.87,光谱型 B7,为疏散星团昴星团中的一颗恒星。直径是太阳的 8 倍,表面温度 13500 K,光度是太阳的 2200 倍,自转周期 3 天。

心宿一(天蝎座 σ 星)是颗目视双星,复合星等 2.89 等。主星视星等 3.05 等,绝对星等 − 4.9 等,质量是太阳的 17 倍,是一个光变明显的变星,亮度变化于 2.9 ~ 3.4 等之间,变光周期 2.4 天,光谱型 B2 蓝超巨星,表面温度 12000 K,直径是太阳的 110 倍,表面积是太阳的 131 万倍,光度为太阳的 4500 倍。伴星是颗蓝色矮星,亮度为 5.4 等,是一颗蓝色主序星,两星角距为 3″,距离 940 光年。心宿一还是一个射电源。

南河二(小犬座 β 星)视星等 2.90 等,绝对星等 − 2.00 等,距离地球约 200 光年,光谱型 B8,是一颗高温蓝色巨星,光度为太阳的 72 倍,表面温度大约 1 万℃,是小犬座第二亮星。

南河二是一个双星系统,是一颗高温蓝巨星与一颗暗淡的伴星为伍。

船尾座的五颗星:老人增一(船尾座 τ 星)视星等 2.93 等,距离我们 120 光年。弧矢九(船尾座 π 星)星等为 2.70 等,距离我们 100 光年。每年 4 月 23

日有船尾座 π 流星雨发生,辐射点的坐标为赤经 7 时 20 分、赤纬 −36°。在理想条件下,天顶流量为每小时 10 颗。弧矢增卅二(船尾座 ρ 星)亮度变化于 2.68～2.87 等之间,距离我们 93 光年。它是颗变星。弧矢六(船尾座 κ 星)是个双星系统。弧矢增廿二(船尾座 ζ 星)是一颗炽热的蓝白色超巨星。(前面已经介绍)

杵二(天坛 α)视星等 2.95,位置在天坛座赤经 17 时 31 分 50.5 秒,赤纬 −49°52′34″。距离太阳 74.294 光年。图 2-55 中画白圈的是杵二,右上角的白线是银道。图 2-56 是天坛座的三颗亮星——天坛 α、天坛 β、天坛 ζ 的位置。

图 2-54　杵二附近的银道　　图 2-55　天坛 α 与银道　　图 2-56　天坛座的三颗亮星

平一(长蛇座 γ 星)视星等 2.99 等。

长蛇座是全天 88 个星座中最长、面积最大的星座(1303 平方度),横跨全天四分之一。长蛇座虽然很长,却没有耀眼的亮星。除了一颗红色的二等亮星(即长蛇 α 星,星宿一)以外,就是长蛇座 γ 星了,其余的星都很暗。比较著名的星有星宿一(长蛇座 α),视星等 1.98;长蛇座 γ(平一),视星等 2.99。其次就是柳宿星了:长蛇座 δ(柳宿一)视星等 4.14;长蛇座 σ(柳宿二)视星等 4.45,流星雨辐射点;长蛇座 η(柳宿三)视星等 4.30;长蛇座 ρ(柳宿四)视星等 4.35;长蛇座 ε(柳宿五)视星等 3.38 双星视星等 3.4 及 6.5,红色;长蛇座 ζ(柳宿六)视星等 3.11;长蛇座 ω(柳宿七)视星等 4.99;长蛇座 θ(柳宿八)视星等 3.89……

图 2-57　长蛇座棒旋星系 M83

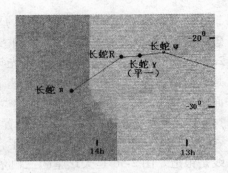

图 2-58　长蛇尾与平一（长蛇座 γ 星）

　　M83 是位于长蛇座的棒旋星系,距离 1500 万光年,星系中有很多超新星遗迹。

（二）107 颗二等星

107 颗二等星排序、中文名、西名、视星等

序号	中文名	西名	视星等	序号	中文名	西名	视星等
22	弧矢七	大犬 ε	1.50	38	军市一	大犬 β	1.98
23	北河二	双子 α	1.58	39	星宿一	长蛇 α	1.98
24	尾宿八	天蝎 λ	1.63	40	娄宿三	白羊 α	2.01
25	十字架一	南十字 γ	1.63	41	天社三	船帆 δ	2.02
26	参宿五	猎户 γ	1.64	42	斗宿四	人马 σ	2.02
27	五车五	金牛 β	1.65	43	土司空	鲸鱼 β	2.04
28	参宿二	猎户 ε	1.70	44	库楼三	半人马 θ	2.06
29	参宿一	猎户 ζ	1.77	45	参宿六	猎户 κ	2.06
30	天社一	船帆 γ	1.78	46	壁宿二	仙女 α	2.07
31	天船三	英仙 α	1.79	47	奎宿九	仙女 β	2.07
32	箕宿三	人马 ε	1.85	48	蒭藁增二	鲸鱼 o	2.11
33	弧矢一	大犬 δ	1.86	49	大陵五	英仙 β	2.12
34	尾宿五	天蝎 θ	1.87	50	库楼七	半人马 γ	2.17
35	五车三	御夫 β	1.90	51	天记	船帆 λ	2.21
36	三角形三	南三角 α	1.92	52	天津一	天鹅 γ	2.23 没有
37	井宿三	双子 γ	1.93	53	参宿三	猎户 δ	2.23

续表

序号	中文名	西名	视星等	序号	中文名	西名	视星等
54	王良四	仙后 α	2.23	82	娄宿一	白羊 β	2.64
55	弧矢增二十二	船尾 ζ	2.25	83	丈人一	天鸽 α	2.64
56	王良一	仙后 β	2.27 简单	84	五车四	御夫 θ	2.65
57	轩辕十二	狮子 γ	2.28	85	轸宿四	乌鸦 β	2.65
58	尾宿二	天蝎 ε	2.29 简单	86	右摄提一	牧夫 η	2.68
59	南门一	半人马 ε	2.30 没有	87	骑官四	豺狼 β	2.68
60	库楼二	半人马 η	2.31	88	阁道三	仙后 δ	2.68
61	房宿三	天蝎 δ	2.32	89	五车一	御夫 ι	2.69
62	天大将军一	仙女 γ	2.33	90	蜜蜂三	苍蝇 α	2.69
63	梗河一	牧夫 ε	2.37	91	尾宿九	天蝎 υ	2.69
64	危宿三	飞马 ε	2.38	92	箕宿二	人马 δ	2.70
65	尾宿七	天蝎 κ	2.41 没有	93	弧矢九	船尾 π	2.70
66	室宿二	飞马 ζ	2.42	94	河鼓三	天鹰 γ	2.72
67	天钩五	仙王 α	2.44	95	柱十一	半人马 ι	2.75
68	弧矢二	大犬 η	2.44	96	氐宿一	天秤 α2	2.75
69	策	仙后 γ	2.47 简单	97	伐三	猎户 ι	2.77
70	天津九	天鹅 ε	2.48	98	玉井三	波江 β	2.79
71	室宿一	飞马 α	2.49	99	十字架四	南十字 δ	2.80
72	天社五	船帆 κ	2.50	100	斗宿二	人马 λ	2.81
73	天囷一	鲸鱼 α	2.53	101	心宿三	天蝎 τ	2.82
74	库楼一	半人马 ζ	2.55	102	壁宿一	飞马 γ	2.83
75	房宿四	天蝎 β1	2.55	103	厕二	天兔 β	2.84
76	厕一	天兔 α	2.58	104	杵三	天坛 β	2.84
77	轸宿一	乌鸦 γ	2.59	105	卷舌四	英仙 ζ	2.85
78	马尾三	半人马 δ	2.60	106	三角形二	南三角 β	2.85
79	神宫	NGC6231	2.60	107	垒壁阵四	摩羯 δ	2.87
80	斗宿六	人马 ζ	2.60	108	昴宿六	金牛 η	2.87
81	氐宿四	天秤 β	2.61	109	骑官一	豺狼 γ	2.87

序号	中文名	西名	视星等	序号	中文名	西名	视星等
110	井宿一	双子 μ	2.88	120	离宫四	飞马 η	2.94
111	房宿一	天蝎 π	2.89	121	杵二	天坛 α	2.95
112	心宿一	天蝎 σ	2.89	122	危宿一	宝瓶 α	2.95
113	卷舌二	英仙 ε	2.89	123	天苑一	波江 γ	2.95
114	三角形一	南三角 γ	2.89	124	轸宿三	乌鸦 δ	2.95
115	虚宿一	宝瓶 β	2.90	125	井宿五	双子 ε	2.98
116	天津二	天鹅 δ	2.90	126	轩辕九	狮子 ε	2.98
117	南河二	小犬 β	2.90	127	箕宿一	人马 γ	2.99
118	天船二	英仙 γ	2.93	128	平一	长蛇 γ	2.99
119	老人增一	船尾 τ	2.93				

对选出的 107 颗二等星的疑问：

1. 太阳附近的 127 颗亮星(包括 21 颗一等星和 107 颗二等星)，有多大程度能代表宇宙中的恒星世界？太阳附近的 127 颗一等星和二等星是我们肉眼能看到的，它在宇宙中没有代表性，宇宙中大约有 400 万亿亿颗星，一个国际天文学家小组评估出宇宙有 7×10^{22} 颗恒星，比地球上沙子的颗粒还多。太阳附近的一小撮星，不能代表宇宙众多的星。

2. 介绍了许多二等星，怎么没提哪颗星有外星人？这 127 颗亮星中，可能没有一颗星可以居住外星人。这些亮星大部分是巨星，几乎都比太阳的质量大。例如斗宿四是人马座第二亮星，绝对星等 −2.14，质量是太阳的 7 倍，直径是太阳的 5 倍，亮度是太阳的 3300 倍，温度 2 万 K，距离太阳 228 ±5 光年。如果我们的太阳亮度增大 3000 倍，地球人还能生存吗！而且，这种亮星大都已进行到氦核聚变，直径变化无常，温度也变化无常，温差相当大，且星寿命只有几十亿年，比起太阳的寿命 120 − 150 亿年来相差甚远。几十亿年的恒星寿命，不足以提供生命所必须的产生、进化和发展时间。如果"外星人"要维持生命生存的良好条件，就必须远离这颗大质量恒星几百天文单位。这样，有外星人的行星看"太阳"视直径非常小，还要保持行星的平均温度 20℃(地球的平均温度 14℃)，它的能量形式就会发生变化，它发出的主要是紫外线和 X 射线，而且伤害行星上的生命。通过计算得出这样的结论：恒星质量大于太阳质量的 1.4 倍，不适合生命的存在。

3. 以上的这些亮星,是我们从地球上看到的亮星,所说的亮度也是"视亮度"。星的亮度是以"星等"来表示的。根据普森公式:星等每差 1 等,亮度相差 2.512 倍。我们肉眼看到的 1 等星比我们勉强看到的 6 等星,星等相差 5 等,亮度 $(2.512)^5$ 大约相差 100 倍。我们看到的天上最亮的恒心是天狼星,星等 −1.6。其实太阳也是一颗恒星,它的星等是 −26.7,星等与天狼星相差 25 等,亮度相差 $(2.512)^{25}$,约等于 130 亿倍。太阳的发光本领果真比天狼星的发光本领大 130 亿倍吗?不是的,因为太阳离我们太近了。一个手电筒在我们眼前发的光比远处的探照灯还亮,一个蜡烛移到原来距离的 10 倍远,其亮度只有原来的 1/100。天狼星比太阳远了 55 万倍,视亮度比太阳小了 130 亿倍。金星是最亮的行星,它最亮时的星等是 −4.5 等。月亮满月时是 −12.5 等。

视亮度不能代表星体真正的发光本领,所以在 127 颗亮星排序表中,还引进了"绝对星等"(光度),它代表恒星自身真实的发光能力。例如天鹅 α(天津四)绝对星等是 −4.8 等,太阳的绝对星等是 5 等。地球离太阳 1 天文单位,如果地球离天鹅 α(天津四)也是 1 天文单位,我们就热得无法生存了。太阳的第三邻居是沃尔夫 359,它的位置在赤经 10 时 56 分、赤纬 $+7^0 13'$,距离 7.783 光年,绝对星等 16.6,非常暗淡。比太阳的光度暗 1 万倍的沃尔夫 359 的能量可能不足以使它的行星生物进化到人类。如果地球离沃尔夫 359 也是 1 天文单位,我们就冷得无法生存了。

4. 在亮星排序表中,还引进了"依巴谷距离"。所谓"伊巴谷距离",是 1989 年 8 月欧洲空间局发射的伊巴谷卫星测量的距离,它摆脱了地球大气的干扰,所以是比较精确的。伊巴谷卫星的含义是高精度视差数据卫星,它的英文缩写因希腊天文学家伊巴谷的名字而得名,是专门为测量星的距离而发射的卫星。"依巴谷距离"比其他方法测量的星体距离精度高 10 倍左右,比较准确。伊巴谷卫星针对太阳附近 150 光年以内的 12 万颗恒星距离给出了数据。接替"依巴谷卫星"的是"盖亚卫星",于公元 2011 年发射,发射后与太阳、地球在同一条直线上,它位于地球阴影的一侧,用地球遮蔽阳光,观测极为有利。盖亚卫星将测量 10 亿颗天体,视差精度相当于 1000 米之外测量一根头发丝的直径,它的任务还有寻找太阳系以外的行星。不久,如果出现"盖亚距离"是不足为奇的。

天文学家们发现 R136a1 星是已知的最亮的星,质量是太阳的 265 倍,亮度是太阳的 1 亿倍,表面温度超过 4 万度。银河系里最亮的星是 LBV1806-20(LBV 表示高亮度蓝色变星),它的光度是太阳的 4000 万倍。太阳已经够耀眼了,比太阳还亮1亿倍和4000万倍的星,究竟亮到何种程度是无法用语言形容的。早先,天文学家们发现的最亮的星是"手枪星",因它附近的星云像手枪而得名,它的光度是太阳的500万倍。

大质量恒星都是什么样的世界

(1)已知的巨大质量恒星第一名:R136a1星,质量是太阳质量的265倍。

R136a1是天文学家发现的迄今宇宙中质量最大的恒星,根据质量和光度的关系,也是最亮的恒星。这颗被命名为"R136a1"的恒星质量是太阳的265倍,估计在诞生时的质量是太阳的320倍,亮度是太阳的1亿倍,表面温度超过4万度(太阳的表面温度6000度)。由于星风十分强烈,其质量逐渐减少。天文学家们计算出R136a1星每18秒辐射的能量等于太阳一年的总和,它强大的星风和不断喷射的物质,使它的质量在100万年之内损失了50倍太阳质量,再过100万年,它将以超新星爆发的形式解体。

此前,天文学家们认为不可能存在比太阳质量大30倍的星体,其理由来自于太阳。太阳的日光有一定的推力,一个完全反光的物体,放在大气以外的日光里,所受到的日光斥力每平方米0.001克。尽管如此之小,它还是把彗尾、彗发压向太阳的另一方。通过计算,大于30倍太阳质量的恒星,它的星光推力比太阳的日光推力大很多倍,以至于落向恒星的物质被星光推力推走,使物质不能落向大质量恒星,恒星的质量不能再增加,所以不可能存在大于30倍太阳质量的恒星。但是宇宙不遵循天文学家们的计算,天文学家们应该尊重宇宙的观测。随着观测技术的提高,质量大于30倍太阳质量的恒星比比皆是,于是天文学家们认为大于30倍太阳质量的恒星的星光推力虽然很大,但这样的恒星引力更大,100倍太阳质量的恒星就不会再增大质量了(误差也太大了)。

有了红外望远镜,天文学家们首先发现了船底座η星(海山二星)有150倍的太阳质量。他们遵循自己的计算结果,说船底座η星质量只有100倍太阳质量。后来又发现HD269810星、LBV 1806-20星、手枪星……质量都是太阳的150倍。天文学家们见风使舵,说大质量恒星是通过小恒星碰撞来增加质量的,于是众人肯定地发布R136a1星有太阳质量的265倍。

图 2-59　R136a1 星

R136a1 恒星位于狼蛛星云之中,狼蛛星云位于大麦哲伦星系,这个星系距离地球 165000 光年。如果这颗被命名为 R136a1 的恒星出现在太阳的位置,它的引力将会把整个地球拉近,而我们所说的"一年"时间会缩短为三周,地球不会有自转,向阳面温度极高,也不会有地球人。

英国谢菲尔德大学的天文学家通过设在智利的欧洲南方天文台甚大望远镜对 R136a1 巨型恒星进行观测,结果发现这颗恒星的质量远远超出早先的估计。这颗"恒星巨无霸"位于银河系之外的蜘蛛星云中心,隐藏在一大片恒星之间,它与银河系之间的距离超过 16000 光年。最新的计算表明,它的质量达到了惊人的 265 倍太阳质量,表面温度超过 4 万摄氏度。这颗恒星的亮度是太阳的数百万倍。科学家们打了个形象的比方:太阳的亮度和它比起来,就像是阳光下月亮的亮度一样。这颗"恒星巨无霸"诞生刚刚 100 多万年,就已步入中年,它很快就会发生超新星爆发,并产生 γ 射线暴。

（2）已知的巨大质量恒星第二名:HD269810 星,质量是太阳质量的 150 倍。

大质量恒星 HD269810 星的位置在剑鱼座,赤经 05 时 35 分 3.9 秒,赤纬 $-67°33'27.5''$。表面温度 52500 K,视星等 12.3,是太阳质量的 150 倍。

质量为 150 倍太阳质量的恒星简直就是生产化学元素的超级大工厂,恒星中心温度最高,压力最大,氢核聚变成氦的反应进行得十分猛烈,丢失千分之八的质量产生的能量使中心温度急剧增加,很快点燃氦的核聚变产生碳和氧,仅接着就是碳的核聚变、氧的核聚变、硅的核聚变等。产生比碳重的元素有氮、氧、镁、铝、硅、磷、硫、钙、钛等一直到铁,而且燃烧得十分剧烈,产生难以想象的高温,引发超新星大爆发。超新星爆发的原因就是大质量恒星温度过高造成的。

　　超新星爆发无疑是整个星球的灾难，是一次分崩离析的爆炸，好像整个星球被毁掉一般。超新星爆发几乎把全部能量一下子释放出来，温度极高，压力极大，爆发极其猛烈，以爆炸的形式产生比铁重的元素，如钴、铜、锌、锶、稀土元素、钨、金等一直到镭。

　　超新星爆发剩下的残余只有一个坚实的星核。HD269810 星质量为 150 倍太阳质量，这个星核的质量估算为 7 个太阳质量，超新星爆发以后立即形成一个黑洞，同时放射出猛烈的 γ 射线暴。因为超新星爆发十分猛烈，这个黑洞像弹丸那样被抛向空间。观测表明，银河系有 200 多个超新星爆发遗迹，找到的相关中子星只有 16 个，92% 的的星核被抛出去了，可能 HD269810 星也不会例外。

　　HD269810 星产生的化学元素，以及没有用完的大量的氢，在超新星爆发的时候会抛向空间，是下一批恒星和行星的原材料。观测表明，星空中的含碳多的碳星、氧星、氮星、硅星、硫星，都是大质量恒星的后代。我们知道，宇宙大爆炸产生的化学元素只有氢、氦和锂。观测表明，星空中的"贫金属星"的年龄大都在 130 亿年左右（宇宙的年龄 137 亿年），例如 HE1327－2326 是一颗最贫金属星，它的年龄为 132 亿年，它的金属丰度只有太阳的二十五万分之一，几乎没有比锂重的金属。所谓金属丰度是含有金属的比值，也就是一个原子核里有 3 个或 3 个以上的质子都算金属，不分化学里所列的金属和非金属。换句话说，除氢和氦以外的所有元素都是金属。天文学家们用光谱法来测量金属的丰度。有的用铁元素来衡量星体的金属丰度，有的用氧元素来衡量星际介质的丰度，有的用氢和氦以外的总金属含量来了解星体的金属丰度。

　　贫金属星告诉我们，这样的恒星不曾从外界得到金属，它内部产生出来的金属也不曾来到表面，它是宇宙大爆炸以后的第一批恒星。太阳不是第一批恒星，因为它才 50 亿年。HD269810 星也不是第一批恒星。太阳的寿命约为 150 亿年，而 HD269810 星的寿命最多只有几亿年。它现在已经超过中年，也许几万年之内就会发生超新星爆发。

　　（3）已知的巨大质量恒星第三名：船底座 η 星（海山二星），质量是太阳质量的 120～150 倍。

　　头顶上灿烂的恒星，最能震撼人们的心灵。海山二星是一颗光彩夺目的恒星。船底座 η 星（海山二星）位于赤经 10 时 32 分，赤纬 －58°（参考），星等 5，肉眼可见，距离太阳大约 7500 光年，质量（所含物质的量）是太阳的 120～150 倍，亮度是太阳的 400 万倍。

船底座 η 有一颗伴星,因为船底座 η 星太亮,伴星比较暗而且十分靠近,人们没有直接看到它。但是,船底座 η 星的星风速度高达 2000 千米/秒,而另一股星风只有 400 千米/秒,两股星风相撞产生 X 射线,由 X 射线的周期变化显示伴星的存在,所以天文学家们才认为船底座 η 是双星。

船底座 η 质量很大,自身引力也非常大;船底座 η 内部温度最高,核聚变产生的能量也非常大,使向内的引力和向外的辐射力达到平衡。观测表面,目前它已经失去平衡,直径不断膨胀或收缩,这样的活动如此频繁,以至大量的物质被抛出。1677 年被发现的时候视星等为 4 等,1730 年达到 2 等,1782 年暗得肉眼看不见了。

1840 年,船底座 η 星曾有一次大的爆发,发出强烈的 X 射线,抛出几个太阳质量的物质。让人惊奇的是,这些物质中氮原子的含量出奇的高。这次爆发抛出物质形成了大面积的尘埃和气体云,使船底座 η 星当时增亮到一等星。它的辐射和强大的星风将周围的气体和尘埃弄得凌乱不堪。有的天文学家认为这次爆发不可收拾,超新星爆发到来了。然而它没有分崩离析,不久又变暗了。1930 年前后,它曾经短暂地成为全天最亮的星之一,仅次于天狼星,比老人星还亮,几年以后它又变暗了。船底座 η 星是最活跃的恒星,它似乎已不能维持自己的稳定了,1997 年和 1999 年拍摄的两张图像显示,它的亮度增加了 75%,而且还在继续增亮。有的天文学家认为可能又要爆发。或许,船底座 η 星已经爆发近 170 年了,它爆发的气体和尘埃壳不断膨胀,不断变薄,变薄的气体壳使更多的光通过,所以,我们看它变亮了。

图 2-60 船底座 η 星（海山二星）

　　船底座 η 星 1840 年的大爆发喷出的物质以高速度向外扩展,冲击到它从前小规模喷发的物质产生高温,使我们看到哈勃空间望远镜拍摄的壳层。也就是说,船底座 η 星照亮了它的过去。

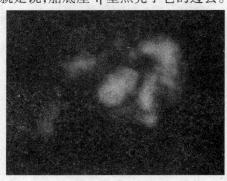

图 2-61 船底座 η 星喷发的物质形成的壳 　 **图 2-62 船底座 η 星附近的环境**

　　船底座 η 星动作频繁是由于它内部过热造成的,也是它外部的环境造就了它 100 多倍太阳质量而引起的。从船底座大星云照片可以看到,整个星云暗涛汹涌,星际尘埃布满星云,造就了十来个100倍太阳质量的恒星。只有船底座 η 星十分活跃,其他的大质量恒星都比较安静。照片中闪着光的就是船底座 η 星。

　　船底座 η 星已经演化成超新星。它正以难以置信的速度消耗核燃料,内部温度不断上升,造成外部激烈地动荡,很有可能近100年就会大爆发。船底座 η 星距离地球7500光年,它爆发的光线7500年才能到达地球。也许它已经爆发,其效能还没有到达地球。船底座 η 星还有一颗小伴星,围绕船底座 η 星旋转,周期5.52年。如果船底座 η 星超新星爆发,小伴星也难以生存下来,而我们的地球不一定会受到影响。也许我们能够看到它的超新星爆发,它的光辉像月亮那样把地球照亮,所照的物体能够产生阴影,比发现新彗星、苏梅克-列维9号彗星撞击木星还要振奋人心。

图 2-63　船底座大星云

　　然而,底座 η 星超新星爆发的辐射锥对准了地球,对地球进行 γ 射线袭击就不可避免。天文学家们认为,底座 η 星的超新星爆发无疑会产生 γ 射线暴,对地球是一个灭顶之灾。未来的底座 η 星 γ 射线暴如果袭击地球,2秒钟就能结束,人类和动物很快就会死亡。地球大气受到 γ 射线重创,氧气、氮气被摧毁,形成一氧化氮,植物的基因也被摧毁,当时如有人处在地下,可侥幸逃生,但不久也会灭亡,因为生物链已经断裂。但是地球被未来的底座 η 星 γ 射线袭击的可能性极小,γ 射线辐射集中在一个很小的角度范围内,而不是各个方向同性辐射。如果地球不在这个角度范围内,地球会安然无恙。

船底座 η 星位于船底座大星云北面,船底座 η 星的前身不大可能是一对大质量双星,而小伴星是一颗外来星。斯必泽空间红外望远镜拍摄的船底座星云告诉人们,船底座大星云有浓密的尘埃、大片的热气体,它不但培育了船底座 η 星,还产生了成千上万的胚胎恒星、不同质量和不同年龄的恒星。船底座星云非常庞大,范围有 120 光年,在它范围内的大质量恒星寿命都很短,只有几百万年,其中就包括船底座 η 星。这些大质量恒星爆发以后又形成新的恒星,简直就是个小宇宙。

船底座 η 星在大爆发以前总要做出很多动作,根据推算,它每过 100 年,总要以强大的星风的形式喷射出一个太阳质量的氢气。它目前辐射出的能量是太阳的 400 万倍。一次小规模的喷发,就使它周围的气体浪涛滚滚。由于船底座 η 星质量过大,是太阳质量的 120 多倍,它核心的氢以非常猛烈的形式燃烧成氦,当氦达到一定的比例就会引发氦的燃烧、碳的燃烧、氧的燃烧……产生难以置信的高温,接着就发生超新星爆发了,人们可能会看到一次史无前例的、非常壮观的超新星大爆发,大爆发剩下的核儿,不大可能是个氦核儿,也不可能是个白矮星,而是可能直接形成黑洞。(请看恒星级黑洞一节)它有可能是未来的 γ 射线爆发源。据观测,星空中的 4 个极亮的 γ 射线源都是大质量恒星超新星爆发以后坍缩形成的黑洞造成的。

天琴座最亮的星是天琴 α(中文名织女一),质量也只有太阳的 2.5 倍。金牛座一颗耀眼的红星毕宿五(金牛座 α),质量只有太阳的 1.6 倍。波江座的水委一(波江 α),质量是太阳的 5.7 倍。天蝎星座红色明亮的 1 等星天蝎 α(心宿二,又叫大火),质量是太阳的 15 倍。半人马 α 星是颗三联星,它的总质量也只有 2 倍太阳质量。御夫座的 1 等星御夫 α(中文名五车二),是一颗近距离的紧密三联星,总质量也只有太阳的 8 倍左右。1 等星狮子 α(轩辕十四),它的质量也只有太阳的 5 倍。天狼星(大犬 α)的总质量 3.4 倍太阳质量,双子 α(北河二)的总质量 3.9 倍太阳质量,小犬 α(南河三)的总质量 1.9 倍太阳质量。太阳附近亮星的质量,没有一颗超过 15 倍太阳质量的,船底座 η 星是太阳质量的 120 – 150 倍,可谓大质量恒星。

(4)已知的巨大质量恒星第四名:手枪星(pistol star)质量是太阳质量的 150 倍。

手枪星的名称来自手枪星云,它的位置接近银河系的中心,距离地球大约25000光年。

图 2-64 手枪星云和手枪星

手枪星的光度大约是太阳的 1000 万倍,最新的研究已将这个数值调降至170 万倍。手枪星在 20 秒内释放出的能量相当于太阳一年的辐射量,生命期大约只有 300 万年。它是在 1990 年代初期使用哈勃太空望远镜以能贯穿尘埃的红外线观察发现的,如果没有被星际尘埃遮蔽的话,手枪星将是颗 4等星。

手枪星被认为在 4000 至 6000 年前的一次巨大爆发中抛出了大约 10 倍太阳质量的物质,形成了手枪星云,所以手枪星和手枪星云都距离太阳 25000 光年。手枪星的恒星风比太阳强 100 亿倍,它还在以星风的形式抛射物质。它实际的年龄和未来的演化还不能确定,但估计在未来的 100 万至 300 万年内将会成为一颗壮观的超新星或极超新星。天文学家猜测它的大质量也许和它所在的位置有关,他们认为在银河中心附近形成的恒星,比较倾向于产生大质量的恒星。

手枪星诞生时的质量大约是太阳的 150 ~ 200 倍。我们的银河系内可能有 10 ~ 100 颗质量超过船底座 η 的恒星，但因为可见光的观测受到星际尘埃的遮蔽，它们大概只能在红外线的波长下被天文学家观测到。

（5）已知巨大质量恒星第五名：牡丹星云恒星，质量是太阳质量的 150 倍。

科学家在银河系中心发现一颗新的高亮度恒星：牡丹星云恒星（Peony Nebula Star）。它位于银河系中心，是我们已知的银河系中亮度第二高的恒星，亮度是太阳的 320 万倍，绝对星等 - 8.1。

图 2-65　牡丹星云恒星

科学家对于牡丹星云恒星已有一定了解，它的周围布满浓郁的尘埃，看到它的真面目十分困难。斯必泽空间红外望远镜打开了对银河系中心区域进行观察的门。

据天文学家估计，牡丹星云恒星形成之时的质量大约是太阳的 200 倍，它也像船底座 η 星那样每过几百年就要以强大星风的形式喷射出一个太阳质量的氢气。牡丹星云恒星挑战了恒星形成的理论:如果一颗恒星形成时拥有巨大质量,它便无法保持自身的完整性,必须分裂成两颗或者更多恒星,或者直接坍缩成黑洞。然而,牡丹星云恒星却没有那样,它歇斯底里地生存着。

牡丹星云恒星是一种被称为"沃尔夫-拉叶星"的蓝巨星(沃尔夫-拉叶星在 1987A 超新星章节有介绍,其中一颗曾经喷出一个火球),蓝巨星的直径大约是太阳的 100 倍。也就是说,如果把牡丹星云恒星摆在太阳的位置上,从地球上看这个蓝太阳(牡丹星云恒星),我们眼睛的张角(视角)有 56 度(目前我们看太阳的视角为半度)。这个蓝色太阳从东方升起,从露边到整个蓝色太阳出现,这个过程需要 1 小时(我们的太阳升起过程只要两分钟)。

天文学家奥斯基诺娃表示,"牡丹星云恒星很快就会爆炸,可能在从现在到未来几百万年内的任何时间。爆炸时,牡丹星云恒星将蒸发掉附近轨道的任何行星,同时孕育新的恒星"。奥斯基诺娃认为,牡丹星云恒星的寿命很短,只有区区几百万年。在此期间,牡丹星云恒星会喷射出大量的恒星物质,这些物质几小时内的最高时速便可达到 160 万公里左右。最终,牡丹星云恒星将上演一次大爆炸来结束生命。

(6)已知的巨大质量恒星第六名:LBV 1806-20 质量是太阳质量的 150 倍。

美国天文学家们发现另有一颗被认为大而亮的恒星,而且目前现有的恒星形成理论根本无法解释这一庞然大物的产生历史。

这颗被命名为 LBV 1806-20 的恒星比太阳亮 500 万至 4000 万倍,其质量至少比太阳大 150 倍,其直径约是太阳直径的 200 倍。据《纽约时报》报道称,如果将 LBV 1806-20 与太阳相比较的话,恰如将水星与太阳相比。

佛罗里达大学的天文学家史蒂芬·埃克伯利博士表示,我们对银河十年来的观察最终还是取得了一些成就,原来那里竟然还隐藏着如此的巨型怪物。尽管 LBV 1806-20 比太阳亮数百万倍,但要看见它还得费些周折。它距离我们 45000 光年远,并处于银河中心的另一边,而且被众多的尘埃覆盖着,它仅有 10% 的红外光能够到达地球。

LBV 1806-20 早在 20 世纪 90 年代就已被发现,当时天文学家们曾将其列入寿命不长的蓝星范畴,而且还预言其质量仅比太阳大 100 倍。但是,经过设在加利福尼亚和智利的两个天文观测台最新的多次观测后,科学家们获取了高质量照片并将该恒星的质量定为 150 倍太阳质量,而且是单星,不是由多个体积较小的星体聚集而成的。

(7)已知的巨大质量恒星第七名:HD93129A,质量是太阳的 127 倍。

巨大质量恒星 HD93129A 是一颗非常明亮的、年轻的蓝色超巨星,距离太阳 7500 光年。它诞生于船底座 NGC3372 大星云,那里是产生大质量恒星的场所。

图 2-66　NGC3372 船底座星云

这颗巨大质量恒星是一颗双星,主星就是 HD93129A,伴星 HD23129B 也十分明亮,也是颗超巨星,总质量超过太阳质量的 200 倍,曾经是大质量双星之最。这对双星位置在赤经 10 时 43 分 57.5 秒,赤纬 -59°32′51.3″;主星的视星等 6.97 等,直径是太阳的 25 倍,光度是太阳的 550 万倍,温度 52000 K。

(8) 已知的巨大质量恒星第八名:Pismis24-1 双星,质量是太阳质量的 220 倍。

天蝎座 NGC6357 星云中,有一批大质量恒星,它们的质量有的超过太阳质量的 120 倍,最亮的那颗蓝色恒星就是 Pismis24-1 双星,它是银河系最大质量的双星之一,距离太阳 8150 光年。主星质量是太阳的 120 倍,伴星是太阳的 100 倍,温度 50700 K。它的年龄只有 600 万年。这对双星质量巨大,距离很近,引力强大,以至双双变形,形成一对卵形星。(说明和照片请看"一对对臃肿的胖子")

(9) 已知巨大质量恒星第九名:NGC 3603 恒星群中的 A1 双星,质量是太阳质量的 205 倍。

NGC 3603 星云是银河系中距离太阳最近的星云,距离太阳 2.2 万光年,以惊人的速度孕育大质量新恒星,最大的那颗恒星质量为太阳的 116 倍。图 2-67 中那一小撮明亮的巨大恒星中,也有太阳那样的恒星。那些中小质量的恒星刚刚被点燃的时候,这些大质量恒星已经接近超新星爆发了。未来在这个恒星群中,诞生和爆发会此起彼伏。美国、德国、西班牙等国的天文学家最近公布了一个新的观测成果。他们用哈勃天文望远镜发现在银河系 NGC3603 星云中,有大量的新星体爆发,是银河系离我们最近的星暴区,也是银河系最剧烈的恒星形成样本,数千颗大、中质量的恒星拥挤在 1 立方光年之内,天上有数千个"太阳",最暗的与我们的太阳相近,大部分比我们的太阳亮十倍、百倍、千倍,万倍,一对大质量双星和两颗沃尔夫-拉叶星竟然比太阳亮 1000 万倍,这是一个怎样的世界?

这颗质量为太阳的 116 倍的大恒星,是一颗巨大的双星系统,NGC 3603 A1 主星是双星中较大的一颗恒星,伴星相对较小,但质量也有太阳的 89 倍。"A1"双星系统由两个蓝色的恒星组成,围绕双方共同的质量中心旋转,3.77 天为一个周期。这对超级恒星生命很短暂,快速地进行氢的核聚变、氦的核聚变、碳的核聚变……一直到镭,最终以超新星爆炸结束生命。哈勃空间望远镜发现这个恒星群中的金属丰度很高,氮、氧、硅、磷、钛、铁等元素高得离奇。这个恒星群中的恒星几乎有相同的年龄,大都在 100 万年左右,与太阳相比是刚刚出生的婴儿,怎么在这么短的时间内会制造出铁元素呢!也许这些元素是 NGC 3603 星云固有的。

图 2-67　NGC 3603 星云

　　从图片中可以看出，大质量"A1"双星系统左侧，还有两颗沃尔夫-拉叶星，即 B 星和 C 星，它们也是大质量恒星。沃尔夫-拉叶星是法国天文学家沃尔夫（W0lf）和拉叶（Rayet）发现的，是质量巨大的热星，表面温度平均 6 万度（太阳表面温度 6000 度），最热星达到 10 万度，一般是 O 型星，是含氮多的氮星，或者是碳星和氧星。它们以几千千米/秒的速度喷射物质。星云中最蓝、最热的星体发出的强大紫外辐射和更强大的星风在星团周围吹起一个巨大的气泡，并向外围扩散。

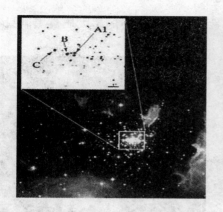 

图 2-68　A1 星左侧的 B 星和 C 星是高温星　　**图 2-69　NGC 3603 星云中的 Sher 25**

　　大约有 17 光年的 NGC 3603 星云包含的气体和尘埃质量超过了太阳的 40 万倍,但分布得并不均匀,50 个浓密气团正在收缩,最终在引力的作用下形成新恒星。一个叫"鲍克球"的暗云团由相当于 10~50 倍太阳质量的致密尘埃和气体组成,它正在收缩,很快会形成新的恒星。

　　Sher 25 可能就要超新星爆发了,这颗明亮的超巨星被自己抛射出的气体瓣所围绕。图 2-69 中箭头所指的蓝超巨星就是 Sher 25,它正好位于 NGC 3603 这个星团和发射星云的外面。Sher 25 身在一个沙漏状星云的中心,周围的双瓣环可能是它即将发生超新星爆炸的一种征兆,可能在数千年内 Sher 25 就会发生超新星爆发。也许它已经爆发,其效应还没有到达地球。人类曾经目睹 1987A 超新星爆发的双瓣环,与 Sher 25 抛射出的气体瓣非常相似(请看 1987A 超新星章节)。NGC 3630 星云图像是由欧洲南方天文台拍摄并发布的。

　　(10) 已知巨大质量恒星第十名:HD93250 星,质量是太阳质量的 118 倍。

　　在船底座有一颗绝对星等 −7.66 的大质量恒星。天文学家们此前认为,超重恒星事实上都是由多个体积较小的星体聚集而成的。然而,此次所拍摄的高清晰度照片显示 HD93250 是一颗单星。它的位置在赤经 10 时 44 分 45.03 秒、赤纬 −59°33′54.7″,温度 26000K,光谱型 O3V,径向速度 +15km/s。

　　(11) 已知巨大质量恒星第十一名:大质量恒星群——圆拱星团。

　　圆拱星团(Arches cluster)是我们银河系现知最致密的星团,是银河系内部质量最大的星团,星团内 100 多颗大质量亮星挤在不到一光年的空间内,最大恒星的质量有太阳质量的 130 倍,星团总质量约为太阳的 1.1 万倍。这些恒星大多数都比较年轻,大约只有 600 万年时间。圆拱星团在人马座(Sagittarius)内,距离地球大约有 2.5 万光年,距离银河系核心的超大质量黑洞只有100 光年。

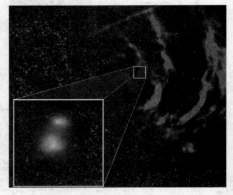

图 2-70　圆拱星团　　　　　　　　　　图 2-71　圆拱星团恒星

圆拱星团的周围环境就是银河系核心环境,红色的影像是银河系核心区。图 2-71 嵌图框内的天体是在红外线波段所看到的恒星的特写,星团附近的蓝色辉光是 X 射线波段拍摄的影像,表明这团云气的温度高达 6000 万度。

天文学家们观测发现,圆拱星团是银河系内部质量最大的星团。圆拱星团以惊人的速度穿越银河系,4 年之间,这个大质量圆拱星团移动了百万分之七度,此角度与每秒 200 多千米的太空穿越速度相符,此速度会令天文学家们惊奇,因为他们知道恒星中的三大飞毛腿,它们的速度也只有 100 多千米/秒;天鸽座 μ 也是著名的高速星,自行速度也只有 100 千米/秒;鲸鱼 o 自行速度达到 130 千米/秒。这两颗高速飞行的著名的飞毛腿,把星表面逃逸出来的物质甩到了后面,形成一条长尾巴。还有一颗飞毛腿从 R136 星团中飞出,速度为 110 千米/秒。与众不同的是,它是大质量恒星,质量是太阳质量的 90 倍。它的年龄非常小,只有 200 万年,而且以匀速逃逸。圆拱星团是大质量恒星组成的星团,运行速度比飞毛腿们还快。它的 6000 万度的云气也有一部分被甩在后面,也形成一个尾巴。

圆拱星团以 200 千米/秒的速度穿越银河系并不惊奇,太阳相对银河系中心的运转速度也有 230 千米/秒。Palomar 13 球状星团一直在银河系遨游,它围绕银河系中心旋转一周需要 16 亿年,最近的一次靠近银河系中心是在 7000万年以前。每一次靠近银河系中心,都要被银河系中心掠去部分恒星,现在剩下的恒星已经不多了,下次再过银河系中心就会被全部吃光。Palomar 13 球状星团曾经也是一个很体面的球状星团,如今已面目全非了。Palomar 13 球状星团的年龄已经 120 亿岁了,已经围绕银河系中心旋转了 7 圈,还没有灭绝。圆拱星团就没有这么好的运气了,因为圆拱星团距离银河系中心只有 100 光年。银河系中心具有很大的重力场,能将此星团四分五裂,因此,圆拱星团将只会生存几百万年了。

图 2-72　Palomar 13 球状星团　　　图 2-73　快速逃出银河系的恒星(示意图)

　　银河系的成员星围绕银河系中心运行的速度是有极限的。天文物理学家奥尔特求出的极限速度是 330 千米/秒,超出这个极限速度的星,就会逃离银河系。圆拱星团以 200 千米/秒的速度穿越银河系,它的轨道一定是椭圆的,永远也飞不出银河系。

　　然而,确实有这样的高速星。天文学家米塞卡(Miczaika)编了一个快速星表,成员星就有 600 颗。它们从银河系中心而来,逃离银河系而去,是从核心而来的标本。

　　哈佛—史密松天体物理中心的天文学家们发现一颗快速逃出银河系的恒星,它以 660 千米/秒的速度被抛出银河系,竟是银河系逃逸速度的 2 倍。而且这一去就不再回来,独自在茫茫太空中遨游。这颗恒星可能遭遇银河系中心的黑洞以后,在黑洞的强大引力下,像弹弓发射石头一样,改变它的运行速度和轨道。对这颗恒星进行光谱分析表明,它含有重金属成分较高,说明它是来自银河系中心年老的星,到达目前的位置大约用了 8000 万年。

　　目前被确认的最高恒星速度记录是一颗名为 RX J0822-4300 的中子星创造的,它正以 1340 千米/秒的速度飞行。这是钱德拉 X 射线望远镜发现的。诞生在天鹅星座的 B1508+55,它的速度是 1110 千米/秒。它是一颗脉冲星,2006 年从地球上看,它已经穿越三分之一的天空。另一颗有速度记录的恒星是诞生在船尾座 A 超新星遗迹中的中子星 RXJ0822-430。它的速度是 1300 千米/秒,但没有被确认。吉他星云的脉冲星 PSR B2224＋65 的速度是 1220 千米/秒,也没有被确认。不论中子星还是脉冲星,它们都是超新星爆发的星核。

恒星中的飞毛腿们是从哪里得来的能量,使它们高速飞行的呢?天文学家们众说纷纭。有的说它们的"引擎"是银河系黑洞,因为它们的特点是含有丰富的重金属;有的说是超新星爆炸的推力使它们成为高速星,它们大部分是中子星;有的说是伴星系撞击主星系,潮汐力驱动它们高速飞行,银河系外围的星流、大麦哲伦星系的星流、NGC5907 周围的恒星流都有高速星;还有的说高速星是遭遇大质量恒星群的作用而形成的,因为高速星就诞生在大质量恒星群中。

被命名为"屎"的天鸽座 μ 也是著名的高速星,自行速度也只有 100 千米/秒,星等 5.17,距离地球 2700 光年。因为名字不雅,很多人都知道这颗"屎星"。天鸽座 μ、白羊座 53 以及御夫座 AE 星,号称"三大飞毛腿"。这个称号不准确,比它们飞得快的大有星在。号称"三大逃逸星"也不准确,因为它们的质量不大速度也不快。号称"三大逃逸伴星"是比较准确的,因为这三颗星原本都是伴星,主星超新星爆发把它们抛出去了,形成快速逃逸星。

综合球状星团 Palomar 13、R136 星团中飞出的恒星以及那些恒星飞毛腿们,不难想象圆拱星团逃离银河系中心的原因和它未来的结局。

有人认为,圆拱星团是银河系里两朵气体云碰撞形成的。然而,与此非常类似的气体云在空中的穿行速度比圆拱星团要慢得多,怎么相撞以后就变得高速了呢?斯托尔特小组观察此区域的另一个五胞胎星团,也是两朵气体云碰撞形成的,并没有这种惊人速度穿越太空。

特大质量恒星将直接演化成黑洞

特大质量恒星(太阳质量的 100 倍以上)温度非常高,中心压力特别大,核聚变十分猛烈,燃料消耗极大。质量过大的热星是非常不稳定的,它们平均在 2 亿年左右都会达到超新星爆发阶段。爆炸后会喷射出大量物质,几乎把全部能量释放出来。爆炸剩下的残余只有一个坚实的星核。大质量恒星的这个星核不大可能成为一颗白矮星,也不大可能成为中子星或脉冲星,这个星核的质量很有可能超过 3.2 倍太阳质量(奥本海默极限),中子间的排斥力不能抵抗住引力的作用,就会发生中子收缩。收缩引力的大小与物质间的距离的平方成反比,越收缩引力越大,物质必然无限制坍缩下去,坍缩造成的后果是形成一个巨大质量的点,这个点被命名为"奇点"。从此,黑洞产生了。前面所指的11 颗巨大质量恒星可能都会直接演化成黑洞,但也有例外。(请看恒星级黑洞一节)

图 2-74　M100 星系

美国航天局(NASA)在 2010 年 11 月宣布,天文学家利用钱德拉 X 射线望远镜发现了地球附近最年轻的黑洞。这个黑洞形成只有 30 年,质量是太阳的5 倍,由超新星爆炸形成,距离地球 5000 万光年,位置在 M100 星系中的超新星 SN 1979C 的遗迹里,天文学家们亲眼看到这个黑洞的形成。

M100 星系(NGC4321)的位置在后发座,赤经 12 时 22.9 分,赤纬 15°49′。一个明亮的核心,两个粗壮的旋臂,在核心的左边有大批的星团聚集,大质量恒星比比皆是,尘埃非常密集,不言而喻是个活跃的星系,距离太阳 5500 万光年。在这样活跃的星系中出现超新星爆发比银河系要多(银河系 400 年没有出现超新星爆发了),超新星遗迹 SN 1979C 出现在 M100 星系就不足为奇了,大质量恒星演化成黑洞也是自然而然的了。(请看最后的章节"恒星级黑洞")

鲸鱼怪星(鲸鱼ο)

恒星是永恒不变的,这是古代对恒星的第一个错误判断。前面谈到的约150颗星中,大部分星的亮度都是有变化的。这些恒星光度变化的原因是两颗星互相遮蔽,星的内部核聚变发生变化,星的直径不断收缩或膨胀,星云的阻挡……有的星等变化2等,有的星等变化6等,最高的变化8等。根据普森公式:星等每差1等,亮度相差2.512倍。1等星比6等星,星等相差5等,亮度大约相差$100(2.512^5)$倍。我们的太阳十分出色,它的亮度几乎不变,星等是-26.7;如果太阳变化两等,亮度就变化$(2.512)^2 = 6.3$倍,我们就无法生存了。

阿拉伯人发现英仙座β星(大陵五)的光度有周期性变化,命名为"食尸鬼"。英仙β(大陵五)是一颗变星,视星等2.14,亮度排行第60位,是一对星光变化很有规律的交食双星,双星中的每一颗星的本身亮度没有变化,星的亮度有周期性变化的原因是两颗星互相掩蔽。英仙β主星是太阳直径的3.6倍,质量是太阳的5.2倍;伴星比较暗淡,直径是太阳的3.8倍,质量是太阳的0.8倍,主星与伴星之间的距离为1100万千米,还不到地球和太阳距离的1/10。当伴星运行到主星和地球之间时,会遮住主星,使大陵五亮度下降到3.39等,持续约9.7小时;掩食结束以后,亮度恢复到2.14等。当主星掩食伴星时,亮度也会下降0.06等。1906年发现大陵五C星,从此大陵五是个三合星了。

下面要谈星的本身亮度有变化的变星。

1976年公布的《变星总表》有26000颗变星,说明变星不是罕见的。鲸鱼座ο是长周期变星的典型,在极大亮度时,是长周期变星中最亮的一颗,也是变幅最大、红外辐射最强的一颗。

公元1595年,德国天文学家David Fabricius观测的水星的参考星就是这颗鲸鱼ο。当时是一颗3等星,绝对星等-0.4,没想到几天之后变成了2等星,10天之后就看不见了,10个月以后又出现。人们感到这颗星很奇怪,"鲸鱼怪星"的绰号从此就传遍了全世界。

鲸鱼ο别名鲸鱼怪星,中文名蒭藁增二。人们对它特别感兴趣,经过长时间观察,确定它是长周期不规则变星,光变周期是不固定的,最短310天,最长

355 天。它的周期平均值是 332 天。人们观测到的极亮和极暗在 2.0－10.1 视星等范围内变化,增亮的速度迅速,变暗的速度缓慢,长期停留在暗淡的极小值,亮度居然相差几百倍。其光谱型在 M5 到 M9 型之间变化,这是冷星的光谱,温度在 2500～4000 度之间。鲸鱼 o 距离太阳约 417 光年,绝对星等－0.4。它的半径是太阳的 500 倍,是一颗红超巨星,是人们所知道的巨大恒星之一。鲸鱼 o 已经变得非常巨大,它的直径在望远镜视场内比土星轨道还大(图 2-75 左上图左下角白圈表示土星轨道),它的表面物质逃逸速度很低,大量物质向外抛射,是红巨星的晚期。几千万年以后,它将只剩下一个星核,形成一颗白矮星。

鲸鱼怪星(鲸鱼 o)为什么那样神出鬼没呢?

鲸鱼 o 的直径不断地收缩或膨胀,直径增大造成光度增加,直径减小造成光度变暗,周期范围从 80 天至超过 1000 天。光度曲线的变化大约以 100 天的时间增加,然后以 200 天的时间下降,其余时间是暗淡的极小值。不论光度增加、光度变暗还是稳定的极小值,它辐射的能量大多是红外线。

鲸鱼 o 的质量没有超过太阳的 2 倍。大约经历 70 亿年,鲸鱼 o 中心的 4 个氢原子核变成 1 个氦原子核的反应就结束了,中心的能量供应大量减少,温度降低,核心开始收缩。氦核收缩产生的巨大能量输送到外层,使鲸鱼 o 大气膨胀,表面积迅速扩大。鲸鱼 o 内部收缩、外部膨胀的新格局,使鲸鱼 o 变成了体积很大、温度较低、密度很小、颜色偏红的红巨星。

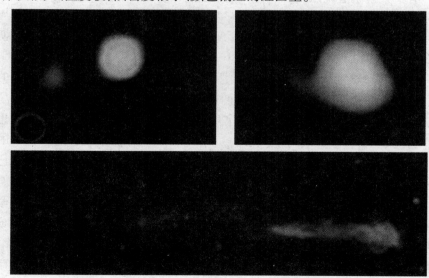

图 2-75 鲸鱼 o

氦核收缩产生的巨大能量也使氦核升温，当氦核温度达到 2 亿度左右时，氦发生热核反应，开始了三个氦原子聚变成一个碳原子的反应，鲸鱼 o 重新得到能量；大约又延续 10 亿年，鲸鱼 o 中心碳的含量剧增，鲸鱼 o 的质量不能引发碳的核反应，中心热核反应可能熄灭，能量供应减少，鲸鱼 o 又开始收缩，收缩产生的能量使核心以外 12% ~ 15% 的氢产生高温。这个层面的"氢聚变成氦"的核反应被点燃，开始膨胀，中心压力再一次降低，然后再度收缩。这样反复进行多次。这就是鲸鱼 o 步入衰老的最后阶段，几亿年以后也会形成白矮星，可能就是一颗碳白矮星。这就是光度变化无常的原因。

有了大型望远镜以后，发现鲸鱼 o 有一个"触角"。为什么恒星会出现个触角呢？鲸鱼 o 是一颗双星，它的伴星（鲸鱼 ob）就在"触角"附近，伴星与主星相距 70 天文单位。哈勃望远镜发现有一道螺旋的气流离开鲸鱼 oA，朝向鲸鱼 oB 而去，所以看上去似乎有一个触角。

鲸鱼 o 伴星轨道周期约 400 年，是一颗正常的白矮星，质量只有太阳的一半，星等为 10，围绕共同的中心运转的速度很慢，30 年仅运行了 6 度。伴星的引力将鲸鱼 o 主星的物质吸引形成了星周盘，并且还在不停地聚集物质，也许几千万年以后，伴星外围可能构成行星系统。伴星的直径只有地球直径的一半（地球的直径 12757 千米），是一颗标准的白矮星，表面温度 2 万 K。它已经没有产生能量的机制，会逐渐冷却。是鲸鱼 o 红巨星阶段增加了伴星的金属量。这颗白矮星是小质量的恒星耗尽核燃料以后，坍缩形成的星。天文学家们对"白矮星本质"的研究表明，当白矮星的质量小于太阳质量的时候，组成白矮星的物质仍然是原子 + 电子层的结构。电子层能够阻止原子核相互靠近，虽然它的密度特别大。白矮星不断向外辐射能量而得不到补充，必然会暗淡下去,最终形成黑色残体消失。

天文学家们最近发现鲸鱼o有一个长尾巴,尾巴的长度为13光年,尾巴中有碳、硅、氧、铁、钛、钙、锶等元素,在运动的过程中,把这些组成行星的重要元素播撒到空间。鲸鱼o的长尾巴是怎么形成的呢?只要知道下面的一些信息就不言而喻了:(1)鲸鱼o的半径是太阳的500倍,是一颗年老的红巨星,表面物质逃逸速度很低,它以星风的形式把物质播撒的空间。(2)鲸鱼o自行速度很高,达到130千米/秒,与伴星结伴高速飞行,是著名的飞毛腿之一,把主星表面逃逸出来的物质甩到了后面,形成一条长尾巴。根据红巨星的星风损失率专家们估计,鲸鱼怪星每100年就要损失1/6太阳质量,几千万年就会露出一颗白矮星。有的星系也有长尾巴,NGC10214蝌蚪星系有一个28万光年的尾巴,可谓长尾巴之最了。(请看"碰撞行星"章节。)

鲸鱼o高速运行,后面拖着一条长长的尾巴,前面还有一个隆隆作响的激波。这样一个庞然怪星确实与众不同,它所处的空间"星际物质"非常稠密,它抛射的物质与"星际物质"压缩作用,形成温度比较高的、隆隆作响的碗型激波头盔。我们虽然没有听到隆隆作响的天籁,但可以看到它。仔细观察,运动前沿的激波并不均匀,不均匀就要震荡,震荡就会隆隆作响。大凡星空中高速运动的激波,都会发出隆隆而过的声音。

天鸽座μ也是著名的高速星,但它既没有长尾巴,也没有激波头盔,那是因为它不是红巨星,表面逃逸速度没有那么低,它运行的空间星际物质不浓密,不会产生激波。

仙王座δ(读音德耳塔)也是一颗本身亮度有变化的星。它极亮时的星等3.78,然后渐渐变暗,4天暗了50%,星等达4.63;随后开始变亮,1天零8小时就达到极大星等3.78,变亮比变暗要快得多,光变周期是5.366日。仙王座δ(中文名造父一)是一颗远星,距离地球约650光年,绝对星等-1.5,是一颗超巨星,半径不断收缩或膨胀,平均半径4500万千米,是太阳半径的60倍,最大时比最小时的半径长1000万千米,同时温度也变化了1600℃,极亮时温度最高。像仙王座δ那样的变星,它们的亮度变化主要是由于温度的变化引起的。星球因为收缩而产生热量。热量的传播需要时间,最高温度不是发生在收缩终了,而是发生在膨胀开始以后不久。天文学家们把光变周期为7天左右的变星称为造父变星。

1902年,美国女学生勒维特(Leavitt)对大、小麦哲伦星系进行拍照,发现大、小麦哲伦星系变星非常多。她列出一个变星表,竟有1777颗。经过孜孜

不倦的探索与研究,她发现造父变星的视星等与光变周期的对数之间有正比
关系。当时天文学家们认为大、小麦哲伦星云非常遥远。她画出几十个变星
的光变周期曲线,认定光变周期与绝对星等也存在着固定的关系。经过天文
学家们的研究,通过光变周期与绝对星等的关系,求出距离模数,计算出了造
父变星的距离,这就是著名的"造父视差法"。通过计算,大、小麦哲伦离我们
很近,就在银河系一边,甚至银河系的引力使大、小麦哲伦星系变形。勒维特
把她毕生的精力贡献给了天文学事业。遗憾的是,她终身未嫁,53 岁时即被癌
症夺去了生命。

在小麦哲伦星团边缘区域,人们找到了 320 颗变星。它们几乎都是超巨
星,是异常明亮的星,一般比太阳亮 1 万倍。这些变星的特点是:越是明亮的
星周期也就越长,周期和视星等有密切的关系。长周期变星都是红星,很冷
(2500～4000 度),光谱型 K5-M。同样在小麦哲伦星团里,还发现了正在形成
的婴儿星族,有的尚未点燃它们的氢燃料,有的正在形成恒星,有的刚刚诞生
于 500 万年以前,和地球人诞生的年代差不多。

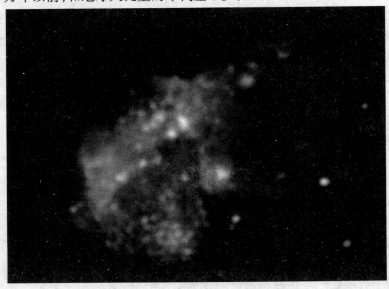

图 2-76 小麦哲伦星系中的婴儿星族

在星团内部有另外一种变星,叫做"星团变星"。星团是由几十万颗很靠
近的恒星构成的。代表星是天琴 R,它的特点是周期很短,一般不足 1 日,只
有在星团内部才能找到。仙女座内的椭圆星团 NGC147 中的恒星全部属于星

团变星,大部分是红色的。

在 NGC6397 星团中,有几颗恒星不断地眨着眼睛,这不是地球大气造成的,而是恒星本身在闪烁,它们是变星。

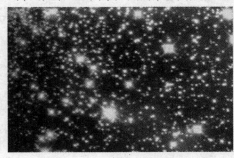

图 2-77　变星

图 2-78　御夫座 ε 星示意图

最耐人寻味的变星莫过于御夫座 ε 星。它是一颗双星。主星是太阳相似的 F 型星,质量是太阳的 3.6 倍,亮度是太阳的 700 倍。伴星是一颗 B 型星,表面温度高达 2 万度,蓝白色,比主星还亮。两颗星的本身亮度都没有变化。不论两颗星如何遮蔽,它的亮度都不会比主星暗淡。然而御夫座 ε 星会从 2.93 等降到 3.83 等,比主星暗了许多,周期高达 17.1 年。经过几十年的观测,天文学家们发现,伴星是一颗年轻的 B 型星,它的周围有一个巨大的尘埃盘,密集区的直径约有 8 天文单位(木星轨道直径约 10.4 天文单位),厚度有 1 天文单位(相等于地球到太阳的距离)。伴星 B 型星就在尘埃盘中心,视亮度非常暗淡。尘埃盘遮蔽了主星,从遮蔽开始到遮蔽结束历时 1 年左右。

最让人感兴趣的变星是北冕座 R 星,它的表现使人们感到非常神秘。北冕座 R 星平常视星等为 6 等星,几周之内下降 8 个星等,亮度快速下降 1600 倍。是什么原因使其如此不平常呢?

罗列一些数据也许能够看清北冕座 R 星的本质:北冕座 R 星的光谱为 G 型,标志它是一颗与太阳相似的星,质量只有 1.2 太阳质量。北冕座 R 星红外辐射较高,绝对星等 -4 等,不定期喷发出大片尘埃,尘埃中富含碳元素,缺少氢元素,标志着它是一颗晚期红巨星,燃料已经耗尽,质量过小,只能引发氦燃烧,不能点燃碳的核反应。它在氦闪或直径收缩膨胀的时候,放出大量尘埃。这些尘埃云出现在地球和北冕座 R 星之间时,它的亮度快速下降。这些尘埃云远离的时候亮度有所恢复。这些尘埃云没有出现在地球和北冕座 R 星之间时,它的亮度长期保持不变,所以它是一颗不规则变星。

比太阳亮 4000 万倍的星

天文学家们在银河系发现一颗最亮的星,离太阳4.5万光年,被命名为LBV1806-20(LBV表示高亮度蓝色变星),是美国佛罗里达大学天文学家们在2004年发布的。它的亮度是太阳的4000万倍。太阳就够耀眼的了,比太阳还要亮4000万倍的星,究竟亮到何种程度,是无法用语言形容的,人们也不敢看它一眼。

早先,天文学家们发现的最亮的星是"手枪星",它的亮度是太阳的500万倍。

我们知道,质量过大的星是不稳定的。这颗"高亮度蓝色变星",比太阳大150倍,亮度是太阳的4000万倍,会过早地耗尽核燃料而进入"坟墓"。超新星就是因为害了"高热病"而爆发的。这颗LBV1806—20的星早晚会演化成超新星而爆发,然后分崩离析,消失在太空之中。

别看这颗"高亮度蓝色变星"如此庞大、如此明亮,我们用望远镜却看不见它。因为我们离它很远,宇宙中的"尘埃粒子"将它的光线遮挡住了。天文学家们把望远镜安装上红外线仪器才把它捕捉到,因为红外线波长长,穿透"尘埃粒子"的能力很强。

这颗"高亮度蓝色变星"是新近生成的星,它的年龄还不足200万年,我们地球人诞生的时候还没有它。相比之下,太阳的年龄已经50亿年了,通常恒星的寿命一般为150亿年。不稳定的高温巨星,2亿年就要发生超新星爆发,它也不会例外。

围绕变星运动的行星,温度变化剧烈、频繁,不能孕育生命。生命是宇宙中最宝贵的组成部分,同时也是宇宙中最脆弱的部分,不能指望在变星系统里找到外星人。

褐矮星是失败的恒星

褐矮星是黑黄色的小星,它们的质量一般比太阳要小得多,数量却大得惊人,它们的温度比太阳低很多,一般只有700℃左右,实际上不发出可见光,只有红外光。褐矮星没有产生热量的机制，只是保持着原来的那些热量，随着时间的推移，热量将逐渐消退，消退延续的时间由褐矮星的大小和温度来决定。随着时间的推延，褐矮星是否会吸收空间物质而壮大，点燃氢燃料，形成红矮星呢？科学家们还没有发现这样的红矮星。

加利福尼亚大学的 Adam Burgasser 在搜集的红外资料中发现一颗褐矮星，编号为 2MASS 0415－0935，它的温度只有 410℃。这是天文学家们发现的最冷的褐矮星。它距离太阳 19 光年，发出的光只有太阳光度的二百万分之一，几乎完全是红外光线。这颗褐矮星的质量非常小，只有太阳的 1%。它的温度 410℃ 相当于金星的温度，把它编到巨行星中比较合适。但是，这颗褐矮星不围绕任何恒星旋转，而是以恒星的方式运行。所以，它才是一颗真正的褐矮星。

一个欧洲天文学家小组在印第安星座发现一颗离太阳最近的褐矮星，这个褐矮星是印第安座 ε 星的远距离伴星，命名为印第安 εB，距离太阳 11.8 光年。它有木星那么大，温度 1000℃ 左右，发出暗淡的红光，几乎全部是红外光。根据它的温度，天文学家们计算出它的年龄在 70 亿至 80 亿年之间，和它的主星印第安座 εA 星同龄。主星与伴星的距离是 1500 天文单位，是地球到太阳距离的 1500 倍。把它发出的红外光输入到摄谱仪，显示出它是冷 T 光谱型的褐矮星，在红外谱带发出 11 星等强光，人们叫它是"亚恒星天体"。这颗褐矮星的主星印第安座 εA 星的质量是木星的 40～60 倍，是肉眼可见的近距离恒星。它的光谱型为 K5，与它的伴星围绕共同的中心快速地运行，两者的速度和方向非常匹配。

斯必泽空间望远镜发现一颗质量比较小的褐矮星，称为 OTS44。它的质量是木星的 15 倍（一般褐矮星的质量是木星的 25～30 倍），距离地球 500 光年。它是一个微型"太阳系"，有像地球那样的岩质行星围绕这颗褐矮星旋转。岩质行星上不可能有生物，因为生物无法调节不断下降的温度，也没有生物进化所需的时间。

斯必泽空间望远镜还发现一颗围绕褐矮星旋转的行星，这颗褐矮星被命名为 Cha110913－773444，是一颗很大的褐矮星，质量是木星的 15 倍；可能还有一颗比较小的行星，距离褐矮星 70 万千米。褐矮星的温度 2300 K，行星上可能有液态水。

中国科学院国家天文台赵刚研究员和刘玉娟博士发现一颗褐矮星围绕一颗红巨星旋转。这颗褐矮星有 19 个木星质量，距离红巨星 2 亿千米，围绕红巨星旋转周期 326 天,也属于亚恒星天体。这颗红巨星是后发座 11 号红巨星(11 Comae),直径是太阳的 20 倍,质量为 2.7 倍太阳质量,距离太阳 360 光年,它的周围至少有 3 颗行星和亚恒星。

由于褐矮星非常暗淡,几乎不发出可见光,找到它就非常不容易。天文学家们估计,褐矮星的数量约占恒星数量的 1/3,它的直径只有木星那么大,不可能演变成恒星。褐矮星没有产生热量的机制,只是保持着原来的那些热量,那么,它原来的那些热量是从哪里来的呢?褐矮星被认为是"失败的恒星",观测表面,在巴纳德 213 星云中有一对褐矮星,它们是 SSTB213 和 JO41757 在一团星云中的聚集物质。遗憾的是,星云物质并不浓厚,它们形成温暖的"恒星胎"以后,就没有物质可聚集了,而且还是"双胞胎",要是"单胎"也许还行。它们的低质量无法点燃核心的核聚变,从而这对双恒星夭折在稀薄的星云中,形成双褐矮星。不难看出,褐矮星的形成机制与恒星形成初期非常相似。

强磁星是极端磁化的星

2003 年,天文学家们发现一颗中子星的亮度突然增加了 100 倍,它的脉冲辐射来自表面而不是内部。天文学家们确定它是一颗强磁星,是一颗极端磁化的中子星,磁场强度是地球的 6 万亿倍,直径约 15 千米,被命名为 XTE J1810-197。

2004 年 12 月 27 日,银河系人马星座中编号为 SGR1806-20 的强磁星发生 γ 射线耀发,给地球的大气造成了大的冲击,成为现实的太空威胁。

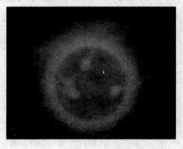 

图 2-79 银河系人马座强磁星 γ 射线耀发

这次强磁星 γ 射线耀发,是发生在银河系的一颗只有 24 千米的中子星。这么个小东西,就是在月亮附近,肉眼也看不见它。它具有超强磁场,尽管距离地球 5 万光年,但对地球的电离层也造成了影响;如果距离地球 1 万光年,将会对地球的臭氧层造成破坏;如果它在月亮附近(月亮附近没有这样的星),将把银行储蓄卡的磁条破坏;如果它离地球几千公里,会将人类血中的铁吸走。

人马星座中这颗强磁星的直径只有 24 千米,自转周期 7.47 秒。天文学家们对它进行了 5 年的跟踪,发现它有银河系中最强的磁场。通过计算,它的磁场强度是 1 千万亿高斯(地球的磁场强度是 1 高斯)。太阳系最强的磁场是太阳黑子,黑子最大时的磁场强度也只有 1000 高斯。强磁星是特殊中子星,它有时会产生 γ 射线大耀发,释放出大量的能量,释放能量以后仍然存在。这次发生的 γ 射线大耀发,给地球大气带来了冲击,同时用射电望远镜还观测到它以 3/10 的光速抛射物质。

强磁星以 3/10 的光速抛射物质是科学家们从未见过的。1963 年 9 月,河外星系 M 82 中心的巨大超新星爆发,喷射出的物质被抛射到 1 万光年以外,物质喷射的速度达每秒 8300 千米。可这次强磁星以 3/10 的光速抛射物质,其抛射速度高达每秒 90000 千米,是超新星爆发的 10 倍。

幸运的是,我们地球附近没有这样的强磁星,银河系里也只有 10 颗。是否还有我们没发现的呢?美国宇航局新发射的"雨燕"卫星就是为观测强磁星而设计的。银河系人马星座 SGR1806-20 强磁星发生 γ 射线耀发,磁场强度 1 千万亿高斯,这无疑是太空中的一个奇迹。雨燕卫星 2006 年 7 月 29 日发现一个高强度的 γ 射线暴,持续了几周,可能就是强磁星发出的。

白矮星是小恒星演化的终了

1915 年,亚当斯发现第一颗白矮星。这是当时人们所知道的密度最高的天体。白矮星是小质量的恒星耗尽核燃料以后,坍缩形成的星。天文学家们对"白矮星本质"的研究表明,当白矮星的质量小于太阳质量的时候,组成白矮星的物质,仍然是原子+电子层的结构,电子层能够阻止原子核相互靠近,虽然它的密度特别大;当白矮星的质量大于 1.4 太阳质量的时候,"电子简并压力"(斥力)将不足以抵抗引力,星体必然继续坍缩,但不会无限制坍缩下去,只是电子被"压"进原子核里形成中子,我们把它叫做"中子星"。如果把一个正常的原子放大到直径 100 米,它的原子核只有绿豆那么大,核外的电子层非常蓬松。电子被"压"进原子核里直径小了5000倍,1立方厘米的质量有1亿吨。高速旋转而造成周期性振荡的"中子星",我们把它叫做"脉冲星"。当白矮星的质量大于3.2太阳质量时,"电子简并压力"比引力小很多,星体必然无限坍缩下去,形成黑洞。关于白矮星、中子星、脉冲星、黑洞的理论,天文学家是有争议的。

天狼B是一颗密度特别大的白矮星。天狼B的质量和太阳的质量相近。如果它是一颗通常的星,它的直径也应该与太阳相近。然而,它的直径只有太阳的2%。天狼B的直径小,体积也就小,体积只有太阳的百万分之八。体积小,而质量和太阳相近,天狼B的密度就特别大了,密度是太阳的17万倍。天狼B的光谱是A7型,白色,是名副其实的白矮星。

凤凰座L362-81是迄今最小的白矮星,它的直径只有太阳的1%,质量是太阳的0.85倍,视亮度只有天狼星的60万分之一。随着时间的推移,白矮星不断向外辐射能量而得不到补充,必然会暗淡下去,最终形成黑色残体消失。

白矮星HD62166是新近形成的白矮星。它的温度极高,达20万度,是温度最高的白矮星。

白矮星也有大气。主流理论认为白矮星的大气都是富含氢和氦的。但是,有少量白矮星的大气是富含碳的。人们认为,小质量的恒星在变成白矮星的过程中质量损失85%,它核心的氢消耗到一定比例,不能引发氦的燃烧,形成一个以氦为主的核儿。这样的白矮星的大气富含氢和氦。类似太阳质量的恒星,当核心氢燃料耗尽以后,开始收缩,引发氦的燃烧,形成的白矮星。它的大气也富含氢和氦。所以,80%的白矮星的大气富含氢和氦。质量比太阳大的恒星,不但由氢燃烧过渡到氦燃烧,还由氦燃烧过渡到碳燃烧,形成白矮星。它的大气富含碳就不足为奇了。新墨西哥阿帕奇天文台已经找到8颗碳白矮星。如果以后能找到富含硅的白矮星,也是符合逻辑的。

人马座BPM 37093就是一颗碳白矮星,距离地球53光年。它的直径只有4000千米,其前身星可能只有1.8太阳质量。它只经历过氢燃烧成氦,氦燃烧成碳,它的质量不能引发碳的燃烧就形成白矮星了。所以,它就是一颗碳白矮星。形成碳白矮星以后,它还在辐射,但没有能量补充,温度不断降低。耐人寻味的是,这颗碳白矮星碳物质非常雄厚,非常纯净,它的中心部位压力达到50亿大气压,温度为1600℃,在高温、高压、降温的情况下结晶,形成一颗直径2500公里的钻石。如果碳白矮星的前身星只有1.2太阳质量,形成的碳白矮星直径只有几百千米,含碳量不那么充裕,不那么纯净,碳就不会结晶,形成的就不是钻石,而是石墨了。

形成钻石的条件是:纯碳物质,压力为$(4.5-6)\times10^9$大气压,温度为$1100℃\sim1600℃$。人马座的那颗碳白矮星正好符合这个条件。

恒星形成红巨星以后,内部的温度越来越低,热压力不能抵抗引力的作用,造成猛烈坍缩,形成白矮星或中子星,释放出巨大的能量,以强大的星风和冲击波的形式把大气带走,喷射出大量的物质。这样惊心动魄的、轰轰烈烈的死亡事件必然造成巨大的爆发。爆发是不对称的,往往会把白矮星或中子星射向一边,以高速度远离原来的位置,形成高速的星。天文学家们发现一颗名为 RX J0822-4300 的中子星,正以 1340 千米/秒的速度运行。高速星表中有恒星的"三大飞毛腿",它们的速度也只有 130 千米/秒左右,与这颗高速中子星相比,成了"三大矮脚虎"了。

人们知道,太阳有时会出现耀斑,白矮星有时也会出现持续 1 分钟左右的耀斑。耀斑来自白矮星大气磁场中的碰撞或并合。如此猛烈的磁场活动,足以与太阳相比拟。普林斯顿大学天文学家发现的牧夫座一颗白矮星,出现不寻常的耀斑,引起了人们的关注。

白矮星中心温度非常高,释放的能量却很少。天文学家沙兹曼(Schatzman)有一个假设:对于白矮星中心的核反应,由于缺少催化剂,使核反应不能正常进行,只是大量的氢包围着核心;或者核反应中心已经缺少氢元素,只进行简单的两个质子间的反应。

白矮星和热白矮星,它们的恒星演化即将结束。随着时间的推移,它们将形成"黑矮星",消失在宇宙中,成为宇宙的灰烬、星的残骸。

利用脉冲星向外星人指明太阳和地球的位置

脉冲星是宇宙中最显眼的星。天文学家们发现,电磁性的射电波从银河系中心的方向发射出来,在天鹅星座里也发现变幅很大的射电波。可是,那个方向没有一颗星。后来,射电波源在金牛座、室女座、仙后座等中也发现了,却看不到一颗作为射电波来源的天体。有的天文学家认为,这个天体是一颗星,它只发出电磁波,而不发出可见光,所以我们一直看不见它;有的天文学家认为,这个天体是一片云,因为射电源不是一个点,而是有一个小直径;还有的天文学家认为,这个天体是一片新星残骸,金牛座的射电源就是从 1054 年超新星爆发而形成的蟹状星云里发出的。质量过大的恒星爆炸以后，星核的质量在 1.44～3.2 之间将成为中子星，高速周期性震荡的中子星叫做脉冲星。1967 年天文学家休依什和女研究生贝尔发现了脉冲星。

图 2-80　吞食伴星的脉冲星（示意图）　　图 2-81　船帆座脉冲星 X 射线照片

"脉冲射电源"是一颗脉冲星，它的特点是：

（1）它的质量有太阳那么大，大小只有 10 千米左右。

（2）它自转速度很快，一般一秒左右旋转一周，自转速度最快的每秒竟旋转 640 周。别看它只有 10 千米，一个 10 千米的大陀螺，高速旋转起来也让人惊奇。

（3）脉冲星有一个超级磁场，磁场强度竟是地球的几百万亿倍。脉冲星有节奏地发射脉冲，是频率非常准确的"脉冲射电源"。所以，人们有时把它叫做"射电星"。它的脉冲周期精确度超过地球上最好的原子钟。

（4）脉冲星的功率非常大，它的射电波即使通过"吸光物质云"也影响不大。这个特点作为星空中的标杆是无与伦比的。人类利用脉冲星向外星人指明太阳和地球的位置也是独一无二的。

（5）脉冲星的脉冲周期虽然非常精确，但随着时间的流失，周期也有变长的趋势。

太空中既有年轻的脉冲星，也有年老的脉冲星。年轻的脉冲星的辐射锥比较大，而年老的脉冲星有些周期没有脉冲辐射，形成零脉冲，好似老年人的心脏间歇那样。脉冲星 PSR0031-07 的零脉冲状态占 50%，脉冲星 PSR1944＋17 在 200 个周期中有 80 个周期是零脉冲。脉冲星的零脉冲现象，无疑是死亡的前兆。天文学家们认为脉冲星系中不可能有什么外星人。

脉冲星的核能源已经耗尽，它仍然进行着脉冲辐射，它的能量从哪里来的呢？脉冲星自转速度很快，每秒旋转几十周，发现自转速度最快的每秒竟旋转 640 周，无疑蕴藏着巨大的转动能。转动能就是脉冲星进行脉冲辐射的能量来源。随着时间的流失，周期不断变长，光度不断减小，能量不断释放，脉冲是最终将彻底灭亡,消失在太空之中。

船帆座脉冲星 X 射线照片是钱德拉空间望远镜拍摄的,拍摄时间是 2002 年 4 月 3 日。浏览照片,我们可以看到脉冲星明亮的 X 射线云气,还可以看见一道高能粒子组成的喷流,而且是沿着脉冲星运动方向喷射,喷流的形态随时间而变化。船帆座脉冲星离地球 800 光年,是超新星爆发后的产物,具有很强的磁场,自转每秒 10 次。2008 年美国宇航局发射费米 γ 射线空间望远镜以后,天文学家们发现船帆座脉冲星也是最强的 γ 射线源,但没有人知道 γ 射线是如何产生的。

蟹状星云脉冲星 PSR0531 + 21 的辐射,很像一个高速旋转的陀螺,四周环绕着气体环状物。脉冲星的后方有一个细长的喷流,它喷射的方向与运动方向相反。蟹状星云脉冲星以 1500 千米/秒速度自行,细长喷流是脉冲星加速的原因之一。

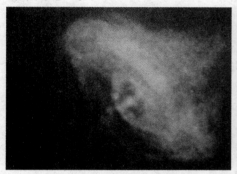

图 2-82　蟹状星云脉冲星 PSR0531 + 21　　　　图 2-83　船帆座脉冲星 PSRO833-45

船帆座脉冲星 PSRO833-45 也有一个细长的喷流,还有两个与喷流垂直的弧状物,船帆座脉冲星就在两个弧状物的中间,不对称的形状是由超新星在爆发时造成的。钱德拉 X 射线卫星对船帆座脉冲星跟踪了 32 天,发现它的上方弧状物亮度在增加,这是它的周期性跃变,周期性跃变使它的自转突然减慢。

在半人马座 A 附近,天文学家们发现那里发射出大规模的射电波,用天文望远镜观测得知,那里是一个由几百亿颗星组成的星系,距离地球 1400 万光年。科学家们把它命名为射电星系,编号为 NGC5128。

脉冲星的发现和研究成果使天文学家们兴奋了好几年,就连一贯沉稳的诺贝尔奖委员会也兴奋起来了,对脉冲星的发现和研究成果颁发了两次诺贝尔奖。

1972 年—1973 年,美国发射"先驱者"10 号和 11 号探测器,携带一块镀金的金属板,金属板上刻着一篇精美的图案。这块金属板是经过现代先进技术处理的,10 亿年也不会变质,它上面的图案 10 亿年也不会褪色,是给外星人看的,让外星人利用脉冲星的方位寻找地球。金属板上有著名的 14 颗脉冲星的辐射线,辐射线的方向是太阳的方向,辐射线的长度是太阳到脉冲星的距离,脉冲星的频率用二进制表示在射线上。这是人类第一次利用脉冲星向外星人指明太阳和地球的位置。

三、超新星大爆发

武仙座、鹿豹座、麒麟座等新星

所谓新星，不是新诞生的星，而是一些星突然爆发，光亮骤增，释放出巨大能量，抛出异常多的物质的星。这样的星爆发以前已经存在，往往总是很暗的星。当爆发的时候，新星大放光芒，甚至白天也能看到。爆发以后，它没有分崩离析，只是光亮骤减，以后仍然存在。

1934 年，武仙座新星是天文学家们发现的最典型、最著名的新星之一，爆发前是一颗很不起眼的 14 等星。1934 年 12 月 12 日，它突然增到 6 等，12 月 22 日达到极亮 1.5 等，一直到 1949 年才降到 13.5 等。

在武仙座新星达到极亮前几小时内，星的大气迅速膨胀，膨胀的速度达到 1200 千米/秒。武仙座新星距离地球 1700 光年，爆发时的绝对星等 −8.4，比太阳亮 20 万倍，爆发前或爆发后视星等是 13.5。由此可以计算出爆发时几天所释放的能量相当于太阳 6000 年的辐射能量。爆发期间所消耗的能量仅是这个星总能量的万分之一，其余仍是储蓄的能量，供这个星几千万年的平时消耗和数千次的爆发。

鹿豹座 Z 星也是一颗新星，天文学家们把它分类为"矮新星"。它与武仙座新星一样爆发以后没有分崩离析，以后仍然存在。鹿豹座 Z 星与众不同的是，它过去曾经喷射出一个黄色的圆环，那就是一次爆发。鹿豹座 Z 星附近有比较稠密的星际介质，它不断吸集这些介质，一旦达到某一程度，核聚变就会加剧，再来一次新星爆发。

麒麟座 2002V838 新星照片是哈勃空间望远镜 2004 年 10 月拍摄的。麒麟座 V838 是一颗很暗的恒星，2002 年 3 月突然爆发，亮度猛增到太阳的 60 万倍，喷射出大量的物质，爆发的气壳迅速膨胀，为了看清爆发 2.5 年后的真实色彩,哈勃空间望远镜将镜头增加蓝、绿、红外光的滤光片分别拍照,然后再合成。我们可以看到照片中心的那颗红巨星、周围的尘埃云以及向外扩散的爆发产生的物质。

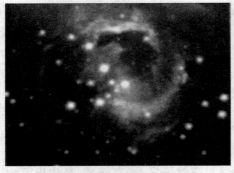

图 3-1　麒麟座 V838 新星遗迹　　　　**图 3-2　仙后座 NGC7635 灼热的气泡**

对仙后座 NGC7635 进行观测,发现了灼热的气泡,在气泡的中心,就有新星爆发。

新星的爆发只局限在热星的大气里,而不是整个星球的爆炸。当新星的大气由于过热而失去平衡的时候,大气的外层被排斥出去,就像我们看到壶中的热水由于沸腾,蒸汽顶开壶盖儿那样。星球的大气外层被排斥出去以后,在短时间内露出星球温度较高的内部,这便是新星极亮的阶段,我们看到的就是新星爆发了。被排斥出去的星球外层大气,以高速度向外膨胀,形成气壳。气壳接收从星球内部漏出来的光线,使膨胀继续进行,随着时间的推移,气壳物质愈来愈稀薄,形成了星云或气泡。

新星爆发只消耗了这颗星万分之一的能量。爆发以后,这个星仍然存在,星等基本不变,以后还有多次爆发。天文学家们掌握的"再发新星"的例子比较少,北冕 T 星就是一颗"再发新星"。它第一次爆发后 80 年,于 1946 年 2 月又第二次爆发。第二次爆发过后,星等仍然是 2。罗盘座 T 星也是一颗"再发新星",我们已经看到罗盘座 T 星四次爆发了,四次爆发以后亮度仍然未变。1890 年罗盘 T 新星爆发,爆发的亮度变化很小,爆发时的亮度只有原来的 100倍,而不是通常的 10 万倍。爆发的亮度如此不显著,爆发的频率应该是比较高的。果然,1890 年、1912 年、1920 年、1944 年,连续四次爆发的间隔时间只有几十年,这是人们发现的宇宙中最小的新星爆发。1934 年发生大爆发的武仙座新星,其爆发的频率比较低,它下次爆发大约在 2 亿年以后。

中国新星

超新星的爆发无疑是整个星球的灾难,是一次分崩离析的爆炸。超新星爆发几乎把全部能量释放出来。质量过大的超新星是非常不稳定的,爆炸喷射出大量物质,剩下的残余只有一个坚实的星核,是由原子核互相接触的新形态组成的,密度非常大,一般是中子星。超新星爆发都留有遗迹,找到的相关中子星却寥寥无几。银河系有200多个超新星爆发遗迹,找到的相关的中子星只有16个。超新星爆发是惊心动魄的、轰轰烈烈的巨大爆发,爆发是不对称的,往往会把中子星射向一边,以高速度远离超新星遗迹,形成高速的中子星。天文学家们利用钱德拉 X 射线望远镜,发现一颗名为 RX J0822-4300 的中子星,它正以1340千米/秒的速度运行。高速星表中有恒星的"三大飞毛腿",它们的速度也只有130千米/秒左右。

在银河系里,人类记载最早的一颗超新星是公元185年半人马座超新星,爆发时视星等 – 8,20个月后肉眼还能见到。最近发现的一颗是1604年的蛇夫座超新星,也是用肉眼发现的。自从有了望远镜,没有在银河系发现一颗超新星,超新星在银河系里大约每400年出现一颗。现在是银河系出现超新星的时候了,我们将拭目以待。

最著名的超新星是中国宋史记载的、1054年发现的金牛座超新星,人们称其为"中国新星"。中国新星是古人肉眼发现的,没有现代标准的光学和光谱数据,只有古书的记载。据《宋史·天文志》记载:"至和元年五月乙丑(公元1054年6月10日),客星出天关东南(超新星出现在金牛座 ζ 星——天关星东南),可数寸,岁余稍没。"我国史书《宋会要》记载:"至和元年五月,晨出东方,守天关,昼见如太白,芒角四出,色赤白,凡见二十三日。"(1054年6月,金牛座 ζ 星附近发现超新星,白天还像金星那样明亮,色赤白,光芒四射,这种情况持续了23天。)这颗超新星距离地球7000光年,爆发时达到惊人的亮度,绝对星等 – 16。它爆发时喷射出的物质形成的星云,现在仍然还在膨胀,这就是著名的蟹状星云。

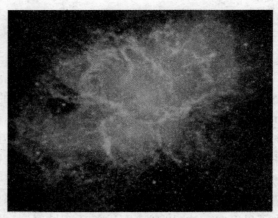

图 3-3　蟹状星云

蟹状星云是银河系最明亮、最年轻、最容易观测的超新星遗迹,超新星爆发是这颗超巨星演化的终点,也是中子星、脉冲星或黑洞诞生的起点。1054 年金牛座超新星爆发剩下的残余只有一个坚实的星核,它的密度非常大。蟹状星云的中心,有一颗脉冲星——PSR0531 +21,被命名为蟹状星云脉冲星,每秒旋转 30 周,这颗脉冲星也许就是那个坚实的星核。蟹状星云脉冲星的能量来自转动,转动机制与星的磁场有关。经过多年的观察,发现蟹状星云脉冲星的转速变慢了,变慢了的转动能变成了辐射能。

让天文学家们诧异的是,蟹状星云不是通常的充满尘埃的星云,看不到烟尘大小的含碳粒子,所以,人们认为蟹状星云是干净的"无烟星云"。而充满尘埃的超新星遗迹是失去氢外壳的老年星产生的,难道蟹状星云的前身是年轻的超巨星?

蟹状星云已经膨胀了 1000 年,通过几百年的观察,发现它的膨胀速度不是减慢了,而是不断加快,什么力量使它的膨胀加速呢? 大凡超新星遗迹 100 年以后辐射能量都非常低了,而蟹状星云的辐射已经 1000 年了,总辐射功率仍然有 10^{31} 焦耳/秒,相当于 10 万个太阳的辐射,它的能量从哪里来? 蟹状星云是很稀薄的气体,它的范围也不大,如此小的范围,竟有 10 万个太阳的辐射,是暗物质和暗能量参与了蟹状星云的膨胀和辐射。2003 年威尔金森宇宙微波背景辐射各向异性探测器(WMAP)和斯隆数字巡天(SDSS)对宇宙学参数进行了精确测量,给出了宇宙的成分:普通物质占 4.4 ±0.4%,暗物质占 23 ±4%,暗能量占 73 ±4%,暗物质参与了"引力透镜"现象,暗能量参与了宇宙加速膨胀。同样,暗物质和暗能量参与了蟹状星云的膨胀和辐射是不足为奇的。

按照传统理论，中国新星是大质量恒星核心元素燃烧完毕以后，坍缩而导致的超新星爆发。这是第一种超新星爆发机制。

超新星 1006 遗迹

超新星 1006 也是古人用肉眼发现的。根据《宋会要辑稿》记载，景德三年五月一日，司天监言：先四月二日初更，见大星，色黄，出库楼东、骑官西，渐渐光明，测在氐三度。（景德三年四月二日，即公元 1006 年 5 月 1 日。库楼东、骑官西：人马星座以东、豺狼星座以西。氐三度：超新星从东南升起，从西南落下，离地平线十几度。）中国典籍称它为"周伯星"，日本、埃及、意大利、伊拉克、瑞士的天文学家也看到了超新星 1006，记载到了他们的古书上。

超新星 1006 距离地球 7100 光年。换句话说，这颗超新星爆发的闪光，在太空奔驰 7100 年到达地球，我们的古人在公元 1006 年才发现了它。超新星爆发的遗迹，我们的天文学家在公元 2006 年才看到它，并用现代技术，涉及整个电磁波段，拍摄出了它的容貌。

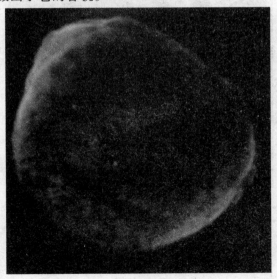

图 3-4　超新星 1006

超新星 1006 爆发，是最亮的超新星之一。虽然它在南天赤纬 – 38，从西安看最高时也只有 10 度。它的亮度远远超过金星，照亮了地球的南半球，被照的物体产生了阴影。可以推测它的亮度达到 −9.5 等，可见时间达 1 年以上（金星亮度最大时可达到 −4.4 等，而最亮的恒星天狼星只有 −1.6 等）。

大家知道，宇宙大爆炸产生的化学元素只有氢、氦和锂三种元素。碳、硅等元素是在恒星中心制造出来的，而重于铁的元素几乎都是超新星爆炸时合成的。观测表明，超新星 1006 遗迹中，铁的丰度高得惊人。

超新星 1006 遗迹至今还在膨胀，速度为 2900 千米／秒，它的尺度已经有 70 光年。在豺狼座 β 附近有一个射电源，被命名为 MSH14 −415 射电源，可能就是超新星 1006 前身的星核。按照传统理论，超新星 1006 前身是双星中的大质量白矮星，它贪婪地吞食伴星的物质，使白矮星的质量不断增加，终于引发爆炸性的碳燃烧和硅燃烧。这是第二种超新星爆发机制。然而，天文学家们没有找到白矮星的伴星。钱德拉 X 射线望远镜拍摄的超新星遗迹 DEML316 显示：左上角的白矮星，由于吸积物质过多而爆发，铁元素的含量很高；右下角的巨星，在白矮星爆发以前就爆炸了，形成两个超新星遗迹，超新星 1006 与其相似。（图 3-5）

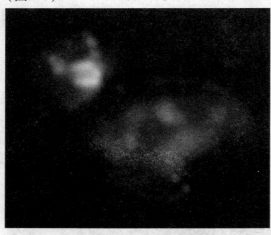

图 3-5　超新星遗迹 DEML316

仙后座 A 超新星

1572 仙后座超新星是 1572 年 11 月 11 日天文学家蒂乔发现的，它爆发以后形成了一颗密度非常大的白矮星。然而，2004 年 10 月，西班牙巴塞罗那大学的天文学家们发现了这颗超新星的伴星，伴星的表面温度和亮度与太阳非常相似，它离地球 1 万光年。这颗伴星在超新星爆发的时候，离超新星非常近，亮度达到 2 亿个太阳那样明亮，喷射出大量的物质，膨胀的速度达 5000 ~ 10000 千米/秒。它的伴星受到如此强烈的打击，居然还能生存下来。如果伴星系统中有人类，可就不那么幸运了。

2004 年 9 月，钱德拉空间望远镜拍摄仙后座 A 超新星遗迹，持续 11 天，拍摄到精细度超过 200 倍的图像。气壳的直径 10 光年，照片左方含硫和硅元素较高，是原始星核心以外的物质；红色丝状物含铁元素很高，是原始星核心物质。仔细观测发现，比氢和氦重的元素（如硅、硫和铁等）是在恒星中心制造出来的，而超新星爆发会制造出比铁更重的元素。据推测，仙后座 A 超新星遗迹的原恒星有 8 ~ 20 个太阳质量，是由不同元素的同心层构成的，氢在最外层，重金属在中心，爆发以后形成的物质壳的元素含量与元素周期表非常匹配。这也许能告诉人们，地球上的这些元素，包括我们身体内的各种元素，是在恒星中心制造出来的。

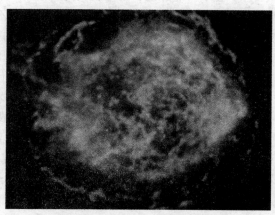

图 3-6　仙后座 A 超新星遗迹

超新星 1987A

1987 年 2 月,一位加拿大天文学家在大麦哲伦星系中发现了一颗 5 等星,肉眼可见。它很快就被证实是一颗超新星。它的亮度迅速增加,发出强大的紫外线和 X 射线,这就是超新星 1987A 大爆发。这是人类 400 年以来发现的、首次用肉眼可以看到的超新星爆发,是 20 世纪天文领域里最重大的发现之一。这颗超新星的发现在当时引起了轰动,因为自从 1604 年在银河系蛇夫座发现超新星以来,还没有发现过用肉眼看到的超新星,就是用望远镜也不曾发现银河系的超新星。而且,近几年发现的超新星,都十分遥远。这颗被命名为 1987A 的超新星离地球很近,只有 16 万光年。

图 3-7 超新星 1987A 爆发前后

超新星 1987A 爆发 90 天后,其亮度达到极大,相当于 1 亿颗太阳;300 天以后,人们就看不见它了。几年以后,哈勃空间望远镜对它的遗迹拍照,发现超新星 1987A 有一个大光环,以 32000 千米/秒的速度膨胀。蟹状星云前身超新星爆发的时候,气浪滚滚,没有形成光环。超新星 1987A 为什么有一个光环呢?超新星 1987A 爆发以前是一颗蓝巨星,这颗蓝巨星在大爆发前几万年就小规模喷发了一次,形成了一个环,这个环沿赤道平面最浓密。而超新星 1987A 大爆发产生的冲击波,以 32000 千米/秒(1/10 的光速)高速度,用了 10 年的时间赶上了那个小规模爆发的环,冲击波把环上的物质加热到 1000 万度,使这个稀薄的气体环发亮。天文学家理查德·迈卡雷(Richard McCray)说超新星 1987A 照亮的是它自己的过去。

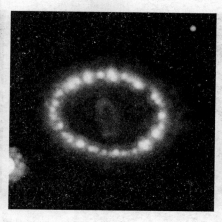

图 3-8　超新星 1987A 爆发后形成的环

大凡超新星爆发都会产生隆隆穿过星际空间的冲击波。早在 1999 年,钱德拉望远镜就已经观测到了这个激波。如果那里的星际空间没有浓密的物质,超新星爆发的遗迹就不会有壳;如果超新星爆发以前,恒星周围有浓密的物质,超新星爆发的冲击波与这些物质相撞,就会产生高温,形成一个明亮的壳,就像超新星 1987A 那样。

超新星 1987A 爆发以前是一颗蓝巨星,编号为 SK －69。它的质量大约是太阳的 20 倍。通过光学波段、紫外波段以及 X 射线波段的观测,天文学家们推测,SK-69 大约 1000 万年前在一个稠密的尘埃气体云中诞生,经过了几百万年的演化,在强大的引力下,从稠密的尘埃气体云中聚集物质,在恒星外层形成了一个巨大的气体云,恒星被包裹在里面。在超新星大爆发之前,有一次小规模喷发,将气体云推向恒星的外围,沿赤道平面气体云最稠密,形成一个看不见的环。超新星大爆发产生的冲击波以高速度追上了那个浓密的气体环内侧,产生高温发亮,人们就看到了那个环。由于浓密气体环内侧不是最浓密的,预计气体环还会增亮。天文学家们第一次探测到超新星爆发产生的放射性元素和超新星周围的物质。

在超新星大爆发之前,有一次小规模喷发,将气体云沿赤道平面推出形成一个环不足为奇。仙王座的一颗恒星周围有一个不断扩大的气体外壳,是几十年前喷发形成的,正在以 9 千米/秒的速度向外扩张,与超新星 1978A 非常相似。

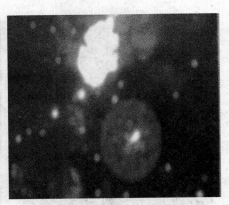

图 3-9　超新星 1987A 爆发以后　　图 3-10　仙王座的一颗恒星气体外壳

　　超新星 1987A 爆发以后的遗迹中没有发现中子星或脉冲星,也许脉冲星的辐射锥没有扫过地球。目前诞生在天鹅星座的超新星遗迹脉冲星 B1508 + 55,是被确认的最高恒星速度记录,它的速度是 1110 千米/秒。2006 年从地球上看,它已经穿越 1/3 的天空。另一颗诞生在船尾座 A 超新星遗迹的中子星 RXJ0822-430,它的速度是 1300 千米/秒,但没有被确认。吉他星云的脉冲星 PSR B2224 + 65 的速度是 1220 千米/秒,也没有被确认。不论中子星还是脉冲星,它们都是超新星爆发的星核。

　　超新星 1987A 周围有一个沙漏星云,在星云的另一侧还有一颗蓝巨星。这颗蓝巨星就是 Sher25。它活动频繁,可能即将发生超新星爆发。

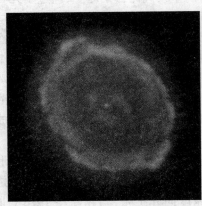

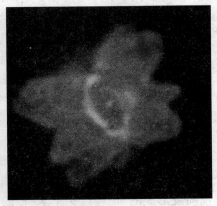

图 3-11　即将死亡的恒星周围的"点对称星云"

　　超新星 1987A 爆发以前喷出一个环确实不足为奇,还有喷出一个球的呢!一颗沃尔夫-拉叶星已经演化成超新星,爆发以前总要有些"动作"。不久以前，它猛烈喷发出一个灼热的小气云，形成一个有 30 个地球质量的火球，以 45 千米/秒的速度离开母体，现已经离母体星 0.016 光年。小气云在运动的路途中没有遇上稠密的星际物质，所以，它仍然是球状。一旦与星际气体碰撞，火球就会更加明亮，球状就不能保全了。

沃尔夫-拉叶星是法国天文学家沃尔夫（WOlf）和拉叶（Rayet）1867 年发现的，是一批质量巨大的热星，表面温度平均 6 万度（太阳表面温度 6000 度），最热星达到 10 万度，一般是 O 型星，是含氮多的氮星，或者是碳星和氧星。它们以几千千米/秒的速度喷射物质。

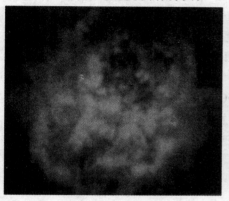 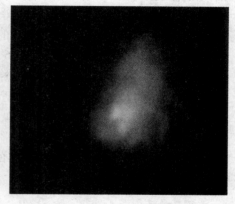

图 3-12　拉叶星喷发出一个热气云　　　　图 3-13　大犬座 VY 星爆发前动作频繁

与一颗沃尔夫-拉叶星喷发出一个 30 倍地球质量的小气云相比，天鹅座的一颗新恒星 ALCL 2591，几千年以前，喷出一个地球质量 20 万倍的大气云，气云迅速膨胀，现已经是太阳系大小的 500 倍。如此大的喷发气云，天文学家们没有发现过。这颗恒星是太阳质量的 10 倍，亮度是太阳的 2000 倍，距离地球 3000 光年。

大犬座 VY 星（VY Canis Majoris），是一颗红色超巨星，质量是太阳的 40 倍，直径是太阳的 2100 倍，超越土星轨道，比太阳亮 50 万倍，距离地球 5000 光年，视星等 8，在接近生命终点的 1000 年内动作频繁。从哈勃空间望远镜拍摄的照片可以看出，它喷发出的不规则的弧正以 46 千米/秒的速度向外膨胀，它喷发的亮结以 36 千米/秒的速度向不同方向运动，说明这颗超巨星是由表面不同方位的局部爆发造成的，而不是超新星大爆发。大犬座 VY 星已经演化成超新星，它的爆发迫在眉睫。

如果太阳也像 1934 武仙座新星那样爆发一次，太阳增亮 20 万倍，太阳的大气也迅速膨胀,膨胀速度达 1200 千米/秒,还抛出大量物质冲击我们的地球,该是什么结果呢? 地球人该怎样应付呢? 但是,请放心,太阳在过去的 10 亿年内,未曾演变为新星,未曾发生过一次大的爆发,这从地球的地质勘测中地层里的生物化石自古至今未曾间断可以得到证明。太阳是十分稳定的,太阳永远也不会演变成新星。新星们的绝对星等的平均值是 2.5,光谱型是 A 型到 F 型。只有光谱型 A 型到 F 型,质量是太阳的 7.8 倍以上,绝对星等 2 到 3 的热星,才有可能演变成新星,它们在 2 亿年左右都会达到爆发阶段。我们的太阳绝对星等是 5,比新星的平均值暗 10 倍,太阳不会演变成新星。新星爆发的原理就是害了"高热病"。天文学家们认为,7.8 个太阳质量的恒星是超新星爆发的临界质量,大于临界质量的恒星迟早会发生超新星爆发。

尽管如此,还是有人散布"太阳 6 年以后将变成一颗超新星"的言论。提出这一观点的是荷兰天文学家万·杰尔·梅尔根。他一直在研究太阳,在一篇论文中写道:太阳内部温度以前是 1500 万度。近几年猛增至 2200 万度。按照这样的增温速度,6 年之后太阳就会发生超新星爆发,太阳系有灭顶之灾。这个"世界末日"闹剧没有一位天文学家响应,看来是"演砸了"。因为天文学家们知道,世界各地天文台 200 多年的观测证明,太阳的辐射没有变化,这说明太阳内部的核反应没有加剧。

最大的超新星:SN2007bi

2007 年 4 月,天文学家们在矮星系 NGC6822 中发现了迄今最大的超新星 SN2007bi,距离地球 16 亿光年。超新星 SN2007bi 爆发前的质量可能有 200～300 倍太阳质量,一般超新星爆发以后 77 天达到最亮,200 天以后已经暗去,可它仍然十分明亮,直到 555 天以后才看不见它。宿主星系 NGC6822 是个小星系,只有几百万颗恒星(银河系有 2000 亿颗恒星)。只有公元 185 年半人马座超新星,爆发以后 600 天才暗去,似可与之相比。

为什么超新星 SN2007bi 是最大的超新星呢? (1)它有最极端的爆发,爆发时制造的放射性镍比普通超新星多 10 倍。"奥欣"望远镜对它的余晖进行观测发现,放射性镍快速衰变成钴,钴又衰变成铁。这样的过程其他超新星是没有的。(2)超新星 SN2007bi 死亡的时候非常宏伟,它生前的原始星非同一般,它的质量有 200～300 太阳质量。目前发现的大质量恒星只有 R136a1 星

（是太阳质量的 265 倍），可与之相比。（3）超新星 SN2007bi 发生在发育不健全的矮星系里。天文学家们最新发现，比较大的超新星都发生在矮星系里。这个矮星系的金属丰度不足它质量总和的 1%，是最贫金属星系，是宇宙第一代小星系，只有第一代星系才有大质量恒星。超新星都发生在矮星系里就不足为奇了。

图 3-14　NGC6822

图 3-15　NGC6946

　　既然超新星大都发生在矮星系里，为什么 NGC6822 矮星系金属丰度不足它的质量总和的 1% 呢？专家们认为，重于氢的元素是在比较大的恒星中心产生的，它们在超新星爆发的时候高速抛射出来。而像 NGC6822 矮星系质量很小，逃逸速度也很低，重金属轻而易举地逃逸出去了。超新星 SN2007bi 爆发时产生的重金属也没有留在矮星系里。

　　如果超新星爆发以后的星核质量超过奥本海默极限，则未必形成黑洞。观测表明，超新星 SN 2007bi 的前身星有 200 ~ 300 倍太阳质量，它 2007 年发生超新星爆发以后的星核有 100 倍太阳质量，却没有直接坍缩成黑洞。天文学家们观测发现，在它 555 天的爆发过程中，先是喷发出氢和氦，这很容易理解。超新星的前身星外围因为温度低压力小，没有进行核反应，所以仍然是氢和氦。250 天以后，天文学家们发现超新星抛出的物质竟然是大量的放射性镍。这些物质无疑来自核心。这说明超新星 SN 2007bi 的 100 倍太阳质量的星核没有直接坍缩成黑洞，而是在极端高温的星核中高能 γ 光子会产生正负电子对，形成的巨大压力阻止了核心的坍缩，在剧烈的核反应下爆炸成碎片，所以天文学家们看到了大量的放射性镍。一直到现在，天文学家们仍然没有找到那个黑洞，说明黑洞真的不存在。

天文学家们发现,最亮的超新星应该是2006gy,它爆发在英仙座矮星系NGC1260星系之中,它的亮度是普通超新星的300倍。天文学家们只发现一例两个超新星在一个矮星系里同时爆发,爆发区域为双子星座。超新星2007ck和超新星2007co爆发只相差16天。

即将爆发的超新星

天蝎星座最亮的星是心宿二(天蝎α),是一颗典型的超红巨星,它的直径是太阳的500倍,光度是太阳的1万倍,质量是太阳的15倍。天蝎α是一颗双星,伴星的亮度6.4,伴星的颜色呈蓝色,周期878年,距离地球410光年。我们现在看到的心宿二是410年以前的模样。心宿二已经演化成超新星,它的爆发迫在眉睫。也许它已经爆发,其效应还没有到达地球;或许在100万年以内爆发。因为心宿二离地球较远,所以不会对地球产生什么影响,预计它爆发时会照亮地球,所照的物体会产生阴影,只相当于月亮的亮度。

天文学家们认为,100倍左右太阳质量的恒星,迟早会超新星爆发,产生强大的γ射线暴。海山二星的超新星爆发无疑也会产生γ射线暴,也许会给地球带来灭顶之灾。未来的海山二星γ射线暴如果袭击地球,2秒钟就能结束,人类和动物很快就会死亡。地球大气受到γ射线重创,氧气、氮气被摧毁,形成一氧化氮,植物的基因也被摧毁,人类可能灭绝,因为生物链已经断裂。没有人知道海山二星什么时候爆发,当发现的时候,也就已经晚了。

不过,地球被未来的海山二星γ射线袭击的可能性极小,γ射线辐射集中在一个很小的角度范围内,而不是各个方向同性辐射。如果地球不在这个角度范围内,地球会安然无恙。

观测即将爆发的超新星,要关注仙王座旋涡星系NGC6946。它距离地球1000万光年,中心核球是由年老的恒星组成的。低温的年老恒星呈橙黄色;而旋臂附近由年轻的、高温恒星为主的星组成,呈蓝白色,两种不同的颜色逐渐向外扩展。旋涡星系一般富含气体和尘埃,在旋臂附近形成尘埃带。旋臂上有众多高温的年轻恒星,它们发出的强烈的紫外光辐射被尘埃气体吸收,使尘埃气体温度升高。尘埃气体再以红外波段辐射出来,所以,旋臂附近一片片恒星形成区呈现红色。旋臂上凝聚的核,是沉没在尘埃物质里的星团。这些特点在旋涡星系里不足为奇。让人刮目相看的是,在最近100年里,竟然发现了

8 次超新星爆发,而我们的银河系在最近的 400 年还没有发现一次肉眼可见的超新星爆发。

在银河系里,天文学家发现了 3 颗著名的超新星,它们是:

1054 年金牛座超新星,赤经 5 时 29 分,赤纬 +21°57′(参考)。

1572 年仙后座 B 超新星,赤经 0 时 19 分,赤纬 +63°36′(参考)。

1604 年蛇夫座超新星,赤经 17 时 25 分,赤纬 −21°24′(参考)。

1885 年 8 月 20 日,美国天文学家哈特文在仙女座发现一颗超新星,它的亮度可以与仙女座大星系相比。仙女座星系的线直径是 22 万光年,它的质量是 3000 亿个太阳质量,是由 4000 亿颗恒星组成的旋涡星系,距离太阳 250 万光年,还管辖着两个子星系 M32 和 M110,是一个比银河系大的星系。1885 年,超新星的亮度可以与仙女座大星系相比,其爆炸能量是无与伦比的——也许是被夸大了的。

最亮的超新星爆发,发生在 NGC1260 星系,被命名为 SN2006gy 超新星,距离太阳 2.4 亿光年,2006 年 9 月爆发,高峰期是太阳亮度的几亿倍。这种本质不同的超新星爆发,有的天文学家认为是"反物质助燃"造成的。早先,最亮的超新星爆发是在 1963 年 9 月发现的大熊星座内的河外星系 M 82(NGC3034)中心的超新星爆发,这个超新星离我们的距离约 1000 万光年。它喷射出很多物质,这些物质被抛射到 1 万光年以外,物质喷射的速度达每秒 8300 千米。最典型的超新星爆发发生在河外星系 NGC1003 中心,是在 1937 年发现的,爆发以后就消失不见了。爆发时的亮度约等于 2 亿个太阳,爆发后膨胀的速度达 5000～10000 千米/秒,绝对星等达到了 −16。它 25 天发出的辐射等于太阳 2000 万年所发射的能量。

如果一颗超新星离我们地球只有 25 光年,它爆发的时候,我们就会看到一颗比月球亮 500 倍的恒星,这时候,地球上空就多出一个小太阳。但是,在离地球 25 光年的范围内,没有一颗可能发展成超新星的恒星。

科学家研究发现,大约 300 万年以前,距离地球 50 光年的区域发生了超新星爆发,爆发产生的高能粒子对地球大气产生了长达一年的轰击,正好我们地球人类也在那个时间诞生,从而改变了人类的进化过程。是好是坏,众说纷纭。有的说,这次超新星爆发产生的低剂量放射性辐射,改善了我们人类的"基因突变",使我们人类祖先揭竿而起,在众多生物中独占鳌头,进化到聪明的人类;有的说,人类在 250 万年以前诞生,这次超新星爆发产生的放射性辐射,差点使地球人类"胎死腹中"。

美国的一项研究表明,41000年以前,一颗远在250光年的超新星爆发,使地球上的猛犸灭绝,猛犸的骨骼化石中仍然残留着来自超新星富铁粒子强烈轰击的痕迹。

2006年,哈佛—施密松天体物理中心公布,超新星2006gz爆发的原因是两颗白矮星相撞。这对白矮星是相互环绕的双星,它们不断靠近,最终发生碰撞,导致巨大的超新星爆发,产生强大的 γ 射线。从光谱中知道,它的碳含量大得离奇,说明它们的致密核心之外产生了碳的包层,证明它是由两个白矮星碰撞造成的,否则不会有碳包层。按照传统理论,两个白矮星碰撞是第三种超新星爆发的机制。

四、银河系

恒星组成的银河系横跨天空

银河系是由 2000 亿颗恒星组成的旋涡星系（目前认为银河系是棒旋星系），质量有 1400 亿太阳质量。我们晚上看到的星几乎都是恒星，绝大部分属于银河系。由于我们的太阳就在它的一条旋臂附近，所以，银河系看上去像条河，故又叫做天河。其光带从地平线的一处向上延伸，横跨天空到另一边地平线，地平线以下还在延伸，似乎像条河。银河系的直径有 10 万光年，一艘宇宙飞船以光速 30 万千米/秒的速度从一边飞到另一边，需要 10 万年。如果说孙悟空一个筋斗十万八千（公）里，每秒翻一个筋斗，从银河系的一头翻到另一头，也需要 28 万年。这条"河"的宽度（银河系的厚度），也有 1.2 万光年，它是我们心中最长、最宽的一条"河"。

其实，银河系不像一条河，而像一个旋涡。半人马座 NGC4945 星系侧面对着我们。它是一个和银河系相似的旋涡星系，有一个高能量的核心，有对称的旋臂。如果想知道银河系侧面的形状，就看一看半人马座 NGC4945 星系和后发座 NGC4565 星系的侧面。

图 4-1　半人马座 NGC4945 星系

图 4-2　后发座 NGC4565 星系

图 4-3　地面巡天望远镜 2MASS 绘制的红外波段银河系侧面

后发座 NGC4565 也是侧面对着我们的星系,视星等 9.56,距离地球 2000 万光年,布满尘埃带的星系盘非常像我们银河系的银盘。地面巡天望远镜 2MASS 绘制的红外波段银河系全貌,的确有点像条河。

银河系的正面像巨蛇座 NGC6118 星系,它比银河系昏暗得多,也有明亮的中心、清晰的旋臂,旋臂之间存在尘埃带,旋臂上布满了蓝色的星团和新近形成的巨大恒星。它几乎正面对着我们,距离地球 8000 万光年。如果想知道银河系正面的形状,就看一看巨蛇座 NGC6118 星系的正面。银河系正面示意图下面的亮点是太阳,位于猎户臂的内侧。

图 4-4　巨蛇座 NGC6118 旋涡星系

图 4-5　银河系的正面示意图

银河系很像一个铁饼(这就预示着银河系在高速旋转,否则它应该是一个团块),假如它正面对着我们时,看上去应该是圆的。其实,我们看到的是它的侧面,看上去就是一个中心突起的长条,那个突起部分就是在人马座方向一片明亮的核心。

银河系有 5 条旋臂。5 条旋臂比较紧密,它们是:英仙臂、人马臂、半人马臂、矩尺臂以及太阳附近的大旋臂分支猎户臂。太阳是在恒星相当稀少的猎户臂附近,而不是在旋臂上,距离银河系中心约有 3 万光年。五个旋臂的中心有一个亮核儿,那就是银河系中心,因为我们在银河系之中,又有浓密的尘埃带遮蔽,所以,银河系中心不能看得真切,只能看到在人马座方向有一片明亮的核心,那里恒星非常密集。用望远镜观察,能看到星云 M8、M16、M17、M20,疏散星团 M6、M7、M18、M21、M23、M24、M25,球状星团 M9、M28、M69、M70,等等。

银河系的旋臂是怎样形成的呢?是银河系核心高速旋转造成的。银河系核心高速旋转使星系盘中的气体、恒星、尘埃形成"密度波",就像一盆水中间高速旋转外围形成几个密度波那样,不论银河系是四个还是五个密度波,密度波中的物质不可避免地受到挤压,形成新的恒星、气体、尘埃并组成旋臂。两个密度波之间密度不大,形成的恒星很少。观测表明,旋臂上的恒星大都是高温蓝色恒星,比核心恒星年轻,表明先有核心旋转,后有旋臂形成。那么,椭圆星系 M87 也在高速旋转,它将来也要形成旋臂吗?如果把银河星系盘比喻为一盆水,那么,椭圆星系 M87 就是一个铁疙瘩了,把一个铁疙瘩放在真空里,不论它怎么旋转,也形成不了密度波,也形成不了旋臂,因为椭圆星系 M87 外围没有什么气体、恒星和尘埃。

天文学家们在研究银河系旋臂的时候,发现两条旋臂是从离银河系核心约 3000 秒差距之远伸出的(0.307 秒差距 = 1 光年 = 6.324 万天文单位)。

大凡旋涡星系的旋臂都是从核心伸出的,银河系两条旋臂却离核心 3000 秒差距伸出,这被认为一定有一个"棒"的结构。天文学家们发现,银河系中心不像标准的旋涡星系那样有一个球状核心,而是有一个年老的、偏红的恒星组成的棒状核心,棒的长度约 2.8 万光年,与太阳到银河系核心的距离相当。星棒的方向与太阳和银核之间的连线成 45 度角,棒的两头连接着旋臂,酷似棒旋星系。天文学教授艾德·丘吉威尔认为,银河系不是旋涡星系,而是棒旋星系,酷似 M83。这是他利用斯必泽空间望远镜观测的结果。

图 4-6 大熊星座棒旋星系 NGC3992

图 4-7 棒旋星系 M83(NGC5236)

棒旋星系 M83（NGC5236）位于长蛇星座，由 2000 亿颗星组成，与银河系相当，而且还很明亮，距离银河系 1600 万光年，有一个不太明显的棒旋结构（请看棒旋星系）。

宇宙中物质的形状大都是圆形或椭圆形，怎么银河系核心却有个"棒"呢？这个棒是什么物质组成的？研究发现，银河系"中心棒"是由数以万计的年老恒星组成的，它们围绕银河系中心大黑洞做长椭圆轨道运动，于是就造成了一个长棒。长棒既然是由老年恒星组成的，那么，它们为什么做长椭圆轨道运动而不是圆形轨道运动呢？为什么长椭圆轨道的长轴都同一个方向，都在与太阳—银河系中心的连线成 45 度角的射线上呢？那是因为在这个方向上物质非常稠密，恒星非常密集，两条粗壮的旋臂就从那里伸出，那些老年恒星的轨道受到两边稠密物质的强大引力影响，被拉长了，轨道偏心率达到 0.9 以上（太阳围绕银河系旋转的轨道偏心率约 0.1，哈雷彗星的轨道偏心率 0.967）。那些老年恒星的轨道被两条粗壮的旋臂根部的稠密物质的摄动所"理顺"，方向一致了，从 3 万光年远处眺望就成了"中心棒"。观测表明，棒旋星系 NGC1365 和 NGC1300 中心棒的方向都对准两个物质稠密区。

英国天文学家威廉·赫歇尔决心数一数天上的星。他发现恒星越靠近银河越密集，银河平面恒性密集度达到最大值，银河的人马座方向的密集度达到极点，而与银河垂直的方向恒星数量很少。他把这些恒星位置投影在一张图纸上，得出的结论是：银河系是由恒星组成的铁饼状的天体系统。威廉·赫歇尔是 18 世纪著名的天文学家，他不仅发现了天王星，还开创了恒星天文学，是当时最伟大的观测天文学家，在天文学史上被誉为"恒星天文学之父"。

早期的天文学家们认为太阳是银河系的中心。天文学家沙普利发现，银河系中的球状星团相对于太阳的分布不均匀，太阳一侧的球状星团只占 10%，而另一侧人马座方向占 90%。科学家们普遍认为，自然界是对称的，球状星团对于银河系中心的分布也是对称的，只是它们的中心不在太阳这里，而是在离太阳 3 万光年的人马座方向，那里才是银河系的中心。

天文学家奥尔特发现银河系核心方向与核心反方向有两个恒星密集区，一个在人马座方向，一个在英仙座方向，太阳在两个密集区之间，分别相距 1000 秒差距左右，他得出的结论是：银河系有旋涡结构，旋臂之间的距离约 1000 秒差距，太阳位于两个旋臂之间而不是在旋臂上。

天文学家多普勒发现银河系的每一团氢云都在移动，于是它们的电磁波谱也在移动，朝地球方向运动的氢云、电磁波会被挤压，我们观测到的波长会变短;如果氢云正在远离地球观测者,则电磁波会被拉伸,我们观测到的波长会变长。天文学家们把这个效应叫做"多普勒效应"。

　　人类在最近的几万年里,没有能力发射一艘宇宙飞船飞出银河系来给银河系拍照,从而得到一张银河系全景照片,因为飞出银河系的极限速度是330千米/秒,超出这个极限速度的宇宙飞船,才会逃离银河系。我们的太阳运转速度是230千米/秒,永远也飞不出银河系。美国的宇宙飞船"旅行者1号"以17千米/秒的速度飞行,"旅行者2号"以16.7千米/秒的速度飞行,也永远飞不出银河系,而且离极限速度相差甚远。

图 4-8(1)　银河系(一)　　　　　　　图 4-8(2)　银河系(二)

　　夏天的晴朗夜空,一条由恒星组成的银河横跨天空。图 4-8(1)右上方向亮星是织女星,天琴 α,蓝白色,全天第 5 亮星,位于银河的西岸;左中亮星是牛郎星,天鹰 α(河鼓二),全天第 12 亮星,也叫牵牛星,位于银河系的东岸。两颗星遥遥相对。银河系的南方一片明亮,那是银河系最辉煌的部分。银河系的质量为 2.2×10^{38} 吨,这个数字告诉我们银河系是一个中等星系。

在银河系里,星的亮度的差别是非常大的,天文学家们发现宇宙中最亮的星在银河系里,它的亮度是太阳的4000万倍,比太阳大150倍,离太阳4.5万光年,被命名为LBV1806—20(LBV表示高亮度蓝色变星)。太阳就够耀眼的了,比太阳还亮4000万倍的星,究竟亮到何种程度,是无法用语言形容的,也无法用眼睛体验,只能用光学仪器计量。别看这颗"高亮度蓝色变星"如此庞大,如此明亮,我们用望远镜是看不见它的。因为它离我们很远,宇宙中的"尘埃粒子"将它的光线遮挡着了。天文学家们把望远镜安装上红外线光学仪器后才把它捕捉到,因为红外线波长大,穿透"尘埃粒子"能力很强。这颗"高亮度蓝色变星"是新近生成的星,它的年龄还不足200万年,我们地球人诞生的时候还没有它。

美国加州大学天文学家发现银河系中心有一个极热的光谱O型星团,成员星有100多颗,每颗星的质量有20个太阳质量,是属于年轻的、蓝色超巨星,它们的年龄不足500万年,星团占有的空间直径只有1光年。100多个大恒星挤在1光年的范围内,只相当于太阳系范围的1/3(包括奥尔特云在内的太阳系直径约3光年),如此小的范围内竟有100个20倍太阳质量的恒星,这只有在星系中心才能见到。

银河系的核心约占银河系恒星数量的75%。银河系5个旋臂占银河系恒星数量的20%。银河系的外围区域叫做银晕,银晕的范围比正式的银河系大得多,星的密度稀疏。这些"孤立的星"约占银河系恒星数量的5%。银河系的核心照片是哈勃空间望远镜拍摄的。

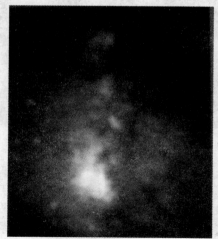

图4-9　银河系核心

图4-10　银河系核心的尘埃云

2000 亿颗恒星，一个拥有几十亿颗最古老恒星组成的、被伸长了的棒式核球，五个旋臂，一个包罗银河系的晕，不是银河系的全部家当，它还有几千个由气体、尘埃和暗物质组成的巨云。气体云的质量至少有 10 亿倍太阳质量，暗物质的质量超过可见物质的总和，这些物质是产生新恒星的苗圃。新恒星的形成能保持银河系的亮度，不会使银河系的光芒锐减，沦落成一个暗星系。天文学家们发现，银河系新形成的恒星比其他活跃星系形成得少。银河系每年约有 20 颗恒星诞生，其中便有 15 颗是小质量的 M 型红矮星，不足 5 个太阳质量。每形成数千颗恒星才有一颗大质量恒星，而碰撞过的星系大质量恒星形成率要高得多。

银河系并不缺少气体云，而且还得到银河系以外的气体云的不断补充。含有大量氢元素的"史密斯云"正以 240 千米/秒的速度、以 45 度的倾角冲向银盘。史密斯云是著名的气体云，云中没有一颗恒星，长 11000 光年（银河系 10 万光年），宽 2500 光年，目前距离银河系 8000 光年。一旦与银河系相撞，将触发大量恒星形成，为银河系增加亮度；一旦与银河系的猎户旋臂相撞，太阳将会偏离轨道，创造一个惊天动地的宇宙纪录。

观测表明，高速气体云撞向一个星系是有先例的，一团与史密斯云相当的气体云高速撞向棒旋星系 NGC1313，使棒旋星系面目全非，形成大量新恒星，甚至使棒旋星系土崩瓦解（请看"网罟座棒旋星系 NGC1313"）。

银河系中心有一个大黑洞。它具有强大的吸引力，其质量至少有太阳质量的 400 万倍，连光线都不能发射出来。银河系中心的那个黑洞我们并没有看到它，只知道从那里发出强大的 X 射线闪烁，那是银河系中心黑洞正在一小口、一小口地吞噬物质。

怎么知道银河系核心黑洞的质量有太阳质量的 400 万倍呢？近年来红外高分辨率望远镜观测发现，在银河系核心黑洞周围 1 角秒处，有一颗年轻的恒星围绕银河系核心黑洞做轨道运动，轨道周期为 15.56 年，根据它环绕的轨道、速度和恒星的质量，由开普勒第三定律计算出，银河系中心的大黑洞的质量至少有太阳质量的 400 万倍。黑洞的半径只有 8% 天文单位，它每吞噬附近的天体物质，就发出 X 光闪烁。

目前黑洞已经不那么神秘了，我们虽然看不见、捕捉不着它，但它有大的质量，吞噬物质时发出 X 光闪烁就露出了马脚。钱德拉 X 射线天文望远镜最近发现，银河系核心附近聚集着 2 万多个小质量恒星黑洞，这些小黑洞是大质量恒星爆发以后形成，在几十亿年内移居到银河系中心的。在不到 3 光年的范围内,有1万多个黑洞和中子星已经被人马座A大黑洞俘获,预计在100万年以内,可能被人马座A并合,使人马座A大黑洞的质量增加3%。

天文学家们把银河系与其他星系比较时,发现银河系中心比其他活动的星系中心安静得多。他们把那些剧烈活跃的星系核心叫做AGN(Active Galaxy Nucleus)。这说明银河系在上百亿年的时间里,银河系中心黑洞已经极大地吞噬掉了它附近的物质而处在饥饿状态。研究表明,银河系中心黑洞附近只有几十颗大质量恒星,而且还比较远,恒星们吹出的强大星风物质就是这个黑洞的午餐。但是,就是这点可怜的物质,黑洞只得到了0.01%,肯定吃不饱。幸运的是,太阳离黑洞十分遥远。

为了满足人们对外星人的关注,在下面的章节里将专门叙述外星人。

谈银河系的结构不能不谈到它的伴星系。银河系最大的伴星系是大麦哲伦星系,质量有60亿太阳质量,由100亿颗恒星组成,直径有3万光年,光度是银河系的1/10,它沿着高度偏心的轨道围绕银河系运动,它的高度偏心轨道预示着大麦哲伦星系将被银河系吞并。过去,银河系从来没有安静过,在银河星系团里,它是个超级大星系,它曾经吞并过数十个矮星系和球状星团(请参考"著名的球状星团"一节)。

银河系的直径有10万光年,质量有1400亿个太阳的质量,由2000亿颗恒星组成,太阳是其中之一。银河系横跨天空,可以说是巨大无比了。其实,它只是一个中等的星系,是因为我们就在银河系之中才显得它很巨大。

仙女座星系的线直径是22万光年,它的质量是3000亿个太阳质量,是由4000亿颗恒星组成的旋涡星系,还管辖着两个子星系M32和M110以及NGC185、NGC147卫星星系。它也是一个中等星系。

NGC2885星系有2万亿太阳质量,是银河系质量的14倍。它也是个中等星系。

3C345星系的线直径为5100万光年,是银河系的510倍,简直是个小宇宙。它是一个特大星系,是目前发现的最大的星系。在宇宙2000亿个星系中,它也许不是最大的。

我们已经知道,太阳围绕银河系中心旋转一周需要2.3亿年,这也是银河系的自转周期;围绕银河系中心旋转的轨道是椭圆的,其偏心率为0.1。所以,太阳公转的速度是不一样的。太阳围绕银河系中心运转的速度是220~250千米/秒,是地球公转速度的8倍。

假设银河系大部分质量集中在中心,又已知太阳离银河系中心9000秒差距,围绕银河系中心运转的速度是 230 千米/秒,根据开普勒第三定律,就可以求出太阳的质量与银河系质量的比例,得出银河系的质量大约是 1400 亿太阳质量。

银河系的成员星围绕银河系中心运行的速度是有极限的。天文物理学家奥尔特求出的极限速度是 330 千米/秒。超出这个极限速度的星,就会逃离银河系。我们的太阳运转速度是 230 千米/秒,永远也飞不出银河系。

太阳携带着八大行星围绕银河系中心旋转,每旋转一周需要 2.3 亿年。月亮围绕地球旋转,地球围绕太阳旋转,太阳围绕银河系中心旋转,银河系围绕什么旋转呢?

银河星系团

银河星系团是由 50 多个星系组成的星系群体,银河系只坐第二把交椅,很多资料把它称为本星系群。按照一般惯例,成员星系少于 50 的称为星系群(Galaxy Group),多于 50 的才称为星系团。银河星系团除仙女座星系、银河系、M33、大小麦哲伦星系以外,都是矮星系。它们很暗又小,数量众多。随着观测技术的提高,新发现的矮星系不断增加。

仙女座星系(M31)的直径约 22 万光年。它的质量比银河系大,由 4000 亿颗恒星组成旋涡星系,还管辖着两个子星系 M32 和 M110,以及 NGC185、NGC147 卫星星系。

M32 是一个矮星系(图 4-11 左上的椭圆亮星系),它的亮度之高很不寻常,如果它和仙女座星系距离我们一样远,它的恒星密度极高,那是不可思议的;如果它是一个背景星系,就不是仙女座星系的子星系。因为 M32 重叠在仙女座星系盘上,要把两个星系分辨出来极为困难,成了一个大难题。美国天文学家(King)是这样解释的:M32 是一个庞大的星系,由于与仙女座星系非常靠近,M32 星系 90% 的外围恒星被更强大的仙女座星系掠去,露出极亮的星系核心。这种说法似乎很勉强,就是剥一个桃子,外围的肉剥去了,核儿也不会如此的干净。至于 M110、NGC185、NGC147 等卫星星系,它们的距离与仙女座星系相同,是无可非议的伴星系,只有 M32 星系有疑问。

我们知道银河系附近的矮星系很多,如比较亮的天炉座星系,跨度 1600 光年的大熊座星系,有 100 万颗老年星的小熊座星系、暗得出奇的天龙座星系等几十个矮星系,怎么仙女座星系只有几个伴星系？因为它离我们有250万光年,那些比较暗的矮星系还没有被发现,预测仙女座的伴星系不会少于银河系。

图4-11 仙女座星系

仙女座星系有一个近似圆形的核心和对称的旋臂,吸光物质弥散在旋臂附近的一些区域,自转周期2亿年。仙女座星系与太阳的距离约250万光年,我们现在看到的仙女座星系,是我们人类刚刚诞生的时候发出的光线。它现在什么样,要再等250万年以后才能看到。用现代大型望远镜在那里找到的各类天体,在银河系里都能找到。仙女座星系的形态、四个臂、近似圆形的核都和银河系相似。所以,人们把仙女座星系和银河系叫做姊妹星系。它在银河星系团里坐第一把交椅。

图4-12　仙女座星系

图4-13　M32

　　银河系是直径10万光年的旋涡星系,它的质量是1400亿倍太阳质量,由2000亿颗恒星组成,太阳是其中之一。银河系有五条旋臂、一个核心,用望远镜观察,能看到弥漫星云、疏散星团、球状星团、正在被吞没的矮星系等。银河系的质量大部分汇集在中心,它的五臂的质量只占全部质量的25%。我们把银河系外围区域叫做银晕,银晕的范围比正式的银河系大很多倍,那里是孕育生命的良好场所。

　　银河星系团50多个星系中,三角星系M33的亮度仅次于银河系,它的位置是赤经1时30分、赤纬 +31度(参考),是银河星系团四个旋涡星系之一,距离银河系247万光年,直径5.5万光年,80亿倍太阳质量。另外,天文学家还发现了112颗变星、4颗新星、5个球状星团以及大量的蓝色星团和粉红色的恒星形成区和四个松散不连贯的旋臂、一团高速气云。气云有9亿倍太阳质量的氢,这片巨大的分子云一旦与银盘上的气体碰撞,其后果是难以想象的,也许会形成一个新的矮星系。三角星系的那团气云是怎么形成的呢?

　　有人认为,那是银河星系团形成的时候剩下的原始气云。根据这团气云对远方星光吸收现象的表现,说明它含有少量的重金属元素成分,如镁、硫等。原始气云不可能有这些重元素。

　　有人认为,M33形成的时候,第一批巨大恒星都进入超新星爆发阶段,几乎同时爆发,气云是一片超新星遗迹,因为第一批超新星年龄很低,爆发以后只会有少量重元素出现。目前M33中心仍然有超过100倍太阳质量的巨大恒星,温度高达4万度。它们很不稳定,几亿年内就会发生超新星爆发。

　　在银河系附近也有很多气云,这对于银河系来说非常重要,因为含氢的分子云是新恒星的燃料,新恒星的形成能保持银河系的亮度,否则,银河系会在3亿年以后光芒锐减,几十亿年以后银河系将变成一个暗星系。

　　三角星系 M33 运动得非常缓慢,星系的移动速度仅为 30 微角秒/年。美国哈佛—史密松天体物理中心的马克·里德(Mark Reid)博士说:"一只在火星上爬行的蜗牛,在天空中的角速度,都要比这个星系的角速度快上 100 倍。"

图 4-14　三角星系 M33

　　大麦哲伦星系离我们很近,只有 5 万秒差距,约 16 万光年,质量有 60 亿倍太阳质量,由近 100 亿颗恒星组成。它没有形成旋涡臂,或者是旋臂正在形成。它的直径有 3 万光年,光度是银河系的 1/10。因为离我们很近,它的星很容易分辨。大、小麦哲伦形成双星系,也是银河系的伴星系。多年观测证明,大、小麦哲伦星系围绕银河系旋转,在相互作用的情况下,使银河的银盘变弯,以后将被银河系吞并。

图 4-15　大麦哲伦星系

图 4-16　麦哲伦星系使银河星系盘变弯

小麦哲伦星系直径 2.3 万光年，光度是银河系的 1/60，质量有 10 亿倍太阳质量，由近 20 亿颗恒星组成。大、小麦哲伦星系都充斥着星际气体，金属丰度只有太阳的 50% 左右。所以，大量恒星在那里形成（小麦哲伦星系见图 2-26）。

观测表明，大、小麦哲伦星系不可能再生成旋臂了，因为它们是银河系的伴星系，距离银河系只有 16 万光年，已经非常"不自由"了，已经被银河系捕获了。大约在 25 亿年以前，大、小麦哲伦星系与银河系"交会"在近距离的时候，引发麦哲伦星系剧烈的动荡，恒星大量形成，星暴此起彼伏，超新星不断爆发。来自星暴中的强大星风和超新星爆发的冲击波使麦哲伦星系中的气体向外膨胀，形成两股高速气体流，像野马一样向外奔突。但是，这两匹"野马"的"缰绳"却握在银河系那里，在银河系的强大引力下，两股气体流都向银河系弯曲过去。

银河系附近还有几十个矮星系：

天炉座星系：距离银河系中心 44 万光年，是银河星系团中最大、最亮的矮星系。它的规模仅次于小麦哲伦星系，有 5 个球状星团、2 个疏散星团。

大熊座星系：跨度 1600 光年，由几万颗恒星组成，这些恒星含有比氢和氦重的元素，光度只有太阳的 400 倍，年龄 130 亿年左右。

小熊座星系：距离银河系中心 20 万光年，有 100 万颗老年星，既没有含氢的气体云，也没有新恒星形成。这个矮星系已经演化到晚期并且老龄化了。

天龙座星系：距离银河系中心 25 万光年，由 100 万颗星组成，大部分是老年星，是一片著名的暗星系，100 万颗恒星却只有 4 颗参宿七（猎户座 β）恒星的亮度，暗得名不虚传。

六分仪座星系：距离银河系中心 30 万光年，亮度为太阳的 10 万倍，比参宿七还暗。

此外，矮星系还有船底座星系、大犬座星系、杜鹃座星系、狮子座 1 星系，狮子座 2 星系等。近几年又有新的矮星系被发现。2006 年，天文学家们就找到了 11 个矮星系。2007 年，美国加州理工学院又发现了 8 个，它们都围绕银河系旋转，使"本星系群"晋升为"银河星系团"。新发现的矮星系中，恒星数量很少。恒星们都运行得很快，依靠它们自身的引力根本不足以束缚它们，是暗物质约束着矮星系不能散开，维持着矮星系围绕银河系旋转。据推算，暗物质占矮星系质量的 99%。

 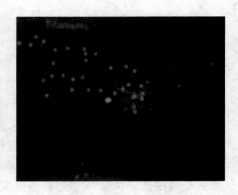

图 4-17　银河星系团中的矮星系　　　　　　　图 4-18　阿贝尔 1763 星系团

　　银河星系团的直径有 1000 万光年的范围,围绕银河系有一大批矮星系组成的次群,围绕仙女座星系也有一大批矮星系组成的次群,总质量 7000 亿太阳质量。

　　银河星系团 50 多个星系组成的星系群体可能有一个中心。星系们怎么运动,围绕哪里运动,银河星系团中心在什么方位,天文学家们还不清楚,只知道银河系正在吞并大、小麦哲伦星系,银河系与仙女座星系正在靠拢,70 亿年以后相遇。斯必泽空间望远镜观测阿贝尔 1763 星系团显示,在阿贝尔星系团附近,一大批矮星系正沿着"公路"(Filaments 细线路)向星系团(Cluster 成群的星系)进发。这一大批矮星系夹杂着大批尘埃、暗物质和不多的恒星沿着"公路"高速运行,每年产生数以千计的新恒星。银河系附近的矮星系是否也沿着"公路"向银河星系团进发没有观测记录。

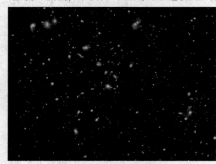 

图 4-19　阿贝尔 2151　　　　　　　　　　图 4-20　阿贝尔 37

　　阿贝尔 2151 是一个大星系团,位于武仙星座,距离 5 亿光年。它因有大量的旋涡星系而著称,直径约 600 万光年(银河系 10 万光年)。蓝色星系是正在产生恒星的星系。黄色星系是比较老的星系。很多星系正在并合。

阿贝尔37星系团更不寻常。由于它的质量非常巨大,产生的引力也非常巨大,甚至可把路过的光线扭曲变弯,形成一段段弧线。列举的两个阿贝尔星系团都比银河星系团大得多。银河星系团是个小星系团。

银河星系团的邻居是玉夫座星系团,距离银河系400~1000万光年,以旋涡星系NGC253为中心。旋涡星系NGC253大小与银河系相当,有大量的新恒星和尘埃云。银河星系团的第二邻居是巨型旋涡星系M81星系团,距离银河系1100万光年,大小也与银河星系团相当。

银河星系团、玉夫座星系团、M81星系团等50多个星系团组成一个超级星系团。它们是否也沿着"公路"向更大的星系团运动?向哪个星系团运动?难道是向室女座星系团运动?天文学家们对它们的运动规律是有争议的。

室女座星系团与宇宙网

室女座星系团(Virgo cluster of galaxies)是非常巨大的星系团,像银河系那样的星系就有2500个,矮星系数以万计,距离太阳1500万秒差距。室女座星系团质量也非常巨大,2500个可见星系的质量就够大的了,暗物质是可见星系质量的10倍,还有无数质量巨大的气团,产生的引力将银河星系团拉向它的怀抱。

图4-21　室女座星系团

室女座星系团正以 1150 千米/秒的速度远离银河系,目前它离银河系越来越远,怎么说将银河星系团拉向它的怀抱呢?

其实,从室女座星系团角度来看,银河星系团正以 1150 千米/秒速度远离室女座星系团,但天文学家们发现银河星系团远离室女座星系团的速度正在减慢。银河星系团在室女座星系团的外围,相互之间受到影响是可以理解的。室女座星系团的引力非常巨大,是这个巨大引力减缓了银河系 7% 的退行速度。

室女座星系团非常明亮,图上的每个小点都是一个银河系,中间的那个椭圆星系就是 M84,右边的那个椭圆星系是 M86,最亮的那个椭圆星系就是 M87。此外。还有 X 射电源、γ 射电源此起彼伏,说明室女座星系团非常活跃。

天文学家们发现,室女座星系团中的旋涡星系和椭圆星系分布得很均匀,而且分布在一个长度很长、宽度很窄的"细丝"(Filaments)上,于是就引进了"宇宙网"的概念。这就是天文学家们比喻的"一大批星系正沿着公路(Filaments 细线路)向星团中心进发",速度高达 1600 千米/秒。如此高的速度说明室女座星系团的中心质量非常巨大。

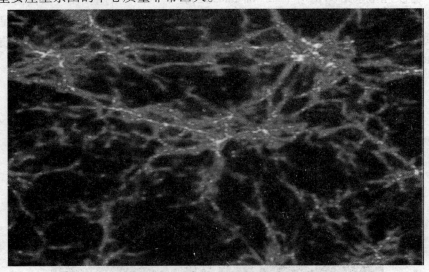

图 4-22　宇宙网

观测表明,室女座星系团中有质量巨大的气团,气团是由氢组成的,应该有大量的恒星。但是,气团中的恒星非常稀疏,人们推测一定有一种物质阻碍恒星的形成,那就是暗物质在气团中形成看不见的"黑色星系"。从此,黑色星系成了研究课题。英国天文学家发现了一个编号为"室女21"的旋转星系，它所含的氢足以产生一亿颗太阳大小的恒星，如果这个星系由一般物质组成，它的高速旋转会把恒星甩出去，把室女21撕碎，形成松散的星团。它如此稳定，所含的物质至少有观测到的100倍才不至于被撕碎。这说明室女21含有大量的暗物质，形成黑色星系。

最早提出暗物质的是瑞士天文学家弗里兹·扎维奇（Fritz Zwicky）。他发现大型星系团中的星系都以极高的速度旋转，单靠可见物质的引力，星系就会散开。他认为一定有大量的、不可见物质的引力束缚着它们，而且这些不可见物质质量只有是可见物质的100倍才能维持这样的高速运行。

暗物质不可见、不发光、不吸光、不摩擦，也不发生核反应，所以，暗物质是黑的。暗物质产生引力，感受引力，所以暗物质会聚集形成黑色星系。宇宙中暗物质含量很大，积聚在一起质量也很大，远处发射出来的光线通过暗物质积聚区会发生扭曲，人们就会发现它。

2003年威尔金森宇宙微波背景辐射各向异性探测器（WMAP）测得暗物质占宇宙物质的$23 \pm 4\%$，暗能量占$73 \pm 4\%$，可见物质只占4%。为什么"大分量"的物质我们看不见，只看到4%"小分量"的物质呢？那是因为我们的眼睛只对可见光"感兴趣"。

室女座星系团有银河系大小的星系2500个，矮星系数以万计。在宇宙中也有数以万计的像室女座星系团大小的星系团，这些巨大的星系团是怎样运转的呢？如何存在的呢？

天文学家们认为，宇宙更大的结构如同一张网，是由众多星系团构成的"宇宙网"。宇宙网串成丝状物质，丝状物是由暗物质维系在一起，密布的星系团、稠密的气体构成的。

法国天文学家罗德里戈·伊巴塔表示：虽然宇宙这种网状的基本架构已经确定，但它依旧有很多谜团尚待我们解开。宇宙网的枝蔓直接延伸到星系团，星系团存在于宇宙网内空隙之间延伸的细丝状地带，尘埃混合在里面，暗物质将它们牢牢地绑在一起，形成宇宙网"骨架"。

银河系的人类

所谓外星人,顾名思义,地球以外的人类都叫做外星人。在太阳系里,水星、金星离太阳很近,温度高达300℃以上,那里不会有外星人;木星、土星、天王星、海王星以及它们的卫星都离太阳很远,要么温度很低,要么被浓密的气体的覆盖,要么直径过大,要么没有大气,要么大气压异常的高,那里不可能居住着外星人;最让地球人着迷的是"火星人",它被我们思念了一个多世纪,编写了许多火星人的故事。火星与地球相似,它是颗"类地行星",也有自转和四季,但它没有理想的液态水,没有理想的大气,温度也比较低。40多年以来,地球人对火星探测了很多次,人们早已下定结论,火星上没有"火星人",地球人是太阳系里唯一的人类。外星人只能在太阳系以外的行星中了。

有人说:"地球人是太阳系里唯一的人类,地球人在宇宙中也是独一无二的","生命很难产生,不可能普遍存在于地球之外","地球人的出现,是宇宙中的意外事件"。

有人说:"宇宙中的生命是普遍的,宇宙中很可能到处爬满了生物,人类也在其中。"

也有人说:"宇宙的广大,环境的多样,已经有人类进化形成的事实。我们支持根据几率计算求得的结论:地球是唯一有人类的星球几率很低。"

观测表明,位于人马座的一颗名为HR 4796A恒星的行星盘上,发现有机含碳分子,那里的行星正在形成。人们知道,有机分子是所有生命的构成基石,在太阳系里,除地球以外,还能在彗星、陨石和土卫六上看到它们的踪迹。在新形成的恒星行星盘上也存在有机分子,说明生命在宇宙中也许并不罕见。这颗恒星刚刚形成,哈勃空间望远镜就发现了它的行星盘上的有机含碳分子云。恒星的年龄只有800万年,距离地球220光年。位于英仙座的星云里发现了更复杂的有机分子蒽(芦荟的主要成分)和萘(卫生球、石脑油),预示着"生物前期物质"在星云中不是稀有的。船尾座葫芦星云为"臭蛋星云",位于巨蛇座的一片尘埃带中的红色条纹是"多环芳烃"碳氢化合物,有烧焦肉类的气味,有毒。在人马座B2尘埃星云中发现二醇醛,这是一种含有甜味的碳水化合物,人们称它是"甜味星云"。

1995年,哈勃空间望远镜对北外空进行了观测,估算河外星系达到800亿个;1998年10月,哈勃空间望远镜对南外空进行了观测,估算河外星系达到1250亿个。随着对外空观测距离的扩展,哈勃空间望远镜能观测到130亿光年以外的星系,估算河外行星系竟达到2000亿颗,然而,还没有看到宇宙的边缘。每个河外星系恒星数量的平均值是2000亿颗星,两数相乘等于400万亿亿颗星,400万亿亿颗星只有太阳系有人类是不能让人接受的。一个国际天文学家小组评估出宇宙有7×10^{22}颗恒星,比地球上沙子的颗粒还多。

我们先讨论地球生物是怎样演化的。

A. 46亿年前地球在太阳附近形成了,它有液态水的原始海洋,有二氧化碳(CO_2)、氨(NH_3)、甲烷(CH_4)、硫化氢和水((H_2O)汽组成的原始大气。大气的成分与现今的木星、金星相似,可见,太阳系的原始大气是一种模式。由于地球的直径只有一万多千米,较轻的氢和氨大部分飞到太空去了。太阳的辐射和大气中的放电现象,在大气里形成了氨基酸,这些有机化合物注入到原始海洋里,互相结合,凝聚成块体。氨基酸是组成蛋白质的基本成分,而蛋白质又是组成生物的基本成分。生物化学家米勒(L Miller)在一个大玻璃容器里,充满由氨(NH_3)、甲烷(CH_4)、二氧化碳(CO_2)和水((H_2O),组成混合气体,然后通上高压电,使电极发出电火花,以模拟太阳光里的紫外线辐射。很久,玻璃容器中的水里出现氨基酸。科学家们在陨星和星际物质那里也发现了氨基酸。氨基酸是组成生命蛋白质的基本成分。这说明生物现象在宇宙中也是存在的。

B. 40亿年前,原始海洋里互相结合凝聚成块体的氨基酸,经过漫长的岁月和自然淘汰选择,这些基本分子出现了"自我复制"现象,机体的生长所需要的营养也由天然化学合成,过渡到有机体自己制造食物。

C. 30亿年前,出现一种结构复杂的叫做"叶绿素"的大分子,它们能够利用太阳光、二氧化碳和水制造糖和氧气为自己的食物,从而使自己发扬光大。这个过程叫做光合作用:

$$6CO_2 + 6H_2O \xrightarrow{日光} C_6H_{12}O_6 + 6O_2$$

叶绿素大分子的出现,是生物进化的关键。单细胞的藻类和细菌出现以后,多细胞生物也出现了。它们的光合作用放出氧气,使大气的组成发生了变化,出现再生大气。现今大气中的氧气,几乎都是光合作用造成的。

D. 20亿年前,多细胞生物大发展,动物出现了。植物的光合作用是基本的生产者。动物需要植物的机体作为它的营养品,所以,植物发展以后才出现动物。多细胞植物起初生活在海洋里,就像浮游植物那样;海洋里的原生动物以浮游植物为食,以光合作用放出的氧气维持生命。在 10 亿年前出现三叶虫无脊椎动物。3.55 亿年前后,石松、芦木大量出现在潮湿地带,这是主要的造煤时代。2 亿年到 6500 万年前,是爬行动物恐龙的大发展时期,它们在地球上称霸 1 亿多年。恐龙遭遇灾难以后灭绝。恐龙的灭绝为哺乳动物大发展创造了良好的条件。在 0.365 亿年前,马发展起来了。在 250 万年前出现了"中国猿人"。

再讨论中国猿人是怎样进化的。

甲.在 250 万年前,中国出现与现代人有亲缘关系的人类祖先——中国猿人,他们的脑容量达到 510 毫升。这从化石学和人类学研究中就能得到佐证。他们比所有的动物都聪明,甚至比现代的猩猩还聪明得多,现代的黑猩猩的脑容量只有 395 毫升。为什么与黑猩猩相比较来测定中国猿人的聪明程度呢?那是因为遗传基因证据显示,在 700 万年以前黑猩猩与人类是同一祖先。

乙.在 150 万年前,中国猿人已经进化到直立人了,他们的脑容量已经增长到 975 毫升,已经有完全直立的姿势,解放了双手,能制造工具和使用工具,有了比较明确的、有音节的语言。在 100 万年前,中国猿人的脑容量已经达到 1075 毫升,人类进化速度明显加快。

丙.在 11 万年以前,直立人已经进化到古智人了,他们的脑容量已经增长到 1420 毫升。人们知道,机器的动力决定于马力,人类的进步决定于脑力。他们有了比较发达、善于思维的大脑,使用比较先进的、不易破坏的工具改造自然,掌握和运用社会生活的本领,会运用集体的力量,会利用劳动改变生活状况,出现了畜牧和种植的社会。恩格斯的结论是"劳动创造了人类本身"。

丁.在公元前 3000 年至公元前 1700 年,他们的脑容量已经增长到与现代人非常接近了,从商朝(即殷代)的甲骨文中可以看出,他们已经开始研究天文学了。我们的祖先仰望天上的星。月亮是最大的星,观望月球是人类最早的天文学观测。他们喜欢太阳东升、月亮西落时通宵照耀的日子。他们根据月缺、月圆、月半的特点,总结出一套历法,这就是中国农历的雏型。到了夏代,又根据白天和夜晚昼夜平分的特点,定为春分或秋分,最长昼是夏至,最短昼是冬至,再把一个太阳年分成 24 个节气,利用 24 节气指导农业生产。这也许是人类最早的、延续至今的杰作。他们根据月相来了解太阳、地球、月亮的相对位置,并用文字来记载新星的爆发等等。他们已经有了国家概念。随着时间的流逝,人类仍然不断地进化,永远不会停止或结束。

宇宙有 400 万亿亿颗恒星,93% 的恒星有行星,难道就没有像地球那样的生物演化和像中国猿人那样的人类进化吗？看来是有的。

银河系的质量大部分汇集在中心，中心质量占全部质量的70%，它的5个旋臂的质量只占全部质量的25%。我们把银河系外围区域叫做银晕，银晕的范围比正式的银河系大好多倍，那里是孕育生命的良好场所。一些天文学家认为，银河系里的生命都集中在银晕里，无论是低等生命还是人类。恒星HD155-358 金属丰度只有太阳的1/5，玉夫座恒星 SI020549 金属丰度不足太阳的十万分之一，凤凰座恒星 HE0107-5240 是"最贫金属星"，它们都与银河系的银晕那些独立的恒星相似，如果那里有外星人，他们最大的困难是缺少资源，甚至连铁都没有。相比之下，太阳系是最荣耀的世界。银河系存在智慧生命的行星有多少呢？

图 4-23　旋涡星系晕

银河系中有智慧生命的星

宇宙存在智慧生命的星有多少是一个世界大课题。比较让人们满意的答案是美国科学家费兰克·德勒克的"存在智慧生命行星数量方程"：

$$N = N_s \times N_p \times N_e \times F_l \times F_i \times F_o \times F_s$$

利用这个方程，我们可计算银河系中存在智慧生命的行星数量 N。

N_s：银河系类似太阳的恒星个数。银河系有 2000 亿颗星,只有那些质量是太阳的 1.4 倍到 0.33 倍的"类日恒星"(包括质量较大的红矮星),才具备人类生存的"恒星条件"。"类日恒星"约占银河系恒星数量的 5%,约 100 亿颗。或者说:

$$N_s = 10\ 000\ 000\ 000 = 10^{10}\ 颗$$

N_p：银河系恒星中带有行星的比率。恒星离我们都很遥远,最靠近太阳的恒星是半人马 α 星(中文名南门二),它离地球的距离是 4.27 光年。用地球上相当好的望远镜也看不到它的比木星小的行星。怎么知道其他恒星也有行星呢？现在通用的方法有几个:

一是测量恒星的摆动:如果恒星没有行星,它运动的轨迹是光滑的;如果恒星有行星,行星和恒星就围绕共同的引力中心运转,恒星运动的轨迹就有许多"小弯"。这些小弯我们叫做"恒星的摆动"。根据摆动的大小,就能计算出行星的质量和行星离恒星的距离。用这样的方法找到的行星一般都很大,而它的恒星一般都比太阳小,而且,它们是离地球比较近的恒星。只有这样,恒星的摆动才更明显。利用这个方法,意大利的一个天文小组观测了 18 颗恒星,就有 9 颗带有行星,占 50%。

二是精确测量恒星的亮度:如果恒星有行星,当行星运行到地球和恒星之间时,就把恒星的光遮蔽一小部分,甚至使恒星的亮度减少 0.01 星等,在太阳系里叫做"行星凌日",在恒星系统中应该叫做"系外行星凌恒星"了。但是,当行星的轨道与地球的轨道不在同一平面的时候,就很难看到遮蔽现象了。

三是测量恒星的自转:我们知道,太阳自转非常缓慢,赤道一点的自转速度也只有 2 千米/秒,它的 98% 的角动量都传给了它的行星。如果恒星系统的起源与太阳系相似,都是按照"拉普拉斯的星云假说"产生的,我们就有理由相信,任何一颗恒星都把它的角动量传给了行星,从而,恒星的自转速度变得非常缓慢。测量恒星自转的结果,发现 93% 的恒星自转缓慢,它们把角动量传给了行星,也就是说,93% 的恒星有行星系统;7% 的恒星自转很快,它们没有行星系统。

四是利用分光技术测量恒星的金属丰度:有行星的恒星,金属丰度(比氢和氦重的元素含量)都很高。这不难理解,如果一颗恒星只有氢和氦,用什么材料塑造行星呢！让人失望的是,银河系银晕里的恒星金属丰度的平均值只有太阳的 1%。以前人们认为,银晕是外星人集中的地方,但连行星都非常少,外星人住在哪儿呀。用分光技术测量球状星团的恒星,它虽然大部分是年老的星,但其金属丰度还不到太阳的 1% ,一般认为老年星的金属含量较高,哈勃空间望远镜围绕地球轨道旋转几十圈,也没有找到球状星团的一颗行星。更有甚者,用分光技术寻找杜鹃 47 星团的 34000 多颗恒星,竟没有发现一颗行星。看来,说93%的恒星有行星系统偏高了。

天文学家们的结论是 90% 的恒星拥有行星。恒星中带有行星的比率取 0.9。即:

$$N_p = 0.9$$

N_e:每个恒星系统中适合生命生存的行星数量。到 2010 年止,我们还没有发现一颗适合生命生存的行星,所以这方面的资料太少。太阳系里的地球、火星、土星是适合生命生存的行星。我们假设太阳系是典型的行星系统,所以,我们认为每颗恒星系统适合生命生存的行星有 3 个。即:

$$N_e = 3$$

F_l:真正发现生命的行星的比率。太阳系里的地球、火星、土星是适合生命生存的行星,可真正发现生命的只有地球,只占 1/3。除太阳系以外,我们就不了解了。所以,真正发现生命的行星的比率取 0.33。即:

$$F_l = 0.33$$

F_i:出现智慧生命的行星的比率。真正发现生命、并且出现智慧生命的行星数,这个数字我们也不了解,只好取一个比较低的数字 0.1。即:

$$F_i = 0.1$$

F_o:拥有通讯能力智慧生命的行星的比率。这个数字我们也不了解,也取一个比较低的数字 0.1。即:

$$F_o = 0.1$$

F_s:智慧生命社会生存的时间系数。出现智慧生命的社会,在发展的几十亿年的时间里,它们仍然还存在,而没有灭绝。如果它们遭遇恒星、人类之间的核战争、恒星的氢核燃料耗尽、小行星的碰撞等灾难,灭绝了 10% ,那么 90% 还存在。我们取 0.9。即:

$$F_s = 0.9$$

地球人在可预测的几百万年里不会遭遇恒星,核大国都是联合国常任理事国,相信人类不会发生核战争。太阳正在年轻时代,氢核燃料几十亿年不会耗尽,巨大的小行星与地球碰撞,地球人的聪明才智可予以避免,但行星资源耗尽可能给地球人带来灾难。一位科学家预测:由于地球人过于贪婪,地球上天然资源的消耗在加速,按目前的开采速度,用不了 1000 年,地球人便只能坐以待毙。

把上列数字代入费兰克．德勒克"存在智慧生命行星数量方程"中：

$N = 10^{10} \times 0.9 \times 3 \times 0.33 \times 0.1 \times 0.1 \times 0.9 = 80190000 = $ 约 8000 万（颗）

银河系中，有 8000 万颗星居住着外星人，约占银河系恒星数量的万分之四，银河系每 10000 颗星中就有 4 颗居住着外星人。换句话说，天气晴朗的夜晚，我们用肉眼看到天上的星只有 6000 颗，其中一半在地平线以下，平均只有 1 颗星有外星人。

银河系存在智慧生命的行星数量 8000 万颗，无论这个数字是否正确，在银河系猎户臂附近、离银河系中心 3 万光年的恒星周围至少有一颗星肯定有智慧人类，他们利用聪明的大脑和先进的技术研究银河系，并取得进展。

外星人需要的生存环境

一、银河系中哪些恒星不具备人类生存的环境

1. 质量大的恒星不具备人类生存的恒星环境。

我们知道的宇宙中最大的星是太阳直径的 800 倍，质量最大的恒星是太阳质量的 265 倍。假设有一颗质量比太阳大 50 倍的星，我们暂且把它叫做"太阳 50"。它有一颗像地球那样的行星，我们暂且把它叫做"地球 B"，地球 B 也像地球那样围绕"太阳 50"旋转，将发生什么样的现象呢？

星的质光关系告诉我们，质量大的星光度也亮，产生的能量也大。"太阳 50"的质量是太阳质量的 50 倍，亮度就是太阳的 600 万倍了，它的寿命只有 60 万年，比起太阳的寿命 150 亿年来说相差甚远。60 万年的恒星寿命，不足以提供生命所必须的产生、进化和发展时间。在比太阳亮 600 万倍的"太阳 50"的照耀下，不可能产生生命。如果"地球 B"要维持生命生存的良好条件，就必须远离"太阳 50"2300 天文单位（地球到太阳的距离是 1 天文单位）。在 2300 天文单位处，"地球 B"看到的"太阳 50"只有针尖大。视直径那么小的"太阳 50"，还要保持"地球 B"的平均温度 20℃（地球的平均温度 14℃），它的能量形式就会发生变化，它发出的主要是紫外线和 X 射线，而且伤害"地球 B"上的生命。为了保持人类需要的生存温度，通过计算得出这样的结论："恒星质量大于太阳质量的 1.4 倍，不适合生命的存在。"

2．质量小的恒星也不具备生命存在的恒星环境。

我们观测到的银河系中最小的恒星是太阳质量的 0.06 倍。我们暂且把它叫做"太阳 0.06"。如果它也有一颗像地球那样的行星"地球 B"，也围绕"太阳 0.06"旋转，它们之间的距离只有 30 万千米（地球到月亮的距离是 38.44 万千米）。"太阳 0.06"对"地球 B"的引力效应是地球对月亮的 15 万倍，从而"地球 B"自它形成初期，一面永远面对"太阳 0.06"，就像月亮对着地球那样。换句话说，"地球 B"没有自转。失去自转的"地球 B"行星，它的永昼面温度很高，不会有液态水，大气的逃逸变得很稀薄；它的永夜面温度很低，非常寒冷，不会有液态水；在明暗交界的过度区，气候恶劣，生物区域很小，也不适合生命的存在。

"太阳 0.06"和"地球 B"之间的距离只有 30 万千米，从"地球 B"上看到的"太阳 0.06"的视直径比地球上看到的太阳大 3000 倍。这么大的、深红色的、相当暗的恒星一旦出现"耀斑"，而且又那么近，"地球 B"的温度就会猛烈升高，不适合生命的存在。通过计算得出这样的结论：恒星质量小于太阳质量的 0.33 倍，不适合生命的存在，包括红矮星。

恒星质量只有小于太阳质量的 1.4 倍、大于太阳质量的 0.33 倍才适合生物生存。

3．变星不具备生命存在的"恒星环境"。

变星是光度有周期性变化的恒星。变星的直径变化无常，周期有长有短，突然变亮、变暗，温度变化剧烈、频繁。围绕变星运动的行星，不能孕育生命。

4．双星中的行星不会有高级生物。

恒星中许多亮星是双星，是由两颗异常接近的星所组成的一对，它们的颜色和亮度常是不同的。每两颗星中就有一颗是双星或聚星。

如果太阳是近距离双星，夏天两颗太阳同时照耀地球，温度可能上升到 70℃，而冬天，当两个太阳互相遮蔽的时候，温度就会直线下降。双星中的行星上的植物和动物不能适应如此高的温度差，都难以生存，高级智慧生物也难以进化。

太阳的第一邻居半人马 α 星是一颗三联星，主星有两颗，一颗是黄色的，另一颗是橙色的，它们之间距离最远时为 22″，最近时只有 2″，周期 80.089 年。半人马 α 星还有一颗小伴星，星等 11，是一颗红矮星，有 52 次爆发记录。这样的三联星也不会有外星人。

5．褐矮星的行星上不会有外星人。

褐矮星是黑黄色的比较小的星，它的质量一般比太阳小，它的温度比太阳低得多,一般只有700度,它实际上不发出可见光,只有红外光。褐矮星没有产生热量的机制,只是保持着原来的那些热量。随着时间的推移,它的热量将逐渐消退。消退延续的时间由褐矮星的大小和温度来决定。

有的褐矮星是一个微型太阳系,它有像地球那样的岩质行星,围绕这颗褐矮星旋转,是不可能有生物的,因为生物无法调节不断下降的温度,也没有生物进化所需的时间。

由于褐矮星非常暗淡,几乎不发出可见光,找到它也非常不容易。人们估计,褐矮星的数量约占恒星数量的三分之一,它的直径只有木星那么大,不可能演变成恒星。

6. 超巨星附近的行星上不会有生命。

超巨星比太阳大得多,一般认为,比太阳的直径大几十倍的称巨星,比太阳的直径大几百倍的称超巨星。牧夫α星(大角)是太阳直径的23倍,星等0.2,比一等星还亮,是一颗巨星。天蝎α星(心宿二)是天蝎星座最亮的星,是一颗典型的超红巨星,它的直径是太阳的500倍,光度是太阳的10000倍,质量是太阳的15倍,是一对双星。主星星等1.2,是一颗超巨星。我们知道的最大的超巨星是武仙α星,它的直径是太阳的800倍。如果把武仙α星放在太阳的位置上,连地球和火星都在其中了。如此巨大,而且很不稳定的超巨星们会有生物吗? 不会有的。

7. 新星和超新星附近不会有外星人居住。

所谓新星,是一些星突然爆发,光亮骤增,释放出巨大能量,抛出异常多物质的星。这样的星爆发以前往往总是很暗的星,当爆发的时候,大放光芒。爆发以后,它没有分崩离析,只是光亮骤减,以后仍然存在。

光谱型A-F型、绝对星等2~3的热星都有可能演变成新星,它们在2亿年左右都会达到爆发阶段。那些光谱型K-M型、绝对星等5~10、7000℃以下的冷星是不会演变成新星的。

新星爆发只消耗了这个星的万分之一的能量,爆发以后这个星仍然存在,星等基本不变,以后还有多次爆发。外星人类所居住的行星不能靠近新星,而且,与新星的距离至少有25光年。那换句话说,新星周围25光年之内的所有恒星都不能孕育生命。

超新星爆发时,它的亮度约等于2亿个太阳的亮度,爆发后膨胀的速度达5000~10000千米/秒。超新星的绝对星等有的达到-16.0,在25天发出的辐射,等于太阳2000万年所发射的能量,超新星爆发几乎一下子把全部能量释放出来。质量过大的超新星是非常不稳定的,孕育生命的星要远离超新星至少 250 光年。换句话说,超新星周围 250 光年之内的所有恒星,都不能孕育生命。

8. 星云里不具备孕育生命的环境。

不论是环状星云还是行星状星云,它们的结构中心有一颗热星,星云是这颗热星发放的、深浅不同的气壳,有非常强烈的紫外辐射,中央星的温度 3 万至 10 万度。强烈的紫外辐射对孕育生命有关键性的影响。

二、寻找外星人的主要星体

1. 疏散星团里是智慧生命集中的天体。

疏散星团的成员之间的距离比较适中,星与星之间的平均距离是 1.3 ~ 3.3 光年,并不拥挤。它们的相对运动也很小,自行却有一致性。它们是由个别的恒星聚集而成的。昴星团和毕星团是典型的疏散星团,这样的疏散星团离我们比较近的就有 350 多个,毕星团离我们 120 光年,昴星团离我们 280 光年。昴星团星的绝对星等、光谱型、亮度、温度之间有极其密切的关系。天文学家们认为每一星团的成员都是同时形成的。疏散星团内是"类日恒星"集中的天体,像太阳那样亮的、温度在 5000 ℃左右、绝对星等在 5 左右、光谱型在 G 和 M 之间的星有很多。但是,疏散星团中星云比较普遍,这是不利的因素,因为一旦进入星云,行星就会进入冰河期。

图 4-24　昴星团

图 4-25　毕星团

昴星团(M45)又称七姊妹星团,是离太阳最近的疏散星团之一,位于金牛座。在晴朗的夜空肉眼能看到它,中国民间叫它"撮星"。这一小撮星成员有 2000 多颗,宽度大约 13 光年,是年轻的星团,也是一个移动非常快的星团。

毕星团是疏散星团之一,它的几颗亮星构成二十八宿中的毕宿,因此称为毕星团,位于金牛座。毕星团几乎是球状星团,它有300多个成员星,外围的恒星比较稀疏。毕星团正以43千米/秒的速度离开太阳,也是一个快速移动的年轻星团,目前距离太阳120光年。大约在8万年以前,毕星团离太阳最近,只有现在距离的一半。

昴星团和毕星团都是快速移动星团,形成两个不同的星流,这两个星流在天球上不断接近。如果那里有外星人,在这两个星团相撞的时候,行星受到热气浪的冲击,外星人就会一扫而光。其实并不是这样,毕星团距离太阳120光年,昴星团距离太阳280光年,这两个星团在天球上不断接近,是透视的现象造成的,不但不会相撞,而且还在不断远离。

2. 古老而稳定的恒星系统才有生命。

新诞生的恒星非常不稳定,有时出现巨大的耀斑,有时喷射高速稠密的物质,有时被气体和尘埃环绕,新诞生的恒星一般都很亮。我们的太阳系诞生20亿年以后才诞生生命。

至于那些脉冲星、中子星、强磁星等虽然都很古老,但已经进入恒星演化晚期,它们的系统也不会有外星人。

3. 球状星团的外围具备生命进化的条件。

在球状星团里,有大质量的年轻恒星,有年老的星,有红巨星,还有一天就变换几次的变星,它们都放射着耀眼的光芒。组成球状星团的星的数量只有10万到20万颗,星团外层的平均密度是太阳附近星密度的60倍。星团的中心部分,恒星非常密集,它们的高温、它们的紫外线辐射、它们发出的强大星风会摧毁所有生物。生命是宇宙中最宝贵的组成部分,同时也是宇宙中最脆弱的部分,不能指望在球状星团里找到外星人。然而,球状星团是古老的星团,在球状星团的最外层,有大量独立的星,星的密度不高,星际物质稀少,没有星云,具备生命进化的条件。

图 4-26　杜鹃座 NGC47 球状星团

杜鹃座 NGC47 是全天第二亮的球状星团,它有 24 个毫秒脉冲星让人关注,有的高速旋转达 600 转/秒,脉冲星中有 13 个是双星,这样的球状星团主体不会有外星人。

4. 星系外围的"晕"里是外星人居住的小区。

银河系是由 2000 多亿颗恒星组成的,它的质量是 1400 亿太阳的质量,每颗星的平均质量比太阳稍小。银河系的中心基本上是球形的,那里所占的恒星数量是银河系总数的 75%,那里恒星太密集了,不能指望在银河系中心找到外星人可以生存的环境。

银河系有 5 个旋臂,旋臂上大部分是质量较大的,光谱型 O、B、A 型的,明亮、灼热、不稳定的早型星,都"浸没"在尘埃和气体之中,它们将迅速地耗尽自己的氢核燃料。在这 5 个旋臂上找到适合人类生存的环境的可能性是很小的,我们的太阳不在旋臂上,是在猎户旋臂内侧。星系中心和它的旋臂不具备生命进化的条件。

银河系的外围区域叫做银晕,银晕的范围比正式的银河系大得多,星的密度稀疏,这些"孤立的星"约占银河系恒星数量的 5%,约有 100 亿颗星是孕育生命的良好场所。

宇宙中像银河系那样的"河外星系"约有 2000 亿个,都有一个由密集恒星组成的星系中心,大部分都有旋臂,不能指望在这些区域找到外星人生存的环境。它们外围区域的"晕"里,星的密度稀疏,是孕育生命的良好场所。

发射宇宙飞船寻找外星人

从上个世纪70年代起,地球人寻找外星人的步伐加快。人们投入了巨大的人力和物力,向浩瀚的宇宙深处寻找外星人。

1972年,美国发射"先驱者10号"探测器;1973年,美国发射"先驱者11号"探测器。这是人类将探测器飞出太阳系的首创,向外星人报告地球人的确切位置。

美国发射"先驱者号"探测器,携带一块长22.9厘米、宽15.2厘米、厚1.27厘米的镀金金属板,金属板上刻着一封"信",信不是用文字写的,而是一篇精美的图案。这块金属板是经过现代先进技术处理的,10亿年也不会变质,10亿年也不会褪色。图是发给外星人的地球信息图。

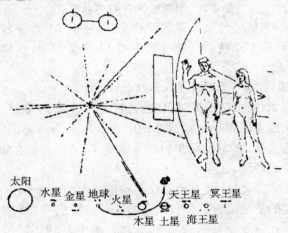

太阳　水星　金星　地球　火星　天王星　冥王星
木星　土星　海王星

图4-27　发给外星人的地球信息图

"先驱者号"携带的印在金属板上的"地球信息图形"是美国著名天文学家萨根和德勒克设计的。设计如此美妙,如果外星人得到这张图,就会知道地球人的模样、太阳和地球的确切位置,然后就可以用无线电波向我们发送信息和图像。这样,两个星球就可以用播放图像的形式互相交流,就像看电视一样,用专门频道播送外星人的社会,比看"动物世界"高级多了。

　　"信"发出去了,"先驱者号"探测器就是邮递员,它是以不足 20 千米/秒(光速的十万分之六)的速度去投递的。这么低的速度在太空漫游,需要 6.4 万年才能到达我们的第一邻居半人马 α 星,而邻居家又是三联星,邻居家还没有人,所以也没有对准它。"先驱者号"继续往前运行,再过几十万年,甚至几千万年,也许被外星人得到。那时候,脉冲星发射脉冲的时间间隔增大了很多,而且,每颗脉冲星发射脉冲的时间间隔变化也不一样,也许外星人连 14 颗著名的脉冲星也不能确定,更不用说太阳和地球了。

　　别看"先驱者号"的运行速度很慢,它在运行几十万年,甚至几千万年的时间里,如果撞上一颗星体,它就会粉身碎骨,碰上一片星云会被烧毁,那就前功尽弃了。根据先驱者号在太阳系的飞行记录,每三天就有一次穿透性撞击,如果太阳系以外也有这样密集的穿透性撞击,先驱者号飞行几万年以后,样子就成了马蜂窝了。

　　再说说"先驱者号"上的计算机,它的处理能力只有现在的个人微机的水平。再过几十万年,外星人看到"先驱者号"上的计算机,也许会以为地球人正在过着"结绳记事"的生活呢!

　　到 2010 年"先驱者号"已经飞行了 30 多年了,离邻居家门口 6.4 万年还相差太远。"先驱者号"运行 16.5 万年,到达天鹅星 61,太阳的第 21 个邻居。它是一颗双星,也不会有外星人。至于外星人如何得到这封信,那就不知道了。我们有一个比喻:往大海里随意扔一个鱼叉,期望能扎上一条鱼来。

　　现在说一段星空科幻故事。

　　事件发生在公元 1271972 年 10 月,美国在公元 1972 年发射的"先驱者 10 号"探测器,以 20 千米/秒左右的速度,经过 127 万年的飞行,到达了狮子座的狮子 α 附近。狮子 α 离地球 85 光年,那里有一颗外星人居住的行星叫做"宙斯星"。

　　"先驱者 10 号"在"宙斯星"上空飞行,"宙斯星"上的科学家发现了它,科学家们用望远镜仔细观察,发现了这颗"不明飞行物"上有抛物面天线和一个长方形的盒形计算机,他们断定这是一个真正的不明飞行物"UFO"。

　　"宙斯星"上的科学家们驾驶航天飞机向"先驱者 10 号"靠近,发现在"先驱者 10 号"壳体上有三个字符 USA(美国),他们不知这三个字符代表什么,他们警惕的是"太空武器"或者是"星际炸弹"。当外星人的航天飞机与"先驱者 10 号"相距十几米的时候,科学家们打开航天飞机上的探测仪器,认定对方不是星际炸弹,也不是太空武器,就果断地伸出机械臂,将"先驱者 10 号"抓住,安全降落在"宙斯星"上。

科学家们打开"先驱者10号"的舱门,看到了印有地球人模样的金属板,立即引起一片欢呼。他们说:

"地球人太漂亮了,他(她)匀称的身材,简直像模特一样。"

"宇宙中地球人是再美丽不过的了。"

"没见过这么完美或理想境界的老外(他们称呼外星人是老外)。"

"地球人是什么样的生物进化来的呢?"

也许大家要问,宙斯人是什么模样?也许像"绿螃蟹",身材矮小,皮肤绿色,靠光合作用维持生命。这群"绿螃蟹"看到金属板的左上角两个小圆圈是氢原子的质子和电子,它们之间的横线是21厘米氢的谱线波长,外星人可以利用这个尺度,量出图中的地球人高度,分别是男人180厘米,女人164厘米。

左边,有著名的14颗脉冲星的辐射线,辐射线的方向是太阳的方向,辐射线的长度是太阳到脉冲星的距离,脉冲星的频率用二进制表示在射线上。最长的一条线,表示出太阳到银河系中心的距离。宙斯星的科学家们根据金属板上标明的每棵脉冲星,发射脉冲的时间间隔衰减比例,计算出"先驱者10号"的发射时间。根据14颗脉冲星的相对位置,确定太阳在银河系的一条旋臂——猎户臂附近。

这群"绿螃蟹"还看到,左边的大圆是太阳,太阳的右侧是九大行星,行星下面的符号是二进制的数字,代表它们到太阳的距离。从地球到木星的一条射线,表示"先驱者号"是从地球发射,借助木星引力加速的。

根据"先驱者10号"的运行速度和发射时间,计算出宙斯星到地球的距离是85光年。利用这些数字,他们用先进的太空望远镜,找到了太阳和它的第三颗行星地球。嘿!这群"绿螃蟹"还真聪明。

"宙斯星"上的科学家用无线电波向地球发出第一条信息:"请将美丽的、身材秀丽的地球人进化史发给我们。"

又过了127年(地球到狮子α的距离是85光年),"宙斯星"收到地球人发来的、让科学家们愕然的、无线电波携带的地球人进化的图像:

图 4-28　地球人的进化不彻底

让宙斯星科学家们愕然的是:127 万年以后的地球人,像恐龙那样"害了肥胖症",秀雅的身材不见了。他们认为"地球人的进化不彻底"。

1977 年 8 月和 9 月,美国又发射"旅行者 1 号"和"旅行者 2 号"星际宇宙飞船,它带着地球人的美好愿望,带着美国总统签署的一封信,带着联合国秘书长瓦尔德海姆的口述录音,向浩瀚的宇宙深处飞去。

"旅行者号"携带着一个磁唱头、一枚钻石唱针和一张镀金唱片。唱片记录着如下内容:

1. 地球上具代表性的信息。

116 张图片,包括太阳在银河系的位置、地球围绕太阳旋转、地球大气和云彩、男女人体图、大海、大陆、高山、河流、田野、花草、树木、动物、小提琴、长城、联合国大厦、金字塔等;35 种自然界音响,包括脉冲星的宇宙噪声、回旋声音、大海的涛声、雷声、暴雨声、寒风呼啸声、人的笑声、动物的嚎叫声、飞机的轰鸣声等;60 种语言的问候,包括地球世界各国标准语言、民族语言、一对鲸鱼的热情呼叫;27 种世界名曲,包括中国古筝(瑶琴)演奏的"高山流水"、国粹京戏、莫扎特名曲、贝多芬名曲、摇滚乐、爵士乐、民族歌曲等。

用瑶琴演奏的"高山流水"是俞伯牙创作的,是中国古代著名的"阳春白雪",当时没有什么人能够听得懂这种高雅乐曲,只有一位名叫钟子期的人,听出曲中有巍巍高山,有涓涓流水,故定名为"高山流水"。后来,钟子期病故,俞伯牙竟将嵌着宝石、装饰着凤尾羽毛的瑶琴摔碎,还写下一首诗:摔碎瑶琴凤尾寒,子期不在对谁弹……美国人真有创意,竟想将"高山流水"弹给外星人听。

2. 美国总统卡特签署的电文。

这是来自一个遥远的小小星球的礼物，它是我们的声音，我们的科学，我们的意念，我们的音乐，我们的思考和我们情感的缩影。我们正努力使我们的时光共融，我们希望有朝一日在解决了所面临的困难以后，能置身于银河文明世界的共同体中，这份信息将把我们的希望、我们的决心、我们的亲善传遍广阔而又令人敬畏的宇宙。

3. 联合国秘书长瓦尔德海姆的口述录音，代表全球人民向未知者表示敬意并寻求友谊。

"旅行者号"宇宙飞船在太阳系里，探测了木星、土星、天王星、海王星以及它们的一部分卫星，发回了大量的资料。"旅行者号"宇宙飞船的电源是由放射性同位素钚自然衰变热电发生器产生的，功率470W，电压30V。当"旅行者号"宇宙飞船即将离开太阳系的时候，它的功率仍然有315 W。到2020年，"旅行者号"宇宙飞船能量将会枯竭，不再传输资料。

2003年7月，"旅行者号"宇宙飞船在太阳系里飞行了26年以后，向银河系深层飞去。"旅行者1号"以17千米/秒的速度飞行，方向是黄道面以北35度，"旅行者2号"以16.7千米/秒的速度向黄道面以南48度方向飞去。大约再过4万年，"旅行者1号"经过鹿豹星座的AC+793888星的上空，大约再过29.6万年，"旅行者2号"从大犬座的天狼星的上空穿过。此时，"旅行者2号"已经离开太阳8.8光年了。银河系的成员星围绕银河系中心运行的速度是有极限的，天文物理学家奥尔特求出的极限速度是330千米/秒，超出这个极限速度的星才会逃离银河系。"旅行者1号"宇宙飞船以17千米/秒的速度飞行，"旅行者2号"宇宙飞船以16.7千米/秒的速度飞行，永远也飞不出银河系，它们将在银河系里遨游。

无论是"先驱者号"还是"旅行者号"，我们不能指望它们在10万年内遇上外星人，我们的后代也没有耐心等待着外星人的回信。也许，它们永远也遇不到外星人。尽管地球人做出了巨大努力，到2010年，我们仍然没有找到一颗有外星人的太阳系以外的行星，也没有收到外星人向我们联系的信号。看来，外星人也没有找到我们。

发给外星人的电讯

1982 年,好莱坞上演电影《外星人》轰动全世界,《外星人》影片导演拿出 10 万美元,支持 SETI 组织寻找外星人(中国导演可不吃这个亏)。SETI 利用这些资金组织全世界 200 万人用无线电监听外星人发来的信息。从 12 岁的小学生到知名的科学家,利用 SETI 的软件,用自家电脑和因特网连接,接收外星人发来的信号。遗憾的是,40 年过去了,SETI 组织的尝试没有取得任何效果,没有找到外星人。

德国物理学家赫兹 1888 年发现无线电波,电波的特点是传播速度和光一样快,它的波长是光的 100 万倍。它能够改变运行方向,能够携带人为信息,运行中衰损很小。无线电波应用到与外星人长距离联系时,是不可取代的最好办法。

当然,我们坐上宇宙飞船到外星上去,亲眼看看外星球,那是最直观、最潇洒的了。问题是我们的宇宙飞船太慢,我们的寿命太低,去一趟外星球需要的时间太长。所以天文学家们经常利用无线电波,尝试与外星人联系。现在,天文学家们拥有非常灵敏的射电望远镜,它可以探测宇宙深层辐射源发出的无线电波。

如果我们知道,在我们附近"类日恒星"的确切位置(不包括红矮星),知道这些星球上智慧生命发射信号可能使用的频率,知道外星人利用无线电波播送图像的方法,我们就能向外星人发送地球信息和接收他们的图像。在太阳附近,像太阳系那样的单星系统,很有可能有智慧生命。我们选择了 7 颗"类日恒星":孔雀 δ、杜鹃 ξ、水蛇 β、波江 θ、波江 ε、鲸鱼 τ 和天龙 σ。

类日恒星参考位置

星名	孔雀 δ	杜鹃 ξ	水蛇 β	波江 θ	波江 ε	鲸鱼 τ	天龙 σ
赤经	20h10′	0h20′	0h26′	2h59′	3h38′	1h43′	19h30′
赤纬	−66°	−65°	−77°	−40°	−9°	−16°	+69°

知道了太阳系附近外星球的参考位置以后,在"类日恒星"附近的行星上,智慧生命发射信号可能使用的频率就应该是 1420 兆赫、波长 21 厘米。21 厘米电波是冷氢原子发射出的无线电辐射的波长。宇宙中氢原子普遍存在,21 厘米波长的无线电波也普遍存在,这是一种大自然给出的标准波长。外星的

智慧生命会首选21厘米波长,其次是42厘米和10.5厘米波长。这样,我们就可以对准方向,按标准频率和波长发射和接收信号了。

1960年4月8日,美国国家射电天文台最先进的射电望远镜监听波江ε和鲸鱼τ,历时数月也没有"听"到什么。1968年前,苏联用21厘米波长监听20颗恒星,也没有结果。

1974年11月16日,地球上最大的射电望远镜"阿列希博号射电望远镜"向外星人发出一份电讯,电波的有效能量是地球电力总功率的20倍,使用了1679个编码符号。

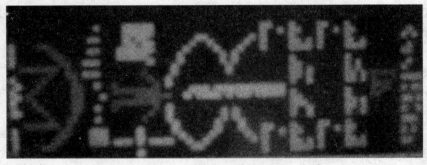

图4-29　发给外星人电报图示

发给外星人的电报图示的大意如下:

……我们是这样从1数到10的……元素氢、碳、氮、氧、磷的排列是很有趣的……地球人人体的DNA分子是一个双螺旋体,地球人的身高是14个波长,生活在太阳系的第三个星球上的地球人有40亿……太阳系有9个行星,地球外侧有4个大的,最外面的一个是小的……这份电讯是直径2430个波长的射电望远镜发射的,它能收到你们的回电。

也许有人要问,这样的电报图示连地球人自己都看不懂,外星人能看得懂吗?请放心,这份电报是发给外星人专家的,他们也许能看懂。

也许有人要问,电报图示上的氢、碳、氮、氧、磷是地球上人类生命的五大基本元素,外星人也是这五大元素吗?地球人是碳基的,没有一位科学家敢说外星人也是碳基的,只有UFO专家才把外星人描述成碳基的地球人模样。外星人也许是硅基的,身体很硬朗,寿命也很长,不会与碳基的地球人相似,他们喜欢在200-400度中生活。外星人也许是氨基的,他们喜欢在低温、高压下生活,他们一旦来到地球上,就会被氧气毒死(地球上不是也发现了厌氧菌吗)。地球人认为地球是人类的摇篮,氨基外星人认为地球是个蛮荒世界。我

们不能把地球人的生存标准(水、氧和温度)来衡量外星人,外星人也不能把他们的标准衡量地球人,正如英国古典诗人蒲柏的诗句:

他们在看我们的牛顿,

好像欣赏野外的猢狲。

1974 年 11 月 16 日,地球上最大的射电望远镜"阿列希博号射电望远镜"向外星人发出电讯的方向是 M13,电波的有效能量是地球电力总功率的 20 倍,电讯波束的有效功率是前所未有的,在正对着波束的方向上,3 分钟发射的能量是太阳在这个方向上的 1000 万倍。天文学家德瑞克博士说:"在发射 3 分钟的时间内,我们地球是银河系里最亮的超新星。"至少有几百万个星体能收到这封如此强大的电讯。外星人会回电吗?

再讲一个与外星人联系的故事。

在天琴 α 星附近,有一颗居住外星人的行星,它离地球 33 光年。行星上有一群研究地球的科学家,领头的有一个中文名字,叫做贾约翰。他们非常喜欢地球,因为地球有飘着白云的蓝天,有浩瀚的大海,有长满绿色植物的陆地,他们认为地球上一定有地球人。他们努力寻找地球人的信息,没有成功。

就在 2007 年的一天上午,贾约翰的办公室里沸腾了,他们收到了发自地球的信息,知道了太阳系有 9 大行星,地球上有 40 亿人口,地球人的身高和他们的双螺旋体的 DNA……他们手舞足蹈,高兴极了。突然,贾约翰办公室的接收机收到一声巨响,是发自地球上的,其能量是接受到太阳能量的 1000 万倍。包括贾约翰在内的外星科学家们目瞪口呆,他们断定地球发生了爆炸,爆炸的时间长达 3 分钟。3 分钟以后,贾约翰办公室一片寂静,他们无可奈何地起草了一份新闻稿发给报社。

新闻稿内容如下:

我们收到了太阳系第三颗行星的信息,他们有 40 亿人口,是比较发达的人类。不幸的是,就在今天,地球发生了大爆炸,其能量是接受到太阳能量的 1000 万倍,爆炸长达 3 分钟。我们,沉痛地,宣布:地球上的 40 亿人,与我们,永别了。

这个爆炸似的、如此强大的能量,正是 1974 年 11 月 16 日,地球人用最大的"阿列希博号射电望远镜"向外星人发出的一份电讯。也许其他星球也收到了阿列希博号射电望远镜的信息,当他们准备好了资料回电的时候,发现阿列希博号射电望远镜"关机"了,因为没有得到财政的支持,无钱运作,只好关门大吉了。幸运的是,"中国天眼"在贵州开张了,这个 500 米口径的射电望远镜投入了使用。

与外星人联系的最佳方法也许是利用中微子,中微子的穿透力比光子强得多,一束中微子可以高度集中,几光年也不会扩散。如果地球人向 12 光年远的鲸鱼 τ 发射一束中微子,其截面最多扩散 600 天文单位,正好涵盖鲸鱼 τ系。至于如何发射中微子,地球人是办得到的,利用大型粒子加速器就能产生出来;如何接收中微子信息,地球人也能办得到,南极的冰立方(IceCube)中微子天文台能够接收外星文明中微子信号,而且没有方向性,不像一般的望远镜必须指向某一个方向。地球人对中微子通讯刚刚进入初级阶段,如果外星人的文明不如地球人,我们发射了中微子他们不能接收,那就是"对牛弹琴"了;如果地球人的文明远远不如鲸鱼 τ 人,他们发现地球人还在玩中微子,智力低下,便会说地球人是"类似于鲸鱼 τ 的黑猩猩"。

驾驶时间机器访问宇宙

地球人很清楚,我们与外星人联系的最大障碍是我们的宇宙飞船的速度太慢,我们地球人的寿命太短,我们的通讯传播速度太慢,我们的宇宙不适合高速飞行。通过地球人的努力,我们的宇宙飞船的速度能超过光速吗?地球人的寿命能达到 10 万岁吗?我们的通讯传播的速度能达到 30 光年/秒吗?我们能改变宇宙浑浊不清的特点吗?

科学泰斗爱因斯坦的相对论打破了人们固有的速度和时间概念。他认为,有质量的物质的运动速度都不可能超过光速,当物体的速度达到高速时,大部分的推力都用来增加质量,只有小部分用来增加速度。同时,他又把光速定为"物质运动的极限速度",而且,我们永远也"无法接近和达到光速"。现在,我们所知道的宇宙中最快的速度是光和电磁波的速度:真空中的光速 = C =299792.46 千米/秒,近似 30 万千米/秒。爱因斯坦认为,时间是可以逆转的,逆转的条件是达到或接近光速。

光速极限问题已经多次被验证,没有理由再怀疑它的正确性。我们的宇宙飞船到宇宙旅行,当速度达到 293800 千米/秒时,宇宙飞船的乘客的时间流逝是地面的 1/5,宇宙飞船飞行 1 年,地面已经过了 5 年;当宇宙飞船的速度达到 299791 千米/秒时,宇宙飞船的乘客的时间流逝几乎等于零。对于宇宙飞船的乘客来说,这就是"时间膨胀效应"。

从理论上来讲，我们乘坐宇宙飞船，以接近光的速度到太空旅行要付出巨大的能量。而且，如此高的速度，不要说遇上流星，就是遇上一粒灰尘，也会把宇宙飞船击出一个对穿的洞。根据先驱者号在太阳系的飞行记录，每月遭受十次穿透性撞击，先驱者号的飞行速度低于 20 千米/秒（十万分之六的光速）。如果接近光速飞行（还相差甚远），就是遇上宇宙中的原子，迎面而来的原子也接近光速，原子变成了宇宙射线，对宇航员的生命造成威胁。宇宙中到处都有原子存在，平均每 100 米的距离就有一个原子。我们的宇宙不适合接近光速的宇宙飞船飞行。仙女座星系是离我们最近的大星系，它的距离约 250 万光年。我们现在看到的仙女座星系，是我们人类刚刚诞生的时候发出的光线，我们现在去那里，一去就是 250 万年，回来又要 250 万年，人类的进化时间也只有 250 万年，去那里有社会意义吗？到那里干什么呢？社会需要这样的"出差"吗？谁报销这笔"出差费"呢？虽然宇宙飞船的乘客的时间流逝几乎等于零，宇航员出差回来，地球人还承认这位 500 万年以前的老爷爷"活化石"吗？所以，人类去太阳系以外的星际旅行是非常渺茫的，与外星人的联系，只有使用无线电波相互播放图像这一条路了。

爱因斯坦的相对论给我们与外星人的联系泼了一盆冰凉的冷水。我们的飞行速度永远不能接近光速，人的寿命永远不能达到 10 万岁，我们的通讯传播的速度永远不能超过光速，地球人无法改变宇宙浑浊不清的状态，地球人永远不能到 500 光年以外的星球上去。

回想起来，1940 年以前，地球上的飞机速度不断增加，当接近声音传播速度的时候，飞机的速度再也上不去了，飞机的前面像有一团棉花球挡住了去路，人们把它叫做"音障"。当时的航空专家断言，飞机永远也不能接近音速或超过音速。后来，由于备战的需要而加紧研究，飞机的速度终于"嘭"的一声巨响突破了音障，达到"M 数"等于 1.2，后来的一些航空器的速度甚至超过十几倍的声音速度。飞机不能突破音障的理论过时了；爱因斯坦的"光速是物质运动的极限速度"也会过时吗？

一些现代科学家向爱因斯坦理论提出挑战，说爱因斯坦的相对论是"悖论"，是逻辑学和数学中的"矛盾命题"。他们提出"物质运动的速度是没有极限的"，时间可以通过"时空隧道"延长或缩短。他们认为，我们现在的科技水平，还没有达到接近光速或超过光速的星际旅行的水平，也许很多年以后，地球人能实现这美好的愿望。他们会发现超级外星人能够在宇宙中接近光速或超过光速飞行。他们的理论虽然不能让人们信服，但下面有一些事件能够证明：

1980年，一艘苏联潜水艇在大西洋的百慕大水域下潜。起初，一切正常。突然，潜水艇发生振动，接着又恢复正常。潜水艇艇长为了寻找振动原因，命令紧急浮出水面。从下潜到浮出水面只有几分钟，却发生了巨大变化：从大西洋的百慕大下潜，几分钟以后浮出水面，它的位置竟在印度洋上，领航仪显示，潜水艇在印度洋的非洲中部以东，与百慕大相距一万三千公里。艇长用无线电询问苏联海军总部：领航仪是否有错。海军总部根据无线电定位仪确定，潜水艇在印度洋上，要求立即返航。潜水艇上的93名船员发现，船员们的头发白了，眼睛花了，面容老了，每位船员竟老了十几岁。

苏联海军总部请30多位科学家对潜艇事件进行全面调查。不久，就得到了阿列斯·马苏洛夫博士签署的调查报告。报告说：潜水艇下潜时进入一个"时空隧道的加速管道"，从而，潜水艇在眨眼之间就航行了13000公里，我们对"时空隧道和船员们在时空隧道里衰老"等问题了解得很少，但这是唯一的解释。

1955年，美国一架飞机从诺福克飞往墨西哥的坦皮科，于1992年在坦皮科着陆，在空中飞行了37年，机上乘客觉得只飞行了两个多小时。他们被墨西哥政府部门请去询问和招待，得知乘客帕泊劳在墨西哥有一个弟弟，名叫阿尔弗雷德，他今年68岁，而哥哥帕泊劳看上去只有40岁。兄弟相见，相貌好像父子俩，说哥哥是77岁的年轻人。机场工作人员看到他们仍然穿着50年代的衣服感到可笑。可是，整个飞机和乘客还与失踪时一样。无疑，这架飞机飞进了"一个时空隧道"。

这样的时空隧道事件可以列举几十桩。"梦幻般的时空隧道"；"超自然的时间弯曲"；"把丢失的时间转换成能量"；"他们的一瞬间就是地球的40年"；"看到了46年前失踪的新娘瑞吉娜，她还是那样美丽"；"飞跃9世纪的欧洲"；"看见埃及人正在建设金字塔"；"乘时间机器返回童年"；"能够缩短距离的空间隧道"；"空间也有弹性，时间也能伸缩"；"时间是一台计算机，它可以快进、慢行、跳跃、停顿和倒退"……以上这些说法，似乎出自科幻童话。

如果真的有这样的"时空隧道"，有"星际飞行走廊"，地球人一旦将它掌握，"瞬时"就能到达冥王星，在那里看看还有没有第九、第十大行星。"一眨眼"就能飞行到480光年之外的半人马β附近，看看那里的外星人先进到何种程度。"一刹那"就能飞出130亿光年，看看宇宙边缘的星系是不是已经衰老。驾驶"时间机器"返回自己的童年；派出1000名亲善大使，在宇宙各地广交朋友,学习他们的先进技术,促进地球人的进化……人们相信吗?

问题是,人们不相信那些通过"时空隧道"的当事人说的话,也没有一个赞成"时空隧道"的科学家进入过"时空隧道"。"时空隧道"成为"虚幻隧道"。读者是相信"时空隧道"呢?还是相信爱因斯坦呢?我看,是爱因斯坦而不是"时空隧道"。

更让人们心旷神怡的是,1994 年天文学家们利用甚大阵列射电望远镜,观测到银河系中一个类星体 GRS1915 + 105 以 2 倍的光速移动。后来,又观测到几千个类星体都以超光速移动。还发现一个超新星 GROJ1655 − 40 喷射的物质,以 1.3 倍光速向外膨胀。这明显地违反了爱因斯坦的"有质量的物质的运动速度都不可能超过光速","光速是物质运动的极限速度"的相对论,也违反了宇宙中最快的速度是光和电磁波的速度:每秒 299792 千米,近似 30 万千米/秒。通过计算,一颗 10 克的子弹头,以光速打在相对静止的铅板上,竟能将 10 公里厚的铅板击穿。光速太离奇了。

爱因斯坦没有使用过甚大阵列射电望远镜,那时候也没有发现类星体,他难道只是地球人的科学泰斗,他的相对论不能概括宇宙观念吗?是爱因斯坦错了还是上述天文学家观测有误?有人认为是天文学家观测有误,因为光速极限问题已经多次被验证,没有理由再怀疑它的正确性。当宇宙飞船的速度超过 30 万千米/秒,宇宙飞船的乘客的时间流逝达到负值,越来越年轻。

不明神秘电波

2003 年 2 月,设在波多黎各的巨大的阿列希博号射电望远镜,瞄向太空 200 个区域,搜索外星人的地外文明(SETI)。这个项目与世界范围内几百万台电脑相连,来筛选阿列希博号射电望远镜收到的信号。负责这项工作的天文学家们,收到了每个区域至少 2 次"不明神秘电波"。

"不明神秘电波"不但神秘莫测,而且令人费解、令人怀疑。有的天文学家认为这是外星人采取的最佳联系方式,有的天文学家认为这可能是未知的天文现象,还有的天文学家认为电波不带有已知的天体的识别标志,是一种以前没有想到的自然现象。

寻找外星人的科学领域正在突飞猛进地发展,地球人不惜投入巨大资金,研制先进设备,集中最优秀的科技力量,不遗余力地为 SETI 奋斗。正在实施的项目有"艾伦望远镜阵列",它拥有 350 架彼此相连的巨大碟形天线,占地面积 1 万平方米,安装在哈特克里克天文台,以便 SETI 天文学家不间断地接收来自外星人的信号,搜索 100 万颗行星。这是微软创始人之一保罗·艾伦投资 2500 万美元建造的(不知道中国的企业家有没有这样的投资)。

天文学家们正在研究把各种形式的光当做与外星人联系的媒介,而不只是利用无线电技术。哈佛大学物理学教授保罗·霍罗威茨一直在用光学望远镜寻找外星人,帕萨迪纳的行星学会捐赠 35 万美元建造了一台 72 英寸的望远镜,观测了 1.5 万颗恒星。

在银河系外围区域有 8000 万颗星可能有人类,那里是孕育生命的良好场所。天文学家们正在努力寻找外星人,大概外星人也在寻找我们,都在银河系里,彼此并不太遥远,与外星人取得联系也许就在这 100 年之内实现。21 世纪最大的发现,也许就是"发现外星人"。

根据 2004 年 8 月 12 日俄罗斯国际文传电讯社报道,俄罗斯科学家声称在西伯利亚一个原因不明的爆炸现场发现了外星人装置的残骸,现已送到西伯利亚的克拉斯诺亚尔斯克市进行分析。这个骇人听闻的报道,引起了很多关心外星人的天文学家们无数的猜想和争论。

我们一旦取得突破,我们就会把地球上的信息发送到外星上去。看来,还得先发送美国的阿波罗、勇气号、艾伦望远镜阵列,以及白种人、黄种人、黑种人的照片,中国长城、埃及金字塔,京戏……我们也会收到它们的照片,男女外星人、孩子外星人,外星植物、外星动物,外星地貌、外星建筑……我们和外星人朋友彼此都会受到启发,甚至在发明创造、改进模仿等方面产生巨大的效益。

五、千姿百态的河外星系

河外星系

天文学家梅西耶发现银河系以外还有很多星系,命名为河外星系,在他的星表里以 M 为字头。德雷尔(Dreyer) 也发表一个星表,记载了 13226 个星系和星团,以星表的缩写 NGC(New General Catalogue 新总星表)命名。后来又有很多星表,但这些星表都不能把河外星系写全,甚至连它们的数目也数不清。1995 年,哈勃空间望远镜对北外空进行了观测,估算河外星系达到 800 亿个;1998 年 10 月,哈勃空间望远镜对南外空进行了观测,估算河外星系达到 1250 亿个。随着对外空观测距离的扩展,估算河外星系竟达到 2000 亿个。即便如此,还没有看到宇宙的边缘。

银河系的直径有 10 万光年,质量为 1400 亿倍太阳质量,由 2000 亿颗恒星组成,太阳系是其中之一,一条白带横跨夜空并延长到地平线以下,可以说巨大无比了。其实它只是一个中等的星系,是因为我们就在银河系之中才显得巨大。

仙女座星系的线直径是 16 万光年,质量为 2000 亿倍太阳质量,是由 3000 亿颗恒星组成的旋涡星系,还管辖着两个子星系 M32 和 M110。它也是一个中等星系。

NGC2885 星系,质量为 2 万亿倍太阳质量,是银河系质量的 14 倍。它仍然是个中等星系。

1990 年 10 月 30 日,美国天文学家们在观测一个非常富有的星系团 Abell3827 时,发现这个大星系团中心有一个巨大星系 ESO146-lG 005,大小是银河系的 60 倍,距离银河系 600 万光年,是非常活跃的巨大星系。仔细观察这个巨大星系,它至少有 5 个核,说明它至少吞噬了 5 个星系。这 5 个核也很不安静,相互穿来穿去,温度极高,运转速度不断变化。宇宙绝大多数大型星系均通过吞噬其他星系的方式才拥有大质量,60 个银河系质量足以形成引力透镜。果然,遥远星系发出的光被这个巨大星系的引力扭曲,光线弯折,汇聚在地球上形成虚像。根据光线扭曲程度测定出这个大星系的质量是银河系的60 倍。人们认为这是迄今发现的最大的星系。

室女座内的 NGC4486 星系的质量为 27 万亿倍太阳质量,是银河系质量的192 倍。它才是巨大星系。

3C345 星系的线直径为 5100 万光年,是银河系的 510 倍,简直是个小宇宙。它是一个特大星系,是目前发现的特大的星系。但在宇宙 2000 亿个星系中,它也许不是最大的。

遥远的类星体发出的能量,往往是太阳的 1000 亿倍,亮一些的类星体甚至能发出几千个银河系的光,而类星体的直径有的不到一光年,大的也只有几光年,是什么机制能使它发出如此大的能量? 不可能是密集的恒星,也不可能是一光年大的恒星,是巨大的黑洞在吸积物质时产生的能量,类星体与河外星系就不能相提并论了。

人们普遍认为,每个星系都是独一无二的,都是由恒星、暗物质、尘埃组成的,所以人们认为星系是"恒星的摇篮",恒星在摇篮里诞生,在摇篮里死去。星系的形状也是独一无二的,万有引力塑造了星系的形状,星系的旋转塑造了星系的形象,星系的碰撞暴露了它们的形迹,使星系壮大。

棒旋星系

(1)棒旋星系 NGC1365 是一个巨大的星系,直径 20 万光年(银河系的直径 10 万光年),距离太阳 6000 万光年,因有一个棒状中心和一对动人的旋臂而著名,旋臂从棒状结构两端展开,旋臂上有蓝巨星和蓝色恒星组成的星团,有非常醒目的尘埃带,尘埃带里新恒星不断形成,两条美丽动人的旋臂上的亮点是一个个球状星团,星光闪耀,热气体活跃。

图5-1 大片4 NGC1365

棒旋星系 NGC1365 位于天炉星座,是典型的棒旋星系。棒旋星系数量很多,约占星系数量的 25%,大多数是明亮的。NGC1365 是人们最关注的棒旋大星系,它右边的旋臂正在远离它的中心棒;左边的旋臂有蓝色恒星形成的星团,这些恒星的年龄比较年轻,而靠近中心部分有黄色的恒星和星团,它们的年龄较大。整个星系富含气体和浓密的尘埃,甚至有强大引力的核心也被尘埃笼罩。因为中心棒的引力场十分强大,左边旋臂末梢的小恒星被吸引,向内移动造成较大的变形。右边旋臂末梢的小恒星怎么没有被吸引变形呢?

观测表明,棒旋核心有一个大质量快速旋转体,运动状态非常复杂,使棒旋内部结构杂乱无章,同时将它的棒旋外围的恒星、气体及尘埃弄得凌乱不堪。靠近中心的左边,星团、恒星以及尘埃非常活跃,旋转非常快,以至一些物质被抛出,甚至形成两个小旋臂。棒旋星系 NGC1365 不但高速旋转,气体和尘埃非常浓密,而且还向图的左方快速运动,以至远离核心的小恒星、尘埃气体向右、向内漂移。

NGC1365 的神秘之处在于它壮观的不对称旋臂、浓密的尘埃带、穿过星系中央被尘埃笼罩的长棒,以及中央棒内外非常明亮的核心。天文学家们把那些剧烈活跃的星系核心叫做 AGN(Active Galaxy Nucleus)。AGN 一般比银河系中心每秒辐射的能量要高得多,可以看到 NGC1365 核心非常明亮,它每秒辐射的能量是银河系的几千倍。

NGC1365 棒旋星系核心为什么如此明亮呢?是因为核心有一个大质量的

黑洞,黑洞的质量约为太阳质量的1亿倍,在大质量的黑洞吸积物质的过程中,物质落入黑洞时,物质的引力势能减少,物质围绕黑洞旋转,"摩擦"失去角动量,产生巨大热量。计算显示,只要每年有1个太阳质量的物质落入黑洞转换成能量,就能提供我们观测到的棒旋星系核心的能量辐射。

图 5-2　天文台拍摄的 NGC1365　　　　图 5-3　棒旋星系 NGC1365 的核心

　　棒旋星系 NGC1365 中心棒是由数以万计的年老恒星组成的,它们围绕星系中心做长椭圆轨道运动,因为两个旋臂的根部物质非常稠密,恒星非常密集,两条粗壮的旋臂就从那里伸出。那些老年恒星的轨道受到两边稠密物质的强大引力影响而被拉长了,轨道偏心率达到 0.9 以上。那些老年恒星的轨道被两条粗壮的旋臂根部的稠密物质的摄动而"理顺"了,方向一致了,从远处眺望,就成了"中心棒"。由于中心棒的存在,为物质进出星系盘提供了通道,为中心黑洞吸积物质以及新恒星形成创造了条件。

　　天文学家们发现,红色旋涡星系有中心棒的概率比蓝色星系高 2 倍。红色星系由低温老年恒星造成,恒星形成过程大部分已经结束;蓝色星系大部分由高温年轻的恒星组成,大量的新恒星正在形成。这就暗示着,有球状核心的旋涡星系先形成,而中心棒是后来在旋涡星系中心形成的。某些有球状核心的旋涡星系,经过几十亿年的演化,形成了有中心棒的棒旋星系。

　　(2) 网罟座棒旋星系 NGC1313 可没有 NGC1365 那么漂亮,显得十分松散,距离地球 1500 万光年。有人认为,网罟座棒旋星系 NGC1313 的背面有一些小的星系,它们相互影响,甚至产生碰撞,使它杂乱无章;有人认为,网罟座棒旋星系 NGC1313 的棒旋正在形成,它的旋臂正在趋于对称;还有人认为它是一个疏散星团,它的蓝色大质量恒星几乎在整个星系中形成。

　　网罟座棒旋星系 NGC1313 有大量的年轻恒星存在,这些 B 型大质量恒星的寿命只有 2500 万年,天文学家们对星系仔细观测,发现这些大质量恒星的行动与星系主体不协调,形成独立的运动。这充分说明网罟座棒旋星系 NGC1313 没有足够大的引力将恒星们长期聚集,在 2500 万年以前就开始瓦解,不断地归纳到附近的大星系里。除了大质量 B 型星以外,还有大质量 O 型星,它们的寿命更低,只有几百万年,在棒旋星系瓦解的过程中推波助澜,纷纷发生超新星爆发,加速了星系的解体。不久之后,这个棒旋星系就会变成疏散星团,慢慢瓦解。

网罟座棒旋星系 NGC1313 是一个古老星系,距离地球 1500 万光年,邻近没有星系与其做伴,孤零零的黄色老年恒星组成棒旋星系寂寞地度日。突然天降风云,一大团高速气体云撞上棒旋星系 NGC1313,使之扭曲变形,紧接着大量新恒星形成,其中就有大质量 O 型星、B 型星,它们的高能辐射照亮了这个不速之客——银白色的气团。整个棒旋星系充满了气体、尘埃、气体泡、激波前沿、星团、大质量恒星、超新星爆发,使棒旋星系的旋臂七零八落,中心面临土崩瓦解。

图 5-4　网罟座棒旋星系 NGC1313

(3)棒旋星系 NGC1300 也是著名的星系,旋臂从棒状结构两端展开,旋臂上有蓝色恒星组成的星团,有非常醒目的尘埃带。它粗壮的中心棒有强大的引力,使它的两条旋臂向内移动,使之更贴近中心棒。

图 5-5　NGC1300

在两条特样的旋臂上，有大量的蓝色超巨星放射着蓝色星光，也有红色超巨星点缀在蓝色背景上。星团和恒星形成区有浓密的尘埃贯穿。粗壮无比的棒状核心长度达 3300 光年（银河系中心棒长 2 万光年），中心的旋涡不大活跃，只是一个旋涡套着另一个旋涡；中心棒也不明亮，预示着中心没有黑洞。

（4）棒旋星系 M83 星别名南天轮转焰火（Southern Pinwheel），距离地球 1500 万光年。棒旋星系 M83（NGC5236）有两条不规则的旋臂，旋臂上有不清晰的分支，有蓝色星团在旋臂上形成，不同演化阶段、不同年龄的恒星比比皆是。M83 星系的旋臂上，有红色星团，也有蓝色星团。红色星团附近有浓密的气体星云，红色星团将它们照亮；蓝色星团由新形成的恒星组成，它们强大的辐射将那里的尘埃挤压成条状。两条旋臂之间的恒星又小又暗又稀疏，被星团的辐射弄得杂乱无章。M83 星系中心引力很大，大量的尘埃气体云正在收缩，说明中心有个大质量黑洞。M83 星系 100 年内有 6 次超新星爆发，证明 M83 星系非常活跃（银河系已经 400 年没有发现超新星爆发了）。

一个研究小组（迪米安·马斯特小组）发现，M83 星系"正在被两个质量核心搅动着，它们可能是潜在的超大质量黑洞，令人吃惊的是没有一个核心处在 M83 星系的中心位置"。

将 M83 星系与棒旋星系 NGC1365 和 NGC1300 比较，可以看出 M83 星系的中心棒还没有完全形成，中心棒是后来形成的。统计发现，红色旋涡星系有中心棒的概率比蓝色星系高 2 倍。

图 5-6　地面望远镜拍摄的 M83 星系

图 5-7　空间望远镜拍摄的 M83 星系

　　如何理解 M83 星系"正在被两个质量核心搅动着"呢？有些旋涡星系演化了 100 亿年也不曾有一个中心棒，那是因为这些旋涡星系中心没有"两个质量核心搅动着"。

　　宇宙中物质的形状大都是圆形或椭圆形，怎么有的星系核心却有个"棒"呢？这个棒是由什么物质组成的？研究认为，星系的"中心棒"是由数以万计的年老恒星组成的，它们围绕银河系中心大黑洞做长椭圆轨道运动，不料，有的旋涡星系有"两个质量核心搅动着"。观测表明，棒旋星系 NGC1365 和 NGC1300 中心棒的方向都对准了两个质量核心。

　　为什么棒旋星系有两个质量核心呢？我们虽然看不到 M83 星系照片的两个质量核心，但是 M83 星系两条旋臂明显不对称，说明它的伴星系曾经与它相撞融合在核心之中而形成了两个核心。M83 星系是一个大星系，它的伴星系比较小，所以 M83 星系变形不大，这就是天文学家们所说的"小并合"。

　　此外，棒旋星系还有很多，各有特色，不再赘述。

图 5-8　剑鱼星座 NGC1672

图 5-9　飞鱼星座 NGC2442

图 5-10　大熊星座 NGC3992

图 5-11　NGC6217

旋涡星系

（1）猎犬座 NGC5194（M51）在赤经 13 时 28.9 分、赤纬 47° 19′，猎犬座与大熊座的交界处，比仙女座星系稍小，正面对着我们，在它的近似圆的核心两旁伸出两个旋臂，一个旋臂的末端卷进一团伴星系 NGC5195，而另一个旋臂却没有。许多旋涡星系的旋臂过于松散，难以看到它的旋涡结构，而猎犬座旋涡星系 NGC5194 却不同，旋臂结构非常紧凑，把氢压缩成一个个恒星，浓密的尘埃充斥整个旋臂，新恒星的辐射照亮了尘埃带。伴星系中也有许多新形成的恒星，也有一个明亮的核心，距离地球 2000 万光年（照片是哈勃空间望远镜拍摄的）。伴星系 NGC5195 视星等 8 等，它似乎牵引着一条旋臂，其实，伴星系已经被主星系捕获，围绕着主星系旋转，每旋转一周需要 2.3 亿年，而且还在不断靠近。两个星系的引力不但影响了主行星的旋臂，也影响了整个伴星系，使伴星系变得非常活跃，新形成的恒星把附近的星云吹走，而与主星系接触的部分暗涛滚滚。猎犬座旋涡星系 NGC5194 是很多天文学家们的偏爱。

为什么说是"卷进"一个伴星系，而不是"甩出"呢？根据天文学家奥尔特的射电观测：星系的旋臂是旋进而不是旋出的。根据这种理论，星系中心应该有一个黑洞，而且星系的最终结果是形成一个星系级黑洞。这种理论是有争议的，只得到小部分天文学家的肯定。我们清楚地看到，在两个旋臂上，有许多凝聚的核儿，那是沉没在星际物质里的星团，它们大概也是被"卷进"去的，或者是"土生土长"的。

　　猎犬座旋涡星系 M51 的照片是哈勃空间望远镜拍摄的优秀照片,每年哈勃空间望远镜过生日,都要拿出来展示。"哈勃"相信,有了好的星空照片,宇宙才能更加打动人心。旋涡星系 M51 中心核球由年老的恒星组成,低温的年老恒星呈橙黄色;而旋臂由年轻的、以高温恒星为主的星组成,呈蓝白色。两种不同颜色的恒星由里向外逐渐展示。旋涡星系富含气体和尘埃,在旋臂附近形成尘埃带。正好旋臂上有众多的高温年轻的恒星,它们发出的热辐射被尘埃气体吸收,使尘埃气体温度升高,尘埃气体再以红外波段辐射出来,所以旋臂附近一片片恒星形成区呈现红色。哈勃空间望远镜用不同的滤光片分别进行拍摄,然后把它们叠加合成。

图 5-12　M51

　　(2)波江座旋涡星系 NGC1232 由大约 3000 亿颗星组成,星系的中心部分是由类似太阳中老年星组成的。在旋臂上泛着蓝光的星,是由诞生不久的或正在形成的星组成的,直径 20 万光年,距离太阳 1 亿光年。在 NGC1232 的左旋臂顶端,似乎像 M51 那样,也卷进了一个星系。经过测量两个星系的距离,才知道那个小星系是背景星系,不曾将它卷入。地球上的飓风"伊戈尔"逼近波多黎各的情景,形象与 NGC1232 非常相似,但"伊戈尔"大小与波江座旋涡星系 NGC1232 相比,如同一个酵母菌与地球相比。

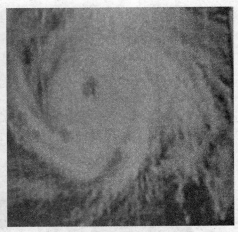

图5-13　波江座旋涡星系 NGC1232　　　　**图5-14　地球上的飓风"伊戈尔"**

（3）狮子座 NGC3808 由两个旋涡星系组成,小星系也被大星系捕获,距离地球约 3 亿光年(图 5-15 由哈勃空间望远镜拍摄)。左上的旋涡星系正面对着地球,它粗壮的旋臂和尘埃带引人注目,中心部分的明亮恒星形成了一个椭圆恒星环。右下星系侧面对着地球,由恒星和气体组成的环垂直于它的盘面,是大星系的引力使它表现异常。它们之间的强大引力形成了一座物质桥,小星系的物质不断地流失。

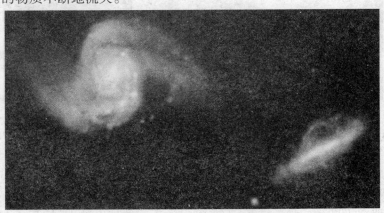

图5-15　狮子座 NGC3808 星系

如果我们远离地球 100 万光年,就会看到银河系和大麦哲伦星系之间也形成了由气体组成的物质桥,大麦哲伦星系使银河系的盘面产生了弯曲,与 NGC3808 相似。大麦哲伦星系离我们很近,只有 5 万秒差距,约 16 万光年,质量有 60 亿倍太阳质量,直径有 3 万光年,是银河系的伴星系。多年观测证明,大、小麦哲伦星系围绕银河系旋转。在相互作用的情况下,使我们的银盘变弯,以后将被银河系吞并。

(4)旋涡星系 NGC4414 上的每一个小点都是一个火红的"太阳",由 2500 亿恒星组成,中心的黄色恒星是年老的星,旋臂上的蓝色恒星是年轻的星,在旋臂附近的褐色物质是星际尘埃带,那里是新恒星诞生的区域。

图 5-16　旋涡星系 NGC4414　　　　　图 5-17　NGC4414 局部放大

(5)大熊座旋涡星系 NGC5457 比银河系小不了多少,但它只有 160 亿个太阳质量,比起银河系 1400 亿个太阳质量来相差甚远,说明它的恒星密度非常稀疏,恒星是以集团的形式存在的。天文学家们还在它的旋臂上发现 3 颗超新星。

图 5-18　大熊座旋涡星系 NGC5457　　　　图 5-19　双鱼座旋涡星系 M74

（6）双鱼座旋涡星系 M74 只有银河系的一半，由 1000 亿颗恒星组成，距离地球 3000 万光年，正面朝向地球。双鱼座旋涡星系 M74 比附近的其他星系暗得多，但中心部分比较明亮，旋臂也比较清晰。在它的旋臂上布满了蓝色的星团和新近形成的巨大恒星，旋臂之间还有明显的尘埃带。这是著名的暗星系。

旋臂里系

（1）巨蛇座 NGC6118 星系也是比较昏暗的星系，它与其他昏暗的星系区别不大，也有明亮的中心、清晰的旋臂，旋臂之间存在尘埃带，旋臂上布满了蓝色的星团和新近形成的巨大恒星。难得的是，拍摄这张照片的时间是 2004 年 8 月 21 日，当时一颗超新星 2004dk 正在爆发，但没有看到这颗超新星爆发喷射的物质和迅速膨胀的气壳。照片是 Paranal 天文台用 8.2 米望远镜拍摄的，距离地球 8000 万光年。

图 5-20　巨蛇座 NGC6118 星系

图 5-21　草帽星系 M104

图 5-22　唧筒座 NGC2997 星系

图 5-23　猎犬座 M106 的气体旋臂

图 5-24　旋涡星系的中心部分

（2）草帽星系 M104 被由吸光物质形成的带子遮蔽了部分核心,位于室女星座,是罕见的星系,既不是椭圆星系,也不是球状星系,而像一个草帽。一条吸光物质横穿中央,其实那是旋臂,也定为旋涡星系。星非常密集,也很明亮,距离太阳 4600 万光年。

看过唧筒座 NGC2997 星系的粗壮旋臂,再看猎犬座 M106（NGC4258）的幽灵旋臂,就有一个明显对比。NGC2997 星系的粗壮旋臂上有大量新的恒星,球状星团充斥旋臂;猎犬座 M106（NGC4258）旋涡星系的直径大约有 3 万光年（银河系 10 万光年）,距离地球 2350 万光年。它的两条幽灵旋臂是由气体组成的,还有两条恒星和尘埃组成的旋臂。两条正常的旋臂上有年轻的亮星,而两条幽灵般的旋臂是被激波加热的气体旋臂。星系形成气体旋臂是个奇迹,在旋涡星系中是十分罕见的,预计这个气体旋臂在激波减弱的时候很快就会消失。

（3）南冕座 NGC4725 星系是一个著名的"单旋臂星系",直径 10 万光年,距离地球 4100 万光年。前面叙述的旋涡星系有两个以上的旋臂,而南冕座 NGC4725 星系却只有一个旋臂。中心的蓝色核心由一个年轻的恒星组成,泛着蓝色的光辉,它的强大引力和高速旋转会使这些蓝色恒星形成新的旋臂。它外围所谓的"单臂"和蓝色核心原本是两个星系,它们不断靠近的时候,两个星系比较近的恒星引力大,靠近的速度也大,而距离远的恒星引力小,靠近的速度慢,从而将外围星系拉长,形成一个潮汐星流、一个带状星系。带状星系没有与核心星系正面相撞,而是围绕核心星系旋转,目前已经转了两圈,直径不断减小,这是因为核心星系将带状星系捕获了。由于带状星系速度很高,还甩出一些星团。预计核心星系和带状星系将最终并合,形成椭圆星系,或者形成一个圆环。仔细观察图 5-52 旋涡星系的中心部分,南冕座 NGC4725 星系也不是一个单旋臂星系,因为旋臂没有与核心相连。

图 5-25 南冕座 NGC4725 星系

椭圆星系

室女座 M87(NGC4486)没有旋涡结构,没有旋臂,没有尘埃带,是标准的椭圆星系。M87 非常古老,绝大部分质量集中在核心,形状近似圆形,像一个几千亿恒星组成的球状星团,曾被认为是最大的球状星团。

室女座 M87 距离地球 5500 万光年,质量是太阳的 8000 亿倍(天文学家们最近发现一个太阳质量 10 万亿倍的椭圆星系),是银河系的 6 倍,直径 12.7 万光年(银河系直径 10 万光年),在它的晕里还有 1000 多个球状星团向核心靠拢,还观测到几次超新星爆发,一个巨大喷流喷出物质 5000 光年之远,说明 M87 正在发生着某种剧烈的活动。天文学家梅西叶说它是无星的星云,早期的天文学家说它是分解不出恒星来的球状星团,其实它是一个巨大的椭圆星系(照片由英澳天文台拍摄)。

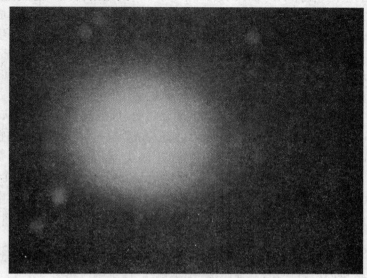

图 5-26　室女座 M87(NGC4486)

天文学家们发现,M87 星系一侧的星光发生蓝移,说明这一侧在向我们地球方向运动;星系的另一侧发生红移,说明正远离我们。根据移动的大小,计算出它正在高速旋转,其速度为 550 千米/秒(太阳围绕银河系旋转的速度为 230 千米/秒)。如此高的旋转速度,也没有将星体甩出去,说明 M87 星系中心有很大的引力,引力来自核心的恒星、灼热气体、浓密的暗物质和巨大质量的黑洞。M87 星系由于旋转,就以各种角度对着我们,使我们能看到各种各样椭率的 M87 星系。

M87 星系中心有一个 66 亿倍太阳质量、跨度为 120 光年的巨大黑洞。天文学家们推测,黑洞已经吞食掉 50 亿倍太阳质量的气云。如此大的食量,当黑洞把星体和尘埃吞噬的时候,会释放出巨大能量,同时把周围的气体和尘埃加热到 1 亿度。这些气体和尘埃是恒星死亡时喷洒出来的,在椭圆星系中心强大的引力下,向椭圆星系中心移动、压缩,这就是椭圆星系中心正在发生着某种剧烈活动的原因。热气体的大量存在,又不能降低到发生凝聚的温度,是椭圆星系中很少有恒星形成的主要原因。室女座 M87 有一条由黑洞中心发出的由等离子体组成的物质喷流,喷距达 5000 光年之远。

等离子体组成的物质喷流是怎样形成的呢?

大质量黑洞周围的恒星、气体、尘埃,包括电子与质子等物质,运行到离黑洞非常近的空间,在黑洞的强大引力下,一部分物质盘旋着落向黑洞,黑洞猛吃一顿后,X射线猛增数百倍;其余物质被抛离黑洞,形成由热气体组成的、围绕黑洞旋转的吸积盘。吸积盘上的物质不断变浓变厚,相互摩擦,产生高热。吸积盘中一部分物质也不断地、陆续地落向黑洞,吸积盘中的另外一部分物质在强大磁场力的作用下沿黑洞自转轴的方向抛射出去,形成喷流。M87椭圆星系喷流中的物质高速度飞行,其中的电子辐射出蓝色的辉光。

喷流上有几个密集的结点,有100万太阳质量,泛着蓝色的光,从核区喷射出来,向M84方向延伸,长5000光年。有人认为这是两星系之间的物质桥。事实上,M87和M84距离非常遥远,之间的引力非常小,不可能产生物质桥。M87喷流只是一束物质流偶然对准了M84而已。3C273星系也有一个巨大喷流,而且是五颜六色的粒子喷流,长10万光年,距离地球2.5亿光年(图5-27、5-28是哈勃空间望远镜、钱德拉空间望远镜和斯必泽空间望远镜的合成照片)。

M87处于演化晚期阶段,恒星非常密集,恒星寿命非常相近,质量非常巨大。一旦恒星们燃料耗尽,高速收缩,中子坍缩,后果难以想象。

 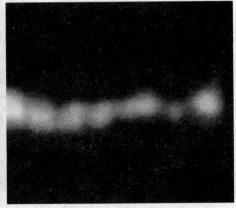

图5-27　M87喷流　　　　　　　图5-28　3C273粒子喷流

喷流上的物质十分巨大,几个结点就有100万太阳质量,泛着蓝色的光,喷流长度5000光年,有的喷流长达1亿光年。喷射速度超过光速的1.3倍。

爱因斯坦的相对论指出:宇宙中的最高速度就是光速。距离、速度、时间、光速有牵连关系,如果运动速度超过光速,就会得出负的距离和负的时间,违背因果关系。怎么喷流会超过光速1.3倍呢!1972年确定的光在真空中的传播速度是299792457.4±0.1米/秒。测定喷流速度的天文学家指出,理论一定得服从测量,测量的结果就是超过光速的 1.3 倍。查阅历届测量的喷流速度,3C273 星系喷流速度 5.57 倍光速,半人马座 NGC5128 星系喷流超过光速 1.2 倍,3C345 喷流速度为 14.7 倍光速,3C111 类星体膨胀速度为 45 倍光速……然而,得出测量"物质运动超过光速"的天文学家,都是在某一个环节出了问题,不久他们就纷纷宣布这些速度并没有超过光速。果然,半人马座 NGC5128 星系喷流只有 0.1 光速。

M87 也像我们银河系那样有晕的结构,直径 8 万秒差距(1 秒差距 = 3.2616 光年),是银河系的 2 倍,有大量的热气体存在。

人们普遍认为:椭圆星系是两个旋涡星系碰撞形成的。从上一节的旋涡星系里知道,旋涡星系旋臂上恒星的年龄都比较轻,而椭圆星系内恒星的年龄都比较老,如果椭圆星系是两个旋涡星系经过碰撞组成的,那么,那些旋涡星系的年轻蓝色恒星在哪里?宇宙中星系之间的距离很大,两个星系的碰撞过程要经过很长时间,而形成椭圆星系的过程也需要很长时间。例如,NGC4038 和 NGC4039 两个旋涡星系的碰撞,这种短兵相接的局面至少维持了 9 亿年。而那些旋臂上的年轻恒星的寿命都很不稳定,寿命都很短,在这漫长的椭圆星系演化过程中,有的发生老化了,有的超新星爆发了,所以椭圆星系里没有年轻的蓝色恒星。加拿大天文学家考门迪在观测中发现,大质量的椭圆星系中心部分似乎有两个核。人们用他的发现推测椭圆星系的形成是顺理成章的。

计算机模拟显示,椭圆星系 M87 是旋涡星系相互碰撞才融合成一个巨大的椭圆星系的,然而,旋涡星系中的尘埃和气体不能在椭圆星系 M87 中被找到(在别的椭圆星系中可以找到,请看"椭圆星系 NGC1316"),估计已经运动到中心了。根据统计,河外星系的 80% 是旋涡星系,17% 是椭圆星系,不规则的星系只占 3%。从这个统计数字可以看出,宇宙中 17% 的星系是相互碰撞过的。室女座内的 M87 星系是经过近代碰撞形成椭圆星系的,所以它很不安静,整个星系暗涛汹涌,有大量的物质抛射。它抛出的物质甚至可以组成一个银河系。

室女座 M87 不是最大的椭圆星系,还有一些超巨椭圆星系如 NGC6166,视直径达 100 万光年,比一般的椭圆星系大 20 倍。NGC5128 也是一个超巨椭圆星系,它的视星等为 7.0 等,角大小为 $18'.2 \times 14'.3$。但天文学家们对它们的了解非常少。它们都是老化的椭圆星系,远不如椭圆星系 M87 活跃。

椭圆星系 M87 恒星密集,质量巨大,热气体活跃,高速旋转,中心有大质量黑洞,整个星系暗涛汹涌,有强烈的射电辐射,还有一个 5000 光年的喷流,无疑是个星空奇迹。

图 5-29　椭圆星系 M64

椭圆星系 M64 俗称黑眼睛（Black Eye），也是由两个星系碰撞而形成的，它因有一圈黑色带内、外部逆向旋转而著称。

M64 的位置在北方的后发星座，距离太阳 1700 万光年，直径 51000 光年。

观测表明，后发座黑眼睛星系（M64）有一个明亮的中心，外围有大量黑暗的尘埃云，边缘的新老恒星被深埋在尘埃之中。外部厚实的尘埃、气体延伸到 4 万光年，内部区域的半径约 3000 光年，内外部的运动方向正好相反，相对速度为每秒 300 千米。两者摩擦区域形成很多旋涡，旋涡中产生很多新的蓝色恒星。这明确地告诉人们黑眼睛星系是刚刚碰撞过的星系，还没有来得及融和。

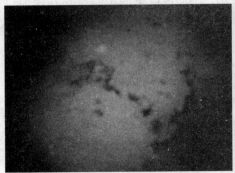

图 5-30　椭圆星系 NGC1316

图 5-31　半人马座 A 椭圆星系

椭圆星系 NGC1316 位于天炉星座,直径约 100 万光年,距离地球 8000 万光年。

NGC1316 星系形状近似椭圆,没有旋臂,没有空隙,密密麻麻的恒星挤在一起,是个扎扎实实的大质量星系,是天炉星座最亮、最密集、最强大的射电源。让人们关注的是,在星系外围有颜色较重的尘埃带和数量很少的球状星团,预示着有众多的旋涡星系和球状星团被吞并,而椭圆星系以外的小星系被强大的引力陆续毁灭,已经所剩无几。整个过程数十亿年以前就开始了,而整合阶段即将结束。半人马座 A 椭圆星系与 NGC1316 椭圆星系如出一辙,只是比 NGC1316 更年轻。

不寻常的星系

最遥远的星系是哈勃空间望远镜拍摄的距离地球 130 亿光年的星系,是初生态的宇宙,它反映出 130 亿年以前气团中形成恒星和星系的过程。这些早期的星系比较混乱,相互之间的作用频繁,星系的组成也不够紧密。哈勃空间望远镜拍摄的照片所显示的星系距离地球 130 亿光年,算是最要遥远的星系了。

被命名为类星体的遥远星系是可以用红移来测量它的距离的。而它的光度,就一个普通的类星体而言,往往是太阳的 1000 亿倍,相当于我们的银河系;高光度的类星体是银河系光度的上千倍,可算是最亮的星系了。

类星体的质量是可以通过光度推算出来的,一个普通的类星体的质量大约是 100 亿倍太阳质量。类星体的大小是通过它的光变测量出来的,光变周期应该等于光穿过这个类星体的时间,因此得出类星体的直径小到几光年,大到十几光年。类星体的能量是根据它的质量推算出来的,一般类星体释放的能量约有 10^{43} 尔格/秒。类星体十分遥远,光度十分耀眼,质量十分巨大,直径只有几光年,为什么有如此大的能量呢?天文学家们认为,不寻常的类星体星系中心都有一个黑洞。既然类星体有一个大黑洞,那就自然不寻常了。

比较临近的大星系是麦哲伦星系。大麦哲伦星系和小麦哲伦星系离我们很近,它没有形成旋涡臂,或者是旋臂正在形成。它们的距离约 16 万光年。大麦哲伦星系直径有 3 万光年,小麦哲伦星系直径 2.3 万光年。大小麦哲伦组成双星系。因为离我们很近,它们的星很容易分辨。最临近的星系是一个小星系,它离太阳只有 5.5 万光年,是麦哲伦星系距离的 1/3。

最明亮星系属于 NGC1961 星系,它的光度是太阳的 3700 亿倍。最暗淡的星系摩羯星座内的小星系,绝对星等 -6.5,只相当与猎户 β(参宿七)一颗星的亮度(猎户 β 绝对星等 -6.2,距离 652 光年)。

兹威基 18 是一个小星系,距离地球 4500 万光年,属于不规则矮星系。兹威基 18 的形象非常受到天文学家们的青睐,因为它被认为是最年轻星系的样板。兹威基 18 星系几乎完全是由原始的氢和氦组成的,很多恒星刚刚形成或正在形成。氢和氦是宇宙大爆炸产生的轻元素,其他元素如碳、氮、氧等是恒星核心炼造出来的,随着恒星的死亡又把这些元素抛洒到空间。哈勃空间望远镜在围绕地球的轨道上飞行了 25 圈,也没有找到兹威基 18 中古老的恒星和恒星制造出来的比氦重的元素,所以它是一个很年轻的星系,年龄只有 5 亿年。问题是,宇宙大爆炸不久,星系就在一团团氢、氦气中产生,为什么兹威基 18 星系还要再等 120 亿年以后才形成呢? 这个问题是天文学家们研究了 40 年的课题。它也许是两个原始氢气团高速冲撞以后形成的小星系。

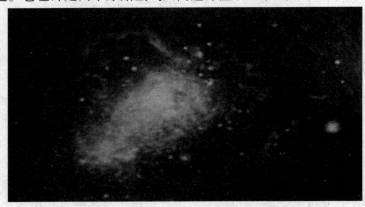

图 5-32　兹威基 18 星系

最近,兹威基 18 星系突然变老了,说它有 100 亿年了,与我们的银河系 120 亿年相差不多。经过顶级望远镜"哈勃"、"斯必泽"、"钱德拉"等的分析,兹威基 18 星系中的古老恒星是存在的,而且都很暗淡,在这悠长的岁月里,恒星形成率很低,炼造出来的比氦重的元素很少。最近的 5 亿年,兹威基 18 星系中的恒星大规模诞生,那又是为什么呢? 天文学家们还没有搞清楚。

网罟座 NGC1559 星系是一个不规则星系,质量大约是太阳的 140 亿倍,距离 5000 万光年,正以 1300 千米/秒的速度远离我们。它的旋臂还没有形成,但有一个棒式的中心，也许最终形成一个棒旋星系（照片是哈勃空间望远镜拍摄的）。

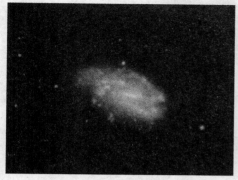 

图 5-33　网罟座 NGC1559 星系　　　　图 5-34　猎犬座 NGC4449 小星系

天文学家们对网罟座 NGC1559 星系与其他星系进行比较时，网罟座 NGC1559 比其他星系活跃，而且还放射出大量的紫外线和强烈的蓝光。在大量的气体云中，不断地形成恒星，说明它的中心有一个质量至少为 30 万倍太阳质量的黑洞。

猎犬座 NGC4449 距离银河系 1.25 亿光年，虽然是个小星系，却十分活跃，蓝白色的、十分灼热的年轻恒星密集地布满整个星系，而年老的红色恒星也不缺乏，大量的气体和尘埃被星光照亮，以不寻常的速率形成大量的新恒星，后续的恒星原料非常充足。仔细观察会发现，外围有环绕星系的星流（formation），星流中有大量恒星形成，预示着小星系与矮星系柔和相遇并触发新恒星火爆形成。NGC4449 小星系非常松散，可能有数个邻居小星系施加了影响。

六、最剧烈的大冲撞

宇宙大舞台上最精彩的剧目:乌鸦座的碰撞星系

两个星系碰撞是常见的,宇宙中的椭圆星系就是因为两个旋涡星系碰撞造成的。正在碰撞之中的两个星系也是常见的,乌鸦星座 NGC4038 和 NGC4039 触角星系正在碰撞。在那里,星的运行出现混乱。虽然星与星之间距离比较远,但星与星的碰撞有时还会发生,计算机模拟显示,两个恒星直接碰撞的可能性几乎为零。图 6-1 的两个亮点是 NGC4038 和 NGC4039 的中心,两个星系的旋涡结构都被破坏,它们的盘面由于碰撞而破碎,大面积的黑色尘埃云由于碰撞而催生新的恒星。两个星系的一对旋臂卷在了一起,如同千军万马冲锋陷阵。这种两个星系短兵相接的局面至少维持了 9 亿年。

图 6-1　乌鸦座触角星系

　　这是大尺度的"战场"。恒星之间有浓密的尘埃云,尽管恒星不如想象的那样稠密,但它们之间的强大引力错综复杂。目前两个星系旋臂的碰撞仍然轰轰烈烈,尘埃迷漫。

　　两个星系都被巨大的引力控制,两个星系快速靠拢。那些质量大的恒星、星团和距离较近的部位引力最大,靠近的速度更快;而质量小的恒星、尘埃和距离较远的部位引力最小,靠近的速度更慢。尘埃和小恒星就落后了,从而两个星系都有一个巨大的尾巴,特别是 NGC4039 星系。

　　NGC4038 星系本来是一个正常的旋涡星系,在巨大的引力下,蓝色星团、恒星、尘埃组成的旋臂失去常态,压向核心,形成更大的星团,催生新的恒星。旋臂附近的尘埃云被挤压成条状,甚至遮蔽 NGC4038 的核心。

　　NGC4039 是一个比较小的星系,它没有那么明亮,由黄色恒星组成,无疑比较年老,尘埃非常丰富,下面拖着的大尾巴也非常粗壮。它的表现就没有 NGC4038 蓝色星系那样剧烈。

图 6-2　乌鸦座 NGC4039 中心

图 6-3　NGC4038 中心

　　两个星系的碰撞区域的活动非常剧烈,整个区域弥漫在大片的、高温的尘埃云中,两个星系的尘埃云由于碰撞而受到挤压。从照片上可以看出,两个星系碰撞区域的气体和尘埃被挤压成条状,尘埃云相互渗透和挤压,催生出新的恒星。两个星系原有的恒星携带着它们的行星系统,从高压、高温尘埃云中穿过,使它们的运动速度、星体结构、运行轨道都发生巨大变化,甚至被蒸发或摧毁。

图 6-4　NGC4038 和 NGC4039 碰撞区域

我们不知道碰撞区域有没有外星人。哈勃空间望远镜拍摄的照片显示,触角星系(NGC4038 和 NGC4039 碰撞星系)富含铁、镁、硅等元素,富含铁、镁、硅等元素的区域非常普遍,红区富含铁,绿区富含镁,蓝区富含硅。铁、镁、硅等元素是形成行星的主要元素。换句话说,触角星系 NGC4038 和 NGC4039 的碰撞,不可避免的行星也参与了。最让人激愤的是,这些行星上可能有外星人。

最后,"两军司令"(两个星系中心)也要"对决"。这是一场千军万马的冲突,军士(恒星)与军士之间的平均距离很小,上千亿恒星"对阵","战场"爆炸当量有几千万亿原子弹当量。新恒星疯狂诞生,密度大的形成大质量星团。小星系所有军士(恒星)全部被俘,最终融合成一个椭圆星系,离太阳 6300 万光年。

更让人震惊的是,哈勃空间望远镜拍摄的照片显示,NGC4038 和 NGC4039 星系中心都有一大群中子星和黑洞。不是说两个星系核心也要"对决"吗? 这两个星系核心在碰撞的时候,中心的中子星和黑洞必然并合,会发生强大的 γ 射线暴。γ 射线暴是天文学家们确认的,是除宇宙大爆炸以外最大的爆炸。γ 射线有比可见光能量高 1 亿倍的能级。预计触角星系未来的 γ 射线暴,从地球上能看到它的闪光。

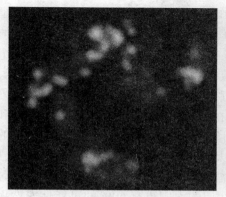

图 6-5 触角星系富含铁、镁、硅区域　　图 6-6 触角星系中心的中子星和黑洞

乌鸦星座 NGC4038 和 NCG4039 触角星系碰撞，无疑也会形成一团高温、高压气体云。星体在云中减速，而暗物质仍然按原来速度运行，暗物质与可见物质就分开了。可见物质形成一个椭圆星系，而暗物质在两旁形成一对"翅膀"。几亿年以后，"翅膀"就会回归，因为暗物质是感受引力的；然后再反弹，很久很久也不会宁静下来。

乌鸦座 NGC4038 和 NGC4039 碰撞过程大约经历 9 亿年，最后形成一个巨大的、中心非常活跃的、爆炸此起彼伏的星系。这个椭圆星系我们是看不到了。NGC3256 星系就是刚刚碰撞完毕的大星系，看看它碰撞前的两个尾巴、混乱的尘埃带、异常明亮的核心，都给乌鸦座 NGC4038 和 NGC4039 的未来作出了示范。

图 6-7 NGC3256 星系

　　我们还是仔细研究触角星系的碰撞吧。70亿年以后,银河系与仙女座星系碰撞,相同的命运也将轮到地球。美国天文学家斯莱弗发现,银河系附近的15个大星系中,只有仙女座星系和另外一个星系正在靠近银河系,其余13个星系都在远离我们,我们的银河系与仙女座星系不断靠拢。计算机模拟显示,约70亿年以后,银河系将与距离250万光年的仙女座星系碰撞,我们的太阳在碰撞初期就有30%的可能性从现在的位置上被抛出(请看AC694和NGC3690碰撞抛出和形成很多恒星的图象),进入被仙女座星系潮汐力拉出的灼热物质流中。物质流的温度非常高,太阳和八大行星要进行一次脱胎换骨的变化。地球可能被烧得通红,动植物被烧成灰烬,氧气顿时耗尽,大海顿时消失,超音速大风席卷全球……然而,我们的太阳也有60%的可能性安然无恙,那时从地球上看天空,星星增加几倍,各种颜色的恒星与太阳擦肩而过,它们携带的行星有可能丢给太阳,也有可能把太阳的海王星、天王星掠去……对天文学家的揣测不必那么认真,因为那时候太阳已经变成红巨星,我们人类早就不存在了。银河系和仙女座星系最终融合成一个巨大的椭圆星系。如果想知道70亿年以后银河系和仙女座星系相撞,那就看一看AC694星系和NGC3690星系碰撞初期的实况和乌鸦星座NGC4038和NCG4039触角星系碰撞的实况。

图6-8　AC694和NGC3690碰撞抛出和形成很多恒星

大犬座的碰撞星系

　　大犬座一个较大的星系 NGC2207 和一个较小的星系 IC2163 发生了碰撞，两个星系在太空中撞了个满怀。这两个星系的一对旋臂卷在了一起，旋臂附近的点状物是碰撞时产生的新星团。那里恒星的运行造成了混乱，两个星系在引力作用下不断靠拢，引力不断加大。5 亿年以后，它们会形成一个椭圆星系，距离地球 1.4 亿光年（照片是哈勃空间望远镜在 2001 年拍摄的）。天文学家们发现，星系之间的平均距离是星系大小的 30 倍，恒星之间的平均距离是恒星大小的 1 万倍，所以星系或恒星之间撞个满怀不是常见的。因为天文学家们的科技手段非常高明，视力非常敏锐，尽管宇宙非常庞大，还是看得非常遥远，甚至在哈勃空间望远镜 18 岁生日的时候，一次就公布了 68 个碰撞星系。因此，碰撞星系似乎就非常多了。计算机模拟显示，银河系正在并合大、小麦哲伦星系，约 70 亿年以后，银河系将与距离 250 万光年远的仙女座星系碰撞。

NGC2207和IC2163星系相撞

图 6-9　NGC2207 和 IC2163 星系的碰撞

　　两个星系的大碰撞至少发现了几千例，三个星系的碰撞为数就不多了。武仙座 NGC 6050 和 IC 1179 以及另外一个小星系发生碰撞，它们之间的旋臂已经接触,旋臂上的一些星团从原来的位置上被抛了出来,被抛出的恒星就不计其数了。三个星系的核心也会大冲撞,也许会形成一个暗涛汹涌的、非常活跃的椭圆星系,距离地球4.5亿光年。

图6-10 NGC 6050 和 IC 1179 以及另外一个小星系发生碰撞

哈勃空间望远镜拍摄的长蛇座 NGC3314 照片显示,一个正面对着我们的旋涡星系和一个侧面对着我们旋涡星系发生了碰撞。其实,这两个星系相距很远,只是它们位于我们的同一视线上,并没有发生碰撞,两个星系互相没有干扰,也没有变形。然而,我们还是看到了面对我们的星系,有大质量的、蓝色的、高温的年轻恒星,以及黑色的尘埃带(这些尘埃带厚实得让人吃惊),还可以看到侧面星系粗壮的旋臂。剑鱼座 AM 0500-620 也是由一个旋涡星系和一个背景星系组成的,距离地球3.5亿光年,也不曾相撞。

图 6-11　长蛇座 NGC3314 星系

图 6-12　剑鱼座 AM 0500-620

图 6-13　半人马座 NGC4650A 星系遭遇矮星系

　　人们惊奇地看到,半人马座 NGC4650A 星系遭遇了矮星系。2002 年 8 月 14 日,美国宇航局的钱德拉 X 射线望远镜、哈勃空间望远镜和新墨西哥州阵列望远镜,都拍摄到了半人马座 NGC4650A 星系遭遇矮星系的碰撞。从照片上看,矮星系是从侧面撞上去的,使大星系严重变形。

　　矮星系由年老的星组成,呈淡黄色;而半人马座 NGC4650A 星系是个蓝色年轻星系,它高速旋转。天文学家们通过这种高速旋转,估算出它的暗物质占70%,否则半人马座 NGC4650A 星系就会飞散。

　　半人马座 NGC4650A 星系的位置在赤经 12 时 44 分 49 秒、赤纬 – 40°42′52″,它正在以 2880 千米/秒的速度向太阳方向运行。

半人马座 NGC5128

　　半人马座 NGC5128 也是一个巨大的星系,被一个矮星系撞成两部分。矮星系侧面撞击,到达中心时发生了大爆炸,有无数的恒星向外扩展。蓝色区域内恒星的年龄只有 2 亿到 4 亿年,而黄色区域的恒星的年龄在 50 亿年左右,是无可争辩的两个星系。

　　两个星系碰撞并不像两块石头碰撞。星系中恒星之间的距离很大,恒星几乎不能直接相撞。两个星系碰撞时两个星系相互穿过。在引力的作用下,两个星系减速,然后再一次穿过。这样反复多次,久久不能安静。两个星系中的尘埃多次受到挤压,甚至形成带状,形成高温。

　　预计随着时间的推移,蓝色区域和绿色区域的物质,在半人马座 NGC5128星系中心的强大引力下,都会被重新整合,最终形成一个椭圆星系。图 6-14 是射电照片、X 射线照片和光学照片合成的,形象地显示出了星系结构。

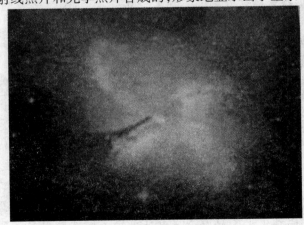

图 6-14

半人马座 NGC5128 星系是一个大星系，比银河系大 10 倍，用双筒望远镜就能看到它，中心有一个特大质量的黑洞。当两个星系碰撞的时候，错综复杂的引力使星体乱飞，大量的物质进入黑洞的引力范围，使黑洞吸入很多物质，高速旋转，黑洞就由喷流的形式喷射出来，哈勃空间望远镜看到了它的等离子喷流，喷流以 10 万千米/秒的速度喷出 4.2 光年之远。

图 6-15

图 6-16

半人马座 NGC5128 星系的尘埃带是非常著名的。由于两个星系的碰撞，尘埃受到挤压。厚实的尘埃带催发新的蓝色恒星的形成。大量的蓝色恒星产生强大的辐射，形成一个辐射源。

特别姿态的星系撞击

哈勃空间望远镜拍摄的巨蛇座 NGC6027 星系群照片显示，六个星系产生的引力发生了很复杂的作用，似乎五个星系都向大星系运动。这个星系群是巨蛇座 NGC6027，右下角灰蒙蒙的星系是由较小的恒星、气体和尘埃组成的，是被它左边的那个星系丢下的。它左边的那个星系在巨大引力的作用下，高速向大星系运动。那些质量较小的、比较远的小恒星、气体和尘埃运动速度较低，被丢在后边，形成一个狐狸尾巴。中间那个有旋臂的小星系由于离大星系比较远，是其余四星系距离的 5 倍，它暂时没有受到影响，没有变形。真正参加碰撞的是那四个较大的星系，每个星系的直径有 3.5 万光年，是银河系的 1/3，形成一个大 L 形。四个大星系的碰撞似乎没那么剧烈，那是因为碰撞刚刚开始，仅仅相互影响，引力拉扯，扭曲变形，还没到剧烈碰撞、最后合并的阶段。星系周围的晕显示，一些晕中的恒星已经或正在被夺走。红外望远镜观测显示，四个大星系之间的气体被压缩，相互碰撞，温度升高到几万度。随着核心的不断靠近，星系中的气体会催生新的恒星。

天文学家们估计，巨蛇座 NGC6027 星系群碰撞结束后将形成一个巨大星系，气体和尘埃包裹着整个星系，碰撞过程中会有数以万计的恒星被抛出，被抛出的恒星 50% 重返星系，其剧烈程度难以用文字形容。ESO 550-2 旋涡星系和侧面对着我们的 ESO 550-IG 星系以及一个小星系在引力的作用下失态，也将在不久的将来碰撞。

银河星系团由 50 多个星系组成，它们是仙女座星系，银河系，M33，大、小麦哲伦星系，天炉座星系等，它们也会像 NGC6027 那样并合，甚至室女座星系团将把银河星系团部分成员掠去，因为银河和室女两个星系团靠得太近了。

图 6-17　巨蛇座 NGC6027 星系群相互作用　　　　图 6-18　　ESO550-2

如果两个星系质量相差不多，在碰撞以前，两个星系都会形成很长的尾巴。这个尾巴问题不难解释。两个星系碰撞是引力造成的，引力的大小与两星系之间的距离和两个星系的质量有很大关系，特别是两星系之间的距离，距离越小引力就越大。两个星系不断靠近的时候，距离近的恒星（包括气体和尘埃）引力大，靠近的速度也大；而距离远的恒星，靠近的速度慢，从而两个星系都被拉长。那些距离远的、质量小的恒星、气体和尘埃在运动的过程中就落后了，形成了一个长尾巴。触角星系 NGC4038 和 NGC4039 碰撞以前形成一对美丽的触角（图 6-19）。后发星座 NGC4676 老鼠星系也有一对尾巴。NGC10214 蝌蚪星系有一个 28 万光年的尾巴（图 6-20），可谓长尾巴之最了。

后发星座 NGC4676 老鼠星系（图 6-21）由两个正在碰撞的星系组成，两个星系质量巨大而且相近，由小恒星和气体尘埃组成，都是高速运行的星系，都进入了对方的引力圈，以至两个星系都有翻天覆地的变化：尘埃被潮汐力拉出，两星系之间形成物质流，都在试图将对方撕开，不久就会从对方的体内穿过,再分开,再穿过,反复碰撞多次,直至融合成一个大的椭圆星系,尾巴也会弯曲、变形、消失。这两个星系从互相吸引到融合成一个星系大约需要 9 亿年,距离太阳 3 亿光年。

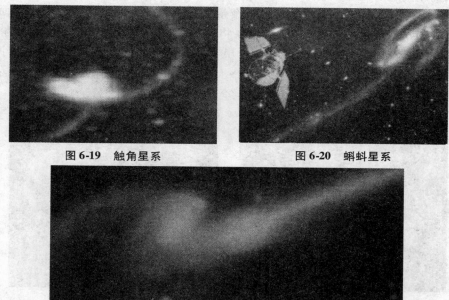

图 6-19　触角星系　　　　　　　　图 6-20　蝌蚪星系

图 6-21　后发星座老鼠星系

环状星系通常是这样解释的:如果两个星系质量相差很大,一个大一个小,那么比大星系小得多的星系侧面相撞,就有可能形成环状星系。

图 6-20　蛇夫座环状星系

213

最能说明问题的是哈勃空间望远镜拍摄的 AM0644-741 星系。两个星系不断靠近的时候，小星系离大星系比较近的恒星和气体引力大，靠近的速度也大；而距离远的恒星和气体引力小，靠近的速度慢，从而小星系被拉长了，形成一个潮汐星流，甚至小星系被拉成一个带状星系。小星系没有与大星系正面相撞，而是围绕大星系旋转，是大星系将它捕获了。如果小星系的速度不够大，离心力小于引力，以后就会撞上大星系，像 AM0644-741 星系那样；如果小星系的离心力等于引力，小星系会围绕大星系旋转，像蛇夫座环状星系那样；如果小星系的离心力大于引力，小星系会离大星系而去。

图 6-23　AM0644-741 星系　　　　图 6-24　巨蛇座环状星系

巨蛇座环状星系中心是由年老的红色恒心组成的星系，外围是由年轻的蓝色恒星组成的环，两者中间是黑暗的空区。红色星系和蓝色星系原本是两个星系。它们不断靠近的时候，蓝色星系离红色星系比较近的恒星引力大，靠近的速度也大；而距离远的蓝色恒星引力小，靠近的速度慢，从而蓝色星系被拉长了，形成一个潮汐星流，甚至形成一个带状星系。蓝色星系没有与红色星系正面相撞，而是围绕红色星系旋转，目前已经转了两圈，直径不断减小，是红色星系将蓝色星系捕获了，预计得最终并合，形成椭圆星系，或者形成一个圆环。

仔细观察哈勃空间望远镜 2001 年 7 月拍摄的这几张照片，环状星系似乎是有头有尾的，有的头部已经围绕大星系转了一周，尾部则刚刚进入椭圆轨道，如 AM0644-741 星系；有的星系已经围绕大星系转了两圈，小星系的小恒星和气体像狐狸尾巴那样拖在后面，如巨蛇座环状星系；有的环状星系和中心的大星系的颜色不同，通常认为红色的是年老恒星组成的星系，蓝色的是年轻恒星组成的星系。

有的天文学家不是这样解释的。他们认为：飞鱼座 AM 0644-741 有一个蓝色光环，人们称它是戒指星系。它的直径有 15 万光年，距离我们约 300 万光年。当两个星系相撞时，就像一块石头扔进水里引起一圈圈涟漪那样。急速的碰撞改变了星系中恒星和气体的轨道，使它们向外扩充。理论研究显示，这个星系不会永远继续膨胀。在大约 300 万年后，它将达到最大半径，然后瓦解。

仔细看看巨蛇座环状星系就会与上述观点不同：（1）不论飞鱼座 AM0644-741 星系还是巨蛇座环状星系，中间的星系和外围的环似乎不是一个颜色，不是像涟漪那样向外扩充而来的；（2）环状星系似乎是有头有尾的，有的头部已经围绕大星系转了一周了，尾部则刚刚进入椭圆轨道，如 AM0644-741 星系；有的星系已经围绕大星系转了两圈了，小星系的小恒星和气体像狐狸尾巴那样拖在后面，如巨蛇座环状星系；（3）水里引起一圈圈涟漪是水波在向外传递，而不是物质在传递，环状星系外环是蓝色恒星物质，不是正在膨胀，而是在向内靠近；（4）戒指星系的直径有 15 万光年，"碰撞改变了星系中恒星和气体的轨道，使它们向外扩充 15 万光年"，15 万光年这个数字太大了，气体和恒星能够向外扩充 15 万光年还能保持一个环吗？（5）两星相撞是有痕迹的，如产生高温，尘埃漂浮显现，双双都有尾巴，中间的星系不像碰撞过的，特别是巨蛇座环状星系，中间的大星系完好无损，与环之间是黑色的空间，看来不是碰撞，而是捕获，是带状星系已经进入中间星系的引力圈了。

大熊星座 Arp 148 星系是一个明亮星系和一个暗淡星系正面相撞的结果。相撞的部位正好是两个星系的稠密区。相撞产生的强大的冲击波和巨大的压力，扰动了周围时空，将一些恒星和物质抛向四周，形成一个醒目的、动人的大蘑菇（图 6-25）。它距离地球 5 亿光年。

哈勃空间望远镜拍摄的 NGC4622 旋涡星系（图 6-26）显示三条旋臂，靠近核心的土黄色旋臂与外围的两条蓝色旋臂旋转方向相反，被誉为"特殊的旋涡星系"。仔细观测和与旋涡星系对比不难发现，NGC4622 星系不是一个旋涡星系，而是一个碰撞星系。据推测，很早以前两个星系就碰撞并形成了一个椭圆星系，那就是 NGC4622 的核心，至今仍然能够看出核心有并合的遗迹；大约又过了 20 亿年，一个土黄色年老伴星系和两个年轻的蓝色伴星系从左右两侧向椭圆星系靠拢，它们被捕获，在强大的引力下被拉长，形成一个带状潮汐星流，与核心的距离不断变小，最终会碰撞融合。这就是 NGC4622 星系形成的过程，它与旋涡星系的形成和核心面貌完全不同。研究显示，在旋涡星系中，占星系总质量的 1%～5% 的大型潮汐星流非常普遍。贯穿银河系的星流就是银河系的卫星系撞入银河系的时候形成的。有时卫星系中的恒星被拉了出来，形成高速星。狮子星座中的 8 个高速星就是它们的成员。

图 6-25　大熊星座 Arp 148

图 6-26　"旋涡"星系 NGC4622

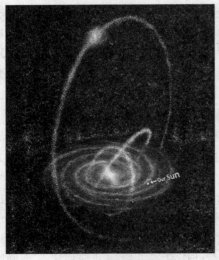

图 6-27　银河系的星流

图 6-28　NGC-5907 周围的恒星流

图 6-29　哈勃望远镜拍摄的 NGC4911

后发座星系团中的 NGC4911 星系(图 6-29),本来是一个很正常的旋涡星系,被右上角的伴星系的引力作用改变了形状,甚至右边的旋臂外围向右散开。这与银河系的形状相似。大、小麦哲伦星系也是银河系的伴星系,围绕银河系旋转,在相互作用的情况下,使我们的银盘变弯。后发座 NGC4911 星系距离太阳 3.2 亿光年,它的尘埃带非常浓密,所含气体非常稠密,中心有一个椭圆明亮的核心,是一个活跃星系。

七、暗物质与太空中的海市蜃楼

宇宙大舞台上的主角——暗物质

宇宙大舞台上的主角——暗物质一直没有走上台面,天文学家们费尽心思也没使主角亮相。几十年以前,天文学家们就提出暗物质的概念。最早提出这一概念的是瑞士天文学家弗里兹·扎维奇(Fritz Zwicky),他发现大型星系团中的星系都以极高的速度运行,单靠可见物质的引力,星系就会散开。他认为一定有大量的、不可见物质的引力束缚着它们。这些不可见物质的质量只有是可见物质的 100 倍才能维持这样的高速运行。这是第一次论述暗物质存在的证据。

暗物质的特点说法也不一致,大体上是:

(1) 不可见,不发光,也不吸光。暗物质粒子不与可见物质的粒子发生作用。

(2) 暗物质粒子与暗物质粒子彼此之间也不发生作用,相互穿过,彼此互不碰撞(暗物质粒子之间以及暗物质与普通物质粒子之间相互作用,截面小的可以忽略不计。据信暗物质星系的碰撞会产生 γ 射线),也不摩擦,更不发生核反应。

(3) 由原子组成的可见物质感受引力,暗物质也感受引力,并发出引力。当暗物质的密度达到每立方光年 7 个太阳质量的时候,它就不再接受引力,否则就会变成星系中心大黑洞的午餐。

(4) 暗物质不参与电磁作用。

(5) 远处星光通过大质量暗物质附近时,在暗物质强大引力的作用下,光线会产生扭曲,星光穿过暗物质时会产生"透镜效应"。

(6) 暗物质在宇宙中的存量很大,约有可见物质总和的 5 倍有余,可见物质就是我们看到的这个宇宙。

　　大型星系团中有数以亿计的恒星构成的星系,用光学望远镜就可以看到;星系团中有大质量热气体和尘埃,用 X 射线望远镜就可以看到;星系团中的暗物质,远处的光线通过时产生"透镜效应"也能发现它们,但暗物质与恒星、气体和尘埃混在一起,天文学家们一直没有找到暗物质。最近,天文学家道格拉斯·克罗领导的研究小组,在观测 1E0657-56 星系团大碰撞的时候,意外地发现了暗物质的证据。

　　道格拉斯·克罗领导的研究小组观测的 1E0657-56 两个巨大的星系团以每秒 5600 千米的速度相撞(地球上炮弹速度每秒 1 千米),形成一个像子弹头似的高压、高温气体云。星系中的星体从气体云中穿过,产生摩擦而减速,而星系团中的暗物质,由于不与可见物质发生作用而按原速度运行。这样,两个星系的暗物质仍然按原来的速度运动,而星系中的可见星体却减了速,暗物质与可见物质就分开了。钱德拉空间望远镜拍摄的照片显示,红色子弹头是正常物质区域,最终形成椭圆星系团,蓝色区域是暗物质区域,形成两个暗物质星系。由于暗物质的引力作用,远处恒星光线通过蓝色暗物质附近时,光线产生了扭曲,产生"引力透镜"现象,说明星系团周围的蓝色区域就是大质量暗物质。船底座子弹星系团距离地球 1 亿光年。

图 7-1　船底座 1E0657-56 碰撞星系团周围的暗物质星系

　　两个星系的暗物质(蓝色区域)向两旁运动,形成了两个几乎完全由暗物质组成的、只有少量恒星的、没有气体的"暗物质星系"。但是暗物质感受引力,在强大的可见物质形成的星系团(红色区域)的引力下,暗物质不断减速;

暗物质也发出引力,吸引碰撞后形成的可见星系团,在双重引力作用下,又以高速度与可见星系团并合,并穿过可见星系,使两个暗物质星系相撞,因为暗物质相互穿过彼此互不影响(暗物质粒子之间相互作用截面小的可以忽略不计),甚至可能左右暗物质星系的位置互换,在引力的作用下,然后再猛烈反弹。这样递减震荡反复几次,在可见星系团外围便形成了一个暗物质壳。

观测表明,距离地球50亿光年有一个碰撞后的星系团,被命名为CI 0024+17,它比船底座子弹星系团碰撞的年代早得多,在它的周围形成了一个暗物质环。此外,新发现的银河星系团的矮星系中,恒星数量很少,恒星都运行得很快,依靠它们自身的引力根本不足以束缚它们,是暗物质约束着矮星系不能散开,维持着矮星系围绕银河系旋转。据推算,暗物质占矮星系质量的99%。

因为暗物质星系没有气体也不会再产生恒星,不发光也不吸光,暗物质粒子与暗物质粒子彼此之间也不发生作用,更不发生核反应,暗物质星系只有引力束缚,可以预见暗物质星系可能不会长久,独立的暗物质星系可能"没戏"。

2003年,威尔金森宇宙微波背景辐射各向异性探测器(WMAP)和斯隆数字巡天(SDSS)对宇宙学参数进行了精确测量,给出了宇宙的成分:普通物质占$4.4\pm0.4\%$,暗物质占$23\pm4\%$,暗能量占$73\pm4\%$。普通物质就是人的肉眼和探测仪器所看到的一切物质;暗物质是依靠引力特性探测到的不可见的物质;暗能量非常均匀地分布在宇宙中。根据哈勃空间望远镜的观测,暗能量主宰整个宇宙。暗能量在90亿年以前就出现了,这个神秘的、巨大的暗能量作为一种斥力,推动宇宙加速膨胀,使宇宙膨胀的速率每100亿年胀大一倍。威尔金森宇宙微波背景辐射各向异性探测器(WMAP)和斯隆数字巡天(SDSS)对宇宙学参数进行精确测量表明,宇宙确实正在加速膨胀。宇宙加速膨胀说明宇宙存在一种排斥力,这种排斥力来源于暗能量。

除了以上三种物质,是否还有第四种物质?微波背景辐射探测器发现宇宙一个区域微波背景辐射偏低,仔细观察,那是一个能容纳1万个银河系的"空洞"(银河系的直径10万光年)。那里空空如也,没有恒星,没有尘埃,没有气体,没有暗物质,也没有能量。真的空无一物吗?还是有我们人类不曾了解的物质在里面?在量子世界里,真空存在着正粒子和反粒子,正粒子带的是正能量,反粒子带的是负能量,正粒子和反粒子结合在一起仍然显示真空。

人类的思维空间是不断扩展的。有一个成语叫"井底之蛙",说的是身处井底只能看到一小片天;鼎鼎大名的观测大师威廉·赫歇尔也曾经当过"银河系之蛙",他研究了13万颗恒星,把银河系当成整个宇宙了。有了天文望远镜以后,人类研究宇宙 400 多年,也许仅仅触及了 137 亿年的宇宙的一点点皮毛。

前面已经说过,宇宙已经 137 亿年了,但仍然是个婴儿,宇宙中的重大事件将一幕一幕地上演。宇宙大舞台上的普通物质是普通演员,暗物质是主角,暗能量就是明星了。宇宙大舞台上的主角——暗物质刚刚亮相。约有可见物质总和 5 倍有余的暗物质将要扮演什么角色? 如何在宇宙大舞台上表演? 有没有"戏"? 我们拭目以待。

中国有句名言:眼见为实。看来此话不适用于宇宙了,因为我们只看到 4.4±0.4% 的普通物质,占 90% 以上的暗物质和暗能量却没有看见,但它们实实在在地存在。我们如何感受它们呢? 我们知道,暗物质在宇宙中十分浓密,太阳系围绕银河系中心旋转的时候,就会穿过暗物质的海洋,太阳围绕银河系旋转的速度 230 千米/秒;地球围绕太阳旋转,运转速度 30 千米/秒。每年 6 月,太阳和地球的运动方向相同,而同年 12 月地球和太阳的运动方向相反。每年 6 月或 12 月,地球迎面遇到的暗物质就会有 5～10% 的区别。通过计算,地球表面每平方米有 6 亿个暗物质离子穿过。遗憾的是,这样的仪器目前还没有发明出来。

星空中的海市蜃楼

人们已经习惯光线在天空中的直线传播。爱因斯坦预言:光线经过大质量天体附近时会发生弯曲。利用日全食的机会,观测太阳背后的星光,会发现星光已经弯曲了。1919 年,英国天文学家爱丁顿到非洲观测日全食,果然发现太阳边缘背后的恒星位移了 1.75 角秒。后来天文学家们观察到,遥远的类星体发出的光线(光源),经过大质量天体(引力透镜体)附近时,光线产生弯曲,如果会聚在地球上,人们会看到引力透镜体背后的天体虚像。

所谓"引力透镜"现象,是指光线通过玻璃透镜,产生弯曲;光线通过大质量天体附近,在大质量天体的引力下光线也产生弯曲。

大质量天体不一定都是一个引力透镜,一片星云体积很大,质量有几千太阳质量,但它的"面密度"很低,就不能形成引力透镜体;一个黑洞可能只有几个太阳质量,它的面密度很大,却可以使周围的空间极大地扭曲。所谓面密度,是投影在垂直视线平面上的密度。

　　宇宙中的物质包括暗物质没有无引力的。水星反射出来的光线,经过太阳的边缘偏离了2角秒。大质量引力透镜体可以将远处的图像放大、缩小、正像、倒像,形成一段段弧线,形成一个环,被极大地扭曲。所有的虚像都是不真实的,就像海市蜃楼的像没有反应真确的物象一样。

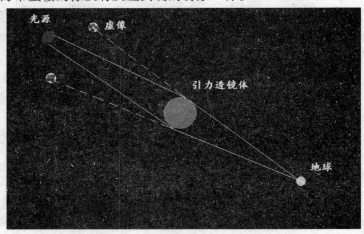

图7-2　引力透镜造成的虚像

　　以阿贝尔2218(Abell2218)为例。阿贝尔2218是一个大质量星系团,由数以万计的星系组成。从地球上看,阿贝尔2218是一个大星团,距离地球20亿光年。比阿贝尔2218远5倍的遥远星系因为太暗而无法分辨,我们就无法看到了。然而,遥远的那个星系发出的光线,在阿贝尔2218的引力下产生了弯曲,聚焦在地球上,我们就看到了遥远星系的虚像,它的光线被弯曲,它的形象被扭曲,它的亮度被加强,它的面积被放大。这样,天文学家们对遥远的星系就有了新认识。从哈勃空间望远镜拍摄的阿贝尔2218照片可以看出,那个遥远的星系被引力透镜放大成一段段圆弧虚像,圆弧虚像的直径居然比阿贝尔2218大了一倍。单靠阿贝尔2218可见物质提供的引力,远远达不到这个效果。于是,天文学家们计算出,阿贝尔2218可见物质只占全部物质的10%,其余90%是暗物质。

　　阿贝尔315也是一个大质量星系团,由大量的黄颜色星系组成,通过它后面的遥远星系发出的光线和在阿贝尔315的引力下产生的弯曲状况,估计阿贝尔315是有1万个银河系大小的星系。

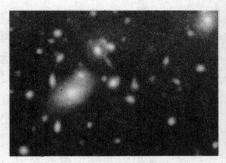

图 7-3　阿贝尔 2218　　　　　　图 7-4　小狮座的深空

　　地球上的海市蜃楼是由于光线在大气层中的折射而产生的自然现象,折射的光线把远处的景物显示在空中或地面,形成奇异的虚像。可是,人们看到过海市蜃楼,却从来没有看到过远处的原景物。太空中也有巨大的"引力透镜",把远处的光线折射到地球上,形成太空中的"海市蜃楼"。这既是巧合,又是巧夺天工,是星空中的奇迹。

　　无独有偶,在小狮子星座也出现了引力透镜现象,与阿贝尔 2218 配对。小狮座是波兰天文学家赫维留斯建议划定的。他觉得大熊星座有个小熊(星座),大犬星座有个小犬(星座),飞马星座有个小马(星座),怎么狮子星座就没有小狮子(星座)呢? 于是,他在狮子星座旁边选上 3 个 4 等星和它周围的星空,命名为小狮座。一匹趴在巨大的狮子星座旁边的、不起眼的小狮座,毕竟也是个狮子王。让人刮目相看的是,在小狮座里,有一个巨大的星系团,有数以万计的密集的星系组成了一个引力透镜,其编号为 SDSS J1004 + 4112。这个巨大的星系团距离地球约 70 亿光年(红移值 $Z = 0.68$),肉眼看不见,一般望远镜也看不见,哈勃空间望远镜却看得非常清楚。这是 300 多年前波兰的赫维留斯所没有想到的。

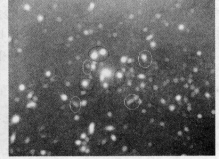

图 7-5　引力透镜 SDSS J1004 + 4112

有一个遥远而明亮的光源是一个类星体，大约离地球 100 亿光年。当它 100 亿年以前发出的光线穿过小狮座起到引力透镜作用的星系团 SDSS J1004 +4112 周围时，光线被星系团的强大引力所弯折，在地球上，我们看到了遥远类星体的 4 个虚像（图 7-5 画红圈的 4 个虚像）。在星系团 SDSS J1004 +4112 中心的右侧还有一个这个类星体的虚像，它虚弱黯淡，照片上难以看清，只有哈勃空间望远镜的特写镜头能分辨出来。实际上这个明亮的类星体被弯折出 5 个虚像。

在 100 亿光年到 120 亿光年之间，有一些星系发出的光线也被起到引力透镜作用的星系团 SDSS J1004 +4112 的强大引力所弯折，会聚在地球上，使我们看到了这些遥远星系的 4 个虚像（画白圈的 4 个虚像），其中一个的原星系已经辨认出来，它曾经被观测到过，距离地球 120 亿光年，红移值 3.3。这是天文学家们第一次既看到了海市蜃楼（虚像），又看到了原光源（真像）。红移值是距离的量度，谁看到最大红移值的类星体，谁就看到了宇宙的边疆。

从阿贝尔 2218 和小狮座的引力透镜照片可以看到遥远的类星体虚象。哪个是虚像、哪个是真像我们很难辨别，但天文学家们利用分光法就能辨别，同一个光源的几个虚像的光谱是相同的。小狮座四个划白圈的星像的光谱相同，四个划红圈的星像的光谱相同，而两组之间的光谱不相同，说明它们是两组类星体的虚象。有没有判断失误的呢？有，而且很多。天文学家阿尔普（H. Arp）发现，大质量星系周围有更多的类星体，平均密度是其他区域的几倍，说明大质量星系周围的"虚像"被看成"真像"了。有人解释说，是阿尔普在大质量星系周围花了更多的精力寻找类星体，因此发现得就多了。这种解释很勉强。

不难理解，远处射来的光线通过特大质量的星体附近时，都会产生弯折，但并不是所有被弯折的光线都会聚在地球上。所以太空中的海市蜃楼不是常见的，但也不是罕见的。类似阿贝尔 2218、小狮座星系团"引力透镜"现象至少能列举出 100 个。2005 年 11 月 17 日，美国宇航局就公布了 8 个爱因斯坦环。"引力透镜"现象实际上就是太空中的海市蜃楼。

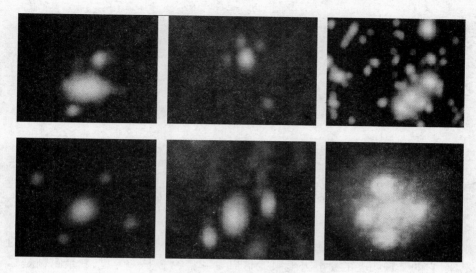

图 7-6　引力透镜现象

　　最近,哈勃空间望远镜发现了一个爱因斯坦双环,这是非常罕见的。两个遥远星系发出的光线被一个大质量前景星系弯曲,会聚在地球上,形成了两道光环虚像,其中一个处在另一个之中。人们知道,大质量前景星系的各点的会聚能力不一样,如果它后面的背景天体与它在同一条直线上,两个遥远星系的光线弯曲以后都会聚在地球上,就会形成爱因斯坦双环。

图 7-7　爱因斯坦双环

J120540.43+491029.3

图 7-8　爱因斯坦环

八、猎户星座

观天不能不看猎户星座

　　每年 1～2 月份是观看猎户星座的最佳时期。猎户星座是南天最著名的星座，它的 7 颗明亮的星分外显眼。猎户 α 和猎户 β 是一等星，其余 5 颗是二等星，这些星都是不寻常的。猎户座 α（参宿四）是一颗年老的红色超巨星，已经演化成超新星，它的爆发迫在眉睫。猎户座 β（参宿七）是一颗年轻的蓝色超巨星，它的总辐射量是太阳的 11 万倍，它的星风使附近的星都产生一个尾巴状的气流，像一群小蝌蚪头部朝向猎户座 β。猎户座大星云是孕育新恒星的弥漫星云。猎户座三星是家喻户晓的星体。连接猎户腰带上的三颗星并延长，就是猎户的棍棒。这根棍棒的一端是大犬座著名的天狼星（大犬 α），另一端是金牛座著名的毕宿五（金牛 α）。

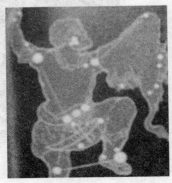

图 8-1　猎户星座

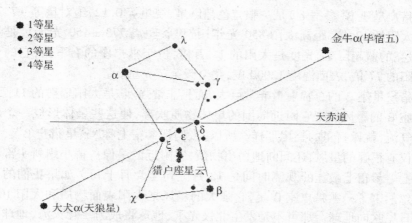

图 8-2　猎户星座示意图

　　猎户星座是亮星最多的星座，一等星两颗，二等星 5 颗，三等星 3 颗，肉眼可见的六等星就有 200 多颗，亮星数量之多位居第一。猎户星座、南十字星座和大熊星座是 88 个星座中最明亮、最壮观的三个星座。猎户星座最明亮的星是猎户 α（参宿四），它是一颗红色超巨星，绝对星等 −5.6，表面温度 3500 度，距离太阳 520 光年。它的大小甚至超过地球的轨道，是太阳直径的 600 倍。它确实非常巨大，天文望远镜也看不到它的圆轮，在天文望远镜上安装仪器才能看到它的真面貌。参宿四是一颗变星，亮度在 0.3～0.4 之间变化。我们现在看到的参宿四是 520 年以前的模样。参宿四已经演化成超新星，它的爆发迫在眉睫；也许它已经爆发，其效应还没有到达地球；或许 100 万年之内爆发。因为参宿四离地球较远，爆发不会对地球产生什么影响，只会把地球照亮，能使地球上被照的物体产生阴影，人们看到参宿四变成了一颗像月亮一样亮的星星而已（参宿四（猎户 α）"100 颗亮星一百个世界"章节另有介绍）。

图 8-3　猎户 α（参宿四）红色超巨星

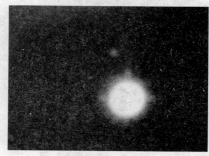

图 8-4　猎户座 β（参宿七）蓝色超巨星

猎户星座 β（参宿七）是一颗蓝色超巨星，视星等 0.12，绝对星等 –7.2，质量是太阳的 17 倍，距离太阳 850 光年（依巴谷距离 773 ± 150 光年），是年轻的、最亮的蓝超巨星，光度是太阳的 11 万倍，位于猎户座的右下角，它的大小是太阳的 77 倍，表面温度 12000 度，是全天第 7 亮星。

猎户星座 β 的总辐射量非常巨大，而且非常强烈，是太阳辐射的 11 万倍。猎户座 β 的星风能把它附近周围的星体物质吹离，使这些星体形成一个尾巴状的气流，就像彗星的彗尾那样。所以，人们把参宿七称"骇星猎户 β"。参宿七不仅有很强的星风，还间断地抛出物质，它附近的星像一群小蝌蚪头部朝向参宿七。参宿七最佳的观测时间是 12 月上旬至 4 月上旬。如果我们的太阳附近忽然来了一颗猎户座 β 星，它强大的星风把太阳表面物质和太阳 100 万度的日冕吹向地球。那可不是发生北极光了，地球将成为一片火海，地球大陆将成为一片火场，氧气顿时耗尽，大海顿失滔滔，没有大海了……我们非常幸运，太阳附近没有像猎户座 β 这样的星，太阳附近的恒星非常稀疏，最近的一颗半人马 α（中文名南门二）离地球也有 4.27 光年；而且，太阳附近非常干净，也不可能有新的星诞生，这是地球人得天独厚的环境。参宿七还有一颗视星等 6.8 等的伴星。因为参宿七太明亮了，它的伴星很难看清，所以很多资料说它是单星。

猎户星座 LL 星（图 8-5）是一颗刚诞生的变星，它发出的星风被猎户座 β 更强大的星风吹向了一侧。让我们注意的是，它产生了一道像轮船滑过水面时与"船首波"相似的震波，这个弓形结构有半光年大，从它的上、下、左、右四个方向看都像一张弓。其实，它是一个巨大的碗状物。

图 8-5　猎户座 LL 星

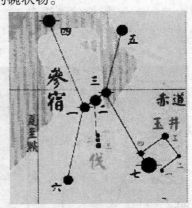

图 8-6　猎户参宿

　　猎户星座里家喻户晓的星体是三星,人们常说"三星高照,新年来到","三星横斜(差不多横在天赤道上),长夜告别"。三星由参宿一(寿星)、参宿二(福星)、参宿三(禄星)组成。从地球上看,三颗星的视亮度相近,三颗星之间的距离相同,三颗星在同一条直线上。参宿三正好在天赤道上,通过参宿三,向东、西方向划一条直线,那就是天赤道。猎户座三星与地球的距离是不同的,参宿一距离地球 817 ± 160 光年,参宿二距离地球 1340 ± 500 光年,参宿三距离地球 916 ± 210 光年。从三星"伊巴谷距离"可以看出,三星到地球的距离相差甚远。如果我们乘宇宙飞船游览三星,当宇宙飞船靠近参宿一的时候,参宿一像一颗火红的太阳,处在火焰星云的边缘上,它的直径是太阳的 30 倍,它的质量也是太阳的 30 倍,它的辐射是太阳的 10 万倍,用肉眼也能看出它是一颗双星;而参宿二和参宿三仍然是天上的两颗星,这两颗星与地球上肉眼看到的没有两样。

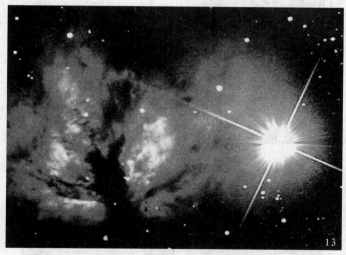

图 8-7　参宿一和火焰星云

　　看到猎户座三星,就很容易找到金牛座的毕宿五。金牛星座是黄道星座,太阳每年 5 月 14 日到 6 月 31 日经过那里。它每年 11 月夜晚出现在东方天空,1 ~ 2 月夜晚横越天顶,4 月夜晚没入西方天空。在金牛座里有一颗耀眼的红星,它代表金牛的一只眼睛。毕宿五(金牛座 α)是颗美丽的一等星,距离地球 65 光年。它的直径是太阳的 47 倍,质量只有太阳的 1.6 倍。它的密度非常小,表面温度只有太阳的一半,是一颗体积很大、温度很低的红巨星。我们的太阳 70 亿年以后也会像毕宿五那样成为一颗红巨星。

猎户座大星云

　　猎户座大星云是最著名的弥漫星云,是由原子、分子和很小的尘埃颗粒物质形成的气体星云,是唯一能够用肉眼看到的星云,距离地球 1500 光年。猎户座大星云中有几颗刚诞生的恒星,是它们辐射的紫外线使星云中的氢原子发出红色光辉。

图 8-8　猎户座大星云

图 8-9　猎户座大星云新诞生无数恒星

猎户座大星云处在巨大的猎户座中央三星下方,肉眼依稀可见。借助大型望远镜,我们可以看到猎户座大星云异常富丽的尊容。它是由气体、氢和尘埃组成的,受附近恒星的激发而发光。猎户座大星云非常巨大,那里是孕育新恒星的区域。星云内数以千计的恒星被尘埃云遮蔽而无法看到,在有红外波段的望远镜中则暴露无疑。猎户座大星云中心有 4 颗大质量恒星,每颗恒星的亮度是太阳的 10 万倍。从大星云中射出的"超声波气体子弹"可能与这些大质量恒星有关。"超声波气体子弹"头部是铁原子云,泛着淡蓝色的光;橙色的"弹道"是被加热了的氢气云,以高速度向外发射。照片是由双子望远镜拍摄的。

图 8-10　超声波气体子弹云

猎户座大星云中有很多热星,它强大的星风将它附近年轻恒星的行星盘吹散,形成一个尾巴状的气流。恒星的行星盘是形成行星系统的原材料,一旦行星盘被摧毁,这个恒星就不会有行星系统了。通过观测,猎户座大星云中90% 的年轻恒星行星盘被热星摧毁,因为那里的热星太强大了。

猎户座马头星云是著名的暗黑星云,也是新恒星诞生的区域,距离地球1300 光年,马头的长度就有 1 光年。2001 年 4 月 24 日,在庆祝哈勃空间望远镜升空 11 周年时,天文爱好者们签名要求哈勃空间望远镜对准马头星云,希望看一看天马的尊容,于是,哈勃空间望远镜发回了黑马图像照片(图8-12)。

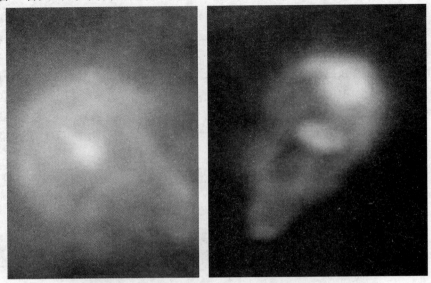

图8-11　恒星的行星盘被热星摧毁

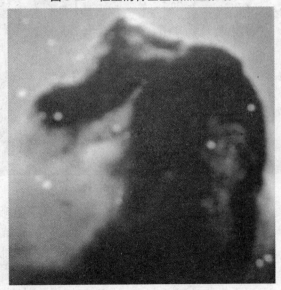

图8-12　猎户座马头星云

暗黑星云在宇宙中是常见的。著名的暗黑星云还有蛇夫座S暗黑星云、南十字"煤袋星云"等。南十字"煤袋星云"在南十字星座的左下方,面积有13

个满月大,它含有的浓密尘埃衬托在明亮的银河背景上,显现出一个大"煤袋"。煤袋后面的恒星不能见,说明星云很厚实。煤袋之中的恒星也不能见,说明煤袋星云很浓密。煤袋与地球之间的恒星可见,最远的一颗距离地球600光年,说明煤袋星云距离地球有600光年之远。煤袋星云中有组成新恒星的材料,但我们没有看到新恒星形成。

星座,是人们把某一天区明亮的、看起来比较相邻的恒星,为了辨认它们,用想象的线条把它们连接起来组成的图案,再加上一个名字,这个图案以及它周围的星空就成了一个星座。北天星座29个,黄道星座12个,南天星座47个,全天共88个星座,猎户星座是南天星座中的一个。有人用星座占卜人们的吉凶、未来的运气、吉祥的征兆,只不过是一种游戏。

狮子星座

狮子星座春天夜里出现在南方,象征开创光辉灿烂的新局面,坚韧不拔的毅力,充满活力和生机。守护星是太阳,守护神是阿波罗。

图 8-13　狮子星座

王者狮子星座。狮子星座中的亮星以黄帝轩辕、五帝命名,五帝指黄帝、颛顼(zhuan xu)、帝喾(di ku)、唐尧、虞舜。狮子座就在黄道上,太阳每年都要拜访它。黄道吉日是最佳起跑点,跟着太阳跑。

狮子星座第一亮星是轩辕十四(狮子 α),全天第 21 亮星,视星等 1.35。轩辕十四是狮子座最明亮的恒星,是一颗蓝白色主序星,是颗三联星,距离地球约 84 光年。位置在赤经 10 时 5.7 分,赤纬 12 度 13 分。从北斗的天权引出一条直线,通过天玑延长约 10 倍,就能碰到轩辕十四。绝对星等 -0.6,光度是太阳的 260 倍,表面温度 12200 开,直径是太阳的 36 倍,质量是太阳的 4.5 倍。用我国黄帝的名字"轩辕"命名的星就有 17 个,轩辕十四是其中之一。轩辕十四每年 3 月从东方升起,4 月 25 日夜晚在正南方天空,5 月末在西方沉入地平线。

轩辕十四是一颗年龄只有几亿年的年轻恒星。它的自转非常快,只需15.9 小时就可以自转一周,这也造成轩辕十四呈现一个扁率非常高的形状。轩辕十四的赤道直径比极直径大了 1/3,两极比赤道温度高 5100℃。因为温度的不同,两极比赤道(赤道在图的上下方向)亮 5 倍。所以,看上去轩辕十四的赤道比两极昏暗得多。轩辕十四自转速度 311 千米/秒,而太阳赤道线速度只有 2 千米/秒,竟大了 150 多倍,这在恒星中是十分罕见的。轩辕十四自转的离心力使它的赤道明显膨胀,如果其自转速度再提高 16%,它的离心力就会超过自身引力,就会甩出大量物质甚至被撕裂。

轩辕十四的位置最接近黄道,故偶尔被月球所遮掩。水星与金星也可能遮掩它,但这现象非常罕见。轩辕十四上一次被行星所遮掩发生在 1959 年 7 月 7 日晚上,金星掩轩辕十四,而下一次将发生在 2044 年 10 月 2 日凌晨金星掩轩辕十四。

轩辕十四有两颗比较小而且比较昏暗的伴星,共同组成三联星系统。这两颗伴星彼此相距约 100 天文单位,并以 2100 年的周期相互环绕。伴星距离轩辕十四主星 4200 天文单位,以超过 13 万年的周期绕着这颗主星公转。

轩辕十四还有特殊之处,它的自转轴有 86 度的倾角,而且它的运动方向与自转轴方向相同,就像一颗特样炮弹,高速旋转并沿着自转轴方向运动。

狮子星座第二亮星五帝座一(狮子座 β),西名 Denebola,意思是"狮子的尾巴",全天第 61 亮星,是一颗 A3 型恒星,视星等 2.14,绝对星等 1.91。五帝座一是一颗变星,变幅不大,变幅周期 6 小时,年龄 4 亿岁,直径是太阳的 1.75 倍,酷似牛郎星(牛郎星光谱型 A7,直径是太阳的 1.7 倍,光度是太阳的 8 倍,表面温度 7000 度左右，自转一周 7 小时，高速自转导致它的赤道直径非常庞大，赤道直径是极直径的 1.8 倍），距离地球 36 光年。五帝座一的表面温度大约是 8500K，自转速度 120 公里/秒，是一颗变星，变幅不大，变幅周期每天 10 次。五帝座一也有强烈的红外过量，显示有一个行星盘存在。此外，狮子星座五帝座二（HIP 16192），视星等 5.95。五帝座四（狮子座 95），视星等 5.49。五帝座五（狮子座 HIP 16219），视星等 6.22。

狮子星座第三亮星轩辕十二（狮子座 γ 星），西名 Algieba，意思是"狮子的鬃毛"。轩辕十二是一颗四合星。γ1 的亮度为 2.28 等，是颗红色巨星。γ2 亮度 3.53 等，是颗黄色巨星。两者组成双星，运转周期 619 年。γ3 和 γ4 是两颗暗淡小星，γ3 视星等 9.2，γ4 视星等 9.6，肉眼不可见，距离地球 125 光年。

狮子星座中有 8 个高速星，说明它十分活跃。狮子星座旁边的 3 个四等星和它周围的星空，被命名为小狮座。让人刮目相看的是，在小狮座里，有一个巨大的星系团组成了引力透镜。

在天蝎星座里寻找外星人

天蝎星座是著名的星座。每年 5 月初夜晚，天蝎座从东方升起。在北半球，太阳落山不久，当心宿二升到南方天空正中时，夏至就要到了。在几颗星之间有一颗红色明亮的一等星天蝎 α（中文名心宿二，又叫大火）。天蝎 α 表示天蝎的心脏，头上有三颗形成冠状的亮星，尾巴翘着。天蝎座亮星较多，亮于四等的星就有 20 多颗。但是，它在黄道上所占的范围只有 7 度，是最短的一个。

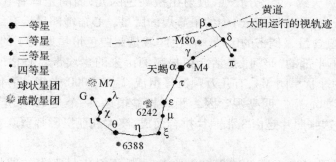

图 8-14　天蝎星座示意图

　　心宿二（天蝎 α）是一颗典型的红巨星，它的直径是太阳的 700 倍，光度是太阳的 1 万倍，质量是太阳的 15 倍。天蝎 α 是一颗双星，伴星的亮度 6.4，伴星的颜色呈蓝色，伴星和主星的环绕周期 878 年，距离地球 410 光年。我们现在看到的心宿二是 410 年以前的模样。天蝎 α 以及天蝎星座中的 20 多颗亮星，都不是"类日恒星"，它们亮度偏高，质量偏大，都不可能有外星人（天蝎 α 和它的伴星照片请看图 1-8）。

图 8-15　烟斗星云中的心宿二（天蝎 α）

　　心宿二（天蝎 α）十分壮观，放射出橙红色的光，周围笼罩着气体和尘埃，是烟斗星云（心宿增四星云）中的最辉煌的巨星。心宿增四星云有红色和黄色区域，那是氢含量最稠密的区域。蓝色区域是蓝白色恒星照亮了的附近气体，图片 8-15 下半部的"暗河"是活跃恒星喷洒出来的尘埃带。心宿二的上方是一个密集的球状星团 M4，有几万颗恒星组成，距离 7000 光年。为什么球状星团 M4 还不如心宿二明亮呢？因为距离相差很远，一个是 7000 光年，一个是 410 光年。这张照片是由 8 张照片拼合而成，澳大利亚摄影师贾森·詹宁斯拍摄的。

　　球状星团 M80 距离地球 27400 光年，是银河系中最密集的球状星团。在银河系中发现了 150 多个球状星团,三分之一集中在人马座,它们不断地向银河系中心集中。

组成球状星团 M80 的星大约有 20 万颗。星团外层的平均密度,是太阳附近星的密度的 60 倍。星团中心部分,恒星更加密集。M80 是古老的球状星团,恒星的年龄大都在 120 亿年。但是也有大质量的年轻恒星被命名为"蓝离散星"。M80 的"蓝离散星"是最多的。

生命是宇宙中最宝贵的组成部分,同时也是宇宙中最脆弱的部分。不能指望在球状星团里找到外星人。哈勃空间望远镜在地球轨道上飞行 20 多圈,也没有找到一颗 M80 球状星团中的行星。球状星团中心可能不会形成行星。

天蝎座天蝎尾巴附近,有一个肉眼可见的疏散星团 M7。它因拥有许多蓝色亮星而著名,距离地球 1000 光年,年龄只有 2 亿年左右,跨度 25 光年。这样的疏散星团太年轻了,没有人类进化的时间。

位于天蝎星座的恒星 Cancri55 有 5 颗大行星,其中 4 颗"热木星",一颗"冷木星",是目前发现的恒星中拥有最多的大行星了。Cancri55 恒星质量和年龄与太阳差不多,距离太阳 41 光年,是一颗"类日恒星"。它最内侧的行星直径与海王星相近,公转周期 3 天,已经被它的恒星烧焦;第二颗行星的直径与木星相近,公转周期 15 天,也被恒星烧焦;第三颗行星的质量与土星相近,公转周期 44 天;第四颗行星的质量是地球的 45 倍,它的温度可以保持液体水,公转周期 260 天;第五颗行星的质量是木星的 4 倍,公转周期 14 年。Cancri55 恒星周围环绕的行星又大又多,上面都不会有外星人。

天文学家们在天蝎座找到了一颗与太阳非常相似的星,叫做天蝎 18,它在天蝎的前脚爪处,肉眼不能见。它的年龄、质量、直径、温度、27 天的自转周期、类似太阳 11 年的活动周期,都和太阳一样。它是太阳的"孪生兄弟"?天文学家们认为,天蝎 18 是最有可能有人类的一颗星,他们正密切地注视着它,寻找它的类似地球的行星与人类。

美国天文学家罗素(1877 – 1947)提出太阳是双星中的一颗。2004 年,美国天文学家们在天蝎星座的前脚爪处,找到了一颗太阳的"孪生兄弟",就是这颗天蝎 18。它离太阳还有 460 万亿千米(46 光年)。如果它仍按 30 千米/秒的速度向太阳的方向运行,再过 46 万年就又回到太阳身边了。说天蝎 18 是太阳的伴星,没有得到天文学家们的响应。

故事：一千零一个世界

古代斯巴达克国王有一位王妃，名叫勒达。她相貌秀丽，身材优美，皮肤细腻，英姿勃发，雅量高致，任何服饰都不如她的身姿。因此，她竟然一丝不挂地居住在王妃宫殿里。

斯巴达克国王不喜欢勒达，说她风俗超前，说她卖弄风情。其他王妃在国王耳边添油加醋，说她是个狐狸精。从此，国王冷落了她。

天神宙斯为王妃的美貌所吸引。他徘徊在王妃宫殿的上空，偷视王妃的容颜。大凡夫妻稍有裂痕，就有可能第三者插足。宙斯身为宇宙最高行政长官，深知宇宙人类的形象，他认为地球人是最美丽的，而最美的女人东方有西施，西方有勒达。西施是吴王夫差的美女，思想保守，没有勒达那样开放、那样新潮、那样时尚。宙斯情不自禁地变成一只天鹅飞到勒达身边，任凭她抚摩和搂抱。凭着天神宙斯的口才、语言的魅力、滔滔不绝的言谈、勒达王妃非常喜欢这只天鹅。

一天夜晚，天神宙斯指着一个明媚的天体说道：

那是一片发射星云，它的编号是S106，距离地球2000光年，它像一只受伤的蝴蝶，蝴蝶的大小有5光年，左翅膀的一部分已经摇摇欲坠，右翅膀的绒毛鳞片纷纷逃离，中间明亮的部分是恒星形成区域，其中有一颗大质量恒星叫做IRS4，大约在10万年以前开始形成（太阳已经50亿年了）。现在，它的质量已经有20个太阳质量，它发出的辐射和强大的星风使这个天体形成一个想象中的受伤的蝴蝶。发射星云S106形成如此的形象，不是那颗大质量恒星独立所为，它的形象还会有变化，其他新恒星还要形成，那里是新恒星诞生的区域，在蓝色区域里，密密麻麻的恒星正在形成。正可谓"兴亡谁人定，盛衰岂无凭！"

王妃喜得眉开眼笑。从来没见过这样的照片，她不禁喃喃地说："5光年大的蝴蝶，好大的蝴蝶。"

图 8-16　日本国立天文台拍摄的 S106

宙斯知道勒达王妃最喜欢听天空的故事,于是,这只"天鹅"每天都要指着天上的星辰,述说每颗星都是一个什么样的世界,为王妃解闷。勒达王妃的心胸变得像太空那样宽广,从此不再闷闷不乐,天天都有一个美妙的夜晚。

当宙斯讲到第一千零一个世界的时候,王妃感到肚子疼痛,竟分娩出一个天鹅蛋来。随着一阵优美的音乐,从蛋中跳出两个男孩儿。他们飞到天空,形成一个星座,这就是著名的双子星座。哥哥的中文名字叫"北河二",是一颗一等星,后来他变得暗了,沦为二等星……弟弟的名字叫"北河三",是一颗名副其实的一等星,是一颗六聚星,主星是红巨星,体积是太阳的 700 倍。天上有六个太阳是一个什么样的世界? 如果把这个六聚星放在我们太阳的位置上,地球会变成一个什么样的世界?

我们知道,天上的每一颗星都是一个世界,也许不久的将来,随着一阵优美的音乐,有人将宙斯所讲的《一千零一个世界》写成一本书,为大家开心。

九、球状星团

最密集的球状星团 M80

　　球状星团由数以万计的恒星组成,受各成员星引力束缚,形成球状的恒星集团。在天蝎星座的天蝎头部,有一颗肉眼看不见的"星"。它在小型单筒望远镜中是一个小点,亮度只有 7.2;在双筒望远镜中是一小撮星;在大型望远镜中是由大约十几万恒星组成的球状星团,距离地球 27400 光年。它就是银河系中最密集的球状星团 M80。在银河系中发现了 150 多个球状星团,三分之一集中在人马座。它们不断地向银河系中心集中,只有 M80 奇迹般的密集。

图 9-1　哈勃空间望远镜拍摄的球状星团 M80

　　组成球状星团 M80 的星大约只有十几万颗,星团外层的平均密度是太阳附近星的密度的 60 倍;星团中心部分恒星非常密集,超过太阳附近恒星密度的 1000 倍。我们已经习惯于天上只有一个太阳,其实宇宙中大多数的区域是两个太阳的世界。巨蟹 ζ 是三联星,是三个太阳的世界;天琴 ε 是四联星,是四个太阳的世界;猎户座大星云里的六联聚星,是六个太阳的世界。倘若我们靠近 M80 的中心,就会看到天空有一百多个"太阳":有大质量年轻的星,有偏红的红巨星,有深红色年老的星,有年轻的"蓝离散星",有一天就变换几次的"星团变星";有白色的,有蓝色的,有黄色的,它们都放射着耀眼的光芒。恒星们的高温、紫外线辐射、发出的强大星风会摧毁所有生物。

更让人们感到奇特的是 M80 是古老的球状星团,恒星的年龄大都在 120 多亿岁,几乎与宇宙的年龄一样古老。怎么在这个星团中心,也有大质量的年轻恒星呢? 这些年轻恒星被命名为"蓝离散星",M80 的"蓝离散星"是其他球状星团的 2 倍。

这个问题不难解释:M80 的恒星年龄都很古老,每个恒星中心 12% 的区域的氢燃料都近乎耗尽,而其余 88% 的恒星外围区域的氢,由于压力过小,温度偏低,不能进行氢核反应,从而这些恒星萎靡不振。突然,两个年老的恒星相撞,形成一个大质量恒星,在剧烈的震荡下,恒星中心 12% 的区域的氢燃料得到补充,从而大放光芒,生机盎然,形成了"蓝离散星"。由于 M80 恒星非常密集,恒星碰撞的频率是非常高的。

生命是宇宙中最宝贵的组成部分,同时也是宇宙中最脆弱的部分,不能指望在球状星团里找到外星人。哈勃空间望远镜在地球轨道上飞行 20 多圈,也没有找到一颗 M80 球状星团中的行星。后来,哈勃空间望远镜观测杜鹃座 47 球状星团,观测了 34000 颗恒星,也没有找到一颗行星。到 2011 年为止,天文学家们已经发现 450 颗太阳系以外的行星,绝大部分都位于孤立的恒星周围。球状星团中可能没有行星,因为它太密集了,就是有一些行星,也会被它的邻居清除。天文学家们发现,球状星团恒星几乎同时诞生,大部分是贫金属星,缺少组成行星的重元素,无法组成行星系统。

杜鹃座 NGC104 球状星团

杜鹃座 NGC104 球状星团也非常密集,中心恒星的平均间隔只有 0.1 光年。在银河系里,它是第二亮的球状星团,距离地球 2 万光年。NGC104 球状星团因有数以万计的红巨星而著名,年龄非常古老,可以与宇宙的年龄相比。

杜鹃座 NGC104 球状星团有非常靠近的 X 射线星，它们大都是中子星，质量有太阳那么大，直径只有几十千米。正常恒星围绕着中子星彼此旋转，物质被中子星吸积而发出 X 射线。杜鹃座 NGC104 球状星团还有几十颗特殊中子星，小质量恒星围绕着特殊中子星高速旋转，周期为几毫秒，这就是著名的毫秒脉冲星。毫秒脉冲星是从双星系统中吸积物质而高速旋转的。

杜鹃座 NGC104 球状星团也有大质量年轻的"蓝离散星"，它们的年龄远比星团其他恒星小，泛着蓝色的光辉。它们的起因与 M80 一样，也是两个年老的恒星相撞而形成一个大质量恒星，在剧烈的震荡下，恒星中心核反应区域的氢燃料得到补充，从而大放光芒，形成"蓝离散星"。

图 9-2　杜鹃座 NGC104 球状星团

著名的球状星团

最大的球状星团是武仙座球状星团（M13），由 250 万恒星组成，距离我们 25000 光年，也是古老的球状星团之一。

半人马座球状星团 NGC5139 的直径有 1000 多光年，有 100 万颗恒星，它的年龄也非常古老，有 120 亿岁。每个球状星团内的恒星都是同一个时期形成的，每个恒星的演化过程也非常相似，所以，天文学家们最初认为球状星团都是古老的，是宇宙诞生初期形成的。后来经过仔细观测，发现也有年轻的球状星团，特别是大麦哲伦星系中的 NGC1850，它的年龄只有数百万年。照片

（图 9-3）是哈勃空间望远镜 2001 年拍摄的，照片左侧是氢气构成的亮条，是几百万年前超新星爆发留下的痕迹。从此，天文学家们对从前的观点做了修正：球状星团在整个宇宙恒星时代都有产生，最古老的与宇宙年龄相近，最年轻的只有几百万年，特别是在星系整合和碰撞过程中，都有球状星团诞生。

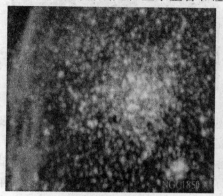 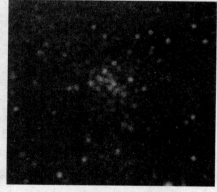

图 9-3　年轻的 NGC1850 球状星团　　　图 9-4　天坛座年轻 Wd1 星团

天坛座 Wd1 星团也是年轻的球状星团，年龄只有 500 万年，由 200 多个恒星组成，50% 集中在中心 2 光年内，95% 集中在中心 10 光年以内。天文学家认为，它是球状星团的前身。

半人马座 Ω 球状星团是银河系最大、最亮的球状星团之一，由几百万恒星组成。它与其他的球状星团有很大的区别，其形状不像一个球状星团，而像一个椭圆星系，这无疑是一个球状星团和一个小星系碰撞造成的。

无独有偶，Terzan 5 球状星团也是两个球状星团碰撞以后形成的。天文学家们认为，球状星团里的恒星都是同一时间形成的，号称"单星族"。Terzan 5 球状星团里的恒星却分成了两族，而且数量相近，一族的年龄在 120 亿年，另一族的年龄只有 60 亿年。年龄如此悬殊，却融合在同一球状星团之中，这无疑是两个球状星团碰撞造成的。

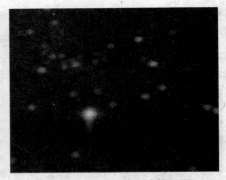

图9-5　半人马座 Ω 球状星团　　　　图9-6　Palomar 13 球状星团

　　Palomar 13 球状星团一直在银河系遨游,它围绕银河系中心旋转一周需要 16 亿年(太阳围绕银河系旋转一周 2.3 亿年),经过天文学家们 40 年的观测,求出它的偏心率等于 0.8(太阳围绕银河系的偏心率 0.1)。在它 120 亿年的寿命中,已经围绕银河系中心旋转 7 圈了,最近的一次靠近银心在 7000 万年以前,每一次靠近银心,都要被银心掠去部分恒星,现在剩下的恒星已经不多了,下次再过银心就会被全部吃光。Palomar 13 球状星团曾经也是一个很体面的球状星团,如今面目全非了。

　　在过去上百亿年,银河系从来没有安静过,在银河星系团里,它是个超级大星系,它曾经吞并过数十个矮星系和球状星团。观测表明,在银河系外围存在好几个恒星流。天文学家们认为,这些恒星流就是遭到瓦解的球状星团和矮星系的残留物。距离地球 13000 光年的两个恒星流,可能是被瓦解的球状星团残留物,距离 13 万光年的那个恒星流可能是矮星系残留物。下一个被瓦解的矮星系可能是小熊座星系,距离银河系中心只有 20 万光年,有 100 万颗老年星。这个小熊座星系既没有含氢的气体云,也没有新恒星形成。这个矮星系已经演化到晚期了。

十、彩色星云

亲眼看到恒星的形成

巨蛇座 M16 星云（NGC6611）是弥漫星云。这类星云的特征是有纤维结构，明亮和黑暗界限分明。巨蛇座 M16 星云是由原子、分子和很小的尘埃颗粒组成的，颗粒质点的直径是万分之一毫米的数量级，每一个质点包括几千万个原子。这些星际物质和太阳的物质是相近的，每有一个尘埃颗粒就有 6000 个氢原子和几个氧原子、几个氮原子。

弥漫星云在运动的过程中，不可避免地会"有疏有密"或者"疏密相间"，稠密的部分在引力的作用下就有收缩的倾向。当物质足够多、密度足够大、温度足够冷，达到"金斯质量"（詹姆斯·金斯，英国天文学家）的时候，气团就会引起"引力塌缩"，形成很多新的分子。恒星形成区还有大量的尘埃，因为恒星形成区域有大量的紫外光子，这些紫外光子对刚刚形成的分子有重新摧毁的作用，而尘埃有吸收紫外光子的能力，从而保护了分子的快速形成。

计算证明，形成 1 微米的质点需要数万年，这个数字比起宇宙的年龄 137 亿年来是个小数字。当质点达到一定的直径时，原子和分子仍然继续聚集，聚集速度不断加快，那些暗云里的质点因凝结而形成黑色球状体。在引力作用下，物质向黑色球状体聚集，产生热量，然后再发育成温暖的恒星胎。如果再也没有足够的物质可聚集，则虽然有温暖的恒星胎也不能形成恒星，形成的可能是褐矮星，被认为是"失败的恒星"。那些发光和黑暗两种星云极度混淆的区域便是恒星胚胎密集区。这些恒星胎有单个的，也有双胞胎，甚至还有多胞胎。当积聚的物质达到足够的质量，温度达到 2000 度左右的时候，中心的氢分子就分离成氢原子。

温暖的"恒星胚胎"为什么是温暖的呢？恒星胚胎是比未来的恒星大很多

倍的蓬松的胎。通过计算，弥漫星云中形成太阳那样的恒星，它的恒星胚胎比太阳大几百倍，甚至超过火星轨道，达到1.5天文单位。如此大的恒星胚胎，在聚集物质的时候，物质像做自由落体运动那样向恒星胚胎中心掉落，在中心强大引力下掉落速度很高。当快到中心的时候，物质密度增大，速度降低，最终会停顿下来，物质动能变成热能，使温度增高，分子分离成原子，形成一个由原子组成的核心，质量也越来越大。恒星胚胎外围物质不断向中心掉落本身就是在收缩，收缩也使温度升高。

当温度达到100万度时，氢的同位素氘（一个质子，一个中子）开始进行核反应，产生的热量比动能变为势能、收缩产生的热量大得多。但是，在物质中氘的含量很少，氘的燃烧只能维持10万年。如果在这个期间还不能引起氢的核反应，这个恒星胚胎就失败了，也许会形成一个褐矮星（失败的恒星）。

当中心温度达到1500万度时，便会引发氢的核反应。这时，中心密度有110倍水的密度，中心压力达几百亿大气压（这些数字是太阳中心的数字），将发生巨大爆发，变成一颗名副其实的恒星。像太阳那样的中质量恒星，氢燃烧成氦至少维持100亿年；质量越大，燃烧得越猛烈，维持的时间越短，30倍太阳质量的O型恒星寿命只有几千万年；而只有0.2太阳质量的M5型星，氢燃烧成氦至少维持2000亿年。

巨蛇座M16星云是巨蛇星座最鲜艳的星云。在那里，可以看到星云颗粒漫射出的光比星光更蓝，看到黑色球状体、温暖的恒星胎和刚被点燃的幼年星。

巨蛇座M16星云的外形像一只展翅飞翔的雄鹰，所以又称鹰状星云。它展开的"双翅"长约315光年（好大的鹰）。让人惊奇的是M16柱状物，柱高约2000万亿千米，在乌黑的柱体上，还生长出无数的小瘤。每个小瘤都有太阳系那么大，新恒星在那里形成。

 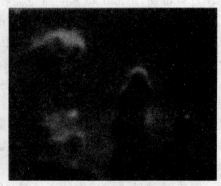

图10-1　巨蛇座M16弥漫星云（局部）　　图10-2　巨蛇座M16柱状物

天文学家们在观测弥漫星云的时候,有一个惊奇的发现:弥漫星云尘埃颗粒漫射的光线颜色比星光更蓝。这个发现不难解释,对于蓝色光波而言,星云颗粒漫射出的光线比星光还蓝,说明弥漫星云颗粒质点直径是万分之一毫米的数量级,每一个质点包括几千万个原子。这些星际物质是不均匀的,到处都有,弥漫星云里的密度最高。根据计算,1000立方千米的体积内,有 3×10^{16} 个颗粒。弥漫星云的原子之间互相碰撞,原子速度小的,碰撞就可能没有弹性,原子就聚合在一起,形成分子。分子再经过不断地碰撞,就形成质点。

三叶星云也是弥漫星云,位于人马星座恒星的密集区域,距离地球5400光年,年龄约30万年,宽度有20光年。三叶星云是由气体、尘埃和正在形成的灼热恒星构成的巨大产星云。三叶星云里布满了正在形成的灼热恒星,它们发育迅速,光学望远镜捕捉不到它们的发育过程。但是,斯必泽空间望远镜拍摄的照片,使天文学家们看到了正在形成的灼热恒星的胚胎。斯必泽空间望远镜根据恒星胎红外亮度的变化,测量出恒星胎的成长速度。三叶星云中的大质量恒星,它的年龄只有30万年,非常年轻,非常活跃,表面温度也非常高。这些大质量的恒星发射出的紫外线激发周围气体放射出美丽的光辉,有红色、蓝色、黄色、绿色,颜色鲜艳,形态美妙。这些大质量恒星的星风和它的各种辐射塑造了三叶星云现今的模样。

孕育恒星的弥漫星云还有猎户座星云、马头星云、蝴蝶星云、巨蛇座 M16 星云、麒麟座圆锥星云、天鹅 γ 星云等等。人马座三叶星云比较著名。

图 10-3 三叶星云

会吹泡的星

宇宙中会吹泡的星比比皆是。会吹泡的星有的吹成"水晶球",有的吹成一大群泡泡组成一只"蚂蚁",有的吹成一个"猫眼",有的吹成一个"葫芦",有的吹成一个"绿色幽灵",还有的吹成一朵"蔷薇花"……最小的泡泡 300 天文单位,最大的泡泡 2 光年。

天龙座猫眼星云

猫眼星云位于天龙星座,由于形状似猫眼而得名。中心是蓝色的瞳孔,中央是红色的眼球,外围是绿色的睫毛,形状优美奇特,世界各大报刊曾相继刊载。仔细观察猫眼星云的中心,有 11 个比较暗的蓝色同心球层,是几千年以前中央恒星迅速膨胀时留下的痕迹,说明中心恒星曾经发射物质性的脉冲。猫眼"瞳孔"的直径就有 0.5 光年,好大的"猫眼"!

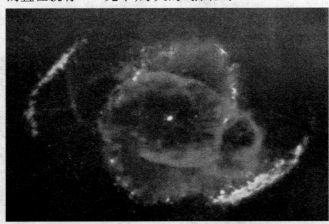

图 10-4　哈勃空间望远镜拍摄的猫眼星云

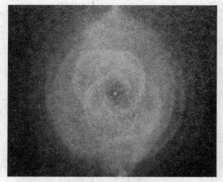
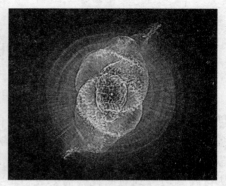

图 10-5 猫眼星云"瞳孔"的照片　　　　图 10-6 猫眼星云合成

天文学家们认为,中、高金属度的恒星(一般是年龄比较老的恒星)都环绕着某种天体。特别是 8 个太阳质量左右的恒星,当它们面临死亡的时候,抛出的气壳形状受到环绕的某种天体影响而变形。

猫眼星云是著名的环状星云,把它的光线引入摄谱仪,天文学家惊奇地发现了两条特殊的青色谱线,地球上的所有元素中,没有一种元素能发出这样的谱线。美国天体物理学家鲍恩(Bowen)确认,这两条青色谱线是双电离的氧原子的谱线,它们是 $O+$ 和 $O++$,这样的氧原子只能在极其稀薄的情况下维持极短的时间。这样就得出两个结论:

(1)环状星云非常稀薄,它发出的光与只有 0.1 个压力的氖灯泡发出的光相类似。这样的真空度在试验室都难以做到,环状星云是可以看见的"真空"。

(2)使氧原子失去两个电子需要巨大的能量。能量的来源是环状星云中央星强烈的紫外辐射。只有在中央星很热的情况下,环状星云才能发光,根据它的亮度,可计算出中央星的温度为 3 万至 10 万度(太阳表面温度是 6000度)。

环状星云结构中心有一颗垂死的热星。这颗热星光谱型是 A-F 型,绝对星等 2~3,表面温度在 1 万度以上。环状星云就是这颗热星发放的、深浅不同的、颜色各异的小斑点组成的气壳,这个气壳既稀薄又明亮。我们知道,不同元素放射不同颜色的光,氢放射的是红光,氧放射的是蓝光,氦放射的是绿光,蓝光和红光形成粉红色的辉光,尘埃带形成黑色带状物。从颜色上就能估计出环状星云含有元素的成分。

星空中的山茶花

"斯必泽"空间望远镜在天琴座看到了一片环状星云，称为 NGC6720（M57），离地球 2000 光年，在天琴座 β 和 γ 两星之间。这片环状星云像一朵盛开的山茶花，它的黄色花瓣上有淡淡的红色，还有粉色的花蕊、淡绿色的花芯。这朵"山茶花"的直径大约有 1 光年，一艘宇宙飞船以 30 千米/秒的速度，从花瓣的边缘到对面花瓣需要飞行 1 万年。这是宇宙中最大的"山茶花"。

图 10-7　天琴座环状星云 NGC6720

这片环状星云的中心是一颗燃料即将耗尽、核心越来越小、温度越来越高、不断向外抛射物质的恒星，它的"花瓣"就是这颗恒星抛出的物质在它的紫外线照耀下发出的光。宇宙中这样的环状星云并不罕见，但组成一朵山茶花的环状星云只有 M57。通常我们看到的 M57 环状星云是普通的 8 米望远镜拍摄的，看上去只有一个美丽的环，在"斯必泽"空间望远镜里看到的却是一朵盛开的山茶花。那是因为"斯必泽"能观测到氢原子发射的红外光。

图 10-9 是宝瓶座环状星云 NGC7293 的照片，是由夏威夷望远镜拍摄的。其形状像一朵喇叭花。根据俄罗斯天文学家的估计，环状星云在银河系里就有 6000～10000 个。

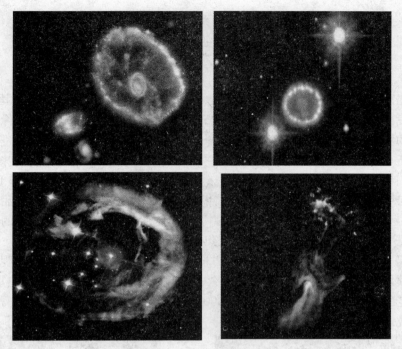

图 10-8　像朵鲜花一样的星云

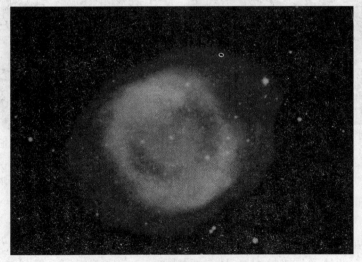

图 10-9　宝瓶座环状星云 NGC7293

船尾座葫芦星云

船尾座葫芦星云距离地球5000光年。在800年以前，这颗年老的恒星开始喷发出大量的气体，气流速度高达450千米/秒。气流形成的冲击波像一个巨大的撞锤，撞击周围的星际物质，发出蓝色的光。对这颗年老的恒星进行光谱分析显示，它含有大量的硫。无疑它喷出的气体会有强烈的臭蛋气味。所以人们称船尾座葫芦星云为"臭蛋星云"。无独有偶，天文学家在人马座B2尘埃星云中发现二醇醛，这是一种含有甜味的碳水化合物，人们称它为"甜味星云"。巨蛇座的一片尘埃带中，产生了一批多胞胎恒星，恒星群背景上的红色条纹是"多环芳烃"碳氢化合物，有烧焦肉制品的气味，有毒。

船尾座葫芦星云为什么向一个方向喷发，而不是向四周喷发气体呢？它已经喷发了800年，以后还要喷发多久？大凡环状星云中心都有一颗热星，那颗年老的恒星却是一颗冷星，只有5000多度。冷星怎么也喷发呢？这需要继续研究。

图10-10　船尾座葫芦星云

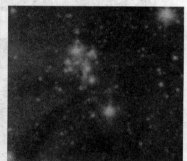

图10-11　巨蛇座多胞恒星

蚂蚁星云

蚂蚁星云是以一颗以恒星为中心、由尘埃和气体构成的云团，其专门名称为Mz3。它的外形与蚂蚁相似，俗名蚂蚁星云。它属于银河系矩尺星座，距离地球5000光年，跨度约3光年。蚂蚁星云中心的那颗即将死亡的、与太阳类似的恒星,正以 1000 千米/秒的速度向外喷射气体和尘埃,组成蚂蚁的脚。此前小规模的爆发形成的波瓣在两端突出,形成蚂蚁的躯干。

蚂蚁星云中心的那个恒星是球形的,为什么它喷出的气体不是球形而是对称的呢? 比较让人们能够接受的答案是双星说法:类似太阳的那颗恒星还有一颗比较暗的伴星。大凡天上的星大部分为双星,它也不例外。当那颗"垂死的太阳"喷射气体和尘埃的时候,在主星和伴星互绕的平面上,它喷出的气体被伴星干扰和抵消,所以物质只能沿着两极喷出。由于它喷出的气体非常强大,浓度比太阳的星风高出 100 万倍,不久伴星就被吹散了。换句话说,蚂蚁的那些腿,有主星喷出的气体,也有伴星被吹散的气体。

矩尺座蚂蚁星云(Menzel – 3)中心的那颗星与我们的太阳非常相似,只是进入了晚年。那颗星近几千年来不断地喷发气体,还不时地发生小规模的爆炸,释放出来的气体形成对称图案,形成约 3 光年的"蚂蚁星云"。目前,它仍然还在喷发气体,其喷射速度高达 1000 千米/秒。

蚂蚁星云是 1997 年 7 月 20 日华盛顿大学天文学家 Bruce Balick 和莱登大学天文学家 Vincent Lcke 发现的。美国太空总署公布的、由哈勃空间望远镜拍摄的蚂蚁星云照片被天文学家们评为十大最佳图片第二名。

为什么这颗垂死的"太阳"形成的星云是如此模样呢? 我们的太阳进入晚年以后,也会像它那样喷射物质吗? 它能够为我们了解太阳的未来提供什么信息呢? 难怪文学家苏轼在诗中写道:"茫茫不可晓,使我常叹喟!"在天文领域,一个中学生提出的问题,比 10 个天文学家能够解释的问题还多 10 倍。

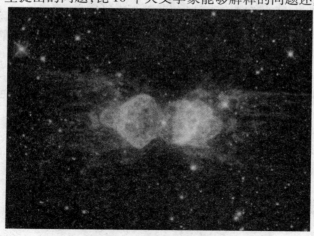

图 10-12　蚂蚁星云 Menzel-3

木星的幽灵

由于长蛇座 NGC3242 星云的形状像木星,所以绰号叫做"木星的幽灵"。这些星云就像水浒一百单八将那样各人都有个绰号。

像太阳大小的 NGC3242 星云中心的恒星已经演化到末期,恒星中心的氢含量不断减少,氦的含量不断增加,恒星中心形成一个占一定比例的氦核。从此,氢的核反应结束,氦的核反应由于恒星质量太小而不能启动,核心开始收缩。氦核的收缩产生的能量输送到外层,使恒星大气膨胀,表面积迅速扩大。恒星内部收缩、外部膨胀的新格局,使恒星变成了体积有太阳系大小的星云。随着时间的流逝,星云逐渐扩散,露出星云中间的白矮星。

古姆星云

古姆星云位于船帆座,是一个正在收缩的星云。快速收缩的后果是新的恒星不断产生,形状和颜色不断改变。古姆星云一边明亮,一边暗淡。明亮的部分是它产生的大质量恒星船帆 V391 将它照亮的,暗淡的一面恒星正在形成。古姆星云距离太阳 2200 光年。

(1)船帆 V391 恒星是一颗新形成的大质量恒星,光谱型 O 型,表面温度 3 万度,有特别多的电离氦。由于质量大,温度高,辐射剧烈,十分年轻,它在几千万年之内就会发生超新星爆发,爆发的亮度甚至超过银河系。产生的能量加热古姆星云,使这个星云凌乱不堪,面目全非。目前,船帆 V391 恒星已经开始喷射物质了,抛出大量的、高温的电离氢和电离氦,形成一个泡。一旦其他恒星也形成,会使古姆星云面临巨大挑战。

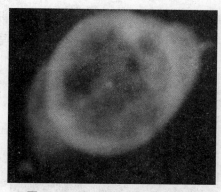

图 10-13　长蛇座 NGC3242 星云

图 10-14　古姆星云

（2）NGC1514 行星状星云形成于濒死的双星。这对双星的主星和伴星质量相当,都曾经爆发过一次。主星毁灭了,伴星还在。它们爆发时抛射出的气体形成两个气体壳。这颗双星一颗是比太阳质量更大、温度更高的巨星,另一颗目前则是致密的白矮星。目前,双星中的那颗巨星不断变亮,也许又要爆发,是巨星的光将双星爆发时形成的不断膨胀的气体壳照亮。

图 10-15　NGC1514 被水晶球般的泡泡包围

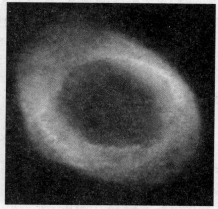

图 10-16　天琴座 M57

（3）天琴座 M57（NGC 6720）是恒星在生命结束时向外抛出来的气体云,是非常明亮的天体,用小型望远镜就可以看到。它距离太阳 4000 光年,直径约 1000 光年,是太阳系直径的 500 倍。

（4）天蝎座 RCW 120 星云是中央的两颗 O 型星的产物。O 型星表面温度为 3 万度,有特别多的电离氦,质量至少有太阳质量的 30 倍。在距离太阳 1000 秒差距(1 秒差距 = 206265 天文单位 = 3.2616 光年)的范围内,O 型星一颗也没有。这类体型巨大的恒星不断喷出物质泡泡，直径达 10 光年，闪着翡翠般绿色光芒的星云，并发出强烈的紫外辐射。我们银河系中的很多此类恒星都存在类似的物质抛射现象。

 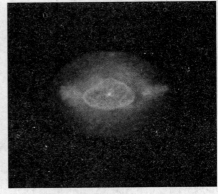

图 10-17　天蝎座 RCW 120 星云　　　图 10-18　天鹅座 NGC6826 眨眼星云

（5）天鹅座 NGC6826 眨眼星云中间的那颗恒星是类似太阳的星，有两颗小伴星，距离太阳 2200 光年，已经进入死亡阶段。恒星中心的核反应已经结束，内部的温度越来越低，热压力不能抵抗引力的作用，引起猛烈坍缩。所释放的势能非常巨大，以强大的星风和隆隆冲击波的形式把恒星大气带走。不料恒星两侧的红矮星承受不了如此的冲击，被红矮星大气强大的星风和冲击波冲向外侧。

旋纹星云

星云中的恒星吹出一大群红色氮气泡泡，还吹出一个蓝色氧气泡泡。距离太阳 2000 光年，大小为 0.2 光年。

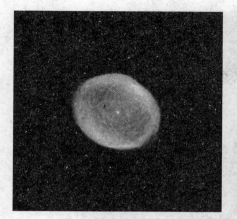

图 10-19　旋纹星云

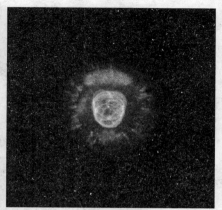

图 10-20　爱斯基摩星云

爱斯基摩星云

　　双子星座爱斯基摩星云（NGC 2392）中心的恒星是一颗吹泡能手。它吹出一大群气体泡泡，有的泡泡朝向我们，有的背向我们，样子酷似一颗戴着爱斯基摩毛皮帽的人头。它距离太阳 5000 光年，大小为 2 光年，是天文学家威廉·赫歇尔在 1787 年发现的。

　　宝瓶座耳轮星云和蔷薇花星云是一颗垂死的恒星抛出的尘埃气体壳，星云的气壳在膨胀，速度为每秒 10 ~ 50 公里。中央部分有一个很小的、温度很高的中心星，温度高达 30000K，处在小质量恒星演化的末期。其核心的氢燃料已经耗尽。它是由不断向外抛射的物质构成的。宝瓶座耳轮星云和蔷薇花星云的直径为 1 光年左右，寿命为 3 万年左右。

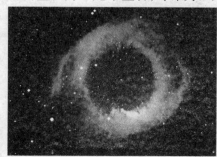

图 10-21　宝瓶座耳轮星云

图 10-22　环状星云蔷薇花

图 10-23 玫瑰星云 NGC2237

好一朵玫瑰花

　　玫瑰星云 NGC2237 是一个大型发射星云,因形状像一朵玫瑰花而得名。中心有一个疏散星团,组成蓝色的花蕊。数以百计的大质量恒星是 400 万年以前形成的,它们以强大的星风吹出一个 130 光年的气泡,在大质量恒星的激发下,形成红色的花瓣,颜色从里到外逐渐变红,那是氢、氧和硫放射出来的光彩。大气泡中心还有一个小气泡,小气泡的边缘是一个浓密的隔离层,隔离层由尘埃和气体组成,距离太阳 3000 光年。星云的总质量有 10000 倍太阳质量。

十一、宇宙大舞台上的配角——星际尘埃

星际尘埃普遍存在

半人马座 NGC5128 是一个椭圆星系。从哈勃空间望远镜拍摄的照片可以看出,它中间有一条浓密的尘埃带,恒星在尘埃带蓝色区域火暴形成。气体和尘埃是恒星和行星形成的主要材料。天文学家们认为,这个椭圆星系是十几亿年以前两个星系碰撞造成的,星系中的尘埃受到挤压,诱发蓝色恒星的形成。

图 11-1　半人马座 NGC5128 尘埃带　　**图 11-2　半人马座 NGC5128 椭圆星系**

玉夫座 NGC253 是旋涡星系,距离地球 1000 万光年,是一位女孩儿在 1783 年发现的。它最大的特点是整个星系布满浓密的尘埃,尘埃中恒星大量形成,是著名的"星暴星系",也是尘埃最稠密的星系。星系中的尘埃被新恒星加热,一旦一些恒星或行星从高温尘埃穿过,会进行一次脱胎换骨的变化。天文学家们认为,星系中心有一个大质量黑洞。

后发座黑眼睛星系(M64)也是碰撞以后的椭圆星系,有一个明亮的中心,外围有大量黑暗的尘埃云,边缘的新、老恒星被深埋在尘埃之中,厚实的尘埃和气体运动方向与内部区域正好相反。黑眼睛星系是碰撞过的星系,距离地

球 1700 万光年。

图 11-3　玉夫座 NGC253

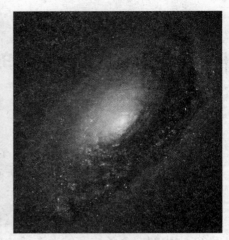

图 11-4　后发座黑眼睛星系

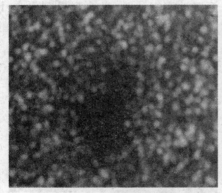

图 11-5　银道面上的暗黑星云

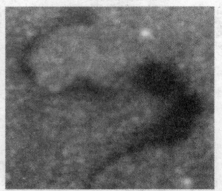

图 11-6　长蛇星云

　　银道面上的"黑洞"实际是一团暗黑星云,也是由尘埃组成的,它浓密的程度连红外线也不能穿过。

　　蛇夫座长蛇星云是由暗黑的星际尘埃和分子气体组成的星云,尘埃的主要成分是碳,遮蔽了它后面的星光。

　　宇宙中的尘埃非常普遍,质量也大得惊人。这些尘埃物质是怎样产生的呢? 宇宙大爆炸产生的化学元素只有氢、氦和锂:大量的氢,少量的氦,极少的锂。宇宙恒星时代初期,我们的宇宙非常清亮。观测表明,星空中的"贫金属星"的年龄大都在 130 亿年左右。恒星 HD155-358 只有太阳质量的 0.87 倍,它含有的比氢重的元素只有太阳的 1/5;玉夫座贫金属星 SI020549 的金属丰度不足太阳的十万分之一；凤凰座 HE0107-5240 是一颗巨星，视星等 16，年龄 130 亿年，几乎与宇宙的年龄（137 亿年）相同，是一颗著名的贫金属星，它的金属丰度只有太阳的二十万分之一，比锂重的金属只有少量的铍和硼；长蛇座 HE1327-2326 是一颗最贫金属星，它的年龄为 132 亿年，其金属丰度只有太阳的二十五万分之一，几乎不拥有比锂重的金属。长蛇座 HE1327-2326 贫金属星是 2005 年天文学家 Anna Frebel 发现的，它的质量只有太阳质量的 0.8 倍，距离地球 4000 光年。人们认为这颗贫金属星是宇宙大爆炸以后的第一代最小的恒星，因为质量比较小，它仍然还在进行氢变成氦的燃烧。它诞生在第一代只有氢和氦的星云里。不难看出，这颗贫金属星的寿命已经 132 亿年了，刚刚进入中年。天文学家们推算太阳的寿命为 100 亿年，也刚刚进入中年，与这颗贫金属星相比，太阳的寿命应该是 120～150 亿年。

　　贫金属星告诉我们，这样的恒星不曾从外界得到金属，它内部产生出来的金属也不曾来到表面，甚至还没有产生比氢重的金属。它们是宇宙大爆炸以后的第一批恒星。宇宙大爆炸 7 亿年以后就有了星际尘埃，到了现在，由于尘埃物质布满全宇宙，使我们的宇宙暗淡了、浑浊了，不适合接近高速的飞行了。恒星时代初期，第一批巨大恒星的质量一般都是太阳质量的 8～100 倍，它们的寿命一般都很短，只有极少的小质量恒星寿命较高，如贫金属星。那些大质量恒星非常不稳定，2 亿年左右便纷纷发生超新星爆发了。恒星中心制造出的比氢重的元素被抛向太空，每颗大质量恒星至少抛出一个太阳质量，冷却以后形成尘埃。以后第二批恒星中的大质量恒星也将如出一辙地喷射尘埃。0.8～7.8 太阳质量的恒星不会发生超新星爆发，它们以星风、耀斑、氦闪、变星等形式向外抛射物质。有的红巨星抛射物质非常猛烈，甚至陆续将它的大气全部抛掉。经过 130 多亿年的积累，宇宙尘埃终于形成如今的规模。天文学家们发现，观测到的超新星爆发形成的尘埃还不到预计的 1%（可能预计得太高了）。超新星爆发只产生一小部分尘埃，大部分是比铁重的元素。

化学元素是怎样炼成的

　　质量为 0.8～30 倍太阳质量的恒星数量大得惊人。恒星核心的温度最高、压力最大，4 个氢原子核聚变成 1 个氦原子核的反应进行得很顺利，非常稳定。随着时间的推移，恒星核心氢的含量不断减少，氦的含量不断增加，大约经过几十亿年,恒星中心的氢达到一定比例而形成氦核。从此,中心的4个氢原子核聚变成1个氦原子核的反应就结束了,恒星核心的能量供应大量减少,核心的温度降低了,氦核开始收缩。氦核的收缩产生了巨大能量,这些能量输送到外层,使恒星大气膨胀,表面积迅速扩大,内部收缩,外部膨胀,使较小质量的恒星变成体积很大、温度较低、密度很小、颜色偏红的红巨星。氦核收缩产生的巨大能量也使氦核升温。当氦核温度达到1亿度左右时,氦发生热核反应,开始了3个氦原子聚变成1个碳原子的反应。氦发生热核反应并不稳定,因为它需要巨大的压力和非常高的温度,当氦核收缩后温度提高又重新膨胀的时候,压力变小了,氦的核反应有可能熄灭,然后再度收缩。这样反复几次,天文学家们把这个过程命名为"恒星的氦闪"。氦闪产生的热脉冲和冲击波有效地将恒星核心固有的碳、氧、硅等元素输送到外层。"氦聚变为碳"的核反应也使恒星核心以外12%～15%的氢产生高温,这个层面的"氢聚变成氦"的核反应也被点燃。这两种核反应提供的能量,足以使恒星有几亿年的稳定期。大约经过10亿年左右,恒星中心氦的含量也大量减少,碳的含量不断增加,氦的核反应也随之结束。恒星再度收缩,小质量的恒星到此为止,包括太阳,它们没有足够的质量使碳产生核反应。

当那些质量较大的恒星中心温度提高到6亿度左右时,会引发碳的核反应、氧的核反应、硫的核反应……甚至几种核反应同时进行。类似的过程在较大质量的恒星中继续下去,一直到稳定的铁元素为止,因为铁元素的核反应只能吸收能量,不能放出能量。通常理论认为重于铁的元素几乎都是大质量恒星合成的。经过几次核反应时代,产生比氦重的元素有碳、氮、氧、镁、铝、硅、磷、硫、钙、钛、铁等,这些元素产生的次物质有一氧化碳、石墨(包括钻石)、碳化硅、氧化铝、氧化钛以及含有钙、镁、铁的硅酸盐。观测表明:超新星1006遗迹中,铁的丰度高得惊人。

铁元素的核反应只能吸收能量,不能放出能量,使大质量恒星(有的质量达到100倍太阳质量)内部的能量急剧减少,而向心引力没有改变,大质量恒星急剧收缩,急剧收缩产生的能量比铁发生反应以前的能量还要高,从而引发铁原子核聚变成钴原子并释放出能量。大质量恒星内部温度越来越高,引发钴原子核聚变成镍原子……这样继续下去,直至镭的核反应。总体来看,大质量恒星中心简直就是一个元素周期表,中心温度高得难以想象。超新星大爆发时,还没有完成的核聚变将在大爆发时完成。恒星们死亡或爆炸的时候,将这些元素的物质和没有用完的大量的氢撒到空间,形成尘埃云,然后再组成新一代的恒星、行星。

超新星爆发是产生比铁重的化学元素的主力军,观测表明,仙后座 A 超新星遗迹的原恒星的质量有 20 倍太阳质量,它爆发以后的遗迹气壳直径有 10 光年,是由不同元素的同心层构成的,氢在最外层。往里看,硫和硅元素的含量较高,红色丝状物的含铁量很高。重金属在中心,爆发以后形成的物质壳的元素含量与元素周期表不相匹配。

观测表明,沃尔夫-拉叶星是一批质量巨大的热星,表面温度平均 6 万度(太阳表面温度 6000 度),最热星达到 10 万度,一般是 O 型星,是含氮多的氮星,或者是碳星、氧星、硫星,它们以几千千米/秒的速度喷射物质。观测表明,130 亿年以前宇宙形成的恒星质量都非常大,红移为 6.4 的星系包括 2 亿太阳质量的尘埃,如此巨大的尘埃都是超新星爆发产生的。然而,1054 年发现的金牛座超新星遗迹中,却没有浓密的尘埃,说明超新星产生尘埃不是一种模式。有人认为那是暗物质参与的结果。

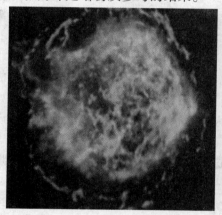

图 11-7　仙后座 A 超新星遗迹

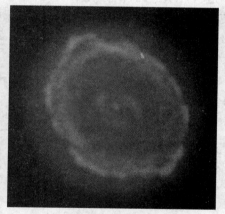

图 11-8　超新星爆发前的对称云

大凡物质的爆炸时间是非常短的,在短的时间内怎能制造出比铁重的、种类繁多的化学元素呢?

众所周知,一个炮仗质量只有几克,爆炸时间不足一秒;一个礼花弹质量约有 1000 克,爆炸时间有几秒;一颗原子弹质量 500 千克(铀原子弹的爆炸临界质量是 19 千克),爆炸时间约有几分钟;一颗超新星质量有 30 个太阳(太阳质量 1.989×10^{27} 吨),爆炸时间约有几年。例如人类记载最早的一颗公元 185 年半人马座超新星,爆发时视星等 −8,发现 20 个月以后肉眼还能见。其实,它在 20 个月以前就开始爆炸了。超新星 1006 爆发,照亮了地球的南半球,被照的物体产生了阴影,可见时间达 1 年以上(爆炸可能延续了几年)。超新星 1987A 爆发 90 天后亮度达到极大,亮度相当于 1 亿颗太阳,300 天以后人们就看不见它了。蟹状星云已经膨胀了 1000 年,通过几百年的观察,发现它的膨胀速度不断加快。是什么力量使它的膨胀加速呢? 大凡超新星遗迹 100 年以后辐射能量都非常低了,而蟹状星云的辐射已经 1000 年了,总辐射功率仍然有相当 10 万个太阳的辐射能量,这是暗物质和暗能量参与了。超新星这么大的能量、这么长的时间制造出这么多种类的化学元素是可以理解的。

耐人寻味的是,就连地球上的黄金、稀土元素乃至地球上的人类也是恒星中心和超新星爆发制造出来的。稀土元素是镧(制造火石)、铈(优良的还原剂,制造合金)、镨(特种玻璃,特种不锈钢)、钕(能分解水,制造高强度合金、钷(制造强亮度荧光粉,原子电池)、钐(质地非常坚硬)、铕(用于原子反应堆中,作吸收中子的材料)、钆(读音 gá,原子能反应堆的结构材料)、铽(读音 tè,制造特种杀虫剂,治疗皮肤病)、镝(读音 dì,坚硬,炸碉堡的弹头)、钬、铒(能使水分解成氧和氢)、铥、镱(制造航天特种合金)、镥(用于超导,自然界存量极少)、钇(制造合金、防弹玻璃)、钪(耐高温合金、特种玻璃)。这 17 种稀土元素在世界上非常稀少。

氢、碳、氮、氧、磷是地球上人类生命的五大基本元素,是这五大元素组成了地球碳基人类。在外星上有没有以硅、磷、钙为基本元素的硅基人类呢? 如果有硅基人类是不足为奇的,因为这些人类生命的基本元素都是恒星中心产生出来的。

红巨星的星风非常强,外层大气的逃逸速度也很低。红巨星以星风的形式向外抛弃物质。在漫长的岁月里,恒星的质量不断减少,内部的温度越来越低,热压力不能抵抗引力的作用,内部猛烈坍缩,坍缩成体积很小的白矮星(或中子星),所释放的势能达到约 10^{46} 焦耳左右。如此巨大的能量,以强大的星风和冲击波的形式把恒星大气带走,同时尘埃也撒向星际空间。这是星际尘埃布满宇宙的主要原因。同时,这将使中心的白矮星裸露出来,显现出一个体积很小、亮度极白、密度极高的白矮星。白矮星有碳白矮星,氧白矮星。几乎每颗恒星都有这样的过程(包括我们的太阳在内),尘埃布满星际空间也就不足为奇了。

观测表明,距离太阳 500 光年有一颗红巨星——狮子座 CW (IRC + 10216) 星,它的直径有 5.2 天文单位,相当于太阳系木星的轨道。这颗红巨星被尘埃包裹着,它的大气和星风含有非常丰富的碳、氧和一氧化碳。红巨星在宇宙中到处都有,包括各种化学元素的尘埃也就到处都有。

观测表明,触角星系(NGC4038 和 NGC4039 碰撞星系)富含镁、硅、铁等元素。哈勃空间望远镜拍摄的照片显示,富含镁、硅、铁等元素的区域非常普遍。镁、硅、铁等元素是形成行星的主要元素,也是星际尘埃的主要成分(参考碰撞星系)。恒星 HD155-358 的质量只有太阳质量的 0.87 倍,它含有的比氢重的元素只有太阳的 1/5,重元素十分缺乏。玉夫座贫金属星 SI020549 金属丰度不足太阳的十万分之一,被认为是宇宙的第一代恒星。天文学家们认为,构成行星的元素主要是重元素,一般金属丰度低的恒星不会有行星。然而,HD155-358 恒星却有两颗行星:一颗质量是木星质量的 0.9 倍,公转周期 195 天;另一颗是木星质量的 0.5 倍,周期 530 天。地球最丰富的元素是氧、硅、铝,其他元素也很丰富。不言而喻,上述两个行星都缺乏资源。观测表明,凤凰座 HE0107-5240 是一颗巨星,视星等 16,年龄 130 亿年,几乎与宇宙的年龄(137 亿年)相同,堪称是宇宙的第一批恒星,是一颗著名的贫金属星。它的金属丰度只有太阳的二十万分之一,比锂重的金属只有少量的铍和硼。看来,它一直没有尘埃物质"排放"。长蛇座 HE1327-2326 是一颗最贫金属星,它的年龄为 132 亿年,它的金属丰度只有太阳的二十五万分之一,几乎不拥有比锂重的金属。

不论恒星 HD155-358 金属丰度只有太阳的 1/5,玉夫座恒星 SI020549 金属丰度不足太阳的十万分之一,凤凰座恒星 HE0107-5240 金属丰度只有太阳的二十万分之一,还是长蛇座 HE1327-2326 最贫金属星,它们都与银河系银晕中的那些独立的恒星相似(从光谱中得知,这些恒星的化学组成非常相似)。如果那里有外星人(银晕里很有可能是外星人的稠密区),他们最大的困难是缺少资源。

不难看出,宇宙中的第一大元素是氢,它是宇宙大爆炸遗留下来的;第二大元素是氦,它是宇宙大爆炸遗留下来和恒星制造出来的第一批元素。它们和氧、氮、碳一起,组成宇宙最多的五大元素。氢、碳、氮、氧、磷是地球上人类生命的五大基本元素,这些元素都是非常靠前的。而 17 种稀土元素是超新星制造出来的,都是比较靠后的稀有元素。

星空五大预言

星空中的大预言非常多，有"世界末日大预言""2012 大预言""太阳 6 年之内要演化成超新星大预言"……没有一个预言是正确的。在这里介绍一下星空五个大预言。其能否实现，我们可拭目以待。星空五大预言是：

（1）宇宙行星不缺少水。宇宙中第一大元素是氢，第二大元素是氦，第三大元素是氧，第四大元素是氮，第五大元素是碳。有大量的氢，有大量的氧，又有大量的紫外光子，能缺少水吗？

（2）行星生物非常普遍。有大量的碳，有大量的氧，不会缺少二氧化碳，而且还提供了充足的光。生物利用廉价的二氧化碳、水、光制造营养是生物最佳的选择，而宇宙恰好提供了这个最佳条件。

（3）外星人就在太阳系周围。靠近太阳的 68 颗恒星，光谱型为 M 的星有 50 颗，占 73.5%，还有类日恒星天仓五（鲸鱼 τ）和天苑四（波江座 ε 星）。人们普遍认为，光谱型 M 星和类日恒星最有可能有外星人。此外，M 星能使外星人进化 100 亿年；太阳附近 20 光年范围内环境很好，那里没有高辐射的蓝色巨星，没有 O 型星、B 型星和 A 型星，没有大质量恒星，没有超新星，亮星也不多，星云却很少，有大量的行星存在，这是外星人生存的最佳条件。无论这样的星有多少，在银河系猎户臂附近、离银河系中心 3 万光年的恒星周围至少有一颗星肯定有智慧人类。组成生命的物质绝不会是稀土元素，一定是选择最多的、最廉价的、最活跃的元素组成生命基本元素。预言外星人生命的五大基本元素是：氢、碳、氮、氧、磷（碳基外星人）；氢、硅、氮、氧、磷（硅基外星人）；氢、铝、氮、氧、镁（铝基外星人）。

（4）宇宙不缺少能源，宇宙中最廉价的能源是氢、氦和氧。太阳的中心部分，温度最高，压力最大，4 个氢原子核变成 1 个氦原子核的反应进行得很顺利，使太阳每秒施放出 9×10^{25} 卡的热量。太阳如此伟大的创举，使天文学家们有了创造灵感，拟在法国建造一座小太阳发电厂，利用氢为燃料（地球上的氢取之不尽，用之不竭，发电后的废料是水，没有污染），由中国、法国、日本等国提供资金，小太阳发电试验厂可能 20 年以后建设成功。宇宙中的第二大元素是氦，它的同位素氦-3 是干净的核聚变发电燃料，没有放射性。氦-3 来源于太阳风，太阳风的 90% 是氢质子，7% 的氦粒子正是氦-3。地球未来的能源也是氢、氦和氧。目前地球使用的能源是煤和石油，它们产生的二氧化碳使地球这个"最荣耀的星球"的"荣耀评级"不断下降。

（5）小行星撞击地球造成巨大灾难的时代已经过去了。欧南天文台预测：2000 年 5 月 31 日，休神星两个蛋形的双体星将与太阳运动到同一条直线上。休神星是双小行星，它们之间的距离只有 17 千米，每颗星的直径大约都是 86 千米，围绕共同的引力中心做轨道运动。2005 年 5 月 31 日，"一颗小行星的影子像预期的那样落到另一个小行星上"，使休神星变暗。对小行星的观测达到如此的精度，简直是了如指掌，预测危险小行星还有困难吗？

2004 年 2 月 26 日，欧洲"萝塞塔"太空探测器飞向格拉西缅科彗星，飞行几亿千米后，在那颗彗星上投下了一个"试验室"以研究它的形成。将这种技术用在研究危险小行星的爆破上，是不成问题的。

2005 年 7 月 4 日，美国国家航空航天局用火箭将深度撞击号撞击器冲向"坦普尔 1 号"彗星的彗核，取得了举世瞩目的成果。如果撞击器上有炸药包或原子弹，就会将"坦普尔 1 号"彗星炸毁，或者推出轨道。

2007 年 7 月 7 日，美国"曙光号"小行星探测器飞向谷神星和灶神星。起飞时探测器上还带有"火工品"，一旦火箭偏离轨道，用"火工品"上的炸药可将火箭炸毁（当然也可在小行星身边爆炸）。"曙光号"小行星探测器飞行将近 4 年，于 2011 年 5 月到达灶神星，围绕灶神星飞行 7 个月，最近时离灶神星只有 200 千米；然后启动离子发动机，再飞行 3 年多，将于 2015 年 8 月到达谷神星，围绕谷神星探测 5 个月，最近时离谷神星只有 700 千米，最终将于 2016 年 1 月结束探测。谷神星和灶神星都以高速度围绕太阳运行，"曙光号"也以高速度在小行星之间有来有往，计算得那么精确，飞行得那么准确，用这种技术对待危险的小行星是不成问题的。小行星撞击地球造成巨大灾难的时代已经过去了。

恒星在星际尘埃中火暴形成

星际尘埃布满全宇宙对我们人类不是好事，它遮蔽了远方的天体，阻隔了我们的视线，虽然我们有红外线观测手段，但还是会造成很多麻烦。最大的麻烦是星际尘埃断了我们与外星人互相访问的"路"。如果我们的宇宙飞船是飞机速度的 1000 倍，到最邻近的外星人行星上也需要几万年甚至几十万年，我们人类的寿命达不到几万年；如果我们的宇宙飞船的速度达到光速或接近光速，迎面而来的星际尘埃也接近光速，就会把我们的宇宙飞船击出一个对穿的洞。星际尘埃到处都有，平均每 100 米就有一粒。由于星际尘埃的密布，我们的宇宙变得不适合接近光速飞行。看看娥眉星云 NGC6888 附近的天体就知道我们的宇宙是多么的混浊，中心稠密的尘埃形成大面积的产星区，蓝色的恒星在那里火暴形成，新恒星强大的星风向外扩张，周围的尘埃带、尘埃团杂乱无章。前面说过，"先驱者号"宇宙飞船飞行速度不到 20 千米/秒。在太阳系的飞行记录显示，它每三天就有一次穿透性撞击。无疑，太阳系以外也有这样密集的穿透性撞击。"先驱者号"飞行几万年以后，样子将成为一个马蜂窝。

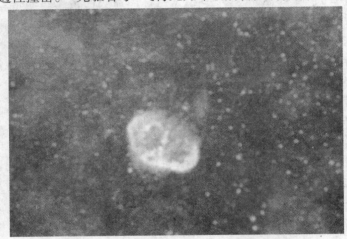

图 11-9　娥眉星云 NGC6888

　　小麦哲伦星系中的 NGC346（图 11-10 左上）是著名的恒星形成区，星系中心大质量恒星的星风把周围的气体和尘埃推了出去，形成比较热的蓝色星团。星团中的恒星都是新形成的恒星，有的正在形成，有的还未形成。

　　英仙座 NGC1333（图 11-10 右上）也是恒星形成区，这个区域被浓密的气体和尘埃覆盖。斯必泽空间望远镜红外照相机有穿透能力，使星云中正在形成的恒星裸露出来。让人刮目相看的是，新恒星有初生的行星结构，恒星周围温暖的、充满尘埃的周星盘中的行星是未来外星人的家园。从图像底部可以看到年轻恒星胚胎涌出的气体云，图像上部的红色区域是温暖尘埃云发出的红外光。英仙座 NGC1333 距离太阳 1000 光年。

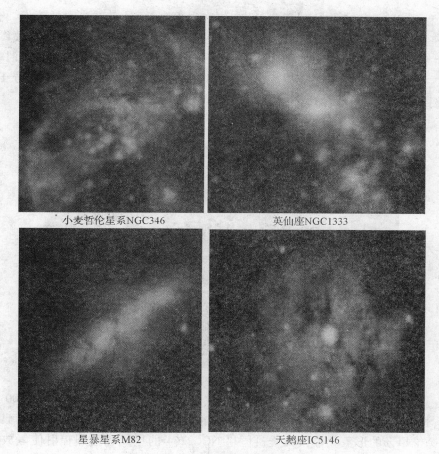

小麦哲伦星系NGC346　　　英仙座NGC1333

星暴星系M82　　　天鹅座IC5146

图 11-10　恒星在形成

星暴星系 M82(图 11-10 左下)位于大熊座,因其核心新生恒星火暴形成而著名。它正以高于银河系 10 倍的速率诞生恒星。新恒星们泛着蓝色的光,气体和尘埃高速向外扩散,距离地球 1200 万光年。

天鹅座 IC5146(图 11-10 右下)茧状星云中,一个新的疏散星团正在形成。图中的大质量恒星是 10 万年以前形成的,距离地球 4000 光年。它强烈的辐射为天鹅座 IC5146 茧状星云提供了能源。那里的星际物质非常稠密,恒星和星团正在那里形成。

金牛座巨分子云是离我们最近的星云,距离我们 450 光年。那里正在诞生的恒星被巨大的尘埃盘笼罩着,非常活跃。金牛座 XZ 星的年龄还不到 100 万年,一股巨大的喷流从 XZ 星中喷出,已连续喷发 30 年了,速度高达 150 千米/秒,特别是1998年达到高潮,2000年变得更亮,预计又有更大的喷发。金牛座那些带尘埃盘的新诞生的恒星,在强磁场的作用下,经常沿着两极喷发。金牛座XZ星提示我们,那里的行星盘中不会诞生生命。我们的太阳年轻时也是这样。太阳诞生20亿年以后,太阳系才出现结构复杂的"叶绿素"大分子。它们能够利用太阳光、二氧化碳和水制造自己的食物。

图11-11　麒麟座圆锥星云

麒麟座圆锥星云(图11-11)也是由气体和尘埃组成的,距离地球2500光年,长度7光年。照片中上方年轻、高温的恒星发出的强烈辐射,塑造了麒麟座圆锥星云的形象。锥顶大质量恒星NGC2264的星风和强烈辐射使氢放射红光,为圆锥柱体外围披上了一层红色毛发。

十二、γ 射线大爆发

超新星遗迹 W49B 的 γ 射线暴

γ 射线是一种电磁波,波长小于 0.2 埃,是继 α、β 射线以后的第三种原子核射线。γ 射线是比 X 射线波长更短、能量更高、穿透能力更强、对人体的破坏作用更大的一种射线,它能破坏人的造血功能、肠胃消化功能、大脑中枢神经系统功能,一旦辐射剂量过大(1500～5000 雷姆,相等于氢弹的辐射剂量),两天内人的死亡概率为 100%。γ 射线是光的最高能量形式,它的单位是电子伏特。可见光的能量大约是 3 电子伏特,γ 射线甚至可以达到可见光的数万亿倍。γ 射线有很高的穿透能量,可以穿透几厘米厚的铅板。

1967 年,美国发射维拉(Vela)系列人造卫星,目的是观察前苏联核弹爆炸发出的 γ(伽玛)射线。经过 1 年的观测,没有发现前苏联的核爆炸,却歪打正着地发现了太空中的 γ 射线暴。从此,天文学家们在观测星空的时候,经常注意到极其强大的"闪光"。这些短暂的爆发强度仅次于宇宙大爆炸,是正在进行的宇宙最大的爆炸,那就是 γ 射线暴。天文学家们使用各种手段观测这种 γ 射线暴,且几乎每天都能观察到。至今已经发现 3000 多个 γ 射线暴源。

2008 年美国宇航局发射费米 γ 射线空间望远镜以后,天文学家们对 γ 射线有了深刻的了解。

船帆座脉冲星是最强的 γ 射线源之一,还有一道高能粒子组成的喷流,而且是沿着脉冲星运动方向喷射。船帆座脉冲星离地球 800 光年,是超新星爆发后的产物,具有很强的磁场,自转每秒 10 次。发射费米 γ 射线空间望远镜以后,天文学家们发现船帆座脉冲星是最强的 γ 射线源之一。

南鱼座耀变体 PKS2155-304 也是一个 γ 射线源,当它 γ 射线爆发的时候,就成为最强大的 γ 射线暴。

γ射线暴(Gamma Ray Burst,缩写GRB)是宇宙中某一射线源γ射线突然增强的一种现象。有的γ射线暴一次爆发释放出的能量,相当于太阳1000亿年释放的能量,亮度达到太阳的100亿亿倍,甚至可以照亮整个宇宙,其持续时间只有50毫秒,仅次于宇宙大爆炸。

1997年12月14日,天文学家们观测到GRB971-214的γ射线暴,持续时间50秒,距离地球约120亿光年,爆发时的亮度相当整个宇宙那么亮,50秒释放的能量相等于银河系200年的总辐射量。1999年1月23日GRB990-123的γ射线暴,持续时间100秒,距离地球约102亿光年,其猛烈程度是GRB971-214的γ射线暴的10倍。这些γ射线暴被认为是太阳质量100倍左右的超新星爆发产生的。大质量恒星发生超新星爆发以后,它的星核的质量超过3.2倍太阳质量时(奥本海默极限),中子间的排斥力不能抵抗住引力的作用,就会发生中子收缩。收缩引力的大小与物质间的距离的平方成反比,越收缩距离越小引力越大,而且是成平方倍的增大,物质必然无限制坍缩下去。坍缩造成的后果是,黑洞产生了,γ射线暴也爆发了。GRB 080916Cγ射线暴就属于黑洞产生的那一类。据观测,γ射线暴爆发的时候,产生了巨大的喷流,喷出物质的速度高达99.99%光速(因为距离太阳122亿光年,观测到的喷射速度可能有些偏大)。

从钱德拉空间望远镜观测到的天鹰座超新星遗迹W49B,人们不但看到它红色的氢原子云、蓝色和绿色的高温气体,还观测到强大的X射线和更强的γ射线暴,1分钟之内γ射线暴流量达到1万个太阳亮度,使天文学家们确定γ射线暴与超新星有亲缘关系。超新星遗迹W49B的γ射线辐射集中在一个很小的角度范围内,而不是各个方向同性辐射。超新星遗迹W49B距离地球35000光年。这个数字很重要,因为γ射线暴如果离地球近,会破坏地球臭氧层,使地球的一些敏感生物灭绝。让人欣慰的是,没有比超新星遗迹W49B的γ暴源更近的了,我们的地球不曾受到γ射线暴的致命袭击。

然而,对地球γ射线袭击的隐患来自船底座η星(海山二星)。它位于赤经10时32分,赤纬-58^0(参考),星等5,肉眼可见,距离太阳7500光年,质量是太阳的120-150倍,亮度是太阳的400万倍。船底座η星已经演化成超新星,正以难以置信的速度消耗核燃料,内部温度不断上升,造成外部激烈的动荡,很有可能近100年内就会大爆发。船底座η星距离地球7500光年,它爆发的光线7500年才能到达地球。也许它已经爆发,其效能还没有到达地球。天文学家们认为,船底座η星的超新星爆发无疑会产生γ射线暴,对地球是一个灭顶之灾。未来的船底座 η 星 γ 射线暴如果袭击地球，2 秒钟就能结束，人类和动物很快就会死亡。但也不必恐慌，船底座 η 星也许 100 万年以后才会发生超新星爆发。

地球被未来的船底座 η 星 γ 射线袭击的可能性极小，γ 射线辐射集中在一个很小的角度范围内，而不是各个方向同性辐射。如果地球不在这个角度范围内，地球会安然无恙。

射手座 WR104 星（图 12-1）是一颗沃尔夫-拉叶星，距离地球 8000 光年，有一颗伴星，公转周期 220 天。主星和伴星的星风碰撞以后，形成一个 200 天文单位的"风车状螺旋"气流，把附近的尘埃弄得凌乱不堪。主星是一颗 O 型星，内部非常活跃，外部活动非常猖狂，喷射出大量物质和尘埃，阻挡了人们的观测。射手座 WR104 星已经发展成超新星，它的爆发迫在眉睫。有人认为 4000 年前它就已经爆发，强大的 γ 射线已经在半路了。观测表明，射手座 WR104 星的自转轴与地球的夹角只有 16 度（有的说 30 度）。大凡超新星爆发 γ 射线辐射正是从两极爆发，差不多正好对准地球，会对地球产生巨大影响。

图 12-1 射手座 WR104 星　　12-2 船底座 NGC3372 星云和大质量恒星

船底座 HD93129A 星的质量是太阳的 127 倍，列已知的巨大质量恒星第七名。巨大质量恒星 HD93129A 是一颗非常明亮的、年轻的蓝色超巨星，距离太阳 7500 光年。它诞生于船底座 NGC3372 大星云，那里是产生大质量恒星的场所，著名的船底座 η 星也诞生在那里。由于质量巨大，距离地球较近，它的超新星爆发产生的 γ 射线暴也可能影响地球。

γ 射线暴对地球的三大威胁就来自船底座 η 星、射手座 WR104 星和船底座 HD93129A 星。

观测表明，超过 2 秒的 γ 射线暴附近都有一个超新星爆发遗迹，所以超新

星爆发产生 γ 射线暴得到天文学家们的认可。

超大质量黑洞产生的强大喷流也伴随着 γ 射线,暗物质星系的碰撞也产生 γ 射线。这些 γ 射线源都是 2008 年 5 月发射的"γ 射线空间望远镜"的观测对象。

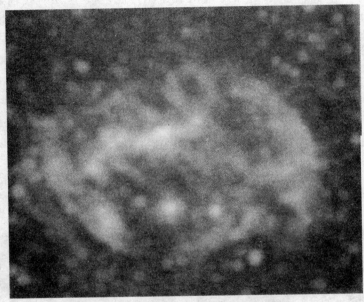

图 12-3　超新星 W49B 遗迹中的 γ 暴

两个白矮星相撞产生的 γ 射线暴

2005 年"雨燕卫星"发现的 GRB050509 的 γ 射线暴,持续时间 7 毫秒,爆发出 10 亿倍太阳的能量,距离太阳 27 亿光年。GRB050709 的 γ 射线暴,持续时间 100 毫秒,而且没有留下任何东西供以后研究,距离太阳 20 亿光年。这样的 γ 射线暴持续时间极短,只有几毫秒,中子坍缩不会在几毫秒内进行。这样的持续时间极短的 γ 射线暴不能用超新星的说法来解释。

γ 射线暴持续时间只有几毫秒,研究或观测它十分困难。但是,不论 1996 年意大利和荷兰发射的卫星,还是 2005 年"雨燕卫星",都能够测定 γ 射线暴的方位。果然,天文学家们发现了 γ 射线暴的"光学余辉"。光学余辉的发现使人们能够在 γ 射线暴发生后数月甚至数年的时间里对其进行持续观测。这大大推动了γ射线暴的研究。

天文学家们发现γ射线暴并不是只辐射γ射线,他们还观测到其他波段辐射,称其为γ射线暴的余辉,其中包括X射线余辉、光学余辉、射电余辉等。X射线余辉能够持续几个星期,光学余辉和射电余辉能持续几十个星期。

2006年哈佛—施密松天体物理中心公布超新星2006gz爆发是由两颗白矮星相撞造成的。这对白矮星是相互环绕的双星,它们不断靠近,最终发生碰撞。两颗白矮星都是致密天体,没有一点可塑性,大质量高速相撞,导致产生强大的γ射线暴。从光谱中知道,它的碳含量大得离奇,说明它们的致密核心之外产生了碳的包层,证明这是两个白矮星碰撞造成的,否则不会有碳包层(有的白矮星有氧包层)。γ射线暴是除宇宙大爆炸以外星空中最大的爆发奇迹,被认为是两个中子星的碰撞或黑洞吞噬中子星产生的。更让人震惊的是,哈勃空间望远镜拍摄的照片显示,碰撞星系NGC4038和NGC4039星系中心都有一大群中子星和黑洞。这两个星系正在碰撞,当碰撞传递到核心的时候,中心的中子星和黑洞必然并合,会发生强大的γ射线暴,γ射线有比可见光能量高1亿倍的能级。预计触角星系未来的γ射线暴,从地球上能看到它的闪光。这次闪光使触角星系上的外星人受到致命的威胁。70亿年以后,银河系与仙女座星系碰撞,中心的中子星和黑洞必然也要并合,也会发生强大的γ射线暴。

根据爱因斯坦的质量和能量关系方程:物质蕴藏的能量等于它的质量乘以光速的平方,其公式如下:

$$E(尔格) = m(克) \times c^2(厘米/秒)$$

把这个公式应用到γ射线暴物质蕴藏的能量E(尔格):m是太阳的质量,2×10^{33}克。c是光速,30万千米/秒,变成每秒厘米,再平方。计算结果显示,只要有3个太阳质量的物质瞬时转变成能量,就能提供我们观测到的γ射线暴的能量辐射。

脉冲星和强磁星的γ射线暴

1979年前后,人们发现了4个γ射线再现源,有一个γ射线源重复爆发,它们是SGR0526 – 66、SGR1806 – 20、SGR1900 + 14和SGR1627 – 41。其中,SGR1900 + 14在爆发的时候导致地球高层大气电离。超新星爆发后的星核黑

洞形成的 γ 射线暴理论在这里不适用了,星核不可能重复变成黑洞;中子星碰撞产生 γ 射线暴在这里也不适用了,中子星不可能在同一个位置多次碰撞。天文学家们发现了脉冲星模式:质量过大的恒星爆炸以后,星核的质量在 1.44 ~3.2 倍太阳质量之间将成为中子星,高速周期性震荡的中子星叫做脉冲星。脉冲星的质量有太阳那么大,它的大小只有 10 千米左右。它自转速度很快,一般一秒左右旋转一周,发现自转速度最快的每秒竟旋转 640 周。别看它只有 10 千米,一个 10 千米的大陀螺,质量有太阳那么大,高速旋转起来也让人惊奇。脉冲星有一个超级磁场,磁场强度竟是地球的几百万亿倍。

观测表明,有年轻的脉冲星,也有年老的脉冲星。年轻的脉冲星的辐射锥比较大,而年老的脉冲星有些周期没有脉冲辐射,形成零脉冲。脉冲星 PSR0031-07 的零脉冲状态占 50% ,脉冲星 PSR1944 + 17 在 200 个周期中,有 80 个周期是零脉冲。脉冲星的零脉冲现象无疑是死亡的前兆。

脉冲星的核能源已经耗尽,它仍然进行着脉冲辐射。它的能量是从哪里来的呢? 脉冲星自转速度很快,每秒旋转几十周,发现自转速度最快的每秒竟旋转 640 周,这表明它无疑蕴藏着巨大的转动能。转动能就是脉冲星脉冲辐射 γ 射线的能量来源,它辐射伽玛射线的寿命至少 1 万年。

美国宇航局新发射的"雨燕"卫星观测到了强磁星的 γ 射线暴。银河系人马星座 SGR1806-20 强磁星发生 γ 射线爆发,磁场强度 1000 万亿高斯(地球磁场强度为 1 高斯)。"雨燕"卫星 2006 年 7 月 29 日发现的 γ 射线暴持续了几周,可能就是强磁星发出的。

脉冲星和强磁星都有一个超级磁场,超级磁场产生 γ 射线暴的原理是怎样的,人们还在研究。

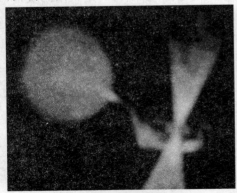

图 12-4　大质量黑洞的喷流

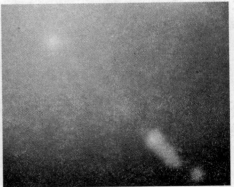

图 12-5　M87 星系的喷流

美国宇航局"费米γ射线空间望远镜"对4个极亮的γ射线源进行长时间观测表明,持续时间几秒到几十秒的γ射线暴,是大质量恒星超新星爆发以后坍缩形成的黑洞造成的。如果γ射线暴辐射的能量是全方位的,则它的能量相当于将几个太阳质量瞬时变成了能量;如果γ射线暴辐射的能量是以喷流的形式出现的,则γ射线暴释放的能量就大大减小了。

十三、太阳系的八大行星

水星，一半火焰一半冷酷

太阳系现今有八大行星，水星是离太阳最近的行星。从太阳发出一束光，以 30 万千米/秒的速度运行，193 秒到达水星，运行的路程 5800 万千米；水星的直径 4878 千米，比月亮稍大，是地球直径的 38%。水星的体积是地球的 5.62%，质量是地球的 0.05 倍。外貌如月，内部如铁。它的轨道是椭圆的，近日点与太阳的距离是 4600 万千米，远日点与太阳的距离为 7000 万千米。在八大行星中，它的偏心率最大，为 0.206，其密度是水的 5.6 倍。天文学家们测定，它的 2/3 的物质是铁和镍，质量为 3.33×10^{23} 千克。

从地球上看水星，因为水星离太阳很近，看到的只有一个微弱的小亮点。当水星运动到太阳的前面和身后，由于太阳非常明亮，我们看不到水星；当水星运动到太阳左右的时候，而且还要离太阳比较远的时候，我们才能看到它。水星和太阳之间的视角最大时只有 28 度，我们看到水星也只有两个小时，要么在早晨太阳还没有升起时，要么在太阳落下以后。

如果我们站在水星上看太阳，太阳的视直径在水星的近日点和远日点时有很大的不同。因此，水星在近日点时所接受的太阳的光和热，在同等情况下比在地球上接受的光和热大 11 倍。水星在远日点时所接受的光和热，也比在地球上接受太阳的光和热大 4.5 倍。

如果我们站在水星上看金星，金星的亮度是从地球上看到的 25 倍。从水星上看地球，地球是一颗蓝色星球，还能看到月亮。

我国对水星的记载最早是在春秋时代（公元前 770 年）的《诗经》中古希腊文学家托勒玫关于水星的记载是在公元前 221 年，这是西方人认为最早的记载。

1973 年 11 月 4 日，美国发射"水手 10 号"宇宙飞船，借助金星的引力使宇宙飞船加速,从金星5800千米高空飞过。"水手10号"宇宙飞船距离水星320千米,拍摄了一大批高清晰度的照片,拍摄到大约45%的水星表面,使人们看清了水星表面和月亮相似,也有大量的环形山和陨石坑。环形山比月亮上的要小,陨石坑比月亮上的要多。

图13-1 水星表面的环形山和陨石坑

水星的大气成分为42%的氦、42%的汽化钠和14%的氧,白天气温最高达到427℃,夜晚最低−173℃,真可谓一半火焰,一半冷酷。

在月亮上有一座环形山叫阿方索(Alphonse),这个环形山的中央有一个闪耀着光辉的山峰。在月亮的雨海附近,还有一个比较大的近期的环形山,叫阿里斯提吕斯(Aristillus),它的中央也有一座石头山峰。水星上的环形山中央,有石头山峰的也很多,也许这些被人们说成是"飞来峰"的石头山峰与陨石撞击有密切的关系。

人们对水星上的环形山进行了命名。国际天文学联合会是以中国的历史人物的名字,如伯牙、李白、白居易、董源、蔡琰、李清照、关汉卿、王蒙、曹雪芹、鲁迅等,来给15个环形山命的。

水星有盆地,有隆起的高原和陡峭的山峰。水星上没有水也没有风,山上的岩石也没有风化。因为没有大气对温度的调解,白天水星的表面温度高达400℃,锡和铅都熔化了。晚上降到-180℃,如果有氧气也得冻成冰块,昼夜温差近600℃,是太阳系行星中温差最大的。

水星的自转周期是58.65天,公转一周需要87.97天,这两种周期之比是2/3。水星上的一天相当于地球上的59天。水星是太阳系中运动最快的行星。

2004年8月2日发射的"信使"号水星探测器发现,水星极地的一些背阳区可能有水冰,那里温度极低,足以使水永远冻结。

金星与地球,相邻不相似

金星是一颗黄色行星,是除日、月以外,在地球上看到的最亮的星。金星亮度最大时可达到-4.4等,而最亮的恒星天狼星只有-1.6等。金星的直径是12150千米,比地球稍小。金星光辉灿烂,是人类首先注意到的行星。黑夜里,金星能使所照的地球物体产生阴影。在大气非常透明的地方,有时白天也能见到它。金星离太阳比较近,有时,太阳还没有升起,金星就升起来了,人们叫它"启明星",是光明的先驱者;有时,太阳落山以后,它才落山,人们叫它"昏星",有"司爱女神"的尊称。

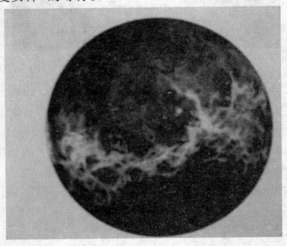

图13-2 光辉灿烂的金星

　　金星是太阳系里的第二颗行星,离太阳的平均距离为 10800 万千米,以每秒 35 千米的速度围绕太阳旋转。金星的轨道偏心率很小,几乎是圆形的,离太阳最大视角距不超过 48 度,围绕太阳旋转一周需要 225 天,自转一周需要 243 天,与地球自转方向相反,从金星上看,太阳从西方升起,从东方落下。金星在与地球的 584 天的会合周期里,向我们表现出一切可能的位相。

　　金星比地球更接近太阳,在金星上看到的太阳比在地球上看到的大 2 倍,它所接受的光和热也比地球多 2 倍。金星大气很浓密,太阳光斜射在金星的大气上,金星大气强烈地散射日光,使金星显得格外明亮。晚上,金星的上空没有月亮,最明亮的是地球,其亮度与地球上看到的金星差不多。从金星上也能看到我们的月亮,其大小只是一个点。

　　最近几十年,美国和前苏联发射十几艘宇宙飞船探测金星,它们近距离拍照,深入金星大气化验,在金星表面软着陆,使我们对金星有了更深刻的了解。1967 年 6 月 11 日发射的"金星 4 号"探测器,于 10 月 18 日从金星附近经过时,用降落伞向金星投放了一个装置,测得金星大气的压力是地球大气的 90 倍,大气密度是地球的 60 倍。金星大气的主要成分是二氧化碳,约占 90%(地球大气含二氧化碳 0.05%),氮占 7%,氧占 1.2%,水汽只占 0.4%。金星大气外围风力很大,风速达每小时 350 千米;而金星的表面风速却很低,风速只有每小时 3 千米。风速相差如此之大,风暴就不可避免了,出现闪电和雷暴也不足为奇。

　　金星大气中水汽只占 0.4%。专家们推算,如果把金星大气中的水汽全部凝结成水,在金星地表形成海洋,则金星海洋的深度为 3 厘米;如果把地球海洋的水在金星地表形成金星海洋,则金星海洋的深度为 3000 米。金星和地球在同一个时期、同一个星云中形成,直径又几乎相同,为什么地球上的水与金星上的水量有如此大的区别呢? 欧洲空间局的"金星快车"探测器也许能告诉我们。"金星快车"发现,金星底层大气中的氘(重氢)非常密集。它间接地告诉我们:金星表面曾经有大量的水,金星离太阳比地球更近,温度更高,太阳的强大紫外线将金星水汽分解形成氢和氧,氢很快逃逸到太空去了,氧气也跟着逃逸,氢的逃逸速度是氧的 2 倍,留下大量的氧和比较重的氢的同位素氘(重氢)。金星温度很高,氧气与别的物质氧化了,不容易逃逸的氢的同位素氘就聚集起来,所以金星底层大气中的氘(重氢)非常密集。

　　"金星快车"轨道周期为 24 小时,轨道高度为 250 千米到 66000 千米。当金星快车远离金星的时候,金星的引力减弱,太阳就会把它拉远。无奈,"金星快车"只好每45天"引擎"点火一次,2015年燃料就会耗尽。

金星大气90%以上是二氧化碳,还有一层厚达20千米的硫酸云,造成的温室效应在太阳系里仅次于甲烷。二氧化碳致使金星表面的温度达到475℃,而且还没有地区、季节、昼夜的差别,没有蓝天白云,天空是金黄色的,地面火山密布,火山数量超过10万座,不断挥发浓烟,到处是强烈的硫磺气味。在那里,所有生物都无法生存。金星到太阳的距离与地球到太阳的距离只差0.3天文单位,直径也非常相近,其物理特性就相差很远了。

金星表面温度475℃左右,连金属锡、铅、锌都熔化了。欧洲空间局的"金星快车"发现了年轻熔岩流,就是这些年轻的熔岩流将历年来陨石撞击金星形成的环形山抹平了。金星也有山脉、火山、高原、峡谷,最高的山10800米,比珠穆朗玛峰还高。那里酸雨不断,雷电频繁。这层就是金星的大气(二氧化碳含量90%),使我们用望远镜看不到金星表面。金星的质量是太阳质量的1/408522,是地球质量的0.81485倍。金星的密度是水的5.2倍,地球的密度是水的5.5倍,所以金星内部的结构应该与地球相似。

金星的外部环境与地球相差很远。金星没有磁场,太阳风对它的冲击入"金"三分。

 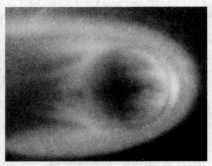

图13-3-1　金星山脉　　　　图13-3-2　金星受到太阳风的冲击

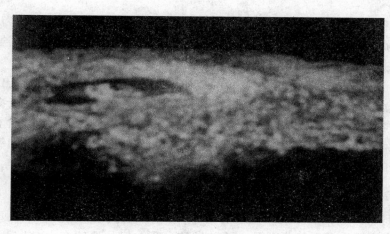

图 13-4　金星表面

金星表面散射日光的能力比月亮和水星强烈得多。换句话说,金星的反照率要比水星和月亮大得多。反照率是行星反射日光与接收日光的百分比。金星的反照率是 0.72,地球的反照率是 0.39,水星的反照率是 0.063,月亮的反照率是 0.07。金星是最亮的,月亮是最暗的。

人们对金星大气有很多疑问。金星和地球是近邻,又是同期形成的,金星大气含二氧化碳 90%,地球大气含二氧化碳 0.05%,为什么相差如此悬殊呢?我们知道,宇宙中的第一大元素是氢,第二大元素是氦,第三大元素是氧,第四大元素是氮,第五大元素是碳。有大量氢和氧的区域就有大量的水,有大量氧和碳的区域就有大量的二氧化碳。果然,金星大气二氧化碳含量占 90%,金星表面温度 475℃ 左右,金星的直径 12150 千米;地球大气二氧化碳含量占 0.05%,地球的平均气温是 14℃,地球的直径 12757 千米;火星大气二氧化碳含量占 95.3%,火星的平均温度是 −20℃,火星的直径 6760 千米。

金星与其他星球的比较:(1) 金星、地球和火星形成的时候,原始大气的成分大致是一样的,主要是由氢、氮、二氧化碳等组成的。金星、火星和地球都不能将较轻的气体吸引住,氢在 45 亿年以前就逃逸到太空去了。同时,氢又以化合物的形式储存在地壳内部,如水、硫化氢、氨、甲烷等。而土星和木星的大气是一样的,它们的大气的主要成分也是氢、氮以及甲烷(CH_4)和氨(NH_3)等。因为土星和木星的质量很大,氢不能逃逸,而且温度很低,所以土星和木星的表面覆盖着液态氢的海洋。这是金星不同于土星、木星的一大特点。(2) 金星和地球相比,地球有大量的水,使地球 78% 的表面积被水覆盖。地球的水从哪里来的呢? 英仙星座的一颗有大量水的恒星系统也许能告诉我们地球水的秘密(请看"地球的水从哪里来"一节)。地球上的海水吸收了大量的二氧化碳,现今海水所含的二氧化碳是大气所含的 60 倍,海洋中的二氧化碳大部分是雨水带进去的,这个过程金星没有。

(3) 在 40 亿年前,地球上出现叠层石细菌,它们吸收阳光,制造出氧气,氧与海水中的铁形成铁矿石,多余的氧释放到大气里。后来的绿色植物在阳光下吸收水和二氧化碳,制造出葡萄糖,放出氧气。从此,大气中出现了新产生的氧气。再生大气出现了,同时消耗了二氧化碳。10 亿年前,大气的氧气达到现今的规模,二氧化碳的含量也大量降低了。这个过程金星也没有。

$$6CO_2 + 6H_2O \xrightarrow[\text{绿色植物}]{\text{日光}} C_6H_{12}O_6 + 6O_2$$

(4) 岩石风化中的化学反应消耗了大量的二氧化碳,不论金星、火星还是地球,岩石风化是二氧化碳最主要的转移过程。但是地球有水,岩石风化得快,二氧化碳也转移得快;金星缺少水,岩石风化较慢,或正在进行中。所以金星和地球,相邻不相似。我们可以得出这样的结论:地球有自身消化二氧化碳的功能,尽管人类的活动产生了很多二氧化碳,二氧化碳在地球的增加十分微弱。而金星却不具备地球的这一特点。

此外,专家们认为地球大气二氧化碳含量约占 0.03% ~ 0.05%,地球的平均气温是 14℃,如果地球上没有二氧化碳,地球的温度将是 -16 度,从古代就不会有生物,二氧化碳不是大敌。如果地球二氧化碳大增,地球平均气温也会大增,使大量的永久冻土层解冻,释放出大量甲烷,甲烷和乙烷的温室效应是二氧化碳的 10 倍,温室效应加剧,冰川融化,极区冰融合,海平面上升 70 米,地球的灾难就到来了。

蓝色气团包裹着的地球

太阳系的八大行星、一百多个卫星和亚行星,只有地球生机盎然。天文学家们观测了 300 多颗太阳系以外的行星,没有一个是有外星人的,没有一个是有大量液态水的,没有一个是平均温度在 14 度左右。地球是宇宙大沙漠中的绿洲,地球在星空中奇异超群。

地球是太阳系里唯一有人类的行星,被誉为"生命的摇篮",是一个蓝色气团包裹着的摇篮,直径 12757 千米,是太阳直径的 1/109。地球的质量为 5.976×10^{24} 千克,地球最高的地方是珠穆朗玛峰,海拔 8848.13 米。最深的海沟为马里亚纳海沟,深 11033 米。赤道周长 40075.24 千米,所以说"坐地日行 8 万里"。子午线周长 40008.08 千米,表面积 5.1×10^8 平方千米,体积 1.083×10^{12} 立方千米。

地球被太阳的引力控制在椭圆形轨道上。地球是天上的一颗星,它围着太阳公转,每旋转一圈需要一年,即 365.25 天。太阳与地球之间的平均距离是 1.49 亿千米,一年内地球围绕太阳转了一个 9.4 亿千米的大圆周,平均每天要走 257 万千米,每小时要走 10.7 万千米,一秒钟要走 30 千米,是火车速度的 1000 倍,是炮弹速度的 30 倍。地球围绕太阳旋转的轨道叫"地球轨道"。

如果我们站在地球轨道附近,就会发现我们的前方有一个蓝色的行星,滚动着向我们飞驰而来,这个蓝色的行星就是地球。这个行星不断向我们靠拢,视直径不断增大,不久,这个庞大的行星就盖住了整个天空。然后,又向它的前方飞驰而去,视直径不断减小,消失在茫茫的太空深处。这一切,既没有摩擦、没有震动,也没有声音,是静悄悄的,一个直径 12757 千米的大球,以炮弹速度的 30 倍从我们身边风驰电掣般地飞过,这是多么壮观啊! 然而,我们就在它上面,跟我们一起的大气、白云、高山、海洋以及我们身边的一切,都参加了这种运动:比炮弹快 30 倍的运动。

图 13-5 地球

地球自转一周需要一天(即 86164 秒),围绕太阳公转一周 365 天 5 小时 48 分 46 秒。地球的自转轴是倾斜的,自转轴与黄道面之间的夹角是 66 度 33 分。而且地球的每时每刻都保持着它的自转轴平行运动的特点。

北极星处在地球自转轴的延长线附近,地球沿顺时针方向自转,天上的星就像围绕北极星逆时针运转一样。北极星是小熊星座 α 星(中文名勾陈一),号称群星之首,好像天空中所有的星都围绕着它,只有它固定在北天不动。其实,北天没有一颗肉眼可见的星围绕北极星旋转。人类只要看到北极星,就能辨别方向。北极星不是静止不动的,它也在变迁——

公元前 2700 年,北极星是天龙座 α 星,星等 3.6。现在的这颗北极星是小熊星座 α 星,亮度为 2.02 等,它已经享有 1000 多年的北极星盛名,而且还能保留到公元 3500 年。公元 3500 年以后,北天极将接近仙王座 γ 星,亮度为 3 等星。公元 7400 年,北极星将被天鹅座 α 星取代,亮度为一等星。公元 13600 年,北天极将要遇到最耀眼的北极星,是天琴座的织女星,它是全天第五亮星。至少 3000 年,织女星充当我们后代的北极星。

北极星为什么变迁呢? 这是由于地球北天极附近的恒星自行的结果,其次是地球自转轴周期性摆动造成的。地球自转轴摆动周期大约是 26000 年。

地球的北极星前赴后继,各个都很明亮;地球的南天极却空空如也,没有一颗肉眼可见的南极星(请看"全天 100 颗亮星颗颗有特色"章节)。

地球上的水从哪里来

地球有大量的液态水,使地球 78% 的表面被水覆盖,地球平均密度5.515克/立方厘米。地球的水从哪里来的呢? 有人说是从地球内部冒出来的,有人说是彗星带来的,还有人说是一个水星系统撞击而成的。这个问题天文学家们没有一致的见解。

太阳系是在一个旋转着的"拉普拉斯星云"中形成的,星云的气体是由氢、氦、水汽和尘埃组成的。这个气体尘埃云是上一批恒星制造出来的,它在旋转的过程中,中心部分体积不断缩小,密度不断增加,压力不断增大,产生氢的核聚变,最终形成了太阳。气体尘埃云的外层,人们称它为"原始行星盘",在旋转的过程中,形成许多互相扰动的旋涡。"拉普拉斯星云"在收缩的过程中,星云中大量的水倾泻在原始行星盘上,大约经过 4 亿年的演化,靠近太阳的水星、金星温度高达 400 度,由于太热不能凝结成海洋;而火星的直径 6760 千米,质量只有地球的 11%,引力不大,"搜集"的水只有地球上的一个海;月亮的直径 3473 千米,被称誉"老干松";木星的质量是地球的 318 倍,土星的质量是地球的 95 倍,液态氢海洋下面是水的海洋;天王星的质量是地球的 15 倍,有 8000 米深的大海;海王星的质量是地球的 17 倍,浓密大气下面也是水的冰;"拉普拉斯星云"边缘,离太阳 30 万至 10 万天文单位处的柯伊伯带和奥尔特云,没有发现大型行星,那里的水汽形成数以亿计的冰彗星和冰雪球。地球和各大行星上的水是"拉普拉斯星云"中的水汽形成的。

太阳系形成初期,它周围的行星、卫星、小行星、彗星、陨星布局非常紊乱,相互碰撞不可避免。一大批彗星携带大量水分和尘埃,向水星、金星、地球、火星猛烈轰击,这就是被天文学家们命名的"重轰炸期"。"重轰炸期"一直延续了 5000 万年,至今仍然有带水彗星光顾地球,地球的水分还在增加。"重轰炸期"使水星、金星、地球、火星得到大量水分。当时的太阳比较活跃,它强大的星风,把靠近太阳的水星、金星上的易挥发的水分吹走,吹到 2 亿千米远的地带,正巧我们的地球就在那里,地球轨道上的水统统被地球收入囊中。地球的位置绝佳,形成平均 1000 米深的大洋。火星洪水大爆发,形成几千米宽的大江大河,几百千米直径的湖泊。但是火星的直径只有 6760 千米,是地球直径的 53%,火星的质量只有地球的 11%,不能使水长久地留在火星表面,大部分蒸发到了太空,一部分转移到了地下和极地。

根据天文学家波特的计算,目前地球 24 小时内陨落的流星总共有 2000 万颗,全年 73 亿颗,20% 是冰彗星和冰雪球。1981 年到 1986 年人造卫星观测到的数据显示,每 5 分钟就有 20 颗含有 100 吨水的"陨冰"陨落在地球大气中,"陨冰"与大气摩擦形成水蒸气,遇冷形成雨雪落在地球表面,每年给地球增加 10 亿吨水。地球已经 46 亿年了,这样计算下去,地球会得到 460 亿亿吨水,相当于 5 个太平洋的水。这些"陨冰"就是太阳系原始星云中的水"倾泻"到地球上来的。

太阳系有这么多冰彗星和冰雪球吗?地球和月亮是近邻,怎么冰彗星和冰雪球没有落在月亮上形成海洋呢?

在离太阳 30~1000 天文单位附近,发现很多 100 千米以上的彗星。它们都围绕太阳运行,称为柯伊伯带。在 3 万至 10 万天文单位处,发现无数颗彗星包围着太阳系,天文学家们把这里称为奥尔特云,它们的质量至少有 40~50 个地球质量,约 20% 是"冰天体"。它们之间相互影响,受太阳的引力向内太阳系运动,再受各大行星的摄动,一部分进入地球轨道,陨落在地球上。

月亮是地球的第八大洲,它应得的冰彗星和冰雪球被地球夺去。月亮的质量很小,逃逸速度很低,彗星撞击的残骸几乎全部抛回到太空,一小部分冰彗星和冰雪球形成的水只有一个湖,约100亿吨,大部分转移到南、北极。因为月球白天的温度高达127℃,夜间的温度只有－183℃,而南、北极地区太阳照射到月面的光线与水平面的夹角只有2度,那里有大片太阳永远照不到的地方,是储藏水的最佳区域。那里的水从哪里来?月球探测者号首席分析家艾伦·宾德博士认为:"几十亿年里,冰彗星和冰陨石撞击月球时,把水的一小部分留在了月球上。"

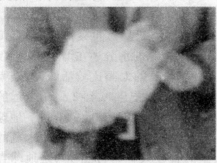

图13-6-1　2008年4月13日坠落
在浙江余姚的陨冰

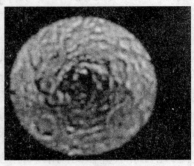

图13-6-2　月球南极照片

地球地下水也是太阳系的原始星云遗留下来的。火山喷发夹杂着大量水蒸气,美国阿拉斯加"万烟谷火山"每年喷出水蒸气6600万吨,说明地下深层也有非常丰富的水。科学家们估计,地幔中的含水量(有人说是地下水)与地表的水相当,这就意味着地球质量的0.06%是水,比人们估计的5%小了许多。

那么,"拉普拉斯星云"中的水汽又是从哪里来的呢?宇宙大爆炸产生的化学元素只有氢、氦和锂,约96%的氢、4%的氦、极少的锂。直至现在,宇宙仍然充满了大量的氢,"拉普拉斯星云"中也有大量的氢是不足为奇的。宇宙中质量为0.8~30倍太阳质量的恒星数量大得惊人,恒星中心的核反应产生比氦重的元素有碳、氮、氧、镁、铝、硅、磷、硫、钙、钛、铁等,在银河系里氧的含量是碳含量的2倍,有大量的氢和氧的星云不会缺少水,三叶星云、蝴蝶星云、巨蛇座M16星云都充满氢和氧。观测表明,蜘蛛星云、麒麟座玫瑰星云、行星状星云M27、船底座星云、人马座RCW49星云、弥漫星云NGC604等,没有一片星云缺少氢和氧的,"拉普拉斯星云"也不会例外。"拉普拉斯星云"收缩的时候,水倾泻到行星表面,太阳系形成了一个富含水的世界。

图 13-7 蜘蛛星云剑鱼 30

图 13-8 麒麟座 NGC2237

图 13-9 行星状星云 M27

图 13-10 船底座
NGC3372 星云

图 13-11 人马座
RCW49 星云

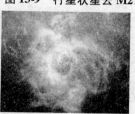

图 13-12 弥漫星云
NGC604

观测一些恒星系统,也能证明行星上的水是星云中的水汽形成的。最近,斯必泽红外空间望远镜在英仙星座发现的一颗有大量水的恒星系统,也许能告诉我们地球水的秘密。英仙座有一颗正在形成的恒星,恒星胚胎的外部包层正在向恒星中心凋落,它周围的星云正在收缩,是一颗最年轻的"胚胎恒星",距离太阳 1000 光年。它的行星盘正在从周围星云中聚集物质,星云里大量的水汽在收缩的过程中一股脑儿地倾泻到行星盘上,其质量足有 5 倍地球上的水。这个恒星系统被命名为 NGC1333-IRAS4B。观测了英仙座的恒星系统,证明行星盘上的水是星云的水汽凝结而成的,太阳系的水也许与它相似。

欧洲空间局赫歇尔空间天文台 2001 年观测发现,恒星 IRC + 10216 被水蒸气云覆盖,温度高达 800℃,水蒸气云中还有大量的尘埃。天文学家们认为,恒星 IRC + 10216 的水蒸气 800℃不可能来自冰彗星和冰雪球等"冰天体"。观测表明,恒星 IRC + 10216 是一颗红巨星,红外波段非常明亮,因为被水蒸气和尘埃包裹,恒星辐射的可见光被尘埃吸收,再以红外辐射发射出来,水蒸气和尘埃来自更靠近恒星的区域。天文学家们认为,靠近恒星区域的紫外线非常强烈,是紫外线将尘埃中的一氧化碳、一氧化硅等物质分解,释放出氧原子,与氢原子化合形成水。

地球的自转在减慢

地球的自转在减慢,这是不以人们的意志为转移的。月亮不是已经停止自转了吗!水星、金星不是就要停止自转了吗!1995年岁末时刻,国际时间系统组织把时间增加1秒,叫做"跳秒",就是因为地球自转减慢造成的。地球终有一天也会停止自转。但是,请大家放心,地球自转减慢的速度是每个世纪比前一个世纪延长1/700秒。地球自转减慢的速度是每个世纪(100年)0.00143秒,微不足道。尽管如此,这样计算下去,地球在60亿年以后就会停止自转。2008年岁末时刻,国际时间系统组织又把时间增加1秒,是地球自转速度迅速减慢了,还是周期性减慢了?

科学家通过珊瑚壳上长出的碳酸钙条带得知:在5.7亿年以前的寒武纪,即最古老的化石时代,地球一昼夜只有20.47小时,每年有428天;在5亿年前的奥陶纪早期,每天有21.4小时,每年有409天;在3.7亿年前的泥盆纪中期,每天有22小时,每年有398天左右;而在3.2亿年前的石炭纪,每年有387天。由这些观察到的数据,我们可估计出地球的自转周期每一百年约增加0.00164秒,即每10万年增加1.64秒,与上述估算的0.00143秒几乎相同。

当地球不再自转的时候,太阳也已经进入晚年,太阳的温度不断地、缓慢地升高,它的体积也迅速地膨胀。地球向阳的那面被阳光烤得火热,天空中充满了灼热的空气。那里的海洋干涸了,形成大片大片的盐滩。那里的大山被热空气风化了,形成无数的沙丘。那里的湖泊、河流、植物、动物也都消失了。地球背阳的一面,寒冷到－180度,地面上覆盖着钾、钠雪花。那里是死气沉沉的、极其寒冷的、永久的黑夜。月亮也离地球而去了,地球成了蛮荒的世界。在那灼热的白昼和寒冷的黑夜过渡区,有一条微明带,那就是我们居住的地方。那里有小型的湖泊,不太长的河流,不充裕的地下水,这就是我们的水源。就是这些可怜的水,也被自然污染,使用时也要过滤、消毒。在那微明带的地方,有铁红色的土壤,有被风化的丘陵。在那里,气候非常恶劣,灼热的大风、冰冷的寒风交替地刮来刮去。气温的变化非常剧烈,乌云滚滚,却很少下雨,是飓风为微明带带来热量,是飓风把微明带变得凉爽。磁暴、闪电在天空中经常出现。人们建了硅材料的钢筋大棚,种植植物和养育动物。山洞里和蜗牛城里,布满了居民区、工厂、农场、管理机关……幸运的是,在那里有充足的原子能源,用这些能源提供动力,给植物照明、生产二氧化碳,帮助植物进行光合作用,生产粮食以及人们的生活必需品……地球的人口最高时达到 100 多亿,如今只有几千万了。地球病入膏肓,人民灾难深重,不寻找新的居住地,就只有死路一条。幸好我们还有一颗火星,是地球的第九大州,它还可以让我们居住至少 1 亿年……

现在,我们的地球还很年轻,谈论它悲伤的晚年不合时宜。但是,地球总有一天要进入晚年,直至灭亡,这是不以人们的意志为转移的客观规律,不论我们多么爱它。现在,金星不是停止自转了吗(金星围绕太阳旋转一周需要 225 天,自转一周需要 243 天)!月亮不是也停止自转了吗!水星不是也要停止自转吗(水星绕太阳公转 2 周,它自转了 3 周)!

现在,我们的地球还很年轻,只有 46 亿岁,好像是一位身强力壮的年轻人。再过 60 亿年,地球就 106 亿岁了,就会像一位骨瘦如柴的老头儿了。

地球的自转为什么会减慢呢?

是月亮和太阳引力所形成的潮汐力,以及地球内部物质的流动,使地球自转速度减慢。从质量上讲,太阳的引潮力是月亮的 2700 万倍;从距离上讲,月亮的引潮力是太阳的 5900 万倍。对地球来讲,月亮的引潮力是太阳的 2 倍左右。当太阳、月亮和地球在一条直线的时候,引潮力最大。

可以看出,太阳、月亮和地球周期性地在一条直线上,太阳、月亮对地球的引潮力也是周期性变化的,地球的自转速度也就不断变化了。地球的自转速度突然减慢,地球表面的海水就会由西往东窜动,表面温度较高的海水比底层温度较低的海水窜动快得多,导致东太平洋海域(如厄瓜多尔、秘鲁附近)海水温度升高,那里的气温也随着升高,热气团把雨水带到那里,造成洪涝灾害。而太平洋西海岸海域附近(如 1976 年我国东北、朝鲜、日本),夏季低温,农作物大量减产。这种气候现象就是人们常说的"厄尔尼诺现象"。"厄尔尼诺现象"一般发生在地球自转急剧减慢的第二年。一些著名科学家不是这样解释的。他们认为,是全球气温变暖、西风带的加强、安第斯山脉的阻挡造成了"厄尔尼诺现象"。

1992 年,"伽利略行星探测器"离地球 620 万千米处为地球和月亮拍了合影。人们夸耀这张照片"酷似双行星",被誉为 20 世纪最佳天体照片之一。

图 13-13　地球和月亮的合影　　　　图 13-14　罗赛塔飞行器拍摄的地球

月亮与地球如此靠近,只有 38.44 万千米。月亮没有自转了,我们可以利用月亮的这一特点建立"月球基地"。月球北极附近,有一大片区域永远被太阳照射,温度达 100 多度,那里还有比较深的陨石坑,如 Plaskett 陨石坑,底部永远不被太阳照射,可能有冰冻水;未来的月球基地,利用阳光 24 小时发电,利用电能制造饮用水、电解水的氧气制造空气。氢气是火箭燃料。

人们从来没有见过新月般的地球。欧空局探测彗星的"罗赛塔"太空飞行器在遥远的区域拍摄了地球的图像,人们这才看到了新月般的地球。如果在太空中看到一颗月牙般的蓝色星球,人们也许会认为是一位宇宙来客。其实,那就是地球,我们自己的家园。

木卫一距离木星 42.16 万千米,木卫二距离木星 67.1 万千米,木卫三距离木星 107 万千米,海卫一距离海王星 35.4 万千米。它们都没有自转了。地球距离太阳 1.49 亿千米,1 天文单位,质量也比上述卫星大得多。地球近几十亿年不会停止自转。

看月亮好似给地球照镜子

月球表面布满了环形山、小坑穴、大圆场。阿方索(Alphonse)环形山的中央有一个山峰。这座山峰好像是从天而降的,把月亮表面"砸"出一个环形山。如果这座山峰是一颗陨石,当它撞击在月亮上的时候,它没有像人们想象的那样"产生 6000 多度的高温以后化成灰烬"。1972 年美国的一次登月,地质学家发现附近有一块巨大岩石,岩石的大部分已经陷入月面,巨岩的四周是盆地,这也是环形山中央的山峰。

图 13-15 美国登月探环形山

哥白尼(Copernic)环形山是一座少年期环形山的代表,直径 93 千米。在它的 200 千米附近有众多的、有方向性的、似乎被石块冲击而成的孔穴。这些孔穴与裂缝都是从哥白尼环形山中心射出的,形成于 8 亿年前。哥白尼环形山的底部,是一个保存得非常完整的圆形底部,好像一块陨石撞击以后反弹出来的圆弧。

人们通常认可哥白尼环形山是陨星撞击而成的:一块直径 50 千米左右的陨星,以每秒 15 千米的速度撞在月球上,这个陨星巨大的动能立即变成热能,形成 6000 多度的高温,部分陨星立即熔化蒸发,产生名副其实的大爆炸,月面被炸成直径 93 千米的大坑。坑内的物质被抛出来,溅落在坑的边缘上,形成陡峭的环形的墙垣,围住这个坑穴。经过计算,墙垣部分的体积与大坑穴的体积近似相等。撞击以后的环形山慢慢冷却、收缩,使本已松散的附近的月面岩石形成裂缝。

图 13-16　哥白尼环形山

此外，月面上的陨石坑还有直径 125 千米的莱文胡克、直径 143 千米的安东尼亚迪、直径 208 千米奥本海默、直径 222 千米的加洛伊斯等。

克拉维斯（Clavius）环形山直径 225 千米。它不是月面上最大的环形山，已经被侵蚀，只能看见四周墙壁的轮廓，其余似乎全部陷落了，形成大圆场，在大圆场中有一些幼年的环形山和坑穴。

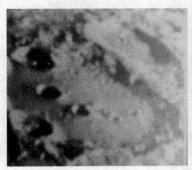

图 13-17　克拉维斯环形山

图 13-18　亮背面照片

大型环形山还有 287 千米的 J.S 贝利、437 千米的科罗列夫、537 千米的阿波罗等等。

看过月亮的环形山、陨石坑、小坑穴，可能会得出以下结论：

（1）月亮上的环形山有古老的环形山，也有幼年的环形山，还有最近的小坑穴。它们是不同时期被陨石撞击而成的。

（2）有些环形山中心有一座大的山峰或一块巨大的岩石，它的颜色有时与附近山的颜色不同，似乎是"飞来峰"。

（3）月亮早已没有自转了，它的正面对着我们，我们看到的环形山和陨石坑都面向地球，陨石从地球方向而来，有可能被地球挡住或吸引，所以认为月亮的背面的环形山和陨石坑要比正面多。

（4）地球与月亮紧邻，地球上也一定有这样的环形山与陨星坑。但是，月亮与地球的表面状况是不一样的，地球的表面有水、有大气、有氧气，这是加速腐蚀和覆盖地面的主要因素。而月亮上没有水，没有大气，能抵御环形山毁坏的程度。地球上也有较大的陨石坑，它们是较大的陨石不能完全被地球大气烧毁，落在地球上形成的。美国的亚利桑那州陨石坑，直径 1200 米。如果这块陨石撞在月亮上，这个数字还会更大。美国的陨石坑墙垣比坑底高 40 米，坑的底部有陨星的铁质碎块。地球大约每 200 年遭遇一次 1000 米以下的陨星的轰击。但是，它们大都落在海洋里，更容易被销毁、被覆盖。

图 13-19　美国亚利桑那州陨石坑

（5）1974 年"水手十号"探测器拍摄的水星的彩色照片上有很多环形山和陨石坑，中心有石头山峰的环形山，水星上也存在。同样，火星上也有环形山存在。不难推测，地球也一定被大陨星轰击过。

（6）像造成直径 85 千米的哥白尼环形山或造成 225 千米的克拉维斯环形山的大陨石，一旦撞在地球上，将是一场巨大的灾难。但是，请不要担心，天文学家对地球轨道附近的小行星了如指掌，在 100 年之内，不会有破坏性的小行星撞击地球。

（7）月球上 85 千米以上的环形山至少有 110 个，有老的 225 千米大的克拉维斯环形山，有直径 225 千米的格利马第（Grimaldi）环形山，有直径 235 千米的达斯兰德斯（Deslandres）环形山，有 437 千米的科罗列夫环形山，有 537 千米的阿波罗环形山，还有 93 千米的少年期的哥白尼环形山。这样大的环形山很不容易被全部覆盖，不论多老，都会存在痕迹。月亮的年龄 46 亿年，除以 110 个环形山，等于 4200 万年。也就是说，月亮上每 4200 万年就出现一个直径 85 千米以上的环形山，或者说，月亮上每 4200 万年就有一个直径 50 千米以上的陨星撞击月球，小一点的陨石撞击就更不计其数了。自从有了月球照片以来，还没有发现一张新近的照片比过去的照片多了一个陨石坑。

我们已经习惯于月亮是一个静悄悄的圆轮的思维。在这片净土上，有安静的玉兔，有静谧的月桂树，多么安详平静。其实，月球处处有风险，因为它没有大气，每时每刻都在被陨石轰击。1999 年 11 月 18 日（仙女座流星雨爆发期），国际掩星协会会长 David Dunham 主导的观测中，一天就发现 6 次月面闪光，这无疑是陨石撞击月面造成的。根据每一次撞击的闪光，可推算出陨石质量约有 100 千克，撞击速度 25 千米/秒，陨石坑 1000 米，1000 千米的陨石坑地球上仍然不能分辨。这样的小陨石，高速撞击，月面闪光，瞬时高温，沙石飞扬，比地球上的雷电惊险百倍。

我们知道撞击月球的陨石都大于第三宇宙速度 16.7 千米/秒。月球的质量与地球相比相差很远，月球表面的逃逸速度也很低，只有 2.38 千米/秒，或者说高速陨石撞击月球飞起的沙石只要速度超过 2.38 千米/秒就会脱离月球，其中一小部分飞向地球，块儿小的在地球大气中烧毁，块儿大的隆隆地陨落在地球上，这就是月球陨石。

如何知道哪些是月球陨石，哪些是小行星带陨石或火星陨石呢？这个问题困惑了天文学家们多年。后来，美国"阿波罗"六次登月带回月岩 382 千克，俄罗斯"月球号"无人飞行器三次带回月岩 300 克。用这些样品进行比对，从南极冰山和地球大沙漠里找到的月球陨石就一目了然了。为了鼓励找到更多的月球陨石，国际上允许私人收藏月球陨石，而且已经有一个从沙漠找到的月岩收藏先例，其价格是黄金的几万倍。这样的岩石在月球上就一文不值。

地球和月亮处在相同位置，地球也一定被大陨星和小陨石轰击过，只是被地球复杂的气候环境掩盖了。难怪天文学家们说，我们看到的月亮，就是给地球的过去照镜子。

月球有座大金库

前面说过,月亮是地球的第八大洲,早就不是仅给人们照明的、被人们欣赏的那个大月亮了。它蕴藏的宝藏不是月岩,是珍贵的氦-3。氦-3 是氦的同位素,是干净的核聚变发电燃料,没有放射性。氦-3 来源于太阳风,太阳风的90% 是氢质子,7% 的氦粒子正是氦-3。如果宇航员在月亮上闭上眼睛,就会感受到太阳风,太阳风粒子与眼睛中的水发生作用,出现温度很低的闪光,时间长了对眼睛有伤害。在地球上,人的眼睛感受不到太阳风粒子,因为地球有磁场有大气。

氦-3 存在于月球表面的土壤中,容易开采,蕴藏量约 500 万吨。因为地球有大气,有磁场,地球上的氦-3 只有 50 吨,很分散,不能开采。如果能从月球上开采 100 万吨,可供地球人类用电 2 万年。月亮最大的功劳可不是储藏了氦-3,而是月亮帮助地球稳定了自转轴的倾角,使地球不会发生极端气候变化。

地球上的石油、天然气、煤等资源 100 年之内就会用完。这些资源还没有用完,地球就被严重污染了,寻找新能源迫在眉睫。可以想象,不久的将来,美国的月球基地内,一大批"机器人团队"将歇斯底里地开采氦-3,经过冶炼、分离、气体液化等程序,最后用航天飞机运回地球。科学家们估计,开采一吨氦-3 的成本为 2 亿美元,运输费用 5000 万美元(小数字,坐航天飞机到地球大气外层转一次也要 5000 万元),与石油和发电量相比,每吨氦-3 价值 100 亿美元(每吨黄金价值约 0.3 亿美圆,月亮是座超级金矿)。经济学人与诗人的观点不同,没有心思作诗咏歌,他们只关心"牛肉在哪里"。

"机器人团队"在月球上开采氦-3 是最佳的选择,它们不开工资不闹工潮,勤勤恳恳任劳任怨,不怕恶劣环境不讲人权,每天工作 720 小时(月亮的一天是地球的 30 天)也没怨言。它只需要电能和程序,自身电力不足时,自己跑到太阳能插座上充电,出了工伤事故只换零件,身体老化也不要养老金……是非常便宜的职工队伍。

天文学家李启斌先生曾说:"越没用的学问越受人欢迎。"人们认为天文学就是"没用的学问",但天文学能使人们产生创作灵感和得到启发。如果把太阳和月球也划入天文学的范畴,这回可找到了"天文学是有用的学问"的例子了。对太阳的研究是另外一个例子:太阳由气体组成,它内部的密度有 110 倍水的密度,中心压力几百亿大气压,中心温度 1500 万度。约占太阳直径 12%的中心部分,温度最高,压力最大,4 个氢原子核变成 1 个氦原子核的反应进行得很顺利,使太阳每秒施放出 9×10^{25} 卡(9 后面有 25 个零)的热量。太阳如此伟大的创举,使天文学家们有了创造灵感,决定在法国建造一座小太阳发电厂,利用氢元素为燃料(地球上的氢取之不尽用之不竭),由中国、法国、日本等国提供资金。小太阳发电试验厂可能 20 年以后建设成功。

不久,月球会成为各国竞争的中心,中国的"嫦娥一号"绕月飞行成功,美国的"猎户座号"登月飞船 2020 年登月,俄罗斯的载人飞船 2025 年登月,印度的"初航一号"为 2010 年无人登月铺路,德国将在 2013 年发射月球轨道器,韩国 2025 年发射月球着陆器,英国的月光计划寻找人类居住的地方,欧洲空间局 2020 年完成月球基地建设,日本的"月女神号"已经发射成功,2012 年机器人装置将在月球上着陆……各国都在积极探月,以后的竞争会很激烈。如果把月球比喻成一朵鲜花,一大群蜜蜂正在嗡嗡地围绕它飞行,都想吸吮一口甜滋滋的蜜。

联合国通过的《月球协定》规定,月球是全人类的共同财富。

撞在地球上的流星

一颗遥远的星好像离开了天空坠落下来,它划破夜空消失在大气中。其实,我们肉眼看到的天上的星,只有几颗是行星,其余都是恒星,它们永远也掉不下来。从天空坠落下来的是在天空中飞行的沉重的石头或铁块儿。大的我们叫它陨星、小行星,小的叫它流星,在进入大气时因摩擦生热而发光。这些陨星和流星在陨落以前,肉眼是看不见的,甚至用望远镜也看不见。根据天文学家波特的计算,在 24 小时内,整个地球上肉眼可看见的陨落的流星总共有2000 万颗,全年 73 亿颗,20% 是冰彗星和冰雪球。1981 年到 1986 年,人造卫星观测到的数据显示,每 5 分钟就有 20 颗含有 100 吨水的"陨冰"陨落在地球大气中。"陨冰"形成水蒸气,遇冷形成雨,落在地球表面,每年给地球增加 10 亿吨水。地球已经 46 亿年了,地球会得到 460 亿亿吨水,相当于 5 个太平洋的水。明亮到一等星(如织女、五车二)左右的流星,每天出现也有 30 万颗之多。火流星出现在 80～140 千米的高度,经过的路径约 60～300 千米,发光期

2~5 秒。这些数字是平均数字，流星的体积越大，发光度越高，经过的路径越长，发光时间也越长，甚至达到地面时才熄灭。有些流星的发光期过后，它的余迹久久不能消失，在大气的扰动下形成各种造型。

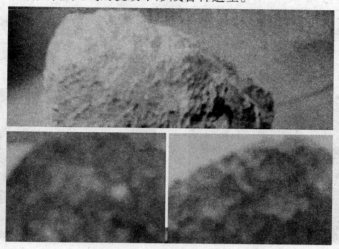

图13-20 陨石

特大流星是非常罕见的。1908 年 6 月 30 日，一颗大陨星坠落在西伯利亚中部的通古斯森林里，看到的人们都吓呆了，以为天塌下来了。巨大的闪光过后，就是剧烈的爆炸声。这颗陨星进入大气以后就变成了碎块儿。在地面上直径 60 千米的范围内，树林被爆炸的风暴刮倒焚烧，在 3 千米的范围内有 200 多处 1~50 米的坑穴，但不久就被水淹没了。库里克（Kulik）教授估计，这颗陨星降落的总质量有 4000 万千克之多。如果它陨落在大城市，整个城市可能会完全被毁灭。1933 年 3 月 24 日 5 点钟，一颗特大流星伴随着震耳的雷声从东到西经过美国的南部。这颗流星已经分裂成两块儿，有很亮的球状气团包围着，直径约为 10 千米，离地面 40 千米，比月亮的视直径大 30 倍，运行速度每秒 30 千米，尾巴长达 300 千米，1.5 小时内都是明亮的，在它的行程中有石块坠落。

在中国新疆北部（北纬 47 度，东经 88 度）有一块很大的陨铁，重约 2 万公斤，体积有 2.77 立方米。

墨西哥巴库维里托的陨石重 2.7 万公斤。

非洲南部的大陨铁有 6 万公斤以上。这是人们所看到的最大的陨铁。

美国亚利桑那州有一个大陨石坑，直径 1265 米，坑底到墙垣高 40 米，是一块大陨铁撞击而成的。它的周围有很多的碎片,最大的一块 4 吨,化验的结果主要成分是铁,其次是 7.3% 的镍。陨星的主要部分在陨落时就陷进土层里,深度达到 210 米,总重量有 100 万吨。再过几千年,这个大陨石坑就会自然填平消失,就像古代的陨石坑消失一样。

1991 年,"伽利略号宇宙飞船"发现 243 号艾达小行星有一颗卫星,命名为"艾卫"。像地球那样的大行星有颗卫星显得十分美丽,小行星艾达也拥有一颗小卫星,也显得漂亮多了。

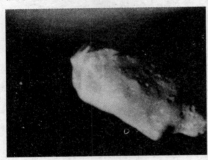

图 13-21 艾达小行星和它的卫星

图 13-22 小行星 2000PH5

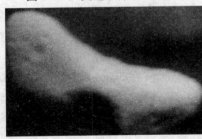

图 13-23 爱神星

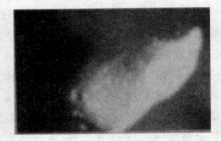

图 13-24 小行星 951

1993 年 8 月,伽利略探测器发回的照片向人们展示了 243 号小行星"艾达"和它的卫星。"艾达"小行星长 56 千米,而它的卫星长度只有 1.5 千米。

司理星(24 Themis)也是小行星带中的一颗星,是 1853 年 4 月 5 日安尼巴莱·德·加斯帕里斯(Annibale de Gasparis)发现的第 24 颗小行星,直径为 198 千米,质量为 5.75×10^{19} 千克,公转周期为 2022.524 天,偏心率 0.132,平均公转速度 16.76 千米/秒,自转周期 8 小时 23 分,视星等 7.08 等,反照率 0.067,表面平均温度 159 K。

司理星表面有一层薄薄的冰霜和生命起源的有机物质。司理星围绕太阳旋转,轨道十分干燥,有一些水冰也会很快升华,为什么还能长期保存呢?这就预示着司理星地表以下有水冰,地下水冰释放的水蒸气通过裂缝来到表面,使冰霜不断地得到补充。这是两个研究小组利用夏威夷莫纳克亚山上美国国家航空航天局的红外望远镜设施获得的成就。美国田纳西大学研究人员约什·埃默里表示,正是碳分子和水的结合,才可能使其具有生命。

1968年6月15日,澳大利亚悉尼大学的巴特拉教授发现伊卡鲁斯(1566)号小行星将与地球相撞。这个小行星直径1千米,质量20亿吨,运行速度9千米/秒。然而,伊卡鲁斯(1566)号小行星从离地球630万千米的高空飞驰而去,使地球人虚惊一场。

2004年1月14日,一颗小行星2004Asl号(直径500米)从1200万千米高空掠过地球。如果它撞向地球,在大气中就会爆炸,其碎片将会像流星那样被烧毁。

2004年3月18日,一颗名叫2004FH的小行星从地球高空4.3万千米的高空擦肩而过,这个小行星直径30米,由于离地球太近,在地球引力的作用下,它的运行路线弯曲了15度。这颗小行星是由林肯研究计划(LINEAR)部门在搜索飞临地球的直径在1千米以上的小行星时发现的。

欧南天文台预测:2005年5月31日,休神星两个蛋形的双体星将与太阳运行到同一条直线上。天文爱好者们认为,天文台不会有如此高的精确度,休神星是双小行星,它们之间的距离只有17千米,每颗直径大约都是86千米,围绕共同的引力中心做轨道运动。2000年以前不知道休神星是双小行星,就是因为两者距离太近,距离地球太远,小行星直径太小,分辨小行星双体都有困难,还能分辨出"交食"?而且还与太阳在同一条直线上?人们以怀疑的态度等待5月31日的到来。2005年5月31日,"一颗小行星的影子像预期的那样落到另一个小行星上",使休神星变暗。对小行星的观测准确到如此的精度,简直是了如指掌。这是天文学家们的功绩。预测危险小行星还会有困难吗!

很多专家认为,如果一颗直径大于5千米的小行星与地球相撞,会使地球产生一场巨大灾难,大约1/4人的生命将被灾难夺走。要是在100年以前,这样的灾难也许会发生,如今航天技术发展得很快,这样的灾难不会发生了。2004年2月26日,欧洲"萝塞塔"太空探测器飞向格拉西缅科彗星,飞行几亿千米,随后在那颗彗星上投下一个微型试验室,研究它的形成。将这种技术用在危险小行星的爆破上,是不成问题的。

　　2005 年 1 月 12 日,美国国家航空航天局用火箭将"深度撞击号"探测器发射升空,于 2005 年 7 月 4 日撞击器冲向"坦普尔 1 号"彗星的彗核,取得了举世瞩目的成果。如果撞击器上有炸药包或原子弹,就会将"坦普尔 1 号"彗星炸毁,或者将其推出轨道。

　　2007 年 7 月 7 日,美国"曙光号"小行星探测器飞向谷神星和灶神星,起飞时探测器上还带有"火工品",一旦火箭偏离轨道,就用"火工品"上的炸药将火箭炸毁(当然也可在小行星身边爆炸)。

　　谷神星是太阳系最大的小行星,它已经晋升为矮行星(2006 年 8 月国际天文学协会决定将谷神星升格为矮行星),距离太阳 2.8 天文单位,曾经被称为第五行星。1801 年元旦,意大利天文学家皮亚齐发现,谷神星的平均直径为952 千米,质量只有月亮的 2%。谷神星的表面与地球非常相似,由岩石构成,表面有霜或水蒸气的特征,表面以下有液态水,是冷湿环境下形成的小行星。灶神星是太阳系排行第四的小行星,表面是干燥的,内部是熔化的,是在干热环境中形成的小行星。

图 13-25　曙光号离子发动机试车

　　"曙光号"小行星探测器飞行了将近 4 年,于 2011 年 5 月到达灶神星,围绕灶神星飞行 7 个月,最近时离灶神星只有 200 千米;然后启动离子发动机,再飞行 3 年多,于 2015 年 8 月到达谷神星,围绕谷神星探测 5 个月,最近时离谷神星只有 700 千米,最终将于 2016 年 1 月结束探测。谷神星和灶神星都以高速度围绕太阳运行，"曙光号"也以高速度在小行星之间有来有往。计算得那么精确，飞行得那么准确，用这种技术对待危险的小行星是不成问题的。小行星撞击地球造成巨大灾难的时代已经过去了。

中国新疆北部重约 2 万公斤、体积 2.77 立方米的陨铁，墨西哥巴库维里托重 2.7 万公斤的陨石，非洲南部 6 万公斤以上的大陨铁，怎么都没有陨石坑呢？这是因为地球上有水有大气，将陨石坑埋没或冲刷了。人们估计在地下的陨石比在地面的陨石多数万倍。

"陨星撞击地球致恐龙灭绝说"可能不成立

通常对恐龙灭绝的解释是"陨星撞击地球致恐龙灭绝说"。这是美国的阿尔瓦雷斯在 1980 年提出的：

侏罗纪到白垩纪时代是恐龙最发达的时代，是庞大的恐龙动物群统治地球的时代。在地球的广大地区，恐龙们称霸了 1 亿多年，它们的种类多达几百种，数量高达几个亿。到了白垩纪时代，6500 万年前，有一个直径 10 千米的陨星与地球相撞，陨落在墨西哥海湾上。先是耀眼的闪光，紧接着就是强大的冲击波，大海掀起了巨浪。撞击所产生的灰尘弥漫在空气里，长达两年之久。地球接受的阳光大量减少，黑暗，寒冷，食物短缺，植物大量死亡。食草恐龙因为没有食物倒下了，紧接着食肉恐龙也倒下了，恐龙灭绝了，只留下鳄鱼、龟、蛇、青蛙、鱼类、昆虫和小的哺乳动物。"陨星撞击地球恐龙灭绝说"的证据是在墨西哥湾北海岸有一个大陨石坑，另一证据是全世界的岩石都含有一层"铱"的矿物质，这些矿物质可能来自撞在墨西哥海湾的陨石灰烬。

这个"陨星撞击地球恐龙灭绝假说"有很多疑问：

第一，月亮上 80 千米以上的环形山至少有 110 个，有古老的 225 千米大的克拉维斯（Clavius）环形山，也有 93 千米的哥白尼少年期环形山，这样大的环形山很不容易被全部覆盖，不论多老都存在痕迹，这是偶发流星撞击而成的。月亮的年龄 46 亿年，除以 110 个环形山，等于 4200 万年。也就是说，月亮上平均每 4200 万年就出现一个直径 80 千米以上的环形山；或者说，月亮上平均每 4200 万年就有一个直径 50 千米左右的陨星撞击月球。大量陨石撞击月球难道就不会撞击地球吗？地球和月亮是近邻，地球的直径比月亮大 4 倍（且不说表面积了）。地球的质量为 5.976×10^{24} 千克，月球的质量为 7.196×10^{22} 千克，地球更容易吸引更多陨石，地球每1100万年至少也有一颗直径50千米的陨星（且不说10千米了）撞在地球上。换句话说，地球平均每1100万年就有一次像恐龙灭绝那样的生物灾难。地质研究和生物化石告诉我们，地球生物的进化是连续的，一直没有出现除恐龙灭绝以外的灾难。果然，美国俄亥俄州立大学拉尔夫教授在南极洲发现一个直径48千米的小行星撞击的大陨石坑；哥伦比亚大学地球物理学家达拉斯·阿博特，发现公元前2800年一个直径5千米的小行星陨落在马达加斯加附近的海域。在十年的时间里，阿博特和她的同事在太平洋水下发现了14个大陨石坑。澳大利亚地质学教授安德鲁·格利克松研究发现，至少有3颗20～50千米的小行星曾经撞击过澳大利亚；在澳大利亚的皮尔巴拉地区、南非巴伯顿山脉至少有9处小行星撞击痕迹。还能举出很多大陨石撞击地球留下痕迹的例子，证明这些陨石撞击都没有造成恐龙灭绝式的灾难。因为地球上有水、有大气，很容易将陨石坑淹没。在0.365亿年前，马发展起来了，在恐龙到马这个期间，也有大的小行星撞击地球，马（野马、角马、斑马）怎么没有灭绝呢？"陨星撞击地球恐龙灭绝说"中的一个10千米的陨石，就能将直径12757千米的地球生物毁灭的学说是让人怀疑的。

第二，"陨星撞击地球恐龙灭绝说"提到，撞击所产生的灰尘弥漫在空气里，地球接受的阳光大量减少，地球黑暗寒冷，食物短缺，植物大量死亡。食草恐龙因为没有食物倒下了，紧接着食肉恐龙也倒下了。这里没有提到水里的蛇颈龙、薄板龙、克柔龙、鱼龙和盾齿龙……它们也属于爬行动物，用肺呼吸，是在水里吃鱼和贝壳的恐龙，鱼类和贝类没有因为陨星撞击地球而灭绝，蛇颈龙、克柔龙、薄板龙、鱼龙、盾齿龙不缺少食物，怎么也灭绝了呢？

图 13-26　生活在水里的恐龙

第三,"陨星撞击地球恐龙灭绝说"提到,撞击所产生的灰尘弥漫在地球的大气里,地球接受的阳光大量减少。我们知道,月亮上的阿方索环形山的中央有一个山峰,这个从天而降的大陨石,没有像"陨星撞击地球恐龙灭绝说"想象的那样化成灰烬。在月亮上中央有座石头山峰的环形山就有几十个。水星上也有,火星上也有,都没有像"假说"那样化成灰烬。美国的亚利桑那州陨石坑,直径 1265 米,坑的底部有陨星的铁质碎块,它的周围也有很多的碎片,最大的一块重 4 吨,化验的结果主要成分是铁(而不是铱),其次是 7.3% 的镍。陨星的主要部分在陨落时就陷进土层里了,深度达到 210 米,总重量有 100 万吨。这些物质也没有化成灰烬。

图 13-27　月亮上的环形山　　　　　图 13-28　火星上的环形山

第四,美国亚利桑那州的大陨石坑,直径 1265 米,坑底到墙垣高 40 米,坑内的物质被抛出来,溅落在坑的边缘上,形成环形的墙垣,围住这个坑穴。经过计算,墙垣部分的体积与大坑穴的体积相等,陨星的主要部分在陨落时就陷进了土层里,深度达到210米,总重量有100万吨。我们注意到,美国亚利桑那州的大陨石坑,坑内物质溅落在坑的边缘上没有什么损耗,陨星的物质陷进土层里也没有什么损耗,"陨星撞击地球恐龙灭绝假说"里的撞击所产生的灰尘是从哪里来的呢?何况它还陨落在了墨西哥海湾。

第五,如果假说里的那颗直径10千米的陨星全部化成灰尘,散布在地球的150千米厚的大气里,也不可能造成地球接受的阳光大量减少、地球黑暗寒冷、植物大量死亡、亿万恐龙灭绝的后果。我们不妨算一算,每立方千米的大气里,有多少克这个陨星的灰烬。参数是:陨星直径10千米,比重6吨/立方米;地球直径12757千米,地球比较稠密的大气厚度按150千米计算,是很稀薄的,就像发生一场沙尘暴。2006年5月的一场沙尘暴,北京落下沙尘33.6万吨,沙尘暴过后的浮尘也只持续了一周,可能连一只壁虎也不曾杀死。

第六,地球有大气,有水,有风,有氧和二氧化碳,月亮没有,地球和月亮有巨大的区别。大的陨星降落在地球以前就已经崩裂,速度也降低了,大部分在大气中烧毁。土卫六直径5151千米,比月亮大,有大气,也有和地球相近的大气压(1.5大气压);有雨,也有云;有湖泊,也有海洋,只发现3个大陨石坑,早年的陨石坑被大气、液态甲烷风化或掩埋,已经看不到了。卡西尼宇宙飞船2007年1月13日拍摄的土卫六陨石坑的直径180千米,至少是80千米以上的陨星撞击的,是形成年代比较近的陨石坑。它周围的明亮物质是陨石撞击时抛出来的,内部被沉淀物覆盖(请参考"土卫六是什么样的世界"、"土卫六上的陨石坑")。地球也会有大的陨星撞击,大部分落在大海里,在墨西哥湾北海岸也有大陨石坑,但不是小行星的整体坠落,不会造成全球动物的大灭绝。

第七,"陨石撞击地球恐龙灭绝说"的证据之一是全世界的岩石都含有一层"铱",这些矿物质可能来自撞在墨西哥海湾的陨石灰烬。根据天文学家波特的计算,目前地球仍在24小时内陨落的流星总共有2000万颗,全年73亿颗。小行星撞击产生的岩石铱含量在亿分之二左右,彗星撞击产生的岩石铱含量在万亿分之130左右,格陵兰岛岩石铱含量在万亿分之150左右,地球表面的岩石铱是数以亿计的陨石和彗星造成的,而不是"陨石撞击地球恐龙灭绝说"的10千米的陨石造成的。

所以,"陨星撞击地球致恐龙灭绝说"可能不成立。那么恐龙是怎样灭绝的呢?这是个世界大难题。

太阳系里最大的灾难

我们知道,太阳系有八大行星,它们都围绕太阳旋转。它们离太阳的距离是有规律的。德国一位中学教师戴维·提丢斯(Titius)在 1766 年发现:行星至太阳的距离,顺次可以用一个很简单的数级表示。我们先写出以 2 为公比的一系列数字:

3, 6, 12, 24, 48, 96, 192,

在上列数字前面加一个 0,然后再在每个数字上加 4,形成另一列数字:

4, 7, 10, 16, 28, 52, 100, 196

如果把地球到太阳的距离用 10 表示,其他行星到太阳的距离用这一系列数字表示:

水星	金星	地球	火星	第五行星	木星	土星	天王星
3.9	7.2	10	15	28	52	96	192

把地球到太阳的距离定为 1 个天文单位,那么,太阳系的其他行星到太阳的距离数为以下天文单位:

水星	金星	地球	火星	第五行星	木星	土星	天王星
0.39	0.72	1	1.5	2.8	5.2	9.6	19.2

提丢斯的经验定律里,在火星和木星之间,离太阳的距离 2.8 天文单位处有一个行星空缺,在这个空缺里应该有一颗大行星——第五行星。经过天文学家们仔细寻找,1801 年元旦,意大利天文学家皮亚齐在那里发现了谷神星,其平均直径为 952 千米,质量只有月亮的 2%,相当于青海省的面积。终于,这个空缺被填满了。

然而,1802 年又在这个空缺处发现了第二颗行星,叫做智神星,直径 490 千米。这就让天文学家们诧异了,因为空缺已经填满,不需要第二颗了。后来,又在那里发现了婚神星,直径 193 千米;还有灶神星,直径 386 千米;又有义神星、爱神星……稍后又发现了 100 颗、300 颗、1600 颗、1 万多颗,形成了小行星带。

1928 年,中国天文学家张钰哲,发现 1125 号小行星。这是中国人第一次发现的小行星,被命名为"中华"小行星。根据天文学家巴德(Baade)的估计,冲日时亮于 19 等的小行星就有 4.4 万颗。把这些小行星黏合在一起组成一

个球,这个球的直径应该是 1000 千米左右。这些小行星是从哪里来的呢? 有两个说法:

1. "凝结成一个新行星的材料说"。数以万计的小行星,在火星和木星之间,离太阳 2.8 天文单位处,围绕太阳运转,不断地碰撞合并,形成一个新行星。这些数以万计的小行星是组成新行星的材料。未来的新行星直径应该在 1000 千米左右。

有人对这个说法提出疑问:八大行星几乎在同一时间形成,为什么这颗未来的新行星等到几十亿年以后还没有形成呢? 小行星在运动的过程中,经常碰撞而粉碎,应该是日益分解,怎么会是碰撞合并呢? 小行星们受到木星、火星等天体的扰动,不断地散失,成了附近天体的陨石,如何还能形成"新行星"? 小行星带是"凝结成一个新行星的材料说"不能成立。

2. "粉碎了的行星碎块说"。在离太阳 2.8 天文单位处的空缺里,本来是有一颗比 1000 千米大得多的大行星的,由于遇到灾难,爆裂成无数的小行星。前苏联科学院的沃尔洛夫教授把这颗粉碎了的行星命名为"法厄同"。有人对这个说法也提出疑问:

问:怎么知道数以万计的小行星是由"法厄同"大行星破裂而成的呢?

答:陨落在地球上的陨石来自小行星带。这些陨石可分四个基本类型:

(1) 镍铁型陨石:镍铁型陨石的密度很高,一般是水的 10 倍左右,只有行星的中心才有这样的密度。从镍铁型陨石上可以看到魏氏组织(Widmanstatten),有时还发现钻石和石墨,这些物质都是在高温、高压下形成的。所以,镍铁型陨石来自"法厄同"爆炸后的芯部。

(2) 岩石型陨石:岩石型陨石的密度很低,只有水的 2.5～3.5 倍,它的密度几乎与地球上的岩石完全相同。还经常发现岩石型陨石二氧化碳气泡和水。所以,岩石型陨石来自"法厄同"爆炸后的地壳外层。

(3) 岩铁型陨石:岩铁型陨石来自行星芯部和外壳之间。

(4) 碳球粒陨石:陨石里含有碳水化合物、脂肪酸甚至还有氨基酸和水,微观摄影显现出单细胞有机体化石,好像是湖水和海水中的鞭毛虫化石,说明"法厄同"大行星也有地球那样的演化过程。这是来自"法厄同"大行星的土壤中生命的痕迹。

不难看出,"法厄同"和地球一样,有一个金属内芯、岩石外壳和生物演化过程。这些陨石告诉我们,各类陨石来自一个天体的各个部分,或者说来自"法厄同"。当一个星球在轨道上爆炸时,它的各种碎片运动的轨道在爆炸点是交叉的。天文学家们观测小行星带的谷神星、智神星、婚神星的运行轨道发现,它们似乎有共同的"交叉点",虽然这个"交叉点"在大行星几千万年的摄动下,变得不那么精确了。

问:陨落在地球上的陨石,怎么知道是来自小行星带,而不是来自宇宙空间?

答:每年有成千上万颗小行星陨落在地球上,在 80～160 千米的高空大气中烧毁,较大的陨星在空中划出一条弧线以后陨落在地球表面。将这条弧线拍成照片就会发现,陨石的"弹道"是椭圆的一部分,所以它是来自太阳系小行星带的。如果陨石的"弹道"是抛物线或者是双曲线的一部分,就说明它是来自星际空间的。所以,观测陨石在地球上撞击的痕迹和它的"弹道",就能知道陨石来自小行星带。

问:"法厄同"大行星是什么时候爆裂成碎片的呢?

答:大约在 6500 万年以前,"法厄同"大行星遇到灾难爆裂成碎片。理由是,来自小行星带的陨石,曾在 5000 万年之久的岩层中发现,在 1 亿年的岩层中却没有。可以看出,"法厄同"大行星是在 5000 万年以前到 1 亿年之间爆裂成碎片的。我们取中间数值,再向发现的年代 5000 万年靠拢,估计是 6500 万年。

问:"法厄同"大行星是什么原因爆裂成碎片的呢?

答:法国原子能委员会前主席 F·培林博士提出,在亿万年以前,非洲加蓬的沃克洛矿山中,有铀-235 的衰变残留物钐、钕、铈、铕四种稀有元素,这是典型的核裂变后的成分。这说明非洲加蓬的沃克洛矿山,这个"自然的原子反应堆"曾经发生过脉动式连锁反应。这里,自然的连锁反应的材料是铀-235,规模不大,造成的影响也不大。如果是氢发生核反应,那就是大灾难了。"法厄同"大行星遇到的也许正是氢造成的大灾难。"法厄同"大行星靠近木星,木星的大气含有大量的氢,"法厄同"的大气和海洋里可能也有大量的氢。

苏联天文学家 F·赛格尔博士认为,"法厄同"大行星的爆裂是"法厄同"人类的原子战争造成的。"法厄同人"技术先进,制造了大量的原子弹、氢弹,在一次失去理智的原子大战中,向对方发射了很多原子武器。氢弹的爆炸,引发了"法厄同"海洋里的氢的核反应,使"法厄同"大行星爆炸成碎片。原子战争造成"法厄同"大行星的毁灭,对此,天文学家们认同的并不多。但是,回想起来,在"冷战"时期,美国有 7000 颗原子武器,苏联也有 5000 颗,这么多原子弹、氢弹干什么用呢?双方不是都曾经打开过发射这些武器的"保险箱"吗!赛格尔博士所说的"法厄同"大行星氢的核反应也许影射的是地球。

　　"法厄同"大行星爆裂成碎片的原因看来并不充分,氢的核反应需要温度在1500万度、压力十几亿大气压,"法厄同"大行星上没有这样的条件。就是发生了原子战争,原子弹和氢弹也不能使"法厄同"行星上的自然氢发生核反应。美国在毕基尼岛试验过很多次氢弹,也没有使毕基尼岛上的自然氢发生核反应。1994年7月17日,苏梅克-列维9号彗星撞击木星,撞击产生的能量有1亿颗原子弹爆炸的能量。这么大的能量也不曾使木星的自然氢发生核反应。大凡宇宙中的恒星,包括太阳在内,4个氢原子变成1个氦原子的反应也只在恒星直径12%的中心部分进行;中心部分以外,温度尽管达到几十万度,也不能发生氢的核反应。"法厄同"大行星爆裂成碎片的原因不能使人们满意。

　　下面说一段太阳系第五大行星爆裂成碎片的科幻故事:

　　在6500万年以前,东方出现一颗亮星,白天也能看见,它的视直径一天天增大,泛着白黄色的光,以高速度进入太阳系。这颗恒星我们把它命名为"闯将"。"闯将"和太阳虽然靠得很近,但各自走着互不相干的路线。说起来非常巧合,巧的是木星、火星、地球、金星都在太阳的另一侧,只有太阳系的第五颗行星"法厄同"靠近了这颗闯入的恒星。

　　太阳系"法厄同"行星的直径6000千米,大约是地球直径的一半,运行在火星和木星之间,有点像火星。本来"法厄同"行星的太阳引力和离心力是平衡的,由于"闯将"的靠近,在"闯将"引力的作用下,这颗行星产生了微小的塑性变形,轨道也发生了大的改变。忽然,"闯将"系统中的一颗较小的行星向"法厄同"扑来,并撞上了它。两颗行星都破裂爆炸,行星碎片的60%被"闯将"掠去,其余40%的碎片成了太阳系的小行星带,其中包括933千米的谷神星、490千米的智神星、386千米的灶神星、200千米的司理星……它们组成了太阳系的小行星带。

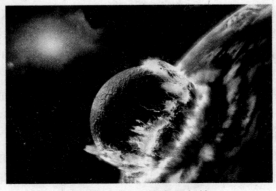

图 13-29-1　两颗行星相撞

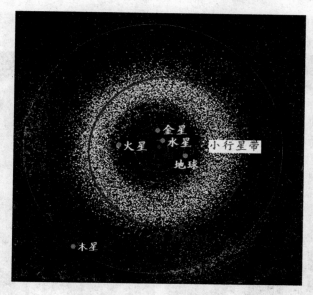

图 13-29-2　和小行星带

　　当闯入太阳系的恒星还没有远离的时候，火星从太阳的另一侧转过来了，它的引力抓住了"闯将"系统的一个天体"福博斯"，因为这个天体离火星太近了，距离火星只有 0.935 万千米（地球到月亮的距离是 38.44 万千米）。福博斯的大小是 27 千米×22 千米×19 千米。它开始围绕火星运转，速度非常快，周期只有 7 小时 39 分钟，而且仍然按照"闯将"系统运动的方式运动，围绕火星逆向运动，与太阳系的其他天体相反。福博斯成了火星的火卫一。

　　木星转过来比较晚，但它的引力很大。它把大量的"法厄同"碎片吸收到自己的怀抱，还把"闯将"系统中的 4 个小天体俘获，使其围绕木星作逆向运动，形成木星最外边的 4 颗卫星，并同样按照"闯将"系统运动的方式运动，与太阳系的其他天体相反。土星最远的 220 千米的土卫九也是从"闯将"系统那里俘获的。最大的收获是海王星，它把平均直径 2706 千米的一颗星收入囊中，成为海王星的海卫一，并使其仍然按原先的旋转方向逆向旋转。闯入太阳系的恒星渐渐远离了。在它的结构里，有它部分固有的天体，也有捕获的太阳系的天体。同样，在太阳系的结构里，也有它部分固有的天体，也有捕获的"闯将"系统的天体。

　　将火卫一和土卫九照片放在一起，火卫一是欧洲空间局火星快车拍摄的照片，土卫九是卡西尼探测器在 2004 年 6 月 11 日拍摄的。这两个卫星的"土豆"形象、表面的陨石坑、灰尘般的覆盖物、灰蒙蒙的颜色、围绕它们的行星逆向运动都非常相似,也许不是偶然的。

火卫一

土卫九

图 13-29　火卫一和土卫九

在这里,要着重说说地球。当太阳与这颗闯入的恒星达到"近星点"附近的时候,两个太阳都出现了严重的变形,都由圆形变成了卵形,卵形的小头相互指向对方,而且,两个太阳的轨道都出现了很大的变化。这是强大的引力造成的。大凡宇宙中的恒星都是圆形的,星空出现两颗卵形星是当时太阳系的一大奇观。因为这两个太阳势均力敌,都不曾将对方撕破。随着不断的远离,它们都恢复了圆形。这时候,地球从太阳的另一侧转过来了,很快就形成了三足鼎立,太阳、"闯将"以及地球形成一个三角形。幸亏地球从太阳的另一侧转过来晚了一些,要不,很有可能遭遇闯入恒星的更大行星,甚至将月亮掠去。那样的话,地球的晚上就会漆黑一片了。

起初,两个太阳一起照射地球,地球的白天显著地变长,甚至超过 18 个小时。紧接着就是地球温度直线上升,最高温度达到 70℃。对于统治地球的巨大生物群恐龙来说,它们似乎来到了一个陌生的世界。在地球的广大陆地上,恐龙们在这里称霸已经 1 亿多年了,空中有翼龙,陆上有盘足龙,水里有蛇颈龙……它们的种类多达几百种,数量高达几个亿。当太阳、"闯将"与地球距离最近的时候,恐龙的家园面目全非:碧绿的树叶被烤黄以后脱落了,往日清澈见底的溪流冒着蒸汽,喝一口湖水就能烫坏恐龙的舌头,吸几口空气就能灼伤恐龙的肺部。热辣辣的天空没有一片云彩,那是因为气温太高,只蒸发不凝结的缘故。昔日的绿色大草原一片金黄,野火卷着浓烟四处随风肆虐。又闷又热的空气到处飘荡着,就是到了晚上也没有一丝凉爽……身躯巨大的恐龙们不知所措。我们知道,动物和植物的蛋白质在55℃时就开始变质,可这时候地球的表面温度直逼70℃。恐龙们吼叫着,身躯巨大的恐龙们疲惫不堪……

地球气温升高导致水分的大量蒸发,大气水分的增加又不能凝结成雨水,促使大气压急剧变化。强烈的两个太阳的紫外线辐射照耀着大气的上层,把水分子分解成氢和氧,因为地球的引力不足留着氢,只能留着氧,大气的氧气增多。地球上那些缓慢的、依赖热量的化学反应也忽然剧烈起来。地球上的海水在太阳、"闯将"和月亮的三重作用下产生了巨大的潮汐,很多低洼的陆地都被海水淹没,98%以上的植物和动物都陷入绝境。

闯入太阳系的恒星系统渐渐地远离了,它撞碎了太阳系的第五大行星,它灭绝了地球上的恐龙扬长而去了。天气慢慢凉爽起来,空气中的水蒸气凝结成水滴,乌云密布,瓢泼大雨从天而降,山洪爆发,泥石流将恐龙们的尸骸一股脑儿地推到山坳,其中包括草食恐龙、肉食恐龙以及它们幼小的恐龙,这就是人们现在发现的"恐龙公墓",而不是像大象那样自己选择的墓地。随着时间的推移,地球平静下来了。阳光明媚,空气温和。大树的枝杈上冒出了嫩芽,草地上长出了新的绿叶。暗河里流出的泉水中,银白的小鱼在游戏。布满大石头的山洞池塘里,青蛙们呱呱地叫个不停。鳄鱼静静地浮在湖面,等待着它的美餐。一群群小哺乳动物从低矮的山洞里出来,很快就占领了它们的有利地盘繁育起来,真可谓"小荷才露尖尖角,早有蜻蜓立上头"。在它们看来,世界没有什么变化,只是那些庞然大物——恐龙们不见了,树林里安静多了。看来,死者也是对生者的奉献,这次恐龙对哺乳动物奉献的,是整个的一个地球。从此,开辟了哺乳动物大发展的新时代。

按理说,统治地球1亿多年的恐龙,经过漫长的进化,它的缺陷已经暴露无疑:它们体型巨大行动不便;它们的体温随环境而变化,过冷过热都不能适应,既怕冷又怕热;它们皮肤粗糙,不能调节温度;它们卵生,不能保护后代;它们生育后代的性别,不能自然选择,过冷过热都会生成单一的性别,公、母恐龙严重失调。它们这些落伍的本能,到现在有的爬行动物还在延续,海龟就是天气寒冷只孵化出公海龟,天气炎热又只孵化出母海龟。

相比之下,哺乳动物体型矮小行动灵活;它们体温恒定,过冷过热都能自我调节;它们皮肤有毛,能够调节温度;它们胎生,在母体内保护未出世的后代;它们哺乳,刚出生的幼崽就有好营养;它们生育后代的性别,能够自然选择,基本上各占50%……

哺乳动物和爬行动物优劣悬殊,必然导致哺乳动物对地球的控制权取代爬行动物,优生劣汰生物进化法则也适合恐龙,太阳系遭遇恒星只是偶然的诱发事件而已。太阳系遭遇恒星以后,地球温度变化很大,侥幸活下来的恐龙们生下的后代,是清一色的性别,这是它们最后的自杀。

恐龙的种类很多,习性也有较大的区别。大型恐龙灭绝了,小型恐龙也受到重创。那些侥幸活下来的小型恐龙们,为生存所迫、环境所迫,也自然地调整自己的习性,甚至向鸟方面过渡,化石能证明小盗龙四肢上长出了羽毛。难道它们进化成鸟了?下图是始祖鸟。

图13-30 始祖鸟

图13-31 顾氏小盗龙化石

图 13-32 徐星博士发现的中国鸟龙　　图 13-33 徐星博士发现的尾羽龙

闯入太阳系的恒星系统消失在星空之中，"小行星带"是它留下的遗迹，恐龙化石是它留下的血迹，哺乳动物的大发展是它留下的功绩。

太阳系诞生以来，太阳系曾经遭遇过恒星。大约 40 亿年前，一颗恒星以高度倾斜的轨道闯入太阳系。GL710 星正在向太阳方向运行，根据伊巴谷卫星的测量，140 万年以后运行到离太阳 1.1 光年处（在"太阳的邻居"一节中叙述过）。

6500 万年前太阳系遭遇恒星的证据：

（1）火星的火卫一，木星最外边的 4 颗卫星，离土星最远的直径 220 千米的土卫九，它们都围绕太阳系的行星做逆向运动，与太阳系的其他天体相反。这样背道而驰的运动，与太阳系的形成原理格格不入。比较合理的解释也许就是恒星近距离掠过太阳系时，被太阳系的行星所捕获。

（2）来自"法厄同"大行星的碳球粒陨石含有碳水化合物、脂肪酸，甚至还有氨基酸和水，有些还有单细胞有机体化石，类似地球上的鞭毛虫化石，说明"法厄同"大行星也有地球那样的生物演化过程。"法厄同"大行星离太阳 2.8 天文单位，火星离太阳 1.5 天文单位，它们都已经超过了太阳系的"水气带"，都不会有大量的液态水，怎么会有生命的演化过程呢？比较合理的解释是，"法厄同"和火星从前都离太阳较近，温度适合生命的演化过程，只是在 6500 万年前，太阳遭遇恒星时，那颗恒星的引力才把它们拉出"水气带"，生命的演化过程才结束。

（3）从地球的南极钻探的冰芯里可以看出，在 6000 万年前，地球的温度要比现在的温度高得多，这就是科学家们经常说的地球所经历的"赤道气候"。如何解释地球所经历的比较热的"赤道气候"呢？比较合理的解释也许是

6000万年前地球更靠近太阳，是进入太阳系的那颗恒星，使地球改变了轨道，才结束"赤道气候"的。

（4）月亮上直径225千米的格利马第（Grimaldi）环形山、直径235千米的达斯兰德斯（Deslandres）环形山、直径437千米的科罗列夫环形山、直径537千米的阿波罗环形山，形成环形山的陨石也没有把月亮撞碎，只是砸出了一个个"坑"。像"法厄同"那样的大行星，在离太阳2.8天文单位的轨道上正常运行，除非有大约1200千米左右的行星撞击，否则便不会破裂。这个1200千米左右的行星是从哪里来的呢？万有引力主宰着太阳系的和谐运动，太阳系里不会有这样大的一颗横冲直闯的行星。而且，行星的运动是围绕恒星运转的，只有恒星才能把这个1200千米左右的行星带入太阳系。

（5）现在发现的"恐龙公墓"中的恐龙化石，包括草食恐龙、肉食恐龙以及它们的幼小恐龙的化石，是非常密集地一块挨紧一块的，如果"恐龙公墓"是几百年或者几千年的产物，化石不可能如此密集。所以认为，当闯入太阳系的恒星远离的时候，天气凉爽了，空气中的大量的水蒸气凝结成水滴，大雨从天而降，是泥石流将同时集体死亡的大批恐龙尸骸一股脑儿地推进山坳的，显示恐龙们遭遇意外而集体死亡。这就是"太阳遭遇恒星恐龙灭绝假说"的另一个证据。

图13-34　恐龙遭遇意外而集体死亡

（6）海卫一直径2706千米，海卫一的轨道与海王星的轨道倾角为130度，如果同时形成不会有这么大的倾角；而且它离海王星非常近，轨道又是一个圆形；表面非常年轻，没有什么陨石坑，与海王星表面形成对照；海卫一的化学成分与海王星有很大区别，不会一起形成；它的表面非常奇特，与海王星表面没有相似之处，看看海卫一表面"哈密瓜皮"形象，太阳系的卫星没有一个与它相似。所以被海王星捕获的概率很大。是从哪里捕获来的呢？谁能把这么大的"哈密瓜怪物"带到海王星身边呢？

（7）太阳系的柯伊伯带是由一大批小行星、彗星、冰天体构成的，它们的总质量有50倍地球质量，它们的共同特点是轨道偏心率很大（冥王星地处柯伊伯带，轨道偏心率0.248），轨道平面与黄道的交角也很大（冥王星轨道平面与黄道的交角为 17 度），与海王星共振（柯伊伯小行星围绕太阳旋转 2 圈，海王星围绕太阳旋转 3 圈，都是整数圈），这样大的偏心率、倾角和共振，在太阳系形成初期必然碰撞得过于猛烈，不会形成像冥王星、冰天体卡戎（冥卫一）、100 千米的 1992 QB1 这样的数以万计的星。可是，它们确实存在，说明它们诞生时并没有那么大的偏心率，也没有那么大的倾角，在它们的历史过程中，一定有一个"东西"严重地扰乱了柯伊伯带的动力学，使它们的轨道倾角和偏心率与远古完全不同。这个"东西"一定是个大"东西"，地球引力没有这个能力，木星引力也没有这个能力，只有太阳这样的物质才有这个能力。这就是我们所说的"闯入太阳系的恒星"。

柯伊伯带从海王星轨道算起，向外延伸了 55 天文单位（海王星离太阳的距离只有 30 天文单位），厚度有 10 天文单位，这么大的区域质量至少要有 10~50 倍地球质量，才能形成像冥王星、卡戎、1992 QB1 这样的小行星。天文学家们观测柯伊伯带不足 1% 区域，推算出柯伊伯带的质量只有地球的 10%，这么松散的区域不可能形成小行星，可是小行星确实存在。那么，"缺少了的物质"到哪里去了呢？这就是我们所说的闯入太阳系的这颗恒星远离的时候，它不但把小的、背道而驰的边缘的行星"丢给"了太阳系，同时也捕获了太阳系的小天体而去。

"人类将在 100 年内灭绝"

2010 年 5 月 20 日，澳大利亚国立大学著名教授弗兰克·芬纳（Frank Fenner）撰文指出："人类可能在 100 年内灭绝，不仅我们的子孙，包括其他动物也会灭绝……这是一个不可逆转的事件，是人口大爆炸，无节制的浪费资源，全球变暖惹的祸。"他认为，人类对大自然的影响与日俱增，已经发展到无与伦比的地步，尤其在过去的 100 年里，城市人口增加了 10 倍，大量使用煤炭，无节制地使用石油，把几百万年形成的煤炭、石油燃烧以后又回到原始状况，产生大量二氧化碳……

如果说陨石撞击地球恐龙灭绝是天灾，那么弗兰克·芬纳教授所说的"人类可能在 100 年内灭绝"就是人祸。我们地球人类会不会在 100 年内灭绝呢？专家们普遍认为弗兰克·芬纳撰文指出的"人类可能在 100 年内灭绝，不仅我们的子孙，包括其他动物也会灭绝"，是敲击的"警钟"。

专家们认为,地球"早期大气"二氧化碳含量占90%以上,地球温度1000℃左右;地球现在大气二氧化碳含量占0.03%~0.05%,地球平均气温14℃左右。如果地球上没有二氧化碳,地球的温度将是-16度,从古代就不会有生物。二氧化碳不是大敌。地球上的植物,利用水和二氧化碳制造出最宝贵的淀粉、蛋白质、脂肪、维生素、氧气……二氧化碳微增,粮食产量增高。但是近100年,人类燃烧化石燃料达到空前的地步,如果地球不减排二氧化碳,二氧化碳大增,地球平均气温也将大增,使大量的永久冻土层解冻,释放出大量甲烷。甲烷和乙烷的温室效应是二氧化碳的10倍(地球45亿年以前就有了甲烷,土卫六有一个10万平方千米的甲烷海),温室效应加剧,冰川融化,极区冰融合,海平面上升70米,地球的灾难就到来了。

专家们认为,地球是非常理想的行星。在消耗二氧化碳的问题上,海水溶解了二氧化碳,海洋溶解的二氧化碳是大气中的60倍,海洋是地球的保护神;然而更理想的是地球上的大陆,大陆含有大量的钙、镁等物质,雨水将钙溶解在水中流动到海洋,钙与海洋中的二氧化碳结合形成碳酸钙,消耗海水中的二氧化碳,使海水有能力再溶解二氧化碳,海水难以酸化,不溶于水的碳酸钙沉入海底。如果地球温度缓慢升高,地球上那些依赖热量的化学反应也剧烈起来,消耗大量的二氧化碳。这样周而复始,没有海洋不行,没有陆地也不行,地球有平衡二氧化碳增多的能力。

岩石风化中的化学反应,消耗了大量的二氧化碳,不论金星、火星还是地球,岩石风化是二氧化碳最主要的转移过程。地球有水,有氧气,岩石风化得的快,二氧化碳也转移得快。金星缺少水,岩石风化较慢。人们正在研究岩石风化到底对减少二氧化碳起多大作用。

人类在地球上是最聪明、最成功的物种,他们不可能坐以待毙。于是我们得出这样的结论:地球有自身消化二氧化碳的功能,尽管人类的活动产生了很多二氧化碳,二氧化碳在地球的增加却十分微弱。人类100年不会灭绝,1万年也不会。

本世纪人类将登上火星

火星是"类地行星",它的轨道是椭圆形的,近日点 2.07 亿千米,远日点 2.49 亿千米。火星和地球近点大冲的距离有 5600 万千米,那时地球上整夜都能看到红色的火星。火星和地球在远点合时,火星与地球的距离达到 4 亿千米,那时,火星因靠太阳太近,在地球上几个月都看不到火星。

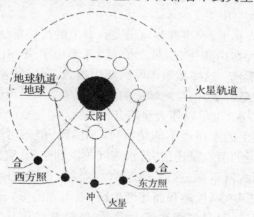

图 13-35　火星和地球轨道

火星的直径是 6760 千米,是地球直径的 0.53,它的质量是地球的 0.11。火星的一个太阳日 24 小时 37 分 23 秒,多么像地球啊!一年有 668.6 个太阳日。

图 13-36 火星

图 13-37　火星表面的块状岩石

1976 年"海盗号"和"火星探路者号"先后到达火星。它们拍摄的非常清晰的照片显示，火星表面有很多块状岩石。科学家们认为，这些块状岩石是火星大洪水冲积而成的。

几亿年以前，火星表面有大量的水，水流的痕迹处处可见。火星水到哪里去了呢？这成了世界大难题。有的科学家说，地球的密度是水的 5.5 倍，火星的密度是水的 3.8 倍，火星比地球疏松，水流到火星地下去了，形成地表以下 6 千米深的蓄水库。远古时期的火星水就在极地附近和地表以下 6 千米内的水库里。有的科学家说，火星的直径只有地球直径的 0.53，它的质量是地球的 0.11，水被蒸发到太空中去了。

其实，水还在火星上，火星勘测轨道飞行器上的浅层雷达对火星的一些区域进行了多次扫描，在山脚下、斜坡的底部、环形山中央、山谷低处有大量的冰，甚至蔓延数百千米。这些冰被厚厚的灰尘覆盖，所以保存了下来。火星在远古时代确实有大量的水，但与地球上的水比较是微不足道的，只占地球水的 3%。就是这 3% 的水，也足以使火星有几十条大河、几百个湖泊，甚至还可以形成一个海。火星上的水可以不冻结，可以不沸腾，但不可能不蒸发，由于气压比较低，赤道附近的蒸发量还很大，水蒸气蒸发到空间，空间温度较低，一部分以雨、雪、霜的形式落下来，然后再蒸发，再凝结，这样周而复始，不断循环；另一部分水蒸气被风吹到极地和高纬度地区，以雪霜的形式落下来，就冻结在那里，几乎不再循环。火星气温毕竟非常低，经过几亿年甚至十几亿年，低纬度附近的水就转移到极地，形成极冠。火星北极的极冠就有 1200 千米到 3000 千米的跨度，冰层厚度高达 3 千米，绝大部分是水冰，约 10% 是硅酸盐尘埃，5% 是干冰（二氧化碳冰）。

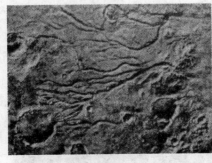

图 13-38　火星表面水流的痕迹

图 13-39　火星北极的极冠

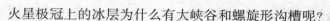

火星极冠上的冰层为什么有大峡谷和螺旋形沟槽呢？

有人认为这是火星的自转造成的。地球也自转，而且也是24小时左右自转一周，地球北极为什么就没有大峡谷和螺旋形沟槽呢？

有人认为这是阳光造成的。火星距离太阳1.5天文单位，它北极平面与阳光的夹角只有1.5度（月亮极地平面的光线与水平面的夹角有2度），那里有大片太阳永远照不到的地方，阳光怎么能使火星极冠形成大峡谷和螺旋形沟槽呢？何况地球南北极也没有。

有人认为这是火星上的风造成的。火星的大气相当稀薄，仅相当于地球上大气的22厘米那么厚，风不能把地球南北极吹成大峡谷和沟槽，也不能把火星极地吹成大峡谷和螺旋形沟槽。

火星表面曾经发生过大洪水，这是显而易见的。火星大洪水无疑是火星由于某种原因温度提高，将极地的冰和地表冰融化而造成的。火星极地的冰融化成水，从高处流下，冲成沟槽。越靠近极点，冰融化得越慢，所以是一层一层的；水大的地区、落差比较大和尘埃比较厚的地区形成泥石流，泥石流冲击成两条冰峡谷。

另外，我们知道，地球的密度是水的5.5倍，火星的密度的水的3.8倍，火星比地球疏松，疏松的火星地表更容易储存水。

2006年12月，美国天文学家发现，火星表面有新的水冲积物。从照片上清楚地看到，水从高山脚下流出来了，好像地球上的山泉一样。3年以前，这里还没有山泉，也没有流成一条河。

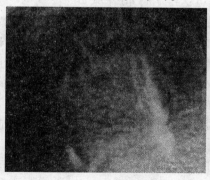

图13-40　火星高山脚下的山泉　　　图13-41　火星山泉流成一条河

火星是地球人未来的第二居住地，21世纪人类将登上火星。从火星照片上可以看到24千米高的奥林匹斯山脉，是太阳系最大的山脉，比地球上的珠穆朗玛峰还高。一座被命名为Tharsis的大高原，有4000千米宽，10千米高；

还有一片峡谷群,命名为 Valles Marineris,深 2～7 千米,长 4000 千米;南半球有一个大环行山,命名为 Hellas Planitia,6000 千米深,直径 2000 千米。此外,还有很多环行山,直径 50～320 千米不等;还有一座活火山,高 5 千米,火山口喷出的气体形成白云。

图 13-42　火星火山口喷出的气体形成白云　　图 13-43　火星表面的环形山

火星表面的平均温度是 -20℃,地球的平均气温是 14℃,火星比地球平均温度低 34℃,火星中午赤道附近的荫蔽处的温度是 1℃ 左右。海盗号着陆器降落点,夏季白天气温 -17℃,日落以后黑夜的气温为 -60℃,极地的温度常年在 -60 至 -70℃ 之间。

火星的大气是相当稀薄的,仅相当于地球上大气的 22 厘米那么厚,也没有臭氧层。气压也非常低,只有地球的百分之一。主要气体是二氧化碳,占大气成分的 95.3%,氮占有 2.7%,氩占 1.6%,此外还有氧、一氧化碳、水蒸气等。尽管如此,火星上还是有风的,风速可达每小时 40 千米。

为什么火星大气既稀薄风速也大呢?这是太阳风造成的。太阳周期性地有时发出低速太阳风,有时发出高速太阳风。当高速太阳风追上低速太阳风的时候,两者相撞,使太阳风的强度大增,磁场也增强。太阳风中的等离子体扫过火星的时候,从火星大气中带走气体,所以火星大气还在不断丢失。而地球有较强的磁场,带走气体的现象没有发生。

火星有两颗卫星,两颗卫星都非常小,难怪小说家伏尔泰说:"我们的旅行家觉得那里太小,小到没有下榻的地方。"

火卫一(福博斯)是一颗不规则的卫星,它的大小是 27 千米 ×21.6 千米 × 18.8 千米(月亮的直径是 3473 千米),上面布满陨石坑,有的陨石坑直径达 8 千米。火卫一距离火星只有 0.935 万千米(地球到月亮的距离是 38.44 万千米),从火星上看火卫一,只有地球上看到月亮的一半,天上有一颗几乎是个长方体的"月亮"也是太阳系的一个"看点"。火卫一围绕火星公转的速度非常快,公转周期只有 7 小时 39 分钟,而且,它一反常态,从西方升起而向东方落下,是逆行的。有人猜测火卫一是外来物,不是太阳系土生土长的。火卫一表面凸凹不平,有环形山分布。

图 13-44　火卫一　　　图 13-45 环球勘测者号拍摄的火星三维图像

火卫二(德莫斯)就更小了,也是一颗不规则的卫星,它的大小是 15 千米 × 12.2 千米 ×11 千米。距离火星 2.35 万千米,表面的陨石坑也很多。从火星上看火卫二,由于距离太远,卫星太小,几乎看不见。

让人们惊奇的是,火卫一和火卫二,一个顺时针围绕火星旋转,一个逆时针围绕火星旋转;火卫一不断地接近火星,火卫二不断地远离火星。

由于火星与地球非常相似,人们猜测火星上一定也有人类。大多数科学家支持根据几率计算求得的结论:宇宙的广大、环境的多样、已经有生命进化形成的事实,这样明显的现状,地球是唯一有生命存在的星球几率很低。拿银河系来说,银河系有 2000 亿颗恒星,如果说只有太阳系有人类,实在是过于保守了。

火星和地球有很多相似之处:同样有自转形成昼夜,全球接受阳光均匀,同样有公转形成四季,同样有固定的地面,同样有山川,极地同样有冰雪,温度相差不多,轨道离太阳相差不远……地球上动植物旺盛,火星上也会有生命。于是,"火星人"的角色就搬上了舞台。然而,天文学家们是不相信没有得到证明的事物的,对火星人的问题同样十分谨慎,既不否认也不承认,他们主张"多歧为贵,不取苟同",这就更让人们对"火星人"着迷了。

一位意大利天文学家发现火星表面有一些不规则的细线,火星上某些部位的斑痕随季节的转换而改变颜色,认为火星上有生物。他的崇拜者更加推波助澜,便把这些细线视为火星人用于灌溉的运河,为了农业而修建的水利工程,改变颜色的火星斑痕是火星上的植物春生秋萎随季节变化的结果。

一位美国科学家阿西莫夫,把"火星人"描写得更加细致:火星人生活在火星弱重力场中,行动迟缓,反应迟钝,一副昏昏欲睡的表情。火星人生活在大沙漠之中,他的脚掌宽大扁平,有三个脚趾分开成120度,中间有蹼。火星人的皮肤有三层,外层防水蒸发,中层充气储氧,内层保温防寒。火星人没有鼻子,氧气从食物中获得,能量从阳光中获得。火星人有两只特大的眼睛,能感应太阳发出的紫外线和对方身体发出的热辐射……

13000年以前,"火星人"曾经入侵地球,但不是阿西莫夫描写的那种"火星人",而是非常细小的化石细菌。这么小的细菌如何来到地球呢?1600万年以前,一颗小星星高速撞击在火星上,把火星上的一块岩石撞飞,而且达到火星的逃逸速度(火星赤道逃逸速度5.02千米/秒,地球赤道逃逸速度11.18千米/秒),飞向地球,陨落在南极冰层上。这就是著名的ALH84001陨石。美国航空航天局化验证明,陨石的25%是火星细菌化石。

然而,法国天文学家弗拉马里翁对过去的火星照片进行分析发现,火星斑痕的形态和颜色不随季节转移,他们说的那些"运河"只是色调不同的区域分界线,火星表面的运河之说不符合事实,是主观的愿望。至于火星植物之说,从光谱分析可知,那里没有叶绿素,就是像地球上的苔藓、地衣之类的低等植物也没有。

美国的一位生物学家根据"勇气号"探测器发回的数据称,火星上的水盐份含量非常高,即使早期有生物物质,也会因为水过咸而被扼杀。

1976年,美国宇宙飞船"海盗1号"和"海盗2号"在火星上着陆,它发回的大量照片资料和实验数据证明,所谓的火星运河是陡峭的山崖的峭壁,火星上的海洋是环形山的山口和平原。火星空气稀薄,水蒸气只占1%,比地球的大沙漠干燥100倍。火星人不可能在那里生存。

2004年1月4日,美国的"勇气号"火星探测器经过7个月的长途飞行,在火星赤道以南的、古谢夫环形山岩石密布的平原上着陆。古谢夫环形山是一颗小行星撞击而成的,后来,那里曾形成一个巨大的湖泊,远古的一条河流伸入环形山,现在是一个湖底平原。

另一个火星探测器"机遇号"也在2004年1月24日登陆火星。

2004年1月23日,欧洲"火星快车"探测器发现火星表面有冰冻水。

美国"奥得赛"火星探测器曾提供证据,火星表面40厘米以下的土壤里含有大量的冰。在火星上,由于温度过低、干燥缺水、氧气不足、重力的减少,太阳的紫外线辐射强烈,这样的环境地球上的所有生物都不能在那里生存。于是,主张火星上有生命的人们开始退步了。他们认为,火星曾经经历过大水灾,可能就是因为这场洪水,导致火星上的高级生物灭绝,只遗留下一些低智能的生物,如细菌、霉菌和酵母菌。

2004年1月6日,欧洲"猎兔犬2号"火星探测器飞抵火星。从那天起,"猎兔犬2号"火星探测器便音信全无。

40多年以来,人类对火星探测共进行了40多次,人们对开发火星抱有很大的希望,同时,也存在着竞争。人们早已下定结论,火星上没有"火星人",地球人是太阳系里唯一的人类。

科学家们有一个计划使火星地球化。他们无拘无束地尽情想象的计划是:预计2015年人类将登上火星。2030年人类将向火星发射一个机械人团队,由机械人在火星上安装核能发电厂和加工厂,制造氯化氮气体,释放在火星表面,使火星大气变暖,温度达到 -15℃。用大量碳黑覆盖冻土,以便接受阳光和防止极冰向空中热辐射。2040年发射火星轨道的反光镜,融化极冰,释放出二氧化碳。把大量氯氟烃送入火星,产生温室效应,温度达到 -8℃。大约在2080年,将地球南极的耐寒藻类送往火星,使它们在火星上安家落户,吸收阳光、二氧化碳和水,产生光合作用,制造氧气和糖,使温度达到 -8℃到0℃左右。

太阳系最大的行星——木星

木星是太阳系里最大的行星,图13-46是旅行者号拍摄的木星,它在夜空中是第二个亮星,仅次于金星。当火星离地球最近的时候,木星就成了第三亮星。木星是一个被浓密气体覆盖的气态行星。气态行星没有实体表面,它的气态物质越靠近中心密度越大。同样,它的气压也是越靠近中心压力越大。木星的直径是从1个大气压处开始算起的,因为地球表面的大气压是1个大气压。木星有暗淡的云层形成的条斑,那是气态行星表面的高速飓风,风速约640千米/小时,有红色鲜明的变化着的大红斑,还有四个大的卫星围绕木星旋转,其中三个比月亮大,另一个跟月亮差不多。木星的天空有四个"大月亮",这是迷人的景象,是精彩的"奇迹"。木星的四大卫星都是伽利略发现的,所以被命名为"伽利略卫星"。

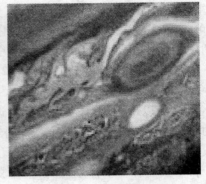

图 13-46　木星——太阳系最大的行星　　图 13-47　木星的大红斑

　　木星的直径 14 万千米,是地球的 11 倍。木星的体积是地球的 1316 倍,质量是地球的 318 倍,是太阳系所有行星加在一起质量的两倍半。木星和太阳之间的平均距离为 5.2 天文单位,它围绕太阳转一周需要 12 年。从木星上看太阳直径只有 6 分,它接受的阳光只有地球的 1/27。木星大气下面是没有大陆的液态氢海洋。据推测,液态氢海洋下面是水的海洋。木星的核心是由铁和硅组成的固体核心,有 20 个地球的质量。

　　木星向空中释放出的热量是接受太阳热量的 2.5 倍。木星的核心没有热核反应,它释放的热量是从哪里来的呢?通过研究,木星的热量来自它的卫星。我们知道靠近木星的四大卫星质量都比较大,距离木星都比较近。木卫一直径 3630 千米(月亮的直径是 3473 千米),与木星的距离为 42.16 万千米(地球与月亮的距离是 38.44 万千米)。木卫二的直径是 3138 千米,离木星的距离为 67.1 万千米。木卫三直径是 5262 千米,比月亮和水星还大。木卫四的直径是 4800 千米,比月亮和水星都大。木卫五虽然比较小,但它离木星只有 13 万千米。地球与月亮之间的潮汐力引起地球上一天两次潮起潮落,四大木卫也会引起“木星潮”。木星外形变化,内部也跟着变化,内部气体相互摩擦产生热量。内部摩擦生热、外部有太阳光照辐射,使木星温度升高。太阳距离木星 5.2 天文单位,木星得到的热量有限;木星潮是气体潮,产生的热量也有限,所以木星表面温度只有 −148℃,它的中心温度也只有 3 万度(太阳中心温度 1500 万度)。

　　木星的大红斑照片(图 13-47)是 1979 年“旅行者一号”探测器近距离拍摄的。木星的大红斑是木星大气的巨大旋涡,木星大气的主要成分是氢、氮还有甲烷和氨等。这些气体的颜色都不是红色,怎么它的旋涡就成了红斑了呢?

大红斑是个长 3 万千米、宽 1.2 万千米的椭圆,可以容纳两个地球。大红斑是木星上唯一的永恒标志,至于它微微带红的颜色和长期不消失的原因也是一个谜。木星是太阳系自转最快的行星,它不是整体的自转,赤道区域的自转周期比南北两半球的自转周期要快 5 分 10 秒。这两股气流的相对速度达每小时 350 千米。木星的大红斑的疑问也许可从它的自转那里找到答案。

木星大红斑是木星最著名的标志,它的形成众说纷纭。然而,2000 年有三股小风暴在木星表面并合,形成一个白色的旋涡,不久又变成褐色,现在又变成与大红斑一样的颜色,大小是地球直径的 70%,被命名为 OvalBA,俗名小红斑。大红斑的形成也许与小红斑的形成相似。最近,小红斑与大红斑靠近,其边缘已经产生摩擦,也许两个红斑会并合,使大红斑的面积减小。

2007 年 3 月,天文学家们在木星北半球中纬地区发现两个巨大的风暴,使那个地区的大气发生强烈混乱。起初,风暴只有 400 千米,不到一天的时间,就增大到 2 万千米,正好被哈勃空间望远镜捕捉到。木星的大气非常活跃,其动力可能来自太阳,也可能来自木星的内部。天文学家们发现,来自木星深层的水汽云以每小时 500 千米的速度上升,像一个个巨大的喷流,喷出可见云层 30 千米以上,使附近的大气产生骚乱。这也许是大气风暴的起源。

木星有暗而薄的光环。光环是由黑色的碎石块组成的,宽度有几千千米,厚度有几十千米,距离木星中心 12.8 万千米,每 7 小时旋转一周。

木星大气的主要成分是在约 90% 的氢、10% 的氦,氮以及甲烷(CH_4)和氨(NH_3)等极少。它的大气组成和组成太阳系的拉普拉斯原始星云非常相似。宇宙中第一大元素是氢,第二大元素是氦,第三大元素是氧。木星的大气里没有氧气,当然表层水汽也就非常少了。这一点很重要,因为甲烷、氢是可以燃烧的,如果木星有氧气,可能木星早就不存在了。人们对木星大气的了解很少,来自"伽利略号"的木星大气数据只探测到云层下 150 千米处。

在木星背向太阳的一面,有长达 3 万千米的北极光。太阳系里只有地球和木星才有强的北极光。同样,背向太阳的一面还有 17 个闪电区,常年发出亮光。

1992 年 7 月 8 日,苏梅克—列维 9 号彗星进入木星轨道,离木星只有 4.3 万千米,木星的强大引力作用产生潮汐力并将它撕碎,把它瓦解成 21 块。1994 年 7 月 17 日,苏梅克—列维 9 号彗星又进入木星轨道。它围绕太阳运转的周期为两年。它被瓦解成的 21 块中,直径 2 千米以上的有 12 块,最大的一块直径有 4 千米,以 63 千米/秒的速度向木星撞击,持续了 5 天。其中的一块在木星上撞出了一个地球大小的痕迹。苏梅克—列维9号彗星碎片的撞击点在木星的背面,我们虽然不能直接看到,但可以看到撞击产生的闪光照亮了木卫一,撞击产生的痕迹10分钟以后就能看到,可以想像爆炸产生的大气风暴。其实,彗星碎片在浓密的木星大气中全部烧毁,未能到达木星核心。整个彗星撞击的总能量有2万亿吨TNT炸药的能量,相当于1亿颗1945年美国投放日本的原子弹。撞击产生的结果是,木星安然无恙,彗星遭遇灭顶之灾,对地球则提供了一个参照资料。

木星是太阳系陨石轰击的靶子,是地球的保护神。木星的质量是地球的318倍,体积是地球的1316倍。我们虽然不知道每天落向木星的陨石有多少,但肯定不会比落向地球的少。根据天文学家波特的计算,在24小时内,整个地球上肉眼可看见的、陨落的流星总共有2000万颗,全年73亿颗。明亮到一等星的流星,每天也有30万颗之多。如果我们的观测技术达到更高的水平,就会发现更多、更大的陨石落向木星。果然,英国天文学家George Airy发现了一颗比木卫一在木星上的投影大4倍的暗斑(木卫一的直径是3630千米,月亮的直径是3473千米),人们认为这就是小行星撞击的痕迹。2009年7月18日,人们亲眼看到一颗直径500米的小行星撞上了木星……太阳系木星轨道以内是一个"骚乱"的场所。同样是这颗木星,也把外太阳系的一些物质以强大的引力拉进内太阳系,并以飞快的速度撞向内行星。成也木星,败也木星。

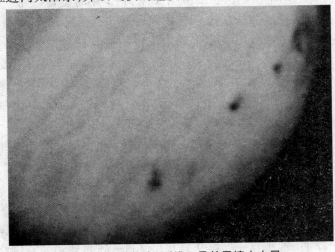

图 13-48　苏梅克-列维9号彗星撞击木星

木星的卫星

我们非常幸运天上有一个月亮,晚上给人们做伴。木星的天空却有五个"月亮",三个比地球的月亮大,一个与地球的月亮相当,另一个却是个近似长方形"月亮",美丽极了。但是,它们离太阳较远,我们的月亮比它们都亮。

1610 年 1 月 7 日,伽利略在观察木星时,发现了木星的四颗大卫星,这四颗大卫星都围绕木星遵循不同的轨道运转。木星除四颗大卫星以外,还有一群小卫星。

离木星最近的一颗大卫星是木卫一。木卫一常把它的同一半球对着木星,就像月亮对着地球那样。因为木卫一很靠近木星,木星又是没有大陆的液态氢的海洋,木卫一不论运行到哪里,都会使木星产生变形。木卫一有数以百计的活火山,是我们知道的宇宙之最,大部分正在喷发,喷发速度达 1600 公里/小时,喷出的物质升高到 450 千米。木卫一火山喷出的熔岩是地球总和的 100 倍,它长久的熔岩湖直径有的达到 200 千米。木卫一由岩石组成,密度比月亮稍大,平均密度是 3.38,是地球平均密度的 3/5。估计木卫一也是地震之最。

为什么木卫一有这么多火山呢?

因为木卫一的轨道在木星和木卫二之间,木卫一有时与木星、木卫二、木卫三处在同一条直线上,在引力的拉扯下,使木卫一轨道形成椭圆。在围绕木星旋转的过程中,木卫一的岩层和岩浆受到错综复杂的扭曲作用,产生地震,产生热量,热量聚集形成火山,这个过程就是"潮汐加热"过程。木卫一表面没有陨石坑,说明表面被岩浆和火山灰覆盖。太阳系的八大行星(水星、金星、地球、火星、木星、土星、天王星、海王星),三大矮行星(谷神星、冥王星、阅神星),143 颗大卫星(地球 1 颗卫星,火星 2 颗卫星,木星 63 颗卫星,土星 37 颗,天王星 27 颗,海王星 13 颗),没有一颗星的火山数量是超过木卫一的。

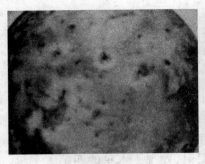

图 13-49　伽利略号拍摄的木卫一　　　　图 13-50　伽利略号拍摄的木卫二

　　木卫二常把它的同一半球对着木星,就像月亮对着地球那样。木卫二是太阳系最光滑的卫星,没有陨石坑,这意味着木卫二表面是由冰覆盖的;密度是 2.8,也意味着它由水冰构成。"伽利略号"拍摄的木卫二有巨大的裂缝,表面以下有 50 千米厚的冰冻层(请看"太阳系至少还有三颗星球有生命"章节)。

　　天文学家们认为,木卫二有生命必需的有机物质、液态水和能源,在厚厚的冰层下面有一个液态水的海洋,海洋里可能有生命。地球上的南极在厚厚的冰层下面有液态水的海洋,海洋里也有大量的鳞虾、鱼和以鱼虾为食的动物。天文学家们认为,下一个探测对象应该是木卫二,如果找到木卫二的生物,我们就会摘掉"地球是太阳系里唯一有生命的星球"的独生子帽子了。

　　图 13-15 是"伽利略号"合成的木卫三和木卫四。木卫三是太阳系里最大的卫星,离木星 107 万千米,颜色为黄红色,密度是 2.8,也是把它的同一半球对着木星。它的表面有平原、山脊、峡谷、隆起和断层。此外,木卫三还有电离层和磁场,很像行星。木卫三表面有很厚的冰,冰层下面是"泥芯"。

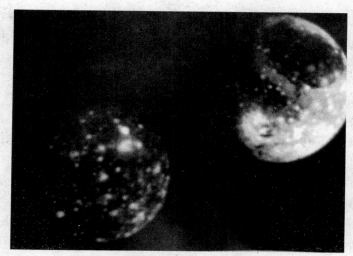

图 13-51　伽利略号合成的木卫三和木卫四

木卫四亮度要比木卫三暗得多。它的密度只有 1.2,与前面三个卫星相差甚远。它离木星的距离是 188.5 万千米。它的表面有很多环形山,很多地面被冰覆盖。

木卫五属于小卫星,长 240 千米,宽 140 千米,是离木星第二近的卫星,距离木星只有 13 万千米,是地球到月亮距离的三分之一,围绕木星公转一周需要 11 小时 57 分。

木卫十四,是离木星最近的小卫星,它离木星大气顶层只有 6 万千米,围绕木星公转一周需要 7 小时 8 分钟,是太阳系公转最快的卫星。

木卫九是木星外围的卫星,它离木星 2280 万千米,是地球到月亮距离的 60 倍,围绕木星公转一周需要 758 天。

后来,天文学家又发现很多木星的卫星,它们都很小,都小于 40 千米。值得注意的是,最外围的四颗卫星围绕木星运行的方向和其他卫星运行的方向相反。也就是说,最外的四颗卫星是逆行的。这使我们感到诧异。

将木星"点燃"

太阳是由气体组成的,主要成分是氢,其次是氦。恒星也是由气体组成的,主要成分是氢、氦,其次是氧、碳等。太阳系的木星是由气体覆盖的,而且主要成分也是氢,其次是氦、碳、氮,还有甲烷等。氢是主要的核燃料,一旦把木星"点燃",木星就会像恒星那样发光,太阳系里就会出现第二个太阳。第二个太阳比太阳小1048倍,距离地球比太阳远4倍,对地球影响远没有太阳大。可是,对于火星和土星的影响较大,可以提高火星的温度。有科学家指出:"如果太阳熄灭,我们可以点燃木星,让它做太阳!"——好大的气魄!

我们知道,木星的质量是地球的318倍,体积是地球的1310倍,离太阳的距离5.2天文单位,地球离太阳的距离1天文单位。很多射向地球的陨星被它吸引过去,成为地球的"保护神"。木星现今不会演变成恒星,由"保护神"变成"太阳神"。虽然木星也具备氢的核燃料,但它的中心温度是3万度,离氢核反应所需的温度1500万度、内部压力13亿大气压都相差很远。宇宙中的恒星质量是太阳质量的1%的几乎没有,更不用说木星只有太阳质量的1‰了。换句话说,木星演化成恒星质量相差甚远,温度相差甚远,内部压力也相差很远。如果将木星中心的氢点燃,它的总质量至少还要再扩大10倍。

然而,木星的质量比其他行星大得多,自身能够向外释放能量。它不断地俘获由太阳发出来的物质粒子,不断地俘获宇宙中的氢气、尘埃、彗星、流星等物质,从而不断地壮大自己。总有一天,也许30亿年以后,木星的质量达到太阳质量的20%时,真的会变成一颗名副其实的恒星,与它的卫星们形成一个"木星系"。

下面谈谈太阳系与未来的"木星系"的比较:

(1)太阳大气中氢的含量占88%,木星大气中氢的含量占82%。氢是主要的核燃料。

(2)太阳大气中氦的含量占11%,木星大气中氦的含量占17%,也很接近。

(3)在太阳系里,太阳的质量占99.87%。在"木星系"里,木星的质量占99.8%。

(4)围绕太阳运转的大行星和围绕木星运转的大卫星的轨道大致在同一平面内。

(5)围绕太阳和木星旋转的各天体,轨道之间距离的分布基本相同。围绕太阳和木星旋转的各天体的密度都依次减少。这些相似难道是偶然的?

一旦木星像恒星那样被点燃,它就会迅速膨胀,温度迅速提高,放射出耀眼的"木光",太阳系将发生翻天覆地的变化。这时候,"天无二日"这样的词汇也就过时了。

观测表明,星空中真有行星过渡到恒星的天体。这个天体是 CHXR73B（图 13-52），质量是木星的 12 倍,它已经被"点燃",围绕一颗恒星运转,距离恒星 200 天文单位,两个"太阳"在同一个"太阳系"里,也是一个难得的奇迹。

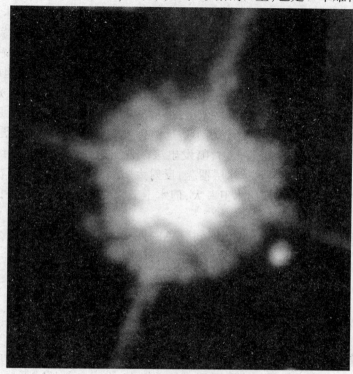

图 13-52　CHXR73B

游览"木卫五"

木卫五直径 240 千米。这就告诉人们,它不是一颗圆形的卫星。直径 800 千米的星,它的自身引力才能使其变圆。木卫五长 240 千米,宽 140 千米,是个小天体,距离木星只有 13 万千米,是地球到月亮距离的三分之一,围绕木星公转一周需要 11 小时 57 分。

木卫五上的温度常年在 −150 度左右,它和木星一起围绕太阳转一周需要 12 年。

从木卫五上看太阳，其直径只有 6 分，太阳的视直径缩小到只有地球看到的 1/6。它的单位面积接受的阳光只有地球的 1/27。

在木卫五上将会看到巨大的木星冉冉升起，它的视直径相当于月亮的 90 倍，眼睛的张角达 46 度，一个偌大的、有条带的木星无声无息地从头顶穿过。木星的云层翻滚着，形成大大小小的旋涡。有一个颜色微微带红的特大旋涡，那就是木星的大红斑。在激荡的云彩里，不时发出白色的闪光，那就是雷电，尽管我们听不到雷声。仔细观察，就会看到木星暗而薄的光环快速地旋转着。

晚上，雷电的闪光更加耀眼，还不时地出现长达 3 万千米的北极光。再看天上的星辰，天空中最亮的星不是金星，也不是火星。天上最亮的星是橘黄色的木卫一，看上去它比月亮还大，用小望远镜仔细观察，可以看到起伏的山脉，甚至可以看到正在喷发的活火山，喷发出滚滚气云。第二亮的星是绿黄色的木卫二，由于木卫二的表面被冰层覆盖，反射太阳光的能力很强。其次是木卫三和木卫四。它们虽然都比木卫一大，但木卫五离它们太远，看上去比木卫一小得多。

天上有一个彩色的木星，有不同颜色的四个大"月亮"，这是多么精彩的"奇迹"。

土星是太阳系最美丽的天体

土星是太阳系里最美丽的天体。它和木星非常相似，是"类木行星"。天文学家们认为，土星是了解太阳系形成的活标本，土卫六是地球形成初期的标本，土卫九又是一颗来自太阳系外层空间的原生态天体。特别是土星光环，它形态稳定，色彩迷人，魅力无穷。图（13-53）是哈勃空间望远镜拍摄的土星。

图 13-53　哈勃空间望远镜拍摄的土星

土星的直径为 11.97 万千米,大小仅次于木星,是太阳系的第二大行星,直径是地球的 9.4 倍,体积是地球的 742 倍,质量是地球的 95 倍,是太阳质量的 1/3502。它的密度是地球的 1/8,只有水密度的 0.7,这使我们感到惊奇。如果把土星泡在水里,它是浮在水面上的。土星离太阳 9.6 天文单位,围绕太阳公转一周需要 29 年零 167 日,自转一周需要 10 小时 32 分 35 秒。图 13-54 是"旅行者号"拍摄的土星。

图 13-54　旅行者号拍摄的土星

科学家们认为，土星是由三部分组成：核心由岩石和铁组成，直径12000千米，密度6克/厘米³，很像地球。中间层由甲烷、冰和液态氢的海洋组成，厚度36000千米，密度1.55克/厘米³。外层由氢、氦、甲烷等气体组成，厚度18000千米，密度0.25克/厘米³。

色彩迷人的土星光环

土星最大的特色是土星光环。尽管粒子碰撞频繁，土星光环的棱角仍然十分明显，从中可以清楚地看出各环之间的间隙。当卫星通过环的附近时，土星光环发生变形。光环的平面与赤道平面的扩大面重合，像一面巨大的圆形冠冕。因为土星的倾斜度较大，光环依次被太阳照射，北面被照15年零9个月，南面被照13年零8个月。当太阳直射赤道的时候，光环就看不见了，时间达两个月之久。因此，可以断定光环很薄。

图13-55　土星光环

土星光环最外面的A环，宽度达3.5万千米，B环的宽度达5.8万千米，两环之间有一条环缝，叫"卡西尼"环缝，那是一条绝对黑暗的宽缝。它还有一条离土星只有1.1万千米的C环。光环是由各自独立的小质点、冰块组成的彩虹，这些小质点的散光能力与雪的散光能力相同。

美国航空航天局科学家在土星上发现一个巨大的"隐形光环"，让人不解的是"隐形光环"还散发出热辐射。就是因为有热辐射，NASA 才发现了它。隐形光环非常巨大，可以容纳 10 亿个地球，它的平面与主光环成 27 度倾角。人们认为，"隐形光环"是一个非凡的光环。土星光环有时也出现闪电，威力是地球闪电的几万倍。

2004 年 7 月 1 日，"卡西尼号"探测器穿过土星光环进入土星轨道，飞到了土星大气平流层上空，土星光环像一道巨大的彩虹，从天界的一端经过天顶到达天界的另一端，有人说，这就是太阳系的"南天门"。如果"卡西尼号"紧贴着土星大气上层，朝高纬度的北极方向飞去，人们将看到一个巨大无比的、明亮的圆圈套在土星的赤道上。乘坐"卡西尼号"游览土星光环，是太阳系里最美丽的"旅游线路"。

土星的光环是怎样形成的呢？有的科学家认为，土星光环原本是一颗卫星，由于它离土星太近，轨道直径不断缩小，不断靠近土星，终于有一天达到了"洛希极限"，被土星瓦解，形成一个环；有的科学家认为，组成光环的碎片是还没有形成卫星的"原材料"；还有的科学家认为，光环是由于土星的卫星与小行星相撞产生的碎块。这些说法都没有得到天文学家们的一致认可。

人们注意到"卡西尼号"宇宙飞船载着一个较小的飞行器"惠更斯号"，在2004 年 12 月份脱离"卡西尼号"，降落在土卫六表面上。

当"卡西尼号"宇宙飞船穿越土星磁场边缘时，还听到土星的声音，这声音有强有弱，像大海的潮汐一样低沉。当"卡西尼号"接触到土星磁场时，发现有极强的能量波，声音也增强了。

土星的大气和木星大气一样，其主要成分是氢、氦以及甲烷和氨等。土星的表面温度是 -145 度，上面覆盖着含有液态氢的海洋，上方的云层是氨晶体组成的云。云层温度 -170 度，风速可达 1600 千米/小时，天天都是狂风大作。1973 年发射的"先驱者 11 号?"宇宙飞船发现土星有电离层，有极光，内部有热源。它辐射的能量是从太阳那里得到的能量的 2.5 倍。

太阳高挂在天空，从土星上看到的太阳视直径只有 3 分，但它仍然放射着耀眼的光辉。

太阳系里奇特的卫星

　　土星有 37 颗比较大的卫星,土卫六是土星卫星中最大的一颗,直径为 5151 千米,比水星、冥王星、月亮都大,仅次于木卫三,是太阳系第二大卫星。1655 年,惠更斯发现了土卫六。它有大气,由于太冷,温度只有 −183 度。土卫六质量为 1.35×10^{23} 千克,轨道半径为 122 万千米,周期为 15.945 天。图 13-56 是“卡西尼号”拍摄的土卫六。

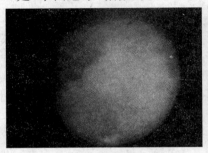

图 13-56 “卡西尼”拍摄的土卫六

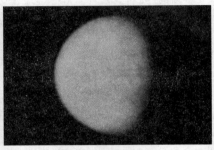

图 13-57 红外和可见光合成的土卫六

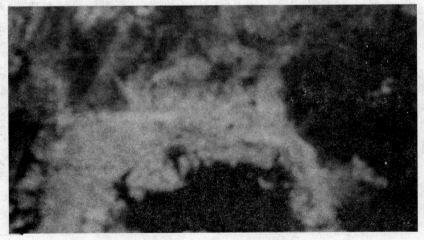

图 13-58 土卫六上的陨石坑

　　1997 年,“卡西尼号”探测器发射升空。它携带一个着陆器“惠更斯号”软着陆土卫六。土卫六的大部分资料来自“惠更斯号”。“卡西尼号”探测器有

12 台仪器,直径有 2.7 米,重达 6 吨。"惠更斯号"着陆器装有 6 台仪器。

为了提高"卡西尼号"的运行速度,科学家有意将"卡西尼号"飞行路线设置为:首先飞越金星,1998 年 4 月在金星的引力下获得第一次加速;然后围绕太阳一周,再飞越金星,获得第二次加速;1999 年 8 月,从金星处指向地球,从地球附近飞过,获得第三次加速;2000 年 12 月飞过木星,在木星的强大引力下,获得第四次加速,然后直飞土星。

"卡西尼号"探测器载"惠更斯号",于 2004 年到达土星,飞行了 7 年。"惠更斯号"于 2004 年 12 月脱离"卡西尼号",向土卫六飞去。正当地球上"立春"的前夕,2005 年 1 月"惠更斯号"在土卫 6 上降落。"惠更斯号"探测到的数据通过卡西尼号轨道器传回地球。"卡西尼号"围绕土星飞行 74 圈,掠过土卫六 45 次,发回照片 50 万张。大家都知道,土卫六和地球有很多相似之处,当"惠更斯号"降落在土卫六表面时,它发回的照片显示,土卫六正在下着蒙蒙细雨,真可谓随风潜入夜,润物细无声……

土卫六的蒙蒙细雨不是杜甫的"春夜喜雨",而是"甲烷晨雨",天空中的云也是冻结的甲烷云层和阴霾。土卫六有大气(太阳系中的卫星只有土卫六有大气),也有和地球相近的大气压(1.5 大气压),土卫六的大气比太阳系任何一个天体都更接近地球,这是人们非常关心土卫六的原因。土卫六大气的主要成分是由甲烷。上面所说的细雨,也不是水的雨,而是甲烷的雨。"惠更斯号"温度设备显示,土卫六表面温度是 -183 度,不可能有水雨。土卫六有雨,当然也有云,有湖泊,还有一个 10 万平方千米的大海。大海和湖泊里的甲烷、乙烷液体不断蒸发,形成甲烷云,然后形成甲烷雨,这样周而复始,不断循环。土卫六的大气里没有氧气,这一点很重要,如果土卫六有氧气,土卫六可能早就不存在了。

照片显示,土卫六的毛毛细雨往往出现在早晨刚刚被照亮的地方,这个早晨之长有 3 个地球日,因为土卫六的一天大约为 16 个地球日。3 个地球日之后,土卫六的蒙蒙细雨就停止了。"卡西尼号"发回的数据显示,土卫六上的甲烷、乙烷等碳氢化合物比地球多数百倍,它的几百个甲烷湖泊的深度都大于 10 米,一个湖泊就能维持中国 300 年能量的需求,但人们不会考虑把那里的液态甲烷运回地球。

然而,"旅行者 1 号"早先发回的资料与此有很大的不同:土卫六大气有 400 千米厚,主要成分是氮,约占 98%,而且还向外发射电波——不会认为那里有外星人吧!

　　"卡西尼号"探测器在土卫六上发现49个陨石坑,比较明确、比较新近的陨石坑只有5个,其余早年的陨石坑被大气、液态甲烷风化或掩埋,已经不太清楚了。"卡西尼号"2007年1月13日拍摄的土卫六陨石坑的直径为180千米,是形成年代比较近的陨石坑,它周围的明亮物质是陨石撞击时抛出来的,内部被沉淀物覆盖,呈黑色。

　　太阳系里一百多颗卫星只有土卫六上面有大气,而且,它的大气和地球在十几亿年生命起源之前的一样。这就是天文学家们非常重视的原因。

　　土卫六是土星最大的卫星,从土星上看土卫六,它的视直径只有在地球上看到的月亮的一半。土卫六有大气,所以也有蓝天,从土卫六的蓝天下看土星,又有一番情趣,巨大的月牙般的土星套着一个明亮的光环,显得格外奇妙。

　　土卫六因为离土星只有122万千米,土星质量大,土卫六质量也大;这就意味着土卫六自从诞生以来,同一面一直朝向土星,就像月亮那样。土卫六的化学成分与土星的非常一致,说明两者是一起诞生的。

　　"卡西尼号"探测器还发现土卫六有火山。它喷发的不是熔岩,可能是氨、甲烷、乙烷和液态水的混合物。

　　土卫一是1789年9月17日天文学家威廉·赫歇尔发现的。其直径为400千米,有一颗小伴星,质量为3.8×10^{19}千克,轨道周期为0.94天。土卫一中间有一个大陨石坑,直径为130千米,约占土卫一直径的1/3。这颗陨石如果再大一点,土卫一就会破碎。

　　围绕土星旋转的"卡西尼号"探测器2010年2月飞跃土卫一时,发现土卫一陨石坑左侧温度偏高,温度达到-180℃,而陨石坑附近以及坑的右侧温度只有-195℃。直径130千米的陨石撞击土卫一,使陨石坑附近温度偏高毋庸置疑,但陨石坑附近温度不高而陨石坑的左侧地区温度偏高15℃,就难以解释了。通过对土卫一的仔细观察,发现土卫一陨石坑左侧更平坦、更低洼,陨石撞击产生的热量将陨石坑附近的冰融化成水,热水流向平坦低洼地区,然后再冻成冰;陨石坑右侧地势较高,没有这样的一个过程,所以相对就有了区别。

　　土卫一表面颜色深浅明显不同。形成明显对比的物质是什么呢?土卫一离土星非常近,轨道周期只有0.94天,它同月亮一样已经失去自转,从土星光环飘落下来的黑色物质落在土卫一一侧,另一侧却得不到,颜色就不一样了。

图 13-59　土卫一

图 13-60　土卫二

图 13-61　土卫四

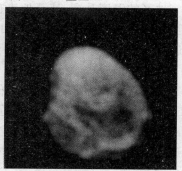
图 13-62　土卫七

土卫二是太阳系中最白的天体。北半球有一个深约 1000 米的冰峡谷，是土卫二最明显的标志。土卫二直径为 500 千米，属于冰质小卫星，质量为 7.3 × 10^{19} 千克，温度在 −150 度左右。2010 年 2 月"卡西尼号"探测器发现土卫二有水的间歇泉，在它的南极附近喷发出小规模的水冰粒和水蒸气，有的形成羽状物。落在地表的新冰粒使土卫二的反光率达到 95% 以上，所以土卫 2 非常洁白、明亮。冲向大气的新冰粒，在运动的情况下，形成一个带负电的水分子环。

带负电的水分子是怎样形成的呢？从间歇泉中喷出的不只是水蒸气和温暖的冰粒，还夹杂着钠盐、氩气、碳氢化合物等。它们从狭缝中喷出，相互摩擦，有的失去电子，而水分子和碳氢化合物得到电子，形成带负电的水分子和带负电的碳氢化合物。

间歇泉中的钠盐是从哪里来的呢？"卡西尼号"发现钠盐标志着土卫二有

地下水库,水长期在地下水库贮存,水库四周的岩石中的钠盐溶解在水里。这是天文学家们在别的星球上真实地发现了水的证据。至于发现氩气,则标志着岩石中的放射性元素衰变,同时放出热量,使虎皮纹地区辐射的热量达到了地球同纬度辐射热量的3倍。

2010年8月11日"卡西尼号"探测器距离土卫二最近,发现土卫二虎皮纹附近的一些地区温度达到0℃左右,从这个地区喷出的"水汽羽流"表明地下有大的水库,地下水库中可能有水中生物。土卫二温度只有－150℃,一些地区的热能从哪里来呢?有人认为,可能是快速衰变的铝和铁的同位素产生的热量,正在加热土卫二的内部,经过漫长的时间,土卫二内部被暖化了;有人认为,土卫二与地球一样,有一个熔岩状的内核,熔岩加热地下水从裂缝中喷出,使这个地区的温度升高,甚至地表也有液态水;还有人认为,是土星的潮汐力将土卫二南极的虎皮纹地区的水加热形成"水汽羽流"。当土星距离土卫二最远的时候,它的潮汐力应该最小,但实际上"水汽羽流"喷发得更大,潮汐力加热地下水几乎被否决。

土卫二非常寒冷,表面是坚硬的水冰,内部是液态水,液态水在气态氮、甲烷、二氧化碳的推动下,不断从冰缝喷出,遇冷形成羽状物的冰晶。天文学家在间歇泉中发现了气态氮、甲烷、二氧化碳与人们的猜测吻合。他们推测,土卫二厚冰下面是液态水,也许水里有生物。"卡西尼号"探测到土卫二地表有很充足的氢、碳、氮、氧等元素,这正是生命不可缺少的元素。

天文学家苏珊教授(Susan Kieffer)认为,土卫二表面没有冰,表层没有水,表层深达几十千米处是由坚硬的"冰状笼形化合物"组成的,羽状物是这种"化合物的离解"。苏珊教授的解释比用水冰解释羽状物,其更深层的意义是否决了土卫二有生物。

土卫三直径为1060千米,有一颗小伴星,质量是6.22×10^{20}千克。

土卫四直径为1118千米,有小伴星。

土卫五直径为1528千米。

土卫七直径为410千米。大型望远镜看到它像个黄色大土豆,尺寸是410×260×220。

土卫八直径为1460千米,没有自转,也没有大气,一条山脉蜿蜒在赤道上。土卫八的密度很低。它的密度告诉我们,土卫八是一个小冰球,是一颗不圆的冰卫星,冰占整个体积的80%,岩石约占20%。"旅行者号"和"卡西尼号"拍摄的照片显示,土卫八的一半被雪白的物质覆盖,而另一半被黑色的物质覆盖,一个约 200 千米的陨石坑被白色物质遮盖,在迎着土卫八运行方向陨石坑的边缘有半圈黑色的物质积累。土卫八的黑色物质来自轨道上的尘埃和陨石小颗粒,运动的过程中在迎面黑色半球上积累,厚度达 1 米左右。在阳光的照耀下,温度有所提高,达到 127K,迎面的积雪蒸发,水蒸气也从冰缝中蒸发出来,在空间遇冷变成白雪,在背向轨道运行方向堆积,形成白色半球。这样周而复始,水将从黑色半球跑掉,运动到白色半球上去。久而久之,土卫八就不圆了。

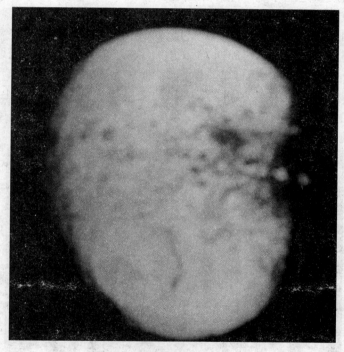

图 13-63　土卫八

土卫九直径为 220 千米,是离土星比较远的一颗卫星。土卫九是逆行的,可以看到重叠的火山口,闪着光辉的冰。

土卫十和土卫十一的轨道几乎相同,两颗卫星每 4 年接近一次,每次接近都变轨,人们把它们叫做同轨卫星。

躺在轨道上的天王星

1781 年 3 月 13 日,赫歇尔用他自己制造的望远镜发现了天王星。天王星也是"类木行星",它的直径为 5.1 万千米,是地球直径的 4 倍,它的体积是地球的 64 倍,质量是地球的 15 倍,密度比地球小得多,只有水的 1.29 倍。天王星的球体也是扁的,扁率 1/14,围绕太阳公转一周需要 84 年,远日点 20.08 天文单位,近日点 18.4 天文单位。天王星到太阳的平均距离为 29 亿千米,是地球到太阳距离的 19 倍,自转周期 15.5 小时。天王星内部的自转周期是 17 小时 14 分。它和所有巨大的行星一样,上部的大气层朝自转的方向有非常强的风,只要 14 小时就能自转一周。天王星的视星等 5.6 等,在地球上肉眼勉强能看到,而且必须是在天气非常晴朗、天王星在中天的时候。图 13-64 是哈勃空间望远镜拍摄的天王星,可以看到它的环以及它的一颗卫星。

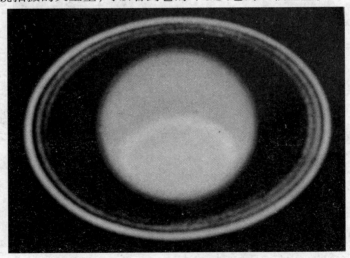

图 13-64　哈勃空间望远镜拍摄的天王星

天王星的自转是奇特的,它的自转周期是 15.5 小时,它的自转轴差不多是躺在它的轨道平面上的,与轨道平面的交角只有 8 度。所以,天王星是躺着转的。当天王星的北极差不多被太阳光直射的时候,它的南极就在漫长的黑夜里了。相反,当天王星的南极差不多被太阳光直射的时候,它的北极就在漫长的黑夜里了。这样的一个过程需要 84 年。只有在天王星的二分期时,我们才能观测到它的赤道区和它的扁球形状。

法国天文学家勒蒙尼叶(Pierre Lemonnier),在1750年以后近20年的观测中,12次发现天王星。可是,他认为这不是一颗行星,就没有向天文学会报告,因为他相信了一个错误的星表:1690年的约翰·佛兰斯蒂德在星表中将天王星编为恒星,金牛座34。1781年3月13日,英国天文学家威廉·赫歇尔发现有一颗星不是一个小亮点,而是一个小小的圆面,他断定是一颗行星,立即上报英国皇家学会,从而一举成名。这对于勒蒙尼叶来说,是天文学中最大的遗憾,甜蜜的梦竟然12次错过。

图13-65 威廉·赫歇尔　　图13-66 天王星和地球的大小

1986年1月24日,美国的"旅行者2号"探测器到达天王星上空,以22千米/秒的速度飞行,测得天王星的大气以氢气为主,氢的含量占80%;其次是氦,占15%;甲烷占2.3%。大气中有稀薄的甲烷云,所以它呈现青绿色。水蒸气、一氧化碳和二氧化碳在大气层的上层,存量微乎其微。

根据"旅行者2号"的探测结果,天王星的表面被汪洋大海覆盖,深度为8000千米,海水温度约6千度。因为天王星的气压非常大,所以海水没有沸腾。也正是因为海水温度太高,大气压才没有把海水压凝。这样的海洋与我们地球的海洋有巨大的区别,甚至一些天文学家认为,这样的海洋根本不存在。太阳质量占整个太阳系总质量的99.86%,一个质量不足太阳1‰的天王星,它的表面海水温度和太阳表面一样,就应该放射耀眼的光芒,但天王星没有光芒。

按理,天王星离太阳的平均距离为29亿千米,它接受的太阳的光和热只有地球的2‰,它的大气以外温度是 -200℃。天王星大气的温度是非常高的,"旅行者2号"探测器测得6000千米高度的大气温度是921℃,单靠太阳光不可能有如此高的温度。天王星表面为什么有8000千米深的汪洋大海覆盖?而且,海水的温度高达6000度呢?天文学家们有种种猜测。通常认为,天王星是由彗星构成的,构成天王星的彗星本来是巨大的冰块,在冲击和高压的作用下才产生了高温,由巨大的冰球变成了巨大的水球。彗星撞击的论点似乎是牵强和不合理的,天王星的直径是地球直径的4倍,它的体积是地球的64倍,有覆盖整个天王星8000千米深的大海,应该是非常大的彗星撞击而成的,但有这么大的彗星吗?如果是几百、几千个彗星撞击,怎么这些彗星偏偏都撞在天王星上,靠近它的土星却没有呢?天王星的外部环境非常黑暗,非常寒冷,温度只有 -200℃,撞击所产生的冲击热已经几十亿年了,还没有被大气散发出去吗?整个天王星有8000千米深的大海,而它的大气成分里怎么没有水汽呢?一系列的问题,几乎把天王星是由彗星撞击形成的说法否定。造成天王星的8000千米深的汪洋大海,以及造成海水的温度高达6000度的原因,是否应该从天王星本身来找,可它的内部结构却有10倍地球质量的冰。这个问题应该继续研究。

人们知道土星有光环,天王星也发现了光环,是由小颗粒组成的,都很暗弱,反照率只有2%~3%。1986年,"旅行者2"号飞过天王星时,又发现了两圈新的光环。光环不是与天王星同时形成的,它来源于粉碎了的卫星。2005年12月,"哈勃"空间望远镜在最外围发现蓝色环,使天王星环的数量增加到13圈。哈勃同时也发现了两颗新的小卫星,其中的Mab还与最外面的环共享轨道。关于外环颜色是蓝色之说,对于蓝色光波而言,颗粒漫射出的光线呈蓝色,说明颗粒质点直径是万分之一毫米的数量级,每一个质点包括几千万个原子;也有可能这是大气中的甲烷吸收了日光中的红光造成的。

天王星直径虽然与海王星相似,但质量很低。这就告诉人们,天王星所含的水、氨和甲烷比海王星更多。天王星冰的总含量至少是地球质量的10倍,氢和氦只占1.5倍地球质量,剩余的3.5倍地球质量才是岩石物质。

"旅行者2"号在1986年飞掠过天王星时发现,天王星得到太阳的热量与释放到天空的热量相当,而海王星释放到太空中的热量是得到太阳热量的2.61倍。这明确地告诉我们,天王星的内热很低,是太阳系内热最低的行星,天王星的大气层非常平静,这与它的内部结构10倍地球质量的冰相匹配。天王星记录到的最低温度是 49 K，比海王星还要冷，是一颗死气沉沉的冷行星，却有 6000 度的大海是让人费解的。

"旅行者 2 号"测量到天王星的磁场约 1 高斯，是不对称的奇特磁场，与地球相比大致相当。天王星的质量是地球的 15 倍，其磁场强度与地球相同，磁场是由核心内部引发的，天王星是个冰巨星，而地球是个热核心，磁场强度相同是理所当然的了。

已经发现天王星有 27 颗卫星。较大的 5 颗是：

天卫五是最里侧的较大的卫星，直径为 900 千米，离天王星的距离为 19 万千米，有坚固的地面，地面上有高高耸立的山脊，有深深的沟壑，沟壑的深处不断涌出液体。它的自转周期是 2 日 12 时 29 分。

外侧较大的一颗是天卫一，直径为 1158 千米，离天王星 26 万千米，有一条平底的峡谷，峡谷似乎是地面下陷造成的，宽约 80 千米左右，碎石从谷底流过，将谷底磨平。天卫一的表面温度约 –203℃，"旅行者 2 号"测量天卫一的组成成分，它的 50% 是冰。它的自转周期是 4 日 3 时 28 分。

再向外是天卫二，直径为 1170 千米，离天王星 44 万千米，运转的周期是 8 日 16 时 56 分。

天卫三直径为 1578 千米，是天王星最大的卫星，离天王星 59 万千米，它没有火山活动，却有很多环形山。它有很多大裂缝，却没有液体流动的迹象。它的自转周期是 13 日 11 时 7 分。

天卫四直径为 1523 千米，是天王星的第二大卫星，布满环形山，哈姆莱特是最大的环形山。图 13-67、68、69、70 是"旅行者 2 号"绘制的天王星的卫星一、二、三、四的照片。

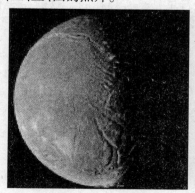

图 13-67　天卫一

图 13-68　天卫二

图 13-69　天卫三　　　　　　　　　图 13-70　天卫四

从天王星上看太阳,只有 1 分 40 秒的角度,是一个很小的发光点,就像一颗亮恒星。金星、水星、火星、地球也看不见了,木星和土星是可以看到的天空中的小星,只有海王星是天空中大的行星。然而,从天王星上看恒星宇宙,看猎户星座,就像在地球上看到的一样。

计算出来的海王星

1845 年 9 月 23 日,刚毕业的大学生勒威耶从计算中找到了一颗未知行星,同时亚当斯也从计算中找到一颗行星。天文学家们不相信没有望远镜,单凭计算就能找到一颗行星。1946 年 6 月,勒威耶计算出这颗行星的位置,与亚当斯计算的相差不到 1 度。9 月 25 日,加耳用望远镜看到了海王星。他写信告诉勒威耶说:"先生,你给我们指出位置的行星是真实存在的。"这就是直径是地球 3.9 倍、星等为 8 的海王星。

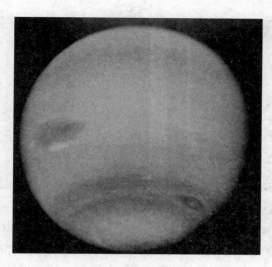

图 13-71　海王星

海王星离地球 40 亿千米,用肉眼是绝对看不见它的,但它的存在影响了天王星的运动。就是由于这个特点,勒威耶和亚当斯从计算中找到了海王星。

海王星有一个淡绿色的圆轮,赤道直径 49532 千米,是地球的 3.9 倍,体积是地球的 60 倍,质量是地球的 17 倍,平均密度 1.66 克/厘米³,单位面积接受的太阳热量是地球的 1/900,表面温度 -173℃。只有放大 300 倍的天文望远镜才能看到海王星的淡绿色的圆轮。它的反照率是 0.5,自转周期大约是 16.11 小时,绕太阳公转一周 164.8 年,离太阳 30 天文单位,有寒、温、热五带,热带和温带是相对的,寒带是真实的。也有春、夏、秋、冬四季,它的一个季度长达 41 年。

1989 年"旅行者 2 号"拍摄到海王星的近距离照片。从照片上可以看到两块黑斑,中间的一块黑斑东西长 12000 千米,南北宽 8000 千米,面积约有地球那么大。类似木星的"大红斑",人们称为"大黑斑"。"大黑斑"沿逆时针方向转动,形状经常改变,人们认为这是大气中的风暴。"大黑斑"的南面有片亮斑,是发光的几缕白云,也经常飘动。

"旅行者 2 号"发现的"大黑斑"引起了天文学家们的关注。地面望远镜找不到"大黑斑",用哈勃空间望远镜寻找也没有找到。"大黑斑"怎么会失踪了呢?"哈勃"认为,大黑斑其实是几片云彩的空洞,在不断地形成或消失。

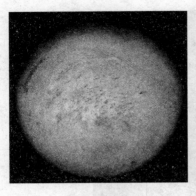 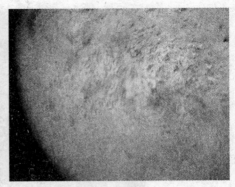

图 13-72　海卫一　　　　　　　图 13-73　　海卫一局部放大图

　　海王星有浓密的大气,大气的主要成分是氢气、氦气和甲烷,大气压约为地球大气压的 100 倍。大气中有云带,有狂风、风暴或旋风,有时风速达 2000 千米/小时(地球台风也只有 200 千米/小时左右)。海王星内部有热源,它辐射出的能量是吸收太阳能的 2.61 倍。

　　海王星和天王星是孪生兄弟,它们的质量、平均密度、大气、直径等都相差不多,只是海王星比天王星更冷,更加遥远而已。

　　海王星是一颗有光环的行星,它有 5 个光环,都非常暗淡。它们距离海王星中心分别是 4.2 万千米、5.3 万千米、6.3 万千米,还有一个宽 1700 千米的弥漫光环,看上去似乎是螺旋形结构。

　　海王星还有一个广阔的"尘埃层",是由卫星撞击而成的小碎块组成的。

　　海王星有 13 颗卫星,其中 6 颗是"旅行者 2 号"发现的。

　　海卫一的平均直径为 2706 千米(月亮的直径是 3473 千米),是海王星最大的一颗卫星,距离海王星 35.4 万千米。它的轨道直径不断缩小,不断靠近海王星,总有一天达到"洛希极限",被海王星瓦解,形成一个新的环。海卫一很像月亮,也有极冠,极冠占据南半球的 60%,温度为 -210℃,大部分被冰雪覆盖。海卫一有三座"冰火山",其中有两座"活冰火山",它们喷出的不是火,而是"冰氮微粒",喷射高度约 8 千米。地面有液氮海洋、冰雪湖泊。海卫一自转周期为 5 天 21 小时,大气非常稀薄,主要是氮气(占 99.9%),其余是甲烷。图 13-72 是"旅行者 2 号"拍摄的海卫一。海卫一围绕海王星的运动一反常态,它是逆行的。海卫一是威廉·拉塞尔发现的。它是按照太阳系形成的原理形成的吗?

　　天文学家艾格诺认为,海卫一是从其他行星系统中捕获来的,是海王星的俘房。在小行星带里,有很多小行星是"双小行星"。休神星是两颗蛋形的双小行星,它们之间的距离只有 17 千米,每颗直径大约都是 86 千米,围绕共同的引力中心做轨道运动;冥王星与它的卫星也是"双行星";在柯伊伯带有 11% 的小行星构成"双小行星系统"。这样的双小行星系统,双星的质量相差不多,围绕双方共同的质量中心旋转,一次偶然的机会遇到了海王星,海王星的引力特别大,双小行星系统中的一颗靠海王星很近,便开始围绕海王星旋转了(双小行星的另一颗星哪里去了?)。专家们认为,海卫一是逆行的卫星,不可能与海王星同时在太阳系里形成;海卫一的轨道比海王星的轨道倾角大 130 度,如果同时形成,就不会有这么大的倾角;而且它离海王星非常近,轨道又是一个圆形;表面非常年轻,没有什么陨石坑,与海王星表面形成对照;它的表面非常奇特,与海王星表面没有相似之处,所以被海王星捕获的概率很大,它的前身可能就是像冥王星那样的天体。

为什么说海卫一的前身可能就是像冥王星那样的天体呢?因为海卫一的大小、密度和化学成分与冥王星非常相似,而与天王星和海王星相差甚远。冥王星与海王星的轨道相交(请看冥王星轨道示意图),相交时两星距离可能很近,在冥王星轨道附近运行的双小行星被海王星捕获是有可能的。

有的专家认为,海王星是太阳系八大行星中最外面的一颗,太阳系以外的孤立的小行星也有可能闯入太阳系被海王星俘房,看看海卫一表面"哈密瓜皮"形象,太阳系的卫星没有一个是与它相似的,就像外星人不会与地球人相似一样。

我们在"太阳的邻居"一节中,曾经提到 40 亿年以前,一颗恒星以高度倾斜的轨道闯入太阳系。很快,引力控制了两个系统,两个系统都捕获对方天体而去。

我们在"太阳系最大的灾难"一节里曾经提到,6500 万年以前太阳遭遇恒星,恒星的行星撞碎了太阳系的第五大行星,灭绝了地球上的恐龙扬长而去。证据是恒星远离以后,天气慢慢凉爽起来,空气中的水蒸气凝结成水滴,乌云密布,瓢泼大雨从天而降,山洪爆发,泥石流将由于两个太阳的高温使恐龙们一起死亡的恐龙尸骸一股脑儿地推到山坳。这就是人们现在发现的"恐龙公墓"。

下一次太阳遭遇恒星在 140 万年以后,GL710 星正在向太阳方向运行。根据伊巴谷卫星的测量,140 万年以后运行到离太阳 1.1 光年处。那时侯 GL710 星也许横穿太阳系的奥尔特云,俘获一批彗星后扬长而去。太阳安然无恙,地球安然无恙。如果 GL710 星所处的路线是伊巴谷卫星测量的下差, GL710 星更靠近太阳,太阳系将有翻天覆地的变化。

海卫一是不是被恒星送来被海王星捕获的呢?

海卫二的直径只有 340 千米。它是顺向运动的,它的运动非常奇特,一般这样的小卫星都是圆形轨道,可是海卫二的轨道偏心率很大,围绕海王星运转最远达到 900 万千米,最近离海王星只有 140 万千米。天文学家们说它是在坐过山车,先慢慢爬升到 900 万千米,然后快速俯冲到 140 万千米。海卫二也是从地球上用天文望远镜发现的。

"旅行者 2 号"发现的海王星卫星,最外边的叫做 $1989N_1$ 卫星,直径只有 400 千米,绕海王星周期 27 小时。小天体不圆,很冷。从最外边向里数,第二颗是 $1989N_2$,也是个不圆的天体,尺寸是 210 X 190 千米,绕海王星周期 13 小时。向里数,$1989N_3$,直径 140 千米;$1989N_4$,直径 160 千米;$1989N_5$,直径 90 千米;$1989N_6$,直径 50 千米。

海王星离我们非常遥远,尽管"旅行者 2 号"发来很多资料,我们仍然有很多难以解决的疑问:海王星的大气非常活跃,海王星离太阳又非常遥远,温度又非常低,大气活动的动力是从那里来的呢? 海卫一的直径比月亮和土卫六的直径稍小,为什么海卫一围绕海王星的运动是逆行的,而天王星和海王星的其他几十个卫星都是顺行的,它是按照太阳系形成的原理形成的吗? 海王星的磁场偏离行星中心,与自转轴偏斜 52 度,这个异常的磁场如何解释呢?

人们对海王星了解很少。海王星的大部分资料来源于"旅行者 2 号",它是唯一的一艘宇宙飞船的访问过海王星,它得到的资料也不全面。海王星离太阳非常遥远,但太阳仍然能够强烈地影响海王星,使海王星围绕太阳旋转。从海王星上看太阳,仍然十分耀眼,视星等 -21(天狼星视星等 -1.6),从地球上看太阳视星等为 -26.7,星等相差约 6 等。根据普森公式:星等每差 1 等,亮度相差 2.512 倍。从海王星上看,太阳亮度比地球上看太阳暗了 $(2.512)^6$ 倍,约等于暗了 250 倍。从海王星上看太阳比天空最亮的恒星天狼星亮 19 等,约亮了 $(2.512)^{19}$ 倍,约等于 4000 万倍。从海王星上看北极星,看大熊星座,与在地球上看到的没两样。

取消冥王星第九大行星桂冠始末

1930 年 3 月 13 日,业余天文学家汤博(Tombaugh)根据美国天文学家洛韦尔的计算,在他拍摄的三张照片上找到了一颗行星,命名为普鲁托(pluto-地狱之神),汉语翻译为冥王星。观测表明,冥王星的亮度只有 15 等,即使大型望远镜上拍摄的照片上也和普通恒星一样,所以发现冥王星很不容易。但是,冥王星能显著地干扰海王星的运动,它的视自行速度比恒星大几十倍。汤博的三张照片中,冥王星比所有恒星移动的距离都大,所以他断定一定是个行星。从发现海王星到发现冥王星用了 80 年。

冥王星的直径约为 2344 千米,比水星、月亮都小(水星直径 4700 千米,月亮的直径是 3473 千米)。在近日点处,冥王星离太阳的距离是 29.99 天文单位,约 44 亿千米;在远日点时 49.3 天文单位,约 74 亿千米,平均距离 39.44 天文单位。轨道偏心率 0.248,它的轨道平面与黄道的交角为 17 度,它环绕太阳公转的周期是 248.4 年,自转周期 6 天 9 时 17 分。冥王星在阳光下的表面温度为 -223℃,表面平均温度为 -233℃,比绝对零度(-273.15℃)高 40℃。冥王星的表面存在一层甲烷冰。在阳光的照耀下,甲烷挥发,形成大气。它的大气压虽然只有地球大气的十万分之一,但仍然有四季变化,有风,表面有雾,高空有电离层,大气的主要成分是甲烷。冥王星的质量只有地球质量的 0.0022 倍。

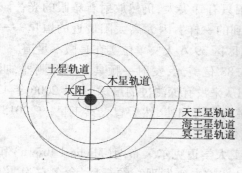
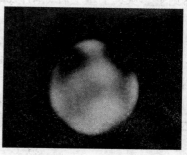

图 13-74 冥王星

1978 年 7 月,美国海军天文台的克里斯蒂发现冥王星有一颗卫星,被命名为"卡戎"(冥卫一),直径约为 1200 千米,距离冥王星约 1.995 万千米(地球与月亮的距离是 38.44 万千米),我们称呼它为"冥月"。"冥月"离冥王星太近,从冥王星上看"冥月"比从地球上看到的月亮大 30 倍,天上有一颗视面积比月亮大 30 倍的"冥月",是太阳系的一大奇观。2005 年 5 月,哈勃空间望远镜发现两颗冥王星新卫星,分别命名为 Nix(冥卫二)和 Hydra(冥卫三)。它们都比冥卫一小。

"冥月"是太阳系里唯一的一颗同步卫星,它围绕冥王星运转的公转周期和冥王星的自转周期相同,都为6.387天。换句话说,视面积比月亮大30倍的"冥月",永远高挂在冥王星某处的上空,不像地球上的月亮那样东升西落。"冥月"离太阳太远,自然不会像月亮那样明亮,它的明亮程度还不如月亮的1/10,是一颗暗淡的"冥月"。名字起得太好了,冥就是昏暗的意思。很多天文学家认为,地球和月亮是一对"双行星"。同样,他们也认为,冥王星和"冥月"不像是行星和卫星的关系,太阳系的其他卫星一般只有行星的百分之几,而"冥月"是冥王星的一半,更像是一对"双行星"。

从冥王星轨道示意图可以看出,冥王星有时比海王星离太阳还近,轨道上有两个交叉点,会不会冥王星和海王星在交差点相撞呢?永远不会相撞,因为海王星的轨道在黄道面附近,而冥王星与黄道面有一个17度的轨道倾角,如果冥王星和海王星同时到达交叉点,两者之间的距离仍然有3.78亿千米。冥王星已于1989年9月5日过近日点,下次将在2237年9月16日再次通过近日点,它环绕太阳公转的周期约248年。

冥王星到太阳的平均距离为39.6天文单位。从冥王星上看,地球是肯定看不见的。从冥王星上看太阳,太阳只有针尖大,仍然放射着耀眼的光芒。从冥王星上看恒星世界,与地球上看到的一样。因为离太阳最近的恒星——半人马α离太阳就有28万天文单位,区区39.6天文单位实在是微不足道。

2001年11月,美国打算投资4.88亿美元,发射一颗冥王星探测器,叫做"新视野"探测器。这是天文学家们从来没有探测过的星球,预计2006年1月发射,发射以后飞向木星,借助木星的引力加速,然后直飞冥王星,于2015年到达冥王星。科学家们为此欢欣鼓舞。

2002年6月4日,美国加州理工大学迈克尔·布朗(Michael Brown)和查德威克·储基洛(Chadwick Trujillo)在蛇夫座发现一颗行星,命名它为"夸瓦尔"。"夸瓦尔"的直径1250千米,体积比已知的所有小行星总和还要大,亮度18.5等,密度比较大,质量比冥王星大27%,绕太阳公转一周需要285年。它的轨道也像冥王星轨道那样古里古怪。

2003年11月,又在"柯伊伯带"发现一颗"塞德娜"星,直径1700千米。预计在"柯伊伯带"有9万颗大于200千米的小行星,现在已经发现了1000多颗。

2003年,又发现一颗比冥王星更大更远的行星,命名为阋神星,直径约有

3000 千米,质量也比冥王星大,它到太阳的距离是冥王星的 2 倍,公转周期 560 年(冥王星的周期 248.4 年),偏心率 0.437(冥王星的偏心率 0.248),对黄道倾角 44 度(冥王星 17 度)。它还有一颗卫星,命名为戴丝诺米娅(阅卫一)。阅神星曾被称为太阳系的第十大行星。阅神星与冥王星对比,冥王星有些逊色了,使天文学家们对冥王星地位的争论又掀起新的波浪。以国际天文学联合会布莱恩·马斯登为代表的天文学家认为:

(1)冥王星的轨道很扁,它的近日点只有 44 亿千米,比海王星的近日点还近。它的远日点有 74 亿千米。两者相差 30 亿千米。太阳系的其他八大行星没有和它相似的。它的轨道很像一颗彗星。

(2)太阳系的其他大行星的轨道近圆、共面,都在黄道面附近。只有冥王星与黄道面有一个 17 度的轨道倾角,它应该是彗星或者是小行星。

(3)冥王星质量只有地球质量的 0.0022,它的直径只有水星的一半。

(4)太阳系的 4 颗内行星是"硬壳星"(类地行星),太阳系的 4 颗外行星是浓密气体覆盖星(类木行星),而"老九"冥王星却是个小冰球。所以,应该取消冥王星第九大行星的桂冠。

以列维为代表的天文学家认为:

(1)把冥王星称为小行星或者称为彗星不是科学问题,是人为的问题。

(2)天文学家们喜欢冥王星的古怪,孩子们也喜欢冥王星。一旦否认了冥王星的地位,大众文化中也将否认它的地位,对天文事业不利。甚至教科书上也有冥王星是第九大行星的说法。

(3)就凭冥王星轨道的古怪,它的 2400 千米的直径,有 1200 千米的卫星,说它是小行星,也是小行星王,说它是彗星,也是彗星王,没有必要取消冥王星第九大行星的桂冠。

列维的一席话使"要冥王星降级"的天文学家"闭嘴"了。

有人认为,没有必要就冥王星的地位问题进行争论,如果在太阳系里再找到一颗比冥王星大的、轨道很精确地处于第九大行星的位置上的新行星,冥王星会知趣,自然会让出位子,不会惹人讨厌。

2006 年 1 月,科学家发射了投资 4.88 亿美元的"新视野"冥王星探测器。发射以后,借助木星的引力,使探测器加速,使奔赴冥王星的旅程缩短三年。天文学家们"过河就拆桥",又提议冥王星降级,并且这一动义还占了上风。2006 年 8 月 25 日国际天文学联合会在布拉格召开第 26 届会议。会议的主要论点是:

（1）在冥王星轨道附近有成千上万的小天体组成的珂伊伯带，冥王星不是里面最大的，那颗被命名为阅神星的行星，直径3000千米，比冥王星的直径大700千米。冥王星的轨道、质量、成分与八大行星相比明显不是一类天体。

（2）在70年以前发现了冥王星，人们对行星的了解还不够深刻，如果现在才发现冥王星，天文学家们不会把它命名为第九大行星。

（3）珂伊伯带还会有比冥王星大的天体，也会有和冥王星相似的天体。这些天体都命名为大行星，就混淆了行星的概念。

通过表决，决定取消冥王星第九大行星的资格。从此，结束了太阳系有九大行星约70年的历史，开始了太阳系只有八大行星的说法。在布拉格会议上，还规定了行星的三大要素：必须围绕太阳公转；质量大到自身引力足以使它变成近似球体；能清除运行轨道上周围的其他物质。冥王星似乎也能达到上述三要素。据说，冥王星不能清除轨道附近的其他物体，所以被称为矮行星。

冥王星，这个家喻户晓的名号，终于被一部分天文学家取消了第九大行星的资格，被命名为矮行星。从此，太阳系有三大矮行星，它们是谷神星、冥王星和阅神星；后来又增加了妊神星（直径1931千米）、鸟神星（直径1900千米）。除谷神星以外，其他矮行星都在柯伊伯带。柯伊伯带小行星的特点是轨道偏心率较大，轨道平面与黄道的交角也大（最大达到40度），大部分柯伊伯带小行星与海王星轨道共振。这与太阳系的八大行星的轨道近圆、共面形成明显对照。柯伊伯带小行星与海王星轨道共振让人迷惑不解，冥王星与海王星轨道共振之比为2:3（冥王星围绕太阳转2圈，海王星围绕太阳转3圈），柯伊伯带小行星与海王星轨道共振之比有的2:5，有的3:5，有的4:7，都是整数比，每过一定时间就要轨道共振一次。这是为什么呢？怎么不与天王星轨道共振呢？

2008年6月国际天文学会又将冥王星分类为"类冥矮行星"，从此，太阳系里就有"类地行星"（水星、金星、地球、火星）、"类木行星"（木星、土星、天王星、海王星）和"类冥矮行星"（谷神星、冥王星、阅神星、妊神星、鸟神星）了。

图 13-75 阋神星

图 13-76 谷神星

图 13-77 灶神星

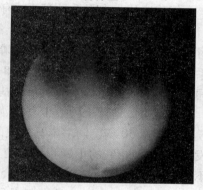

图 13-78 冥王星

图 13-79 妊神星

图 13-80 鸟神星

冥王星是美国伊利诺斯州业余天文学家汤博（Tombaugh）1930 年 3 月 13

日发现的,是业余天文爱好者的"标杆"。现在把冥王星降级,把"标杆"一折两段,很多天文爱好者把取消冥王星第九大行星的日子看作"黑暗日子"。为此,在他们的望远镜上绑上黑纱以致哀悼。更有甚者,美国伊利诺斯州2009年3月9日决定恢复冥王星的行星资格,3月13日定为"冥王星日"。他们认为国际天文学联合会做出将冥王星降级的决定时,只有4%的成员投票,不具有法律约束力。

太阳系还有几颗星球有生命

人们普遍认为太阳系只有地球有生命。

生命 = 活跃的元素物质氢、碳、氮、氧、磷 + 能量源 + 媒介液态 + 足够的时间。生物体内的氢、碳、氮、氧、磷占生物生命的98%,能量源来自太阳,太阳系有充足的水或其他液态,行星和卫星是在46亿年以前形成的,有足够的时间。太阳系下列星球生命的要素基本具备。

(1)火星。地球上阿塔卡马沙漠曾经发生过大洪水,现在它比撒哈拉大沙漠还要干燥50倍。阿塔卡马沙漠的地下20米仍然有生命菌类。火星也曾经发生过大洪水,它的干燥程度没有超过地球上的阿塔卡马沙漠。预言火星地下仍然有生命菌类,20年以内就会发现火星有生命。

(2)木卫二。木卫二是太阳系最光滑的卫星,没有陨石坑就意味着木卫二表面是由冰覆盖的,它的直径3138千米(月亮的直径3473千米),离木星的距离67.1万千米,密度是2.8,也意味着由水冰构成,常把它同一半球对着木星,也像月亮对着地球那样。它的表面被冰覆盖。伽利略号拍摄的木卫二有巨大的裂缝,裂缝的颜色不同,意味着有不同的菌类在那里生活。木卫二表面温度只有-150℃,能长菌吗?地球上冰岛的冰洞已经冻结1000年了。从冰壁深处取样,发现那里有大量的活生生的细菌。这些细菌不是冻结在那里,而是生活在那里。这些细菌能生产出有防冻剂的蛋白质。融化细菌附近的冰,形成一个小水珠,它们就生活在这个小水珠里,在那里分裂繁殖。

木卫二厚厚的冰层下面有一个液态水的海洋,海洋里可能有生命。地球上的南极在厚厚的冰层下面有液态水的海洋,海洋里不是也有大量的鳞虾、小鱼和以鱼虾为食的动物吗?伽利略木星探测器从木卫二的400千米上空掠过,"听到"木卫二冰下吱吱的声音,其频率与海豚的声音非常相似。科学家们将录音给地球上的海豚播放,海豚们不知所措。这没有什么奇怪的,如果把外星人的录音给一位中学生听,学生们也将不知所云。地球南极冰层下面的液态水是"富氧水",所以才有大量的鳞虾。无独有偶,木卫二冰层下面有液态水也是"富氧水",向生物提供氧气。

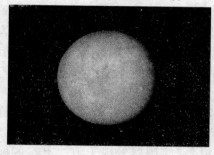

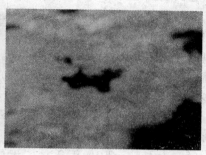

图 13-81　伽利略号拍摄的木卫二　　　图 13-82　土卫六上的湖泊

（3）木星。木星是一个被浓密气体覆盖的气态行星。它的气态物质越靠近中心,密度越大,压力越大。从木星上看太阳直径只有 6 分,它接受的阳光只有地球的 1/27。木星大气下面是没有大陆的液态氢海洋。据推测,液态氢海洋下面是水的海洋,木星的核心是由铁和硅组成的固体核心,有 20 个地球的质量。木星向空中释放出的热量是接受太阳热量的 2.5 倍。

在地球上,阿尔文号潜水艇下潜 2000 米,压力高达 100 大气压,没有阳光,温度只有 2 度,如此恶劣的环境,在热流喷口附近,菌类像地毯那样密集,还有鱼虾在那里生活,真可谓:

千米深海温度低,

高压无光创奇迹。

寂寞小鱼时时舞,

自在大鲵摇摇鳍。

在那里没有竞争,没有战争,动物们的"幸福指数"超过人类。

生物在高压下能使体内和体外的压力平衡。在木星的大陆上,压力很大,温度不低,有水源,未必没有生命。

（4）土卫六。土星有 37 颗卫星,土卫六是土星卫星最大的一颗,直径5151 千米(月亮的直径 3473 千米)。土卫六有大气(1.5 大气压),有蓝天,有云,有雨,有湖泊,有一个 10 万平方千米的大海,温度 −183 度。当"惠更斯"号降落在土卫六表面时,土卫六正在下着蒙蒙细雨,是甲烷(CH_4)为主要成分的雨。大海和湖泊里的甲烷、乙烷(C_2H_6)液体不断蒸发,形成甲烷云,然后形成甲烷雨,这样周而复始,不断循环。

地球上的生物最不怕甲烷的是白蚁,它吃木头产生甲烷。蚂蚁中的切叶蚁是非常聪明的生物,过着集体生活。它们已经进化到使用工具、开展种植业了。它们成群结队地搬运植物的叶子到它们的"社区",在叶子上涂上抗生素,防止其他霉菌产生,"种植"(培育)真菌作为它们的食物,产生的二氧化碳从专门的孔洞中排出。在土卫六的洞穴里也许有一种吃甲烷的"白蚁",因为甲烷(CH_4)非常有活性,很适合当食物。不错,地球上没有吃甲烷的生物,但有吃硫化氢(有害、有毒、致命的化合物)的生物,它们吸收硫化氢产出硫酸。这是多么奇特的生命。

如果发现土卫六上有"白蚁",千万别说它们"不是人",是"昆虫",这样会伤害人家的"自尊心"。

(5)土卫二。2010年2月,"卡西尼号"探测器发现土卫二有水的间歇泉,在它的南极附近喷发出小规模的水冰粒、水蒸气、钠盐、氩气、碳氢化合物等,标志着土卫二有地下水库。发现氩气标志着岩石中的放射性元素衰变,同时放出热量,使虎皮纹地区辐射的热量是地球同纬度辐射热量的3倍,温度达到0℃左右。"卡西尼号"探测到土卫二地表有很充足的氢、碳、氮、氧等元素,这正是生命不可缺少的元素(请看太阳系里奇特的卫星章节)。

十四、彗星和流星雨

哈雷彗星

当彗星围绕太阳旋转的时候,彗星也成了太阳系的成员。图 14-1 是莫尔豪斯彗星 1908 年 11 月 16 日出现在天空时的画面,它的毛发茸茸的脑袋和灰白的大尾巴,使西方人产生恐惧和厌恶的感觉。

图 14-1　莫尔豪斯彗星　　　　图 14-2　扫帚星威斯特

每一次彗星出现,西方世界总有一两件不愉快的事与彗星连在一起,作为彗星出现是灾难的印证,甚至历史学家也这样写道:"诺曼人被一颗彗星领导着入侵英国。"这颗彗星就是 1066 年出现的哈雷彗星。西方世界没有一件喜庆的事情与彗星相联系。

公元前 44 年 3 月 15 日,罗马独裁者恺撒遇刺身亡,天上出现一颗大彗星,人们一致认为这颗彗星是恺撒悲伤的灵魂。公元前 30 年,恺撒美丽绝伦的情人、埃及女王克娄巴特拉自杀,天上又出现一颗彗星。人们更认为彗星是灾难的印证。

在中国,人们把彗星叫做扫帚星。样子像扫帚,能扫清道路。从古代就没有把它当作恐惧的事儿。中国古书有很多记载彗星的:

彗所以除旧布新也。

——《左传·昭公十七年》

彗星者,天之旗也。

——《河图帝通纪》

2600多年以前,即公元前611年,我国古书就有哈雷彗星的记载。公元4世纪,晋书《天文志》记载:"彗星所谓扫星,本类星,末类彗(开始像颗星,后来才像彗星),小者数寸,大或经天(小的只有几寸,大的横跨天空)。彗本无光,傅日而为光(彗星本身不发光,靠近太阳时反射太阳光),故夕见则东指,晨见则西指(傍晚看到彗星,彗尾指向东;早晨看到彗星,彗尾指向西)。在日南北,皆随日光而指,顿挫其芒,或长或短(在太阳附近,彗尾指向太阳所在的相反方向,光芒受到影响,彗尾长短不一)。"公元4世纪,中国天文学家就对彗星如此了解,比欧洲早了1200多年。

彗星的出现是屡见不鲜的,肉眼可以看见,平均每两三年出现一颗,用望远镜可以观察的彗星就不计其数了。天文学家们在离太阳100天文单位(150亿千米)处,发现数十亿颗彗星,它们都围绕太阳运行,大都是运行周期200年以下的短周期彗星,称为柯伊伯带。哈雷彗星的周期76年左右,属于短周期彗星。

在1万至10万天文单位(1天文单位等于1.5亿千米)处,发现数万亿颗彗星包围着太阳系,它们都沿着各自的轨道围绕太阳运动,周期约100万年,属于长周期彗星,天文学家们把这里称为奥尔特云。奥尔特云中的彗星在运行中有可能彼此相撞,从而改变运行轨道,可能向太阳飞去;也有可能遭遇过路的恒星,从而使彗星改变运行轨道,向太阳飞去。GL710将是下一个干扰奥尔特云的恒星。根据伊巴谷卫星的测量,140万年以后,GL710恒星将横穿太阳系的奥尔特云,俘获一批彗星后再扬长而去。同时,它也将使奥尔特云中的大量彗星改变运行轨道,进入太阳系内部,人们会看到大批彗星出现。

天文学家哈雷对几颗大彗星进行轨道计算,算出这几颗彗星有一个长的椭圆形轨道,其中1531年、1607年、1682年所观测的三颗彗星的轨道非常相似,他断定是一颗彗星的三次出现,1758年还会再来。果然,这颗彗星按时回来了,它的周期是76年,那时,哈雷已经去世了,他没有看到彗星按时回来。然而,很多人看到了哈雷彗星,从此哈雷与彗星就连在一起了,人们把这颗彗星叫"哈雷彗星"。

哈雷彗星最靠近太阳时距离太阳(近日距)8800万千米,比金星离太阳的距离还近(金星到太阳的平均距离 10800 万千米),远日距 52.8 亿千米,比海王星到太阳的距离还远(海王星到太阳的距离 38.5 亿千米)。距离太阳 5 亿千米时,彗发开始出现。

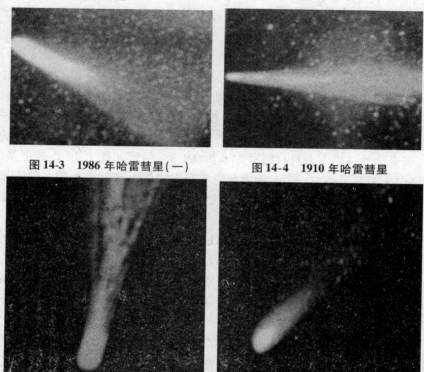

图 14-3　1986 年哈雷彗星(一)　　图 14-4　1910 年哈雷彗星

图 14-5　1986 年哈雷彗星(二)　　图 14-6　1985 年哈雷彗星

椭圆形轨道的彗星围绕太阳运行,是没有丝毫疑问的了。人们把彗星明亮的一点叫彗核,发光的尾巴叫彗尾,围绕彗核的雾气叫彗发,彗核与彗发连在一起叫彗头。

彗尾每次掩蔽一颗恒星,却没有使恒星的光辉暗淡,也没有使星光折射,还可以看到被掩蔽的星。如果彗尾有足够的密度,会使星光折射。彗尾是由什么组成的呢? 它为什么是透明的呢? 天文学家巴比内(Badinet)从光度的观点计算出彗头附近气体的密度是地球空气密度的 2×10^{-17}。这是高度的真空,地球上的实验室也制造不出这样的真空来。难怪巴比内把彗尾叫做"看得见的虚像真空"。既然看得见,当然有物质存在。彗尾中有分子离子,如一氧化碳离子略呈蓝色。这样的彗尾又称"离子彗尾"。由于彗核冰蒸发,气体和尘埃喷射出来,形成弯曲的彗尾,又称"尘埃彗尾"。

当一颗大彗星靠近木星和地球的时候,它没有给木星、地球、月亮的运动以任何的摄动,甚至三者最小的月亮也没有受到丝毫的骚扰,说明彗星的质量是非常小的。彗星的物质集中在彗核,彗核的直径大约只有几千米到几十千米。假使一颗大彗星有地球那么大的质量,靠近地球的时候,也会改变我们地球的轨道。

彗星受到三种力,其中,从太阳那里受到两种相反的力。一个是引力。彗星受到太阳的引力向太阳飞来,大部分彗星加速以后离太阳而去,也有直接撞上太阳的。另一个是日光的斥力。一个完全反光的物体,放在大气以外的日光里,所受到的日光斥力只有每平方米 0.001 克,尽管如此之小,还是把彗尾、彗发压向太阳的另一方。第三种力是它本身发出的。当它离太阳 5 亿千米左右时,彗核中的冰开始蒸发,气体和尘埃喷射出来,使彗星的轨道发生微小的变化。

人们已经知道,八大行星的轨道都是椭圆形轨道,而大部分彗星运行的轨道也是椭圆形的,即这样的彗星都属于太阳系。它的来源也是从太阳系而来,去也在太阳系里运行。从偏心率来看,水星的偏心率为 0.206,哈雷彗星的偏心率为 0.967,1680 彗星的偏心率等于 0.999985,1843 彗星的轨道偏心率为 0.999914,都属于椭圆形轨道。

彗星的数量很多。太阳系里的彗星总数至少有 10 万亿颗。彗星的形态变化也很大,有些彗星的形态每时每刻都在变化着。

有的天文学家认为,地球上本来是没有生命的,就是因为彗星从地球上空飞过,或者彗星与地球相撞,给地球带来碳水化合物和氨基酸,才使地球有了生命。是彗星将生命因素送到地球上来的。

苏联科学家亚历山大·列夫斯基说道:"彗星蛋"与哈雷彗星肯定有因果关系,甚至与生物进化有关系……

科学家的一席话使"彗星蛋"事件更加热起来,世界各地纷纷发现彗星蛋(看来哈雷彗星不止生了一个蛋),有的把彗星蛋献给教皇,有的把"彗星蛋"的照片印在书刊封面,有的"彗星蛋"上还有彗星经过的星座,甚至有的国家将"彗星蛋"收藏在国家博物馆里(这也太看得起这个"花壳蛋"了)。世界上发现"彗星蛋"的人很多,没有听说"孵化"出个什么来,不可能孵化出个小彗星来吧。人们的猜测和自信竟到了这样的地步,把天上的星象与人间的事件人为地联系起来,以为天上的星象会影响到个人的生死和母鸡的下蛋呢!一颗比起八大行星来质量很不起眼的彗星,号称太阳系的"脏雪球",从地球几亿千米的上空飘过,就与母鸡下蛋这类异常复杂的生物现象搅在一起,难道会有"因果关系"?

科学技术的进步使人们知道了彗星的轨道特点,分光技术的发展使人们知道了彗星的成分,照相技术的发展清楚地保留下了彗星的形象。天文学家们不满足对彗星的表面了解,还想从彗星那里了解太阳系的起源和地球生命的根源。所以,1986年哈雷彗星再次回归的时候,距离地球只有9200万千米,天文学家们忍耐不住哈雷彗星的吸引力,抓住大好机遇,发射宇宙飞船探测哈雷彗星。

1984年12月,前苏联"维加号"宇宙飞船依靠金星的引力加速,直飞哈雷彗星。直至1986年3月,距离彗核8600千米,探测到彗核长15千米,宽7~10千米。

1985年8月,日本发射"行星A"宇宙飞船,近距观察近哈雷彗星。当宇宙飞船距离哈雷彗星10万千米时,与彗星擦肩而过。它发现哈雷彗星释放的氢气体有规律地变化,确定出哈雷彗星每2.2天自转一周。

1985年9月,美国的"国际彗星探测者号"宇宙飞船更加大胆,距离彗星更近。它从一颗彗星的彗发中穿过,探测到彗星的冰和尘埃。

1986年3月14日欧洲空间局发射的"乔托号"宇宙飞船,直接切入哈雷彗星主体,距离彗核500多千米,遭受到隆隆而来的彗星尘粒的轰击。宇宙飞船迅速向地球发送资料。资料显示,90%的彗星尘埃是含碳物质,而不是人们预测的硅酸盐,而且还拍摄了大量照片,其中就有图14-7彗核照片。

图 14-7 "乔托号"宇宙飞船拍摄的哈雷彗星主体

麦克诺特(C/2006P1)彗星

麦克诺特(C/2006P1)彗星是 2006 年 8 月 7 日澳大利亚麦克诺特(Mc-Naught)发现的,是几十年肉眼难以见到的大彗星,彗星最高亮度达到 -5.5,比金星还亮,白天用手遮着太阳也能看到这颗彗星。可惜它出现在南半球的低空,与北半球的观测者无缘,但碰巧能看到彗星的尘埃尾。

麦克诺特彗星 2007 年 1 月 12 日离太阳最近,距离太阳约 1 天文单位。从 Rudi Vavra 拍摄的照片能看出太阳在什么方位,照片是 2007 年 1 月 20 日拍摄的,已经过了近日点,它将离太阳而去。有的天文学家经过研究,计算出它运行的轨道是抛物线形的。

抛物线是只有一个焦点的曲线,它的两支无限张开,轨道偏心率等于 1。沿着抛物线运行的彗星一去就不再回来。太阳系里也有沿着抛物线、双曲线运行的彗星,当这样的彗星运行到行星附近时,彗星的速度就会发生变化,速度可能减慢也可能增快。速度减慢的彗星,轨道变成椭圆;速度增快的彗星,如果大于抛物线的速度,它将沿着双曲线的一支,离太阳而去,不再回归。麦克诺特彗星被命名为 C/2006P1,说明它属于长周期彗星。P/代表短周期彗星,C/代表长周期彗星,D/代表不再回归的彗星。

图 14-8　尼特彗星　　　　　　　　　　**图 14-9　C/2006 M4 彗星**

尼特彗星是 2001 年 8 月发现的,2004 年 2 月亮度达到 10 等,5 月中旬经过巨蟹座的疏散星团 M44。天文学家们发现尼特彗星的轨道为双曲线,说明它来自太阳系以外。如果它被太阳束缚,或者被行星的引力骚扰,它的轨道可能变成椭圆轨道,从此就是太阳系的成员了。

C/2006 M4 彗星是 2006 年 6 月天文学家 R. D. Matson 和 M. Mattiazzo 发现的,亮度只有 12 等,进入 10 月以来,这颗彗星的实际亮度已经上升到 6 等。2006 年 10 月 24-25 日发生了 3 次爆发,使得亮度由 6 等增到 4 等。天文学家们发现 C/2006 M4 彗星的轨道为双曲线,说明它来自太阳系以外,它没有近距离被太阳和行星的引力束缚,很可能进入星际空间以后,一去就不再回来。

海尔-波普彗星的轨道是长椭圆轨道,与黄道面垂直,远日点 885 天文单位(冥王星远日点时 49.3 天文单位),回归周期 4200 年(冥王星环绕太阳公转的周期是 248.4 年)。1997 年 3 月,海尔-波普彗星运行到距离木星 0.77 天文单位处,在木星的强大引力下被摄动,它的远日点被缩短了 525 天文单位,周期缩短了 1820 年。预计海尔-波普彗星于公元 4380 年回归,目前的亮度为 30 等。

40 年以来,高亮度彗星有 1965 年的池谷-关彗星,1976 年的威斯特彗星,1997 年的海尔-波普彗星,2006 年的麦克诺特彗星。1965 年的池谷-关彗星是最亮的,达到 -15,超过了满月的亮度(月亮满月时的亮度是 -12.5 等)。

回想起来,中国对天文事业也有大的贡献,很多小行星是以中国科学家的名字命名的。第 10388 号小行星被命名为朱光亚星,第 6741 号小行星被命名为李元星,第 85472 号小行星被命名为席泽宗星,第 2051 号小行星被命名为张钰哲,第 2240 号小行星被命名为蔡章献,第 3171 号小行星被命名为王绶绾,第 3241 号小行星被命名为叶叔华,第 3405 号小行星被命名为戴文赛,第

4760 号小行星被命名为张家祥,第 1802 号小行星被命名为张衡,第 1888 号小行星被命名为祖冲之,第 2010 号小行星被命名为郭守敬,第 2027 号小行星被命名为沈括。彗星也有以中国人的姓氏命名的,那就是池谷-张彗星,编号 C/2002C1,是日本池谷薰和中国张大庆单独同一天发现的。从此,"中国天文爱好者的姓氏第一次高高写在天空"。

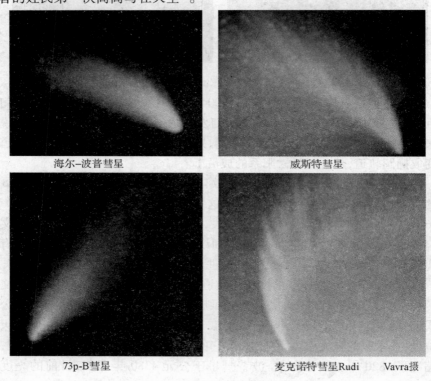

海尔-波普彗星　　　　　　　　　威斯特彗星

73p-B彗星　　　　　　　麦克诺特彗星Rudi　　　Vavra摄

图 14-10　彗星的尊容

流星雨和彗星的亲缘关系

太阳系里有一颗普通的彗星。1826 年 6 月 27 日,一位奥地利姓比拉的军官发现了它,所以叫做比拉彗星。它的回归周期为 6.62 年。它在太阳系里已经运行多年,很多人曾经看到过它。

1828 年,比拉彗星接近地球,它的位置处在与地球轨道的交差点上,但地球一个月以后才过这一点，它是越地球而过。比拉彗星与地球的距离只有8000万千米，这个数字作为星体之间的距离是很小的，有些人产生了恐慌。

1846年1月13日，天文学家们发现比拉彗星分裂成了两颗，像孪生姐妹一样向一个方向运动，之间的距离不断拉大。比拉彗星的分裂是这颗彗星灾难性的预兆。

1859年，比拉彗星应该回来了，但人们没有看见它。难道它发生了崩解？1865年也是比拉彗星的回归期，在它的位置上仍没有发现它。人们渐渐地忘却了比拉彗星。

1872年11月27日夜晚，地球运行到与比拉彗星轨道相交的那一点，天上落下一阵真正的流星雨。法国天文台台长弗拉马里翁叙述道：这是一场真正的流星雨，流星像骤雨般地落下。就这样，流星雨从晚上19时一直下到第二天1时，估计天上划过16万枚流星，都是从天空中相同的一点发出来的。

这些流星雨无疑是地球碰到了比拉彗星轨道运行的无数碎片造成的。这一群流星和比拉彗星的亲缘关系是不能有丝毫怀疑的，这就是著名的仙女座流星雨，又叫比拉流星雨。流星雨过去了，地球安然无恙。

说流星雨与彗星有亲缘关系是有观测证据的：2000年8月6日拍摄的林尼尔彗星头部已经分裂成几十米大的碎片，林尼尔彗星轨道上运行着无数小颗粒（请看图14-10）。如果我们的地球从它的尾部穿过，流星雨就会大爆发。遗憾的是，我们地球没有从那里穿过。

在太阳系的边缘，离太阳1光年的空间，有个叫做奥尔特星云的环，在那发现数万亿颗彗星；在冥王星附近，有个叫做柯伊伯带的环，那里也有数十亿颗彗星。两个环之间彗星总数就有10万亿颗之多。这些彗星是太阳系形成时"残留的尘埃"和寒冷的冰雪。这些物质都处在"初始阶段"，能帮助我们了解太阳系最原始的物质和行星形成的原因。

天上的流星是宇宙中的一个陨石，它与地球相遇，在地球大气中摩擦产生热，小的陨石被大气烧毁，大的陨星一部分被烧毁，另一部分轰隆隆地落在大地上，给地球的一些区域造成危害。

流星有从天空中各个方向而来的，叫做"偶发流星"。从同一区域发出的流星，这个区域叫流星的辐射点，从辐射点发出的数以万计的流星形成流星雨。最著名的流星雨是狮子座流星雨、仙女座流星雨、猎户座流星雨、英仙座流星雨。其次还有双子座流星雨、雅科比尼流星雨、天琴座流星雨、象限仪座流星雨等。还有很多辐射点，已知的就有几百个。

图 14-11　狮子座流星雨木刻照片

　　狮子座流星雨木刻照片反映的是 1883 年 11 月 13 日美国波士顿发生的狮子座流星雨使人们惊骇万分的情景。狮子座流星雨与滕珀尔彗星有关,滕珀尔彗星经常受到天王星的摄动,它的周期为 33.18 年。当地球经过滕珀尔彗星轨道上稠密碎片的时候,壮观的流星雨就发生。有一次爆发的时候,人们看到成千上万的流星和火球持续落了 4 个小时,就像天上下来了一阵火雨,有人分片计数,竟有 24 万颗之多。流星的颜色是淡红的,使人们惊骇万分的是,最大的流星看上去有月亮那么大。

　　近年来,每到狮子座流星雨到来之夜,都有很多人熬夜,眼望天空,等待流星雨大爆发。有些人在家里看电视台实况转播。遗憾的是,他们没有看到大爆发的壮丽情景,只看到一些稀稀疏疏的流星。难道狮子座流星雨就是这样吗？不是。根据天文学家唐宁和斯托文（Stoven）的计算,由于狮子座流星群受到了木星、土星、天王星的摄动,流星群的主要部分已经远离地球300万千米。从19世纪末开始,人们可能不会再看到波澜壮阔的狮子座流星雨大爆发了。

半人马 α 流星雨传统峰值的预测是2月8日6时45分,它的特点是火流星很多,亮度也很大,每小时看到的天顶流星的数量为5~6颗。

宝瓶座 η 流星雨5月6日到达极大,周期12年,通常每小时看到的天顶流星的数量为50颗左右。

像仙女座的一次流星雨每小时落下2.3万颗流星,狮子座流星雨每小时落下6万颗流星,也不枉叫做流星雨;像双子座流星雨每小时也只有几颗流星下落,也叫做什么流星雨,这不是言过其实了吗？其实,看到流星大暴雨是百年不遇的。观赏流星雨应该注意的是:

（1）选择。天文学家们发现流星辐射点几百个,我们观赏流星雨就要选择曾在地球上大爆发的著名流星雨。它们是狮子座流星雨（11月15–17日）、仙女座流星雨也叫比拉流星雨（11月17–27日）、猎户座流星雨（10月18–20日）、英仙座流星雨（8月12–13日）。

（2）要有看不到流星雨的思想准备。流星雨是罕见的天象,有的人一生也没有见过流星雨。有时候流星群靠近地球,并不是都能爆发大的流星雨。如果这群流星已经有很长的历史,它的成员有很长的时间在轨道上散开,形成一片很稀疏的流星群,就不会爆发大流星雨。相反,如果这群流星是新近的,是一个很密集的群,它与地球相遇,就要发生大的流星雨了。如果地球与流星群的周期不是可公约的,流星雨的爆发周期就需要很长时间。如果这一流星群受到行星的摄动,改变了轨道和周期,地球所碰到的是它的边缘稀薄成员,就有可能出现上一周期发生大流星雨,而这一周期没有。

（3）流星的颜色有讲究。如果流星与拖尾都是黄色的,它们就是从侧面射向地球的,如英仙座流星雨;如果流星是绿色拖尾,它们就是从地球的前面射向地球的,流星和地球运动方向相反,如狮子座流星雨;流星与它的拖尾都带红色,因为它们与地球在此时同一个方向运动,所以表现得非常迟缓,如仙女座流星雨。

（4）每个彗星都有一个悲伤的故事。2000年8月,林尼尔彗星悲惨地毁灭了。图14-12是它毁灭的过程。

图14-12-1:林尼尔彗星2000年7月23日过近日点。它是一颗普通的彗星,有彗头、彗尾、彗发。照片是由斯洛伐克天文台拍摄的。

图14-12-2：林尼尔彗星突然爆发，喷出大量的气体和尘埃。照片是由哈勃空间望远镜拍摄的。

图14-12-3：林尼尔彗星的彗核被拉长了，已经看不清彗头。照片是由日本国立天文台拍摄的。

图14-13-4：林尼尔彗星于2000年8月6日形成碎块，时隐时现，此后人们再也见不到它了。照片是由欧南天文台拍摄的。

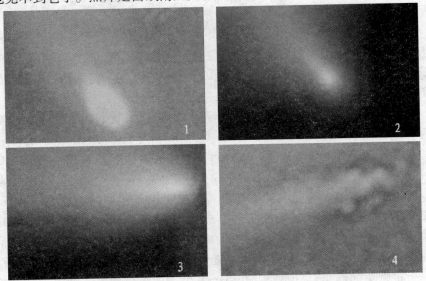

图14-12　林尼尔彗星毁灭的过程

彗星与地球相撞

正当人们普遍把彗星当做灾星和凶星的时候，一位天文学家把彗星的光引入到有窄缝的摄谱仪里，从被棱镜分解出来的彗星光谱中看到了两个碳原子组成的中性碳分子 C_2 的光谱，在彗星的物质里，竟有碳和碳水化合物，这里有生命的因素在里面。这时候，人们的思维有了180度的大转弯，彗星一下子由灾星、凶星、扫帚星变成了一位"带来生命的天使"。

图 14-13   1973 年科胡特克彗星   图 14-14   "萝塞塔"回首看到的地球

我们还记得,1992 年 7 月 8 日苏梅克-列维 9 号彗星进入木星轨道,被瓦解成 21 块,2 千米以上的有 12 块,最大的一块 4 千米,以 63 千米/秒的速度向木星撞击,持续了 5 天,其中的一块在木星上撞出地球大的痕迹。苏梅克-列维 9 号彗星碎片的撞击点在木星的背面,我们虽然不能直接看到,但可以看到撞击产生的闪光照亮了木卫一,可以设想爆炸产生的大气风暴。整个彗星撞击的总能量有 2 万亿吨 TNT 炸药的能量,超过冷战时期美苏核武库能量总和的 1 万倍。这次撞击为地球提供了一个参照资料。

图 14-15   撞击器撞上"坦普尔 1 号"彗星

图 14-16　坦普尔 1 号彗星　　图 14-17　哈特利彗星

2005 年 1 月 12 日，美国国家航空航天局用火箭将"深度撞击号探测器"发射升空。2005 年 7 月 4 日，它携带的撞击器冲向"坦普尔 1 号"彗星，并撞击成功，还溅起了坦普尔彗星的残骸，取得了举世瞩目的成果。如果撞击器上有炸药包或原子弹，就会将"坦普尔 1 号"彗星炸毁，或者推出轨道。"深度撞击号探测器"向前继续飞行，2008 年 8 月观测了太阳系以外的行星，发回很多重要照片。2010 年 11 月 4 日，"深度撞击号探测器"飞近"哈特利彗星"，拍摄了 5800 张照片，这是近距离拍摄的第五颗彗星。"深度撞击号探测器"共携带 85 公斤肼燃料，接近"坦普尔 1 号"就用去了一半，飞跃"哈特利彗星"以后只剩 4 公斤了。

我们注意到很多彗星轨道都要穿过地球轨道，那么，一些彗星会不会像苏梅克-列维 9 号彗星撞击木星那样，彗星的头部撞击地球呢？请大家放心，现在的观测技术非常先进，天文台的望远镜都对着天空，天文台的计算机不停地运转，成千上万的天文爱好者搜索着天空，一个细小的危险也躲不过他们的眼睛。他们都在"盯着"那 49 颗有潜在可能撞击地球的彗星。至少 100 年，地球不会遇到灾难性的危害，但一些小的、区域性的灾难还是有可能的。万一出现大的撞击危险，地球人也会将它爆破，或在彗星附近造成爆炸，将它推出轨道。

尽管如此，有些人还经常散布地球与彗星相撞而使地球毁灭的言论：彗星与地球相撞使地球远离太阳，造成地球极其寒冷；月亮被彗星拖走，地球的晚间就绝对黑暗了；彗星靠近地球时产生巨大的潮汐，半个地球大陆都会被洪水淹没；彗星的气体含有氰，它能把人类毒死，等等。其实，彗星的质量比起地球来很微小，不可能将月亮拖走，使地球改变轨道，产生巨大的潮汐。至于彗星的气体含有的氰毒气,远不如汽车尾气所排出的多。这种灾难是不可能发生的。

每颗彗星都有一个悲伤的故事

彗星是怎样形成的呢?我们知道,彗星都是从寒冷的远方而来,来到灼热的太阳身边。在太阳的照耀下,彗核表面生热,使部分表面物质升华。升华的物质受到日光斥力,压向太阳的另一方,形成彗发和彗尾,同时也造成内外胀缩不匀,出现崩裂。热量逐渐传导到里面的深层,就离开太阳,到冷僻的地方去了。它们大部分时间都在寒冷中度过。那些双彗星、有伴彗星、多头彗星,都是经过崩解分裂的,原先就是一颗彗星。人们同时发现,有些彗星的轨道上,在彗星的前后伴随着颗粒状的陨星洪流。这些颗粒状的陨石是彗星崩解的碎片是没有疑问的。这些颗粒状的陨石一旦与地球相遇,将在地球的大气里形成流星雨。

施瓦斯曼-瓦赫曼3号彗星来自太阳系,由水冰和尘埃组成,轨道为椭圆形,回归周期11年,是一颗很体面的彗星。1995年回归的时候,人们发现它已经变成3颗了,像一辆带斗小货车在太空中运行。2006年,施瓦斯曼-瓦赫曼3号彗星又回归了,距离地球11万千米。人们发现它已经分裂成60颗了,像一列小火车在太空中运行。天文学家们认为,施瓦斯曼-瓦赫曼3号彗星在极寒冷的外太阳系逗留很久,然后又来到温暖的太阳附近,爆裂成碎块是常见的。

2000年8月5日,哈勃空间望远镜发现林尼尔彗星分裂成碎片。

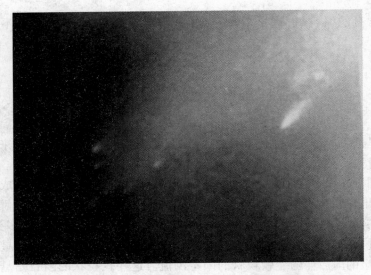

图 14-16　哈勃空间望远镜拍摄的林尼尔彗星分裂成碎片

在数以亿计的彗星中，有一颗"不起眼"的彗星，它的名字叫丘里莫夫-格拉西缅科彗星，是一个"脏雪球"，其容貌丑陋，形状像个橄榄球，长 6 千米，直径 3 千米，周围有非常小的气团和尘埃团，以每秒 30 千米左右的速度向太阳飞去，围绕太阳旋转周期为 6.6 年，离太阳最远的时候为 5.5 天文单位，离太阳最近的距离为 1.3 天文单位，是个不体面的"小丑鸭"。

然而，"小丑鸭"一夜之间变成了"天鹅"。欧洲航天局"萝塞塔"太空探测器于 2004 年 3 月 2 日飞向这颗冰冷的彗星，"萝塞塔"太空探测器回首为地球拍摄了几张照片以后飞向"司琴"小星星，再拍一批照片，此后就睡眠了。飞行几亿千米，速度为 15 千米/秒（炮弹的速度为 1 千米/秒）十年之后，即 2014 年 11 月到达这颗彗星，然后唤醒"萝塞塔"太空探测器，随后在那颗彗星上投下一个名叫"菲莱"的着陆器。着陆器携带一台钻机和一个微型试验室。软着陆以后，钻机在彗星上钻了一个 20 厘米的深孔，搜集彗星内部物质，送到微型实验室化验，研究它的形成和生命的起源，把数据发回地球。将这种技术用在危险彗星的爆破上，也是不成问题的。

只有靠近太阳的时候，丘里莫夫-格拉西缅科彗星才会"伸"出一个长尾巴，叫做彗尾。那是因为，阳光中的紫外线把彗星的水分子分解成氢原子和氧原子，在太阳风的压力下，形成一条几百万千米长的，异常明亮的彗尾。可以预见，丘里莫夫-格拉西缅科彗星离太阳最近的时候，很有可能将水分耗尽，形成颗粒状的陨石,消失在太空之中。从此,丘里莫夫-格拉西缅科彗星就不存在了。

这颗变成天鹅的彗星之所以被天文学家们青睐,是因为它的上面有着生命的信息,有一些构成生命的氨基酸。他们猜想,就是因为彗星撞击地球,给地球带来构成生命的氨基酸以后,地球上才有了生命。

形状像个橄榄球、高速旋转的彗星不止一个,竟然还有配对的。加州理工大学教授 Mike Brown 发现的闹神星(Eris),也像一个高速旋转的橄榄球,长轴有冥王星那么大(这个彗星可够大的)。它本来是柯伊伯带天体,由于与另外一个天体相撞而改变了运行轨道,居然闯进了海王星轨道,最终会接近海王星,在海王星的摄动下进入内太阳系。

我们知道格拉西缅科彗星长 6 千米,直径 3 千米,以每秒 30 千米左右的速度向太阳飞去;苏梅克-列维 9 号彗星被木星瓦解成 21 块,2 千米以上的有 12 块,最大的一块 4 千米;哈雷彗核长 15 千米,宽 7~10 千米。然而,闹神星的平均直径约 2000 千米,几百万年以后可能飞到地球上空。也许人们能估计出,闹神星(不是阋神星)飞到地球上空会是什么样子。

SOHO 彗星一直以高速度向太阳飞去。照片是 2000 年 4 月 29 日相隔两小时 LASCO 拍摄的。SOHO 是一颗太阳观测卫星,在观察太阳的时候,几年来发现数以百计的彗星撞向太阳,其中最为壮观的有 SOHO-79,SOHO-111,SO-HO-367,SOHO-500,它们拖着长长的尾巴,以每秒几百千米的速度,勇敢地向太阳撞去,这群"小飞蛾"扑向太阳系里最大的"火"。

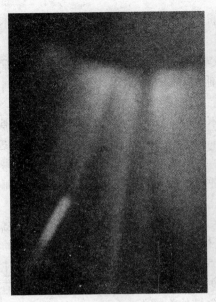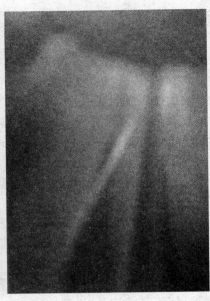

图 14-17　SOHO 彗星勇敢地向太阳撞去

　　恩克彗星是一颗短周期的彗星,是在 1818 年 11 月 26 日由马赛天文台看门工人庞斯发现的。恩克彗星的周期是 3 年 106 日,近日点时,距离太阳只有 0.33 天文单位(1 天文单位约等于 1.5 亿千米)。每一次回归周期的时间都要变短 2.5 小时,这说明恩克彗星正在加速运行。它旋转的彗核发射出的气体形成一个短尾巴,人们有十几次看到它的回归,但彗核发出的气体没有减弱,它的绝对亮度也没有变化。其实,恩克彗星早晚有一天会完全失去所含的气体而灭亡。

　　布罗尔孙彗星是一颗失踪的彗星,周期为 5.5 年,两次被木星改变轨道,1937 年在太阳系的大行星吸引下,又有大的摄动使它再次改变轨道。从此,不幸的这颗彗星就失踪了。一颗正常的彗星怎么会失踪或消失了呢? 有几种被广泛采纳的见解:

　　(1) 在它改变轨道以后,它的周期、轨道参数计算得不够准确,在它的轨道上就找不到它了。

　　(2) 有可能是像比拉彗星那样崩解了,形成了无数陨石,所以就看不见了。

　　(3) 有可能像苏梅克-列维 9 号彗星那样,进入木星轨道被瓦解后撞向了木星。

　　1680 彗星：1680 年的大彗星是基尔希（Kirch）发现的，它的偏心率等于 0.999985，远日点 850 天文单位（1 天文单位等于地球到太阳距离的平均值），近日点 0.00622 天文单位，它从距离太阳灼热的表面只有 23.5 万千米处掠过，以 530 千米/秒高速通过温度极高的日冕。让人惊奇的是，没有被太阳烧毁，它从容自如地从这个大火炉里走出来了。

　　1811 彗星。1811 年大彗星是近代最著名的彗星，它的特点是：彗头的直径有 180 万千米，彗尾 1.6 亿千米；近日点竟有 1.035 天文单位，比地球到太阳的距离还长；远日点 420 天文单位，是海王星与太阳距离的 14 倍。它的寿命可能十分长久。

　　1843I 彗星。1843 年 3 月 19 日的大彗星是克罗茨（Kreutz）发现的，有一个非常长的尾巴，它的轨道偏心率为 0.999914，近日点只有 0.005527 天文单位。这颗彗星从日珥通过后，在它经过的太阳表面出现一个异常大的痕迹。这个痕迹有地球直径的 10 倍，整整维持了一周之久，有人假设这个痕迹是"彗星的一大块物质向太阳陨落"造成的。

　　1862 斯威夫特-塔特尔彗星。天文学家们预测，斯威夫特-塔特尔彗星 2126 年将与地球近距离相遇，很有可能与地球擦肩而过，也不排除与地球撞个满怀。它正向地球方向运动，天文学家们正密切注意着它。斯威夫特-塔特尔彗星的轨道很椭长，一直运动到太阳系的边缘才转向太阳方向运动，预计 2126 年进入地球轨道。

　　离太阳 100 天文单位处有数十亿颗彗星，称为柯伊伯带。在 1 万至 10 万天文单位处有数万亿颗彗星，称为奥尔特云。奥尔特云中的彗星都沿着各自的轨道围绕太阳运动，周期约 100 万年，属于长周期彗星，在运行中有可能彼此相撞，从而改变运行轨道，可能向太阳飞去，也有可能遭遇过路的恒星，从而使彗星改变运行轨道。向太阳飞去的所有彗星都将进入死亡的边缘，每个彗星都有一个悲伤的故事。

十五、太阳系以外的行星

绘架座 β 星

　　绘架座 β 星是绘架星座第二亮星,质量是太阳的 2 倍,距离太阳 62 光年。它给我们的只有视星等 3.85 的一束光。根据主星序质-光关系图,绘架座 β 星的光度为太阳的 10 倍,这样的光应该是白光。然而,NASA 卫星发现,绘架座 β 星发出的光有过量的红外辐射。如何解释这过量的红外辐射呢? 天文学家们认为,过量的红外辐射来源于绘架座 β 星周围温暖的行星盘,行星盘受到主星的烘烤温度提高,然后再以红外线的形式辐射出来,说明这个年轻的恒星正在培育行星系统。随着望远镜技术的不断发展,哈勃空间望远镜终于拍摄到绘架座 β 星的尘埃盘。绘架座 β 星的行星盘与太阳早期的非常相似,其"行星形成吸积模式"得到了有力的证据。

　　哈勃空间望远镜拍摄的绘架座 β 星的尘埃盘有主盘和副盘,主盘的外围有弯曲的特点,那是一颗新行星在围绕绘架座 β 星做轨道运行,说明行星在尘埃盘中正在形成。人们还看到,尘埃盘中有较大的不对称性,说明尘埃盘中有多颗行星正在形成并有一大群碎块。于是,天文学家绘画出绘架座 β 星的行星盘。

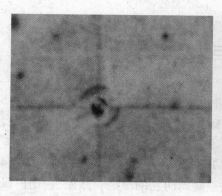 

图15-1　绘架座 β 星的行星盘（一）　　图15-2　绘架座 β 星的行星盘（二）

图15-3　哈勃空间望远镜拍摄的绘架座 β 星的行星盘

天文学家们得到了绘架座 β 星的光谱，发现其碳元素出奇的高，无疑是一颗碳星。同样，在它的行星盘中碳元素也非常高。这个发现说明，绘架座 β 星与我们的太阳有巨大的区别，它形成的行星与我们的地球也会有巨大的区别。地球是硅基行星，地心是铁和镍，地幔、地壳是硅酸盐；绘架座 β 星的行星是碳基行星，地心是铁、镍和碳，地幔是碳化物和碳高压下形成的钻石（那里的钻石当煤烧），地壳也是碳化物。

宇宙中的碳星是常见的，唧筒座 υ（读音宇普西险）星就是一颗碳星，碳元素非常丰富，视星等5.5，到太阳的距离840光年，没有发现它有行星系统。

太阳系以外的行星与太阳系的行星系统不一定是一个模式。让人不可推测的是：地球是硅基行星，地球上的人类却是碳基人类；绘架座 β 星的行星是碳基行星，难道绘架座 β 星的行星上会有硅基人类？硅基人类什么样？氢、碳、氮、氧、磷是地球上人类生命的五大基本元素，是这五大元素为主组成了碳基人类；在外星上有没有以硅、磷、钙为基本元素的硅基人类呢？如果有，硅基人类是不足为奇的，因为，这些人类生命基本元素都是恒星中心产生的。遗憾的是，绘架座 β 星周围的行星盘里是不会有外星人的，至少现在不会有，因为行星还没有完全形成，绘架座 β 星的年龄只有1200万年，没有生物进化的时间。

恒星的巨大行星

1995 年,瑞士日内瓦天文台观测到一颗类似太阳的恒星——飞马座 51。它距离地球 50 光年,视星等 5.5,光谱型 G2。飞马座 51 恒星不断地摆动,意味着它有一颗行星。经过仔细观测,行星的质量是地球的 159 倍,离飞马座 51 的距离非常近,只有水星到太阳距离的 1/8,围绕飞马座 51 旋转一周只要 4.2 天。这样的行星温度很高,从诞生起就一面朝向它的母星。然而,它面向母星的一面与背向母星的一面温度相差不多,说明它常年刮着时速达 14400 千米的超音速大风。这样的"热木星"非常干燥,常年被大量的硅酸盐尘埃笼罩着。此外,距离地球 100 光年的两颗行星 HD179949b 和距离地球 147 光年的两颗行星 HD209458b 也刮着超音速大风,也被硅酸盐尘埃笼罩着。

天文学家们后来发现的 400 多颗系外行星中,230 颗是热木星。热木星为什么那么多而太阳系里只有一颗"冷木星"?天文学家们普遍认为,像木星、土星那样的气体巨行星在原始行星盘的外围容易形成。观测结果改变了天文学家们的推测。如果太阳系的木星诞生在水星附近,它也必须以很高的速度围绕太阳旋转,木星表面覆盖的大气也会形成一个尾巴状的气流。

热木星有木星那么大,轨道比水星到太阳的距离还小。在这个距离上,有足够多的固体原料来形成核,也有足够的气体来形成气体覆盖巨行星,也有足够的能量使行星温度达到 2000℃。这么高的温度使热木星核上的一些金属汽化,形成的气体就有毒。

一个日美联合研究小组在仙后座 HD17156 恒星周围发现一颗质量 3 倍于木星的行星。它围绕中心恒星公转周期为 21 天,公转轨道是一个非常扁的椭圆形,近星点为 0.05 天文单位,远星点达 0.25 天文单位。研究小组认为,如此接近中心星的行星势必会受到来自中心星的潮汐力而改变轨道,其公转轨道会逐渐变成近圆形轨道,轨道离中心星的距离最终会保持目前近星点的距离。也就是说,这颗行星最终会变成半径为 0.05 天文单位的近圆形轨道上运行的热木星。迄今为止,科学家发现了大量热木星和椭圆轨道的行星。本次发现的行星为研究椭圆轨道的行星与热木星亲缘关系提供了有价值的资料。

科学家认为行星形成的基本理论是浓密物质云中凝聚成一颗恒星,恒星周围被大量残留气体环绕,而行星则从这个残留气体盘中孕育诞生。美国芝加哥市西北大学天体物理学家弗雷德里克·拉西奥（Frederic A. Rasio）说："由于所有的恒星和行星都诞生于相同的旋涡气体云中，当然行星系统内的所有星体都应当遵循着恒星的旋转方向而旋转。"但是有 1/4 的热木星与恒星的自转方向相反。观测发现这些逆向旋转的热木星都有极端细长的轨道，或轨道高度倾斜，或非常接近主恒星，甚至还有一颗大质量行星靠近它。这颗离主恒星较远的较大行星产生的牵引力将扰乱逆向行星的正常轨道，最终将逆向行星之前的轨道完全翻转，从而形成目前所观测到的逆向运行行星。

热木星的轨道一般不是圆形的，偏心率在 0.1 ~ 0.3 之间（水星轨道的偏心率是 0.206），围绕中央恒星运动周期一天到几十天。所以，热木星接受中央恒星的潮汐力每时每刻都在变化，热木星外形有时是椭圆形的，有时是橄榄球形的，有时是卵形的。热木星外形变化，内部也跟着变化，内部气体相互摩擦产生热量。内部摩擦生热，外部有中央恒星光照辐射，使热木星温度高达 2000多度。热膨胀使热木星的体积涨大数倍，使表面逃逸速度很低，在高速围绕中央恒星运转的时候，形成一个蓬松的大尾巴，尾巴物质被中央恒星吸引，形成一个物质盘，慢慢落向中央恒星。通过计算，热木星每秒损失物质几十亿吨，少则几百万年，多则几千万年就会瓦解，或者撞上宿主恒星，或者被宿主恒星撕碎，或者离宿主恒星远一点的被宿主恒星将大部分气体掠去，它的星核就会裸露出来，形成一个水星或金星那样的固态星核。这可能意味着水星和金星就是太阳系热木星的星核。

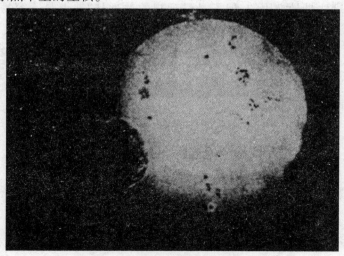

图 15-4　飞马座 51 恒星的行星

飞马座另外一颗大质量行星，编号 HD 209458b，距离地球 150 光年，直径与木星相当，质量是木星的 60%，距离寄主恒星只有水星到太阳的 1/10。它以 1 万千米/小时的速度围绕这颗恒星旋转，周期只有 3.5 天。寄主恒星的强大辐射将这颗大行星烧焦，温度达到 1000 度，刮着超音速大风，行星上的大气以 1 万吨/秒的速率脱离行星，形成一个尾巴状的气流。毕竟这颗"热木星"非常巨大，大气也非常雄厚，寄主恒星把这颗行星大气全部吹走至少需要几千万年。这样的"热木星"不会有生命。

寻找地外行星主要是测量恒星的摆动：如果恒星没有行星，它运动的轨迹是光滑的；如果恒星有行星，行星和恒星就围绕共同的质心运转，恒星运动的轨迹就有许多"小弯"。根据摆动的大小，就能计算出行星的质量和行星离恒星的距离。用这样的方法找到的行星一般都很大，而它的恒星一般都比较小，而且，它们是离地球比较近的恒星。只有这样，恒星的摆动才更明显。另外一种寻找系外行星的方法是测量恒星的视向速度法：人们知道，恒星向地球方向运动时谱线发生蓝移，恒星在远离地球运动时谱线发生红移，如果恒星有谱线的周期性变化，说明这颗恒星有行星系统。2000 年，美国天文学家第一次发现日外行星凌恒星现象。这也是颗气态行星，科学家们求出了该星的密度是 0.38 克/厘米^3，重力加速度 9.7 米/秒^2，氢气的热速度是该星逃逸速度的 1/7。这说明该行星虽然受到恒星的剧烈加热，但也不会有较大的损失。这些数字告诉我们，这颗行星是颗巨大的行星，也不可能有外星人。以上的掩星法、视向速度法是最常用的，但不是最理想的，它们的缺点是不容易找到小质量行星。

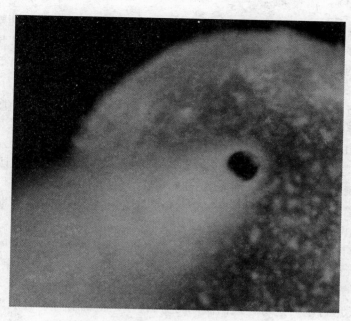

图 15-5　飞马座大质量行星 HD 209458b

恒星 Cancri55 有五颗"类木行星"，其中有三颗"热木星"和两颗"冷木星"，是目前发现的拥有最多行星的恒星。Cancri55 恒星位于天蝎星座，质量和年龄与太阳差不多，距离太阳 41 光年，是一颗"类日恒星"。它最内侧的行星直径与海王星相近，距离该恒星只有 560 万千米（水星到太阳的平均距离 5800 万千米），公转周期 3 天。第二颗行星的直径与木星相近，距离恒星 1800 万千米，公转周期 15 天。第三颗行星的质量与土星相近，距离恒星 3590 万千米，公转周期 44 天。第四颗行星的质量是地球的 45 倍，它的温度可以保持液体水，公转周期 260 天；第五颗行星的质量是木星的 4 倍，距离恒星 5.8 天文单位，公转周期 14 年（木星和太阳之间的平均距离 5.2 天文单位，它围绕太阳转一周需要 12 年）。Cancri55 恒星周围环绕的行星又大又多，随着观测技术的发展，也许还有地球那么大的行星。

恒星 HR 8799 有三颗冷木星，质量都比木星大，都是由稠密气体覆盖的星。它们距离宿主恒星分别是 24、38、68 天文单位（木星距离太阳 5.2 天文单位）。这颗恒星离地球 120 光年。

到 2011 年为止，天文学家已经找到超过 500 个外行星系统，这些外行星大都有扁长的轨道，或者是很靠近母星的热木星，但也有出类拔萃的行星系统。大熊座47星（47 UMa）是一颗和太阳很像的恒星，它至少有两颗轨道接近圆形的行星，质量也和木星与土星很接近。换句话说，大熊座47星很像是我们熟悉的太阳系。大熊座47星在北斗七星附近，距离我们约有51光年。经过长达13年的光谱观测，天文学家终于从大熊座47星的晃动特征上，找到了第二颗行星存在的证据。如果在这两颗巨大行星内侧还有几颗小行星，那就与太阳系非常相似了。

恒星HD155358质量只有太阳质量的0.87倍，它含比氦重的元素只有太阳的1/5，是有行星的恒星中重元素含量最低的一颗。天文学家们认为，构成行星的元素主要是重元素。而HD155358恒星的两颗行星：一颗质量是木星质量的0.9倍，公转周期195天；另一颗质量是木星质量的0.5倍，周期530天。不言而喻，两颗行星都缺乏资源，地球的资源比它们丰富。

2004年，一个天文学家小组在宝琴座发现一颗"类日恒星"Gliese876，它的大小与太阳相当，距离地球15光年。天文学家们还发现这颗恒星有三颗行星，其中一颗行星的直径是地球的5倍，而且是岩质的"类地行星"。这是第一次发现"类地行星"，这可让人们激动万分，说不定上面有外星人。当时，天文学家们已经发现200多颗太阳系以外的行星了，全部都是"类木行星"。然而，这颗"类地行星"围绕恒星旋转的周期只有两天，说明它离恒星太近，是一颗类似金星的行星，温度高达200～400摄氏度，不可能有外星人。

美国宇航局开普勒空间望远镜对15.6万颗恒星进行观测。"开普勒-9"恒星最引人瞩目，它至少有3颗行星，其中一颗是"类地行星"，虽然没有最后确定，可能不在"宜居带"，直径是地球的1.5倍，公转周期1.6天。最内侧的行星开普勒-9b距离宿主恒星2100万千米，公转周期19.2天，质量是木星的25%。开普勒-9c距离宿主恒星3400万千米，公转周期38.9天，质量是木星的17%（水星距离太阳的平均值为5800万千米，公转周期87.97天）。

图 15-6　宝琴座类日恒星 Gliese876 的三颗行星之一

此外,巨蟹座 55 号星也有四颗行星,距离地球 41 光年,没有"宜居行星"。

宜居行星格利斯 581C

人们非常清楚,太阳系里没有外星人。要想寻找外星人,必须寻找到不大不小的、风和日丽的、有液态水的像地球那样的行星。果然,1992 年终于发现了脉冲星 PSR B1257 + 12 有三颗行星的星系。可惜,这三颗行星的星系,是一个恒星演化晚期的脉冲星系,直径小,质量大,高速旋转,还曾经发生过超新星爆发。这样的脉冲星系上的行星受到剧烈的超新星喷射物质的打击,不会有外星人。所谓脉冲星,是质量过大的恒星爆发以后,星核的质量仍然有 1.44 ~ 3.2 倍太阳质量,将成为中子星。高速周期性震荡的中子星叫做脉冲星(请参考第二章脉冲星一节)。

2006 年初,人们在离地球 2 万光年的区域发现第 180 颗行星。它是一颗类似地球的固态行星。这颗固态行星距离宿主恒星 4 亿千米,旋转周期 10 年,温度 -220℃,不具备发展生命的潜在能力。

2008 年 11 月,哈勃空间望远镜首次拍摄到北落师门(南鱼座 α 星)的行星系。在它的行星盘里,至少有五大行星正在形成,大小有地球的质量到木星质量的3倍。北落师门是一颗单星,全天第17亮星,绝对星等2.1(太阳的绝对星等5),光谱型A3,是一颗年轻的星。

天文学家们认为,北落师门的行星系统中可能有一颗"类地行星"正在形成。形成一颗"类地行星"十分不容易,它的尘埃带的布局、尘埃带原料的组成、厚薄和质量必须能够形成地球大小的行星;初生行星的位置处在"可居住带"的中间;"类地行星"形成的时间不能过早,否则会将行星盘中的气体积聚,形成浓密气体覆盖的星;"类地行星"必须有一颗合适的恒星,北落师门星有些偏大、偏亮。

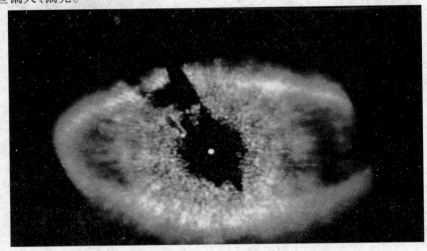

图 15-7　北落师门(南鱼座 α 星)的行星系统正在形成

美国天文学家在英仙座发现一颗围绕红巨星运行的地外行星,这个系统中的恒星质量是太阳的3倍,直径是太阳的10倍。这个系统中的一颗行星围绕恒星旋转一周需要360天(地球的公转周期365天)。天文学家们相信行星可能处在"可居住带"。使天文学家们兴奋的不止是否有外星人,而且,我们的太阳70亿年以后也将形成红巨星,地球有什么归宿?太阳的红巨星时代要延续10亿年左右,在这10亿年里,火星或土卫六有了"千载难逢"的机会,很有可能演化成有生命的星。

英国天文学家、剑桥大学教授马丁·里斯说:2009年将是伽利略发明天文望远镜400周年,是达尔文诞辰200周年,我们将发现更多的太阳系以外的宜居行星,甚至发现外星生命的证据,来验证达尔文的进化论是否适用于整个宇宙……长期以来人们研究太阳系以外的、可能有生命的行星都是以地球为标准的，包括太阳的大小、行星的液态水、温度、植物等，这无疑限制了寻找外星生命的范围，这种研究方式应该受到批评……果然，欧洲南方天文台的天文学家，由法国、瑞士和葡萄牙科学家率领的团队，使用3.6米口径的望远镜发现了一颗围绕红矮星旋转的"宜居行星"，代号Gliese581C（格利斯581C），质量是地球的5倍，直径是地球的1.5倍，距离地球20.5光年。美国科学家艾伦·博斯（Alan Boss）认为，发现红矮星中的宜居行星是"天文学领域的重要里程碑"，因为地球附近恒星约80%是红矮星。Gliese 581红矮星是距地球最近的100颗恒星中的一颗。

亮度只有太阳0.2、不起眼的红矮星终于走上了舞台。红矮星数量庞大，总质量也超过其他星体总和。红矮星质量很小，把氢燃烧成氦的过程也很漫长，有的几太年以后还在发出耀眼的光芒（1太年＝10^{12}年）。它的亮度没有大起大落，出现耀斑和黑子的可能性不大。从诞生到死亡，它的大小、亮度、温度都几乎不变。如此稳定的红矮星，在它们合适的行星上产生生命是非常理想的。人们认为那是一颗"永恒的太阳"（有关红矮星的内容请看"揭开太阳附近恒星的面纱"章节）。

格利斯581红矮星在天秤星座，距离20.5光年，还是比较近的。因为它是红矮星，一般的天文望远镜也看不见它。它的格利斯581C"宜居行星"，温度只有0~40℃之间，大型望远镜也看不见它。这颗行星是天文学家们利用分光法来测量红矮星的摆动计算出来的。

这颗红矮星Gliese581是银河系里最古老、非常稳定的星，有足够的生物进化时间。它有三颗行星，最靠近红矮星的那一颗格利斯581b体积是地球的15倍，温度约300度，不适宜生命生存；最外面的那一颗格利斯581d体积是地球的8倍，温度约－180度，温度太低也不适宜生命的生存；中间的那一颗行星就是格利斯581C是"宜居行星"，温度0~40℃之间。

天文学主流理论认为，如果一颗行星有岩石结构，它的直径应该小于地球的1.5倍；如果直径大于地球的1.5倍，它应该是个冰球。格利斯581C正好小于地球直径的1.5倍。格利斯581C是有大气的，如果它的大气太厚，它的温度就会很高。其温度在0~40℃之间，说明它的大气是适合人类居住的。液态水是生命存在的必备条件，这样的温度也许会有液态水。人们推断它的表面应该最容易形成岩石、湖泊和海洋，高空是蓝色的天，条件比火星还优越，更像我们的地球。

液态水非常重要。我们人类体内60%是液态水,地球生物起源于液态水的海洋,出生前的婴儿在妈妈的羊水中成长。如果缺少液态水10%,我们的身体就会虚脱;如果失去水分20%,人就会死亡。在格里斯581C行星上,有生物的第一要素就是有液态水,因为液态水能够溶解生命必需的氢、碳、氮、氧、硫、磷等基本元素,并把这些元素运送到全身。

格利斯581C行星围绕一颗红矮星(格利斯581)旋转,而红矮星不是一颗像太阳那样的恒星,这颗红矮星的亮度只有太阳的1/50,比一般的红矮星还暗,质量只有太阳的1/3,温度只有3000度,发出的光十分微弱,是一颗比太阳更暗、更小、更冷的恒星。但是,格利斯581C行星离红矮星很近,不会很寒冷。专家们认为,质量小于太阳2倍的恒星最适合外星人宜居;恒星的真实亮度(绝对星等)只有太阳的1/4,它的宜居带只有0.5天文单位,恒星的真实亮度是太阳的2倍,它的宜居带为1.5天文单位,格利斯581C行星正好在宜居带上。

格利斯581C行星的环境也非常出色。最靠近红矮星的那一颗格利斯581b行星体积是地球的15倍,最外面的那一颗格利斯581d体积是地球的8倍,中间的那一颗行星就是格利斯581C"宜居行星",它的前后都有较大行星的保护。专家们认为,一个宜居行星没有较大行星的保护,被陨石的撞击就会很频繁。如果这两个保护神质量过大,在它们的摄动下格利斯581C的轨道就非常复杂,甚至形成扁长椭圆轨道,运动到长轴的时候过冷,运动到短轴的时候过热。而格利斯581C就在黄金地带。

格利斯581C距离地球20.5光年,一艘速度为30千米/秒的宇宙飞船("旅行者1号"宇宙飞船的速度为17千米/秒;"旅行者2号"宇宙飞船的速度为16.7千米/秒)从地球出发到格利斯581C需要21万年。可以看出,我们地球人多么孤单。

格利斯581C每旋转一周需要13天,地心引力为地球的1.6倍,距离红矮星只有地球到太阳距离的1/14,红矮星的亮度只有太阳的1/50,所以这颗岩质行星仍然不冷,表面温度0~40℃之间。这是人们发现的太阳系以外的400多颗行星中最优秀的。天文学家们正在对它进行光谱分析,看看它是否有水的光谱、植物的叶绿素光谱,还要寻找"宜居行星"上空人类活动的无线电波和汽车排出的氰气。

在格利斯581C上寻找到外星人是不能抱乐观态度的,因为这颗"宜居行星"围绕它的红矮星旋转一周需要13天,说明它离红矮星很近。据推算,这颗红矮星以比我们看到的太阳视直径大20倍的样子悬挂在空中,从宜居行星上看那颗红矮星的眼睛张角约10度左右(地球上看太阳眼睛张角为半度)。格利斯581C行星不会有自转,也许这颗行星诞生以来一直面对着它的红矮星,就像我们的水星那样。如此一来,它的一侧总是处于被日光照射的状态,另一侧却黑暗无光,黑暗与光明交界处的微明带寒流和热流交替地刮来刮去,风速达每小时200公里,像台风那样。虽然它的红矮星比我们的太阳小得多,温度低得多,但一旦红矮星出现耀斑,对这颗行星的生物是致命的打击。从图片上看,这个蓝色行星一边还有一个亮点,那不是它的"月亮",是远方的另一颗恒星,它离红矮星那么近,不会有卫星。总之,这颗行星虽然优秀,但与我们地球有天壤之别。

图15-8 围绕一颗红矮星旋转的"宜居行星"

类似太阳系的行星系统

2010年8月,天文学家克里斯托夫·洛维斯领导的团队发现一个类似太阳系的行星系统。这个行星系统中恒星是位于水蛇星座的HD 10180星,距离地球127光年。这一行星系统由7颗行星组成,其中5颗体积与海王星相当,质量是地球的13~25倍,与母星的距离为0.06~1.4天文单位,轨道周期6~600天(水星公转周期87.97天,火星公转周期668.6天)。如果太阳系的水星内侧还有一颗行星，就正好与太阳系匹配。

这个行星系统中还有两颗行星，一颗与土星类似，轨道周期 2200 天，相当于小行星带轨道（木星轨道周期 4380 天）；另一颗是迄今发现的最小的岩质行星，只有地球质量的 1.4 倍，距离母星 0.02 天文单位，轨道周期 1.18 天，早已被恒星烤干。

1. 目前，天文学家们找到了 400 多颗太阳系以外的行星。发现的这些行星的特点是：

（1）在这些恒星系中，大多数只有一颗行星，只有少数有 3 颗或 4 颗，没有像太阳系那样有八大行星。这显然是我们仪器设备的精度造成的。

（2）发现的行星大部分是大质量行星。从恒星理论上来说，当天体质量大于木星质量的 13 倍时，物质引力就可以引起氘的核反应。当天体质量大于木星质量的 80 倍时，就可以引起氢的核反应；所以一般认为，大于木星质量的 10 倍就不是行星了，而是棕矮星。我们发现的行星大部分都有木星质量的一半。木星的质量是地球的 318 倍，木星质量的一半也是地球质量的 159 倍，这显然是我们的仪器难以找到"类地行星"的缘故。

（3）发现的行星大部分是小轨道的行星，一般比水星轨道还小。离恒星那么近，不会有液态水，没有自转，温度非常高，甚至有的行星达到 1000℃。它们的公转周期只有几天，难道没有大轨道的"类地行星"吗？不是的，显然是受到了观测精度的限制。随着寻找日外行星事业的发展，人们的投入加大，设备的更新，理论和观测方法的改进，寻找外星人的道路并不遥远。为此，法国 2006 年 12 月发射一颗卫星，对 20 万颗恒星进行扫描，寻找太阳系以外的行星。

（4）发现的太阳系以外的行星数量与日俱增，几年以前平均每两个月发现一颗，2007 年以后，平均每月发现三颗，说明地外行星普遍存在，观测技术不断提高。2009 年 3 月 6 日，美国成功发射开普勒空间望远镜，其首要目的就是寻找"第二个地球"。它将对天鹅星座和天琴星座 10 万恒星进行扫描，寻找类地行星和生命的迹象。它携带世界上最大的光度计，对地外行星"凌恒星现象"进行观测。

有人也许要问，我们既然用望远镜找不到系外行星和外星人，能不能开着宇宙飞船去找系外行星和外星人呢？这可太浪漫了。如果我们坐上宇宙飞船，去一趟离我们最近的半人马 α 星系的行星，以 30 千米/秒的速度（是飞机速度的 100 倍），往返一次需要 8.54 万年。如果我们给那里的外星人发一份电传,传播的速度 30 万千米/秒,外星人收到电稿立即回电,当我们收到回电的时候,时间已经过了 8.54 年了。

我们知道,汽车一般的行驶速度是 33 米/秒(120 千米/小时),飞机的飞行速度是 300 米/秒(1080 千米/小时),我们的宇宙飞船的速度是 3 万米/秒(即 30 千米/秒),是飞机速度的 100 倍,用这样的地球人办得到的宇宙飞船,去一趟离地球最近的星需要 8.54 万年。我们的邻居如此的远,更不要说去河外星系了。

如果我们乘坐 30 千米/秒的宇宙飞船,去一趟牧夫 α 星系的行星,往返 22 秒差距,合 72 光年,所需的时间是 72 万年;去一趟猎户 α 星系的行星,往返 400 秒差距,合 1304 光年,所需的时间是 1304 万年。

2. 我们与外星人来往最大的障碍是:

(1) 我们的宇宙飞船的速度太低。宇宙中最高的速度是光速,而把宇宙飞船的速度提高到光速,即 30 万千米/秒,地球人是办不到的,我们的宇宙(难道还有别的宇宙?)不适合以 30 万千米/秒的速度飞行,就是以接近光速飞行,所需的能量也是"天文数字",飞行 1 光年就消耗掉地球上可开发的所有能量。而且,如此高的速度,不要说遇上流星,就是遇上一粒灰尘,也会把宇宙飞船击出一个对穿的洞,将对宇航员的生命造成死亡威胁。我们的宇宙到处都有原子存在,平均每 100 米的距离就有一个原子。所以说,我们的宇宙不适合光速或接近光速的宇宙飞船飞行。

(2) 我们地球人的寿命太短。可以想象地球人的寿命为 100 岁,如果我们乘坐 30 千米/秒的宇宙飞船,去一趟牧夫 α 星系的行星,往返 72 光年,所需的时间是 72 万年。我们人类能够活万岁、万万岁吗?

(3) 我们的通讯速度太慢,向牧夫 α 星系的行星发一条信息,达到目的地所需的时间是 36 年;向猎户 α 星系的行星发一条信息,到达目的地所需的时间是 652 年。而且由于距离太长,在吸光物质的作用下,信号衰竭十分严重,甚至面目全非,不能辨认。我们不能指望像地球的电话、传真、电报、互联网那样给人们带来的方便。尽管如此,我们还在努力与外星人进行联系。从上述情况来看,由于"路途"遥远,我们到外星去的机会非常渺茫,但我们与外星人进行通讯联系,发现他们或者他们发现我们,也许就在最近的一百年之内。

十六、遥远的宇宙边疆

137 亿岁的婴儿

宇宙已经 137 亿年了,但仍然是个婴儿人们为什么有一个"婴儿宇宙"的观点呢?

137 亿年以前,宇宙以大爆炸的形式诞生。从此,宇宙由黑暗变成了光明,宇宙空间迅速膨胀,宇宙拉开时间的序幕(根据爱因斯坦的相对论,科学家们认为,时间本身在宇宙大爆炸中起始,定为宇宙 0 年 0 时,现在是 1.37×10^{10} 年,宇宙的寿命是 10^{106} 年。然而,很多科学家认为,宇宙大爆炸以前是存在时间的)。爆炸时,宇宙温度达到 100 亿度,热得足以使每个区域都能发生核反应。随着时间的推移,温度很快降低。当温度下降到 10 亿度时,化学元素开始形成。宇宙大爆炸产生的化学元素只有氢、氦和锂。温度下降到 100 万度时,形成这三种化学元素的过程结束。

根据威尔金森宇宙微波背景辐射各向异性探测器(WMAP)对宇宙学参数进行的精确测量,大爆炸 4 亿年以后,背景辐射温度才降到 28.8 开,在万有引力的作用下,一团团由氢、氦和锂组成的气团在宇宙中运动并形成第一颗恒星;大爆炸 4.7 亿年以后出现第一个星系。从此,宇宙过渡到最辉煌的恒星时代。

第一批恒星几乎都是大质量恒星,约 100 个太阳质量,最高能达到太阳质量的 265 倍(R136a1 恒星),最低的星是非常少见的,也有太阳的 0.8 倍。恒星核心的温度最高,压力最大,核反应最剧烈,产生 100 多种化学元素,它们平均 2 亿年就超新星爆发。当时,宇宙中的超新星爆发风起云涌,把这 100 多种化学元素以及没有用完的氢撒向空间,为第二代恒星、行星准备原料。天文学家们认为重于铁的元素几乎都是超新星爆炸时合成的。观测表明:超新星

1006 遗迹中,铁的丰度高得惊人。

 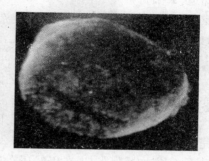

图 16-1 恒星制造的化学元素已经很厚实 图 16-2 超新星遗迹中铁的丰度高的惊人

大于 7.8 太阳质量的恒星被认为是第二代恒星,它们的寿命大约是 50 亿年,也是制造化学元素的主力军。然而,分析 127 颗亮星表明,这种恒星制造化学元素的效率缓慢,产生的化学元素在周期表上靠前,甚至在银河系里 400 年都没有超新星爆发了。

我们的太阳被认为是第三代恒星,它们都小于 7.8 太阳质量,寿命大约 120 亿年至 150 亿年。7.8 太阳质量被认为是超新星爆发的临界质量,小于 7.8 太阳质量的恒星不会超新星爆发。观测表明,第三代恒星大都在进行氢燃烧成氦或氦燃烧成碳的阶段,很少有碳燃烧或氧燃烧的,这也暗示宇宙仍然处在初级阶段。

第四代恒星是红矮星了,它们的寿命约 10 万亿年。我们知道,宇宙中第一大元素是氢,是氢原料制造了 100 多种化学元素。目前,氢元素至少占宇宙的 90%,暗示宇宙还很年轻。当红矮星把氢燃烧完毕的时候,宇宙进入黑暗时代,至少要经历 10^{75} 年,从那个时代起,宇宙结束了往日之白,开始了来日之黑。宇宙的大部分时期都是在黑暗中度过的。目前,宇宙才 137 亿年,比起上述年代来,还不是个婴儿吗!

这四代恒星没有明显的界限,犬牙交错,不论哪一代恒星都没有制造出比锎重的元素,宇宙把制造比锎重的元素的智慧留给了人类,地球人学着恒星中心制造化学元素,如锔(Cm)、锎(Cf)、钔(Md)、铹(Lr)等。

观测表明,这些恒星以及它们组成的星系都在远离,表明宇宙还在膨胀,每 100 亿年体积就会涨大一倍,暗示宇宙还在快速成长。

目前,恒星制造的化学元素已经很厚实,超新星制造的化学元素也很厚实。不知 100 太年以后会是什么样子。

地球上的人类也学着太阳中心制造热量的机制制造地球上的小太阳。我们知道,太阳每秒施放出年 9×10^{25} 卡的热量。太阳如此伟大的创举,使天文学家们有了创造灵感,决定在法国建造一座小太阳发电厂,利用氢元素为燃料(地球上的氢取之不尽,用之不竭,无污染,零排放),由中国、法国、日本等国提供资金。小太阳发电试验厂可能 20 年以后建设成功。

恒星时代的太空充斥着的数以亿亿计恒星,宇宙的能量主要来自恒星的核聚变。恒星时代初期,我们的宇宙非常清亮,大爆炸 7 亿年以后就有了星际尘埃。很快,尘埃物质布满全宇宙,使我们的宇宙暗淡了,浑浊了。当宇宙中的氢用完的时候,我们的宇宙会浑浊到什么样子? 大爆炸 70 亿年以后,在暗能量的推动下,宇宙加速膨胀,现在仍然还在加速膨胀,预示宇宙还在初级阶段。这时候,恒星系统中的行星出现生物,人们最愿意看到的是外星人,恒星时代是生物进化的最佳时代。以后,恒星们都将耗尽核燃料,与人类一起消失。

宇宙大爆炸学说

宇宙大爆炸理论是科学家乔治·伽莫夫博士(1956 年荣获联合国教科文组织颁发的卡林伽科普奖)在 1946 年提出来的。"宇宙大爆炸"的证据是:

(1) 宇宙还在辐射,大爆炸的热辐射一直到现在还在进行,宇宙空间有着绝对温度 2.5 度的微波背景辐射。微波背景辐射是美国军事人员无意中发现的,成了观测宇宙的无心插柳之作。预计随着时间的推移,这个温度还会降低。

(2) 宇宙空间还在膨胀,宇宙中的各个星系大体上都在远离我们(局部的并非如此),这是宇宙还在膨胀的证据。如果在一个气球上点上无数的点,当我们把气球继续吹大的时候,每个点都在远离,如果我们站在任何一个点上,就会发现离我们越远的点远离得越快。无论哪个点都不是中心,只能说明宇宙还在膨胀。宇宙还在膨胀是 20 世纪科学上的重大发现之一。人们难免要问,气球上的点在远离,气球中心有什么? 看来这个气球比喻不准确。有人把宇宙膨胀比喻烤面包,面包在膨胀的时候,面包中的葡萄干都在远离。但面包是有中心的,中心的那个葡萄干是什么? 看来,没有一个实物能与宇宙膨胀相比拟。

(3) 化学初始元素只有在大爆炸中形成,宇宙大爆炸时产生的化学元素只有氢、氦和锂。观测表明,星空中的"贫金属星"的年龄大都在 130 亿年左右,例如 HE1327-2326 是一颗最贫金属星,它的年龄 132 亿年,它的金属丰度只有太阳的二十五万分之一,几乎不拥有比锂重的金属。这些最古老的第一批恒星是"宇宙大爆炸学说"最有力的证据。

(4)过去的星系比现在活跃。当我们人类看到的宇宙深处越来越远时,星系就越来越不一样。在遥远的星系中射电星系和类星体很多,而在较近处则没有。这说明我们向宇宙深处看去,也就是在时间上往过去看,过去的星系比现在活跃,过去的星系是不断演化的。通过观测最遥远的宇宙,可了解到由活跃恒星形成的早期星系是怎样演化成现在的星系的。

(5)宇宙的膨胀说明过去的宇宙比今天的宇宙占有较小的空间,过去的星系比今天的星系更加靠拢。一直追溯到它们刚刚诞生的那一刻,那就是宇宙大爆炸不久的那一刻。

反对宇宙大爆炸学说的天文学家们提出"宇宙就是像现在这个样子一直存在着的","宇宙是一个巨大的容器,容器中的星体是永恒不变的"。但是,他们不能圆满解释宇宙还在辐射、宇宙正在膨胀、初始化学元素怎样形成、过去的星系比现在活跃这些明显的事实。从而,宇宙大爆炸学说普遍被人接受,推翻了"宇宙就是像现在这个样子一直存在着"的学说。

宇宙大爆炸学说虽然被天文学家们接受,但该学说没有说明宇宙大爆炸的起因,后来的天文学家们也没能解释大爆炸为什么能够发生,从而成为世界大难题。

图 16-3 130 亿年以前的深空星系

亲眼看到宇宙的演化过程

130 多亿年以前,银河系还没有完全形成,没有太阳,没有地球,更没有人类,因此既不会有历史记载,也没有化石做参考,怎么知道宇宙一百多亿年以前发生的事件呢? 回答:是人类亲耳听到、亲眼看到的。

宇宙大爆炸发生在 137 亿年以前,我们现在仍然能够感受到宇宙大爆炸的信息。如果我们打开电视机,调到电视节目频道之外的空白频段,就会看到跳动的白点,就会听到吱吱的声音,这里就有宇宙大爆炸向我们播送的节目:微波背景辐射。它直接播送到我们家里。

我们知道,从太阳发出一束光,以 30 万千米/秒的速度运行,8 分 17 秒到达地球,运行的路程为 14900 万千米(1 天文单位);换句话说,我们现在看到的太阳,是 8 分 17 秒以前的太阳,现在的太阳什么样,要再等 8 分 17 秒以后才能知道,也就是说我们看到了太阳 8 分 17 秒的过去。最靠近太阳的恒星是半人马 α 星(中文名南门二),它离太阳的距离是 4.27 光年(1 光年 = 63240 天文单位)。我们现在看到的半人马 α(读音阿尔法)星是 4 年多以前的状况。换句话说,我们亲眼看到了 4 年多以前的半人马 α 星。天文学家们用望远镜看到了 3C-273 类星体,红移值 0.157,感到十分遥远了。后来观测到的一个类星体,红移值 3.3,距离地球 120 亿光年,人们亲眼看到了 120 亿年以前星系。红移值是距离的量度,谁看到最大红移值的类星体,谁就看到了宇宙的边疆。我们现在看到的,是 130 亿年以前的星系发出的光线。我们向宇宙深处看去,也就是在时间上往过去看,我们看到的这张照片(图 16-4)所反映的实况,是 130 亿年以前的、最遥远、最古老的边疆。

天文学家们希望看到更遥远、更古老的宇宙边疆。他们对着空荡荡的一片天区进行拍照,曝光时间 48 小时,看到了很多蓝色小星系,最远的一个星系距离地球 131 亿光年,红移值达到 8.5,打破哈勃观测记录。这些蓝色小星系质量只有银河系的 1%,直径只有银河系的 5%,是现代大星系的婴儿时代。

宇宙大爆炸是在宇宙"黑暗时代"爆炸的,天文学家们看到的 131 亿年前的蓝色小星系便贴近了宇宙的"黑暗时代"。137 亿年以前的星系,应该是漆黑一片的。

131 亿年以前的星系揭示了第一代星系的很多秘密。根据威尔金森宇宙微波背景辐射各向异性探测器(WMAP)对宇宙学参数进行的精确测量,大爆炸4亿年以后,一团团由氢、氦和锂组成的气团在宇宙中运动,气团中形成第一颗恒星;大爆炸4.7亿年以后出现第一个星系,那时宇宙非常清亮。我们现在看到的是大爆炸6亿年以后的星系,已经有了尘埃和比较贫乏的重元素,所以这些蓝色星系不是"原初星系"。换句话说,我们还没有看到最原始的星系。

蓝色星系在照片上并不那么蓝,甚至还呈现出红色。那是为什么呢?专家们是这样解释的:宇宙正在加速膨胀,每100亿年胀大一倍,宇宙膨胀造成的"红移效应"冲淡了蓝色的星光;第一代恒星中的大质量恒星几百万年到2亿年就发生超新星大爆发了,它们制造的比氦重的元素在大爆发时被抛到空间,形成尘埃,尘埃能散射红光;蓝色星系应该是早期星系,星系中的大质量恒星发出的光呈现蓝色到紫外光,而且早期星系还没有制造更多的尘埃,吸收紫外光子的能力还不大,所以能看到清澈的蓝色。扣除这几种因素,遥远的星系应该更蓝。

图 16-4 遥远的太空边疆

这张哈勃拍摄的照片已深入宇宙130亿光年,可谓是最遥远的了。每个亮点都是一个星系,每个大星系有1万亿颗恒星(银河系有2000亿颗恒星)。在这张照片中有1000多个星系,其中还有1万多个星系我们没有看到,右下角的那个星系是银河系的 8 倍。如将它放大,可以看到有十几个旋臂。小旋臂是大旋臂的分支,中心十分明亮。这样活跃的大星系是如何运转的简直是个谜,但它不是最大的。

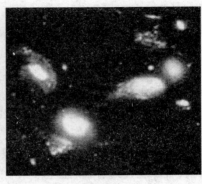

图 16-5　遥远的太空边疆放大部分

　　1995 年 12 月哈勃空间望远镜对北天大熊星座附近的一小块天区进行拍摄,从近到远拍摄了 2000 多张不同距离的照片,使我们看到了不同年代、处于不同演化阶段的星系,最远的就是这张宇宙初生态照片。"哈勃"不清楚宇宙各个方向是否同性,于是又在南天杜鹃星座一带的天区进行同样的拍照。结果显示,南天深空区与北天深空区非常相似,没有什么惊人的差异。天文学家们将这 2000 多张不同距离的、由远至近的天体照片连接起来,像放电影那样连续观察,看到过去的星系比近期的星系更加靠拢,看到由活跃恒星形成的早期星系是怎样演化成近期星系的,亲眼看到了宇宙 130 亿年的演化过程。

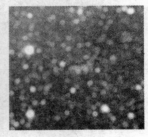

图 91 亿光年　　　　　　87 亿光年　　　　　　86 亿光年

图 16-6　星系的演化过程

　　人们看到了宇宙早期气团中形成恒星和星系的过程。这些早期的星系比较混乱,相互之间作用频繁。星系之间的碰撞是经常发生的,两个或几个星系碰撞以后形成大的星系,每次碰撞过程大约经历 10 亿至 15 亿年。人们亲眼看到,早期的星系都比较小巧,但也有巨大的星系。天文学家们在120亿光年的深处发现了一个大星系。它的亮度非常耀眼,几乎完全是由新形成的恒星组成的,新恒星形成速率是现在银河系的1000倍。在这遥远的宇宙边境附近,小巧玲珑的小星系又多又暗淡,而且还被宇宙尘埃遮蔽,但在红外波段却一目了然。它们的红外辐射非常致密,证明这些小星系正在频繁地碰撞。现在的宇宙,星系之间距离很远,星系碰撞的事就不那么频繁了。但是,我们的银河系正在合并大、小麦哲伦星系。

130亿年以前的恒星也不寻常,它们是宇宙大爆炸以后不久形成的第一批恒星,每颗星的质量(所含物质的量)有100倍太阳质量,不到几百万年都纷纷发生超新星爆发了。它们喷发的氢气云是第二批恒星的材料,甚至一些高速氢气云一直到现在还在星系间运动。三角星系M33有一片高速气云,其直径有52万光年,有9亿倍太阳质量的氢,以200千米/秒的速度向仙女座星系靠拢。这片巨大的分子云也是第一批恒星超新星爆发留下的气体,一旦与其他的气体云碰撞,其后果也许会形成一个新的矮星系。我们的太阳也许是第三批恒星。它的行星系统,包括我们地球上生物中的一部分重元素(比氦重的元素),也是第一批恒星核反应的产物。

图16-7是斯必泽空间望远镜拍摄的早期恒星。

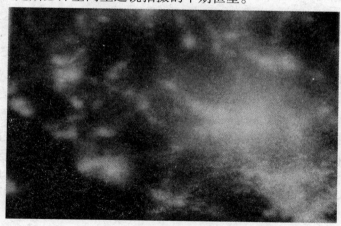

图16-7 130亿年以前的恒星

宇宙不是永恒的,它在不断地演化。通过我们观测到的演化过程,就有了一些推理。我们的太阳也不是永恒的,也在演化,再过70亿年,太阳将变成一颗红巨星。

十七、黑洞

恒星级黑洞

1971 年,天文学家在观测天鹅星座里一颗比太阳大 30 倍的高温的蓝巨星时,发现它正在和一个看不见的不明物体彼此环绕着旋转,周期为 5.6 天,两者之间的距离只有 3000 万千米(水星距离太阳的平均值 5800 万千米)。根据它环绕的轨道、速度和它的质量,计算出这个不明物体的质量是 7 个太阳质量,而且还不停地放射出 X 射线。经过 15 年的观测,确定这个不明伴星就是一个恒星级黑洞,被命名为 GRS1915 + 105。从此,爱因斯坦不喜欢的、"不允许存在的"天体,终于被天文学家们观测到了。

本来,天文学家研究的是一颗比太阳大 30 倍的高温蓝巨星,却发现了一颗恒星级黑洞,成了观测宇宙的无心插柳之作。编号 GRS1915 + 105 黑洞的历史非常奇异,它本是一颗巨大的恒星,由于过热而突然发生超新星爆发,它的整个外层爆炸形成一片星云,而爆炸后的星核仍有 7 个太阳质量,直接收缩成黑洞。这次超新星爆发实在太猛烈了,以至于这个刚形成的黑洞像弹丸那样从星云中射出(7 个太阳质量的弹丸)。从此,这个黑洞就在太空中游荡,没吃没喝,饥寒交迫,比流浪汉还孤独。当它流浪到天鹅星座时,居然遇到一个"慈善家",那就是那颗比太阳大 30 倍的高温蓝巨星。双方互相吸引,跳起呼啦圈舞蹈,亲密至极。黑洞贪吃蓝巨星的物质,越吃越强大,最终将把蓝巨星全部吃掉。

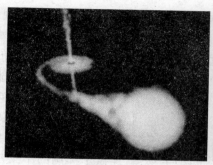

图 17-1　天鹅座 GRS1915＋105 黑洞示意图　图 17-2　M100 超新星遗迹中的黑洞

　　无独有偶,在天鹅星座里还有一颗比太阳大 17 倍的沃尔夫-拉叶星,发现它正在和一个看不见的黑洞彼此环绕着旋转,周期为 4.8 小时,两星之间的距离更近。黑洞与沃尔夫-拉叶星同时喷出物质流,物质流中的电子通过碰撞把能量传递给紫外光子,形成 γ 射线。

　　在 NGC300 旋涡星系的旋臂上,发现了一个 20 倍太阳质量的黑洞,它正在和一颗同样为 20 倍太阳质量的沃尔夫-拉叶星相互旋转,周期为 32 小时,黑洞正在剥离沃尔夫-拉叶星的物质。天文学家们统计,大于 20 倍太阳质量的黑洞只发现了 3 个,银河系的 22 个恒星级黑洞最大的也只有 10 倍太阳质量。

　　后发座的旋涡星系 M100(NGC4321)有两个巨大的旋臂,在一个旋臂下方有一个超新星遗迹 SN1979C,遗迹中心有一个稳定明亮的 X 射线源,这就是一个刚诞生不久的黑洞。黑洞正在吸食超新星遗迹中的物质,或正在吞噬可能的伴星的物质。它是被天文学家们誉为最年轻的黑洞,距离地球 5500 万光年。超新星 SN1979C 是 Gus Johnson 在 1979 年发现的,超新星爆发的光线在宇宙中经过 5500 万年才到达地球,这个超新星爆发以前是一颗 20 倍太阳质量的星,爆发以后的星核超过 3.2 倍太阳质量,就直接坍缩成黑洞。这个黑洞的年龄至少也有 5500 万年,怎么还誉为最年轻的黑洞呢? 那是因为超新星 SN1979C 是在 1979 年发现的,到 2011 年才 32 年,这个黑洞应该是 32 岁。不难推测,大量的黑洞就在我们银河系之中游荡。

　　美国宇航局"费米 γ 射线空间望远镜"对 4 个极亮的 γ 射线源进行长时间观测表明,持续时间几秒到几十秒的 γ 射线暴是大质量恒星超新星爆发以后坍缩形成的黑洞造成的,如果 γ 射线暴辐射的能量是全方位的,则它的能量之大相当于将几个太阳质量瞬时转换成能量;如果 γ 射线暴辐射的能量是喷流形式的,则 γ 射线暴释放的能量就大大减小了。

星空十大奇迹

互联网信息：2002 年 11 月 19 日，法国天文学家证实，一些巨大的黑洞，目前正在以比周围的恒星高出四倍的速度穿过银河系，并且大致方向是朝着地球而来。虽然这个黑洞离地球非常之远，尚不能对地球产生巨大的影响，但其危险确实存在。黑洞是看不见的，只有当黑洞对星球产生引力作用时才能检测到，只有黑洞在吸食物质放出 X 射线时才能看到。如果它向地球逼近，它将凭借其几乎无限大的引力，在一瞬间就将地球"吃"掉。可怜的地球因为体积太小，连给黑洞打个牙祭都不够，即使地球侥幸不被"吃"掉，它那巨大的引力亦会彻底毁掉人类。我们人类这种可怜的小生物，就连做个黑洞的小菜都不够资格。

为了对黑洞有一个更加直观的感受，我们不妨看看美国物理学家、天文学家菲利普·布雷特在其《地球的终结》中是如何写的：

越是找不到的东西越是加剧人们的恐惧和猜测：那不会是一个黑洞吧！经推算，科学家们发现这个黑洞正以每秒 500 英里的惊人速度向我们扑来。它的质量是太阳的 10 倍，对于地球上的生命来说，它的到来无疑意味着灾难。

当这个黑洞距离地球还有 3 亿公里的时候，从地球上感受到的黑洞的引力已经和太阳不相上下。地球不再只围绕一颗恒星运转：它被两颗恒星吸引住；一个代表生，另一个代表死。又过了几天，黑洞的引力比太阳大了很多。它用看不见的手抓着地球，把我们从太阳身边扯走，拉向它这个已崩溃了的恒星。

随着我们的接近，来自黑洞的潮汐力开始撕扯地球。来自月亮的潮汐力使得海洋涨落，而这个黑洞的质量是月亮的 2 亿倍，即使在数万英里之外，潮汐力照样会引发凶猛的洪水、剧烈的地震和海啸。

致命的一击很快来到。当黑洞来到距我们 700 万英里的地方时，地球表面的物体感受到的来自黑洞的引力已经与地球对它们的引力一样大。在前几天的事件中顽强地坚持下来的幸存者们突然发现：自身的重量消失了，作用在他们身上的向上和向下的力相等。

几分钟后，当黑洞靠得更近时，向上的引力开始起主导作用。一场飓风把已经失重的人们向上卷起，同时被卷起的还有岩石、汽车、海洋……

一个小时过后，一切都结束了。黑洞强大的引力把地球撕成碎片，并在宇宙中蒸发。曾经构筑我们美好家园的材料落入黑洞贪婪的大嘴，以前未有过的速度绕着黑洞旋转，在最后的猛冲前形成一个数百万度高温的等离子盘。

没打嗝儿，也没有羁绊，黑洞继续前行，离开了太阳系，留下的是混乱，以及溃散的行星和死亡。

以上材料摘自（美）菲利普·布雷特：《地球的终结：未来世界是这样走向消亡的》，李志涛、王怡译，中央编译出版社，2010年4月第1版，第107页。

天文学家们估计，宇宙中这样的黑洞一定有很多，因为宇宙已经137亿年了，那些光谱型为O、A和B型的巨大热星，很快将自身的核燃料耗尽。爆炸喷射物质，中子坍缩形成黑洞，在太空中游荡。我们的太阳可别碰上这样的"吸血鬼"。编号GRS1915＋105的恒星级黑洞自转非常迅速，950次/秒，它的高速自转导致周围物质的旋转，形成一个强大无比的引力旋涡。这就是黑洞的吸积盘。

质量过大的热星是非常不稳定的，它们平均在2亿年左右都会达到爆发阶段，爆炸喷射出大量物质，几乎把全部能量释放出来。爆炸剩下的残余只有一个坚实的星核，如果这个星核的质量小于太阳质量的1.44倍（钱德拉塞卡极限），将成为一颗白矮星；如果这个星核的质量在1.44～3.2之间，将成为中子星，高速周期性震荡的中子星叫做脉冲星；如果这个星核的质量超过3.2倍太阳质量时（奥本海默极限），中子间的排斥力不能抵抗住引力的作用，就会发生中子收缩。收缩引力的大小与物质间距离的平方成反比，越收缩距离越小，越收缩引力越大，而且是成平方倍的增大，物质必然无限制坍缩下去。坍缩造成的后果是星体形成一个体积很小的吸积盘。吸积盘中心有一个巨大质量的点，这个点被命名为"奇点"。从此，黑洞产生了。"奇点"就是这个黑洞的中心。这样的黑洞称为恒星级黑洞。奇点隐藏在时空的一个区域－视界之内，"视界"是光也无法逃逸的引力作用下的一个区域，统称黑洞。

黑洞的概念很不容易被人理解。它的特点，一是质量巨大，二是"黑"，三是"点"。先说黑洞的巨大质量。银河系中心有一个大黑洞，在黑洞外1角秒处有一颗年轻的恒星围绕银河系中心大黑洞做轨道运动，轨道周期为15.56年，根据它环绕的轨道、速度和它的质量计算，银河系中心的大黑洞至少有太阳质量的400万倍，黑洞的半径只有日地距离的8%。如此极小区域内的巨大质量的物质，以什么形式存在？一些天文学家认为，黑洞中的一切力、一切物质和电荷都是由一种叫做"弦"的单一成分组成的。大多数天文学家们认为这是一个虚拟的"弦理论"，很难被人接受。

最明亮的天体是完全看不见的

根据质量和光度的关系,质量越大光度越亮,黑洞的质量非常巨大,应该非常明亮,怎么会变黑了呢? 法国天文学家拉普拉斯指出:"宇宙中最明亮的天体是完全看不见的。"他举例说,一颗半径为 1.74×10^8 千米的星,它的质量是 1.22×10^{38} 千克。通过计算,这颗星外表的逃逸速度是 3.06×10^5 千米/秒,逃逸速度比光速 3×10^5 千米/秒还大,光线都逃逸不出来,不就"黑"了吗! 黑洞的质量巨大,光线也不能逃逸。所以,它也是黑的。如果用太阳那样亮的探照灯照射黑洞,黑洞不反光,把光线全部吸收,还是看不见它。

任何星体都有一个临界半径,太阳的临界半径为 3000 米,地球的临界半径为 1 厘米。如果一个星体压缩到临界半径以内,时空的弯曲程度将会把它与外界隔绝而形成黑洞。这个临界半径称为"史瓦西半径"。没有什么力量能使太阳或地球达到临界半径,只有大质量恒星崩溃以后,它的星核仍有 3.2 倍太阳质量以上。中子间的排斥力不能抵抗引力的作用,就会发生中子坍缩,达到临界半径,形成恒星级黑洞。

再说奇点的"点"。在人们的脑海里,超过 3.2 倍太阳质量的物质,无论怎样坍缩,也坍缩不成一个体积很小的、无限黑暗的、只有巨大质量的"点"。地球的质量是 6×10^{21} 吨,太阳的质量(太阳质量 1.989×10^{27} 吨)是地球质量的 33 万倍。把比太阳质量大几倍的天体,硬是塞进一个体积不大的小洞里,是研究黑洞的科学家大脑出了问题,还是哪个环节出了问题? 天文学家们发现,黑洞的平均密度与其质量的平方成反比。黑洞的质量越大,其密度就非常小。我们银河系的质量是 2.2×10^{41} 千克,如果它收缩、坍缩成一个大黑洞,通过计算,黑洞的平均密度只有 0.002 千克/立方米,比地球大气的平均密度还小。不是说宇宙最终将变成一个特大的黑洞吗? 通过计算,宇宙大黑洞的平均密度只有 2×10^{-25} 千克/立方米(小数点后面 24 个零再跟上一个2)。可以看出,黑洞处在真空状态,把真空"压成"一个时空的小区域是可以理解的。这个小区域的中心就是"奇点"。奇点有多大? 奇点是奇特的点,半径为零,没有大小,巨大的物质都集中在这个点上。

可以看出,黑洞的巨大质量、极小范围、近似真空的密度三者并存是非常矛盾的。矛盾的顶点,在黑洞的巨大质量是以什么形式存在的。有人猜测,黑洞中的物质是以"暗物质粒子"的状态存在的,它不发生核聚变,粒子相互之间穿过无碰撞,所以不能用可见物质的质量、密度和空间来衡量它。然而,科学家们还没有找到"暗物质粒子"的可靠证据,它的质量、性质也不清楚。

一些科学家认为,黑洞的性质与量子力学相违背,物质一旦落入黑洞,该物质的信息便永远消失了。量子力学认为,物质的信息绝对不会在宇宙中消失。这些科学家认为,大质量恒星在坍缩的过程中,产生一个临界壳层,壳层的大小取决于恒星的质量,质量越大,壳层越大。壳层内是含有能量的真空,这些能量是落入壳层的物质质量转换而成真空中的能量。真空能量有巨大的反引力作用,从而能使其稳定下来。如此方式产生的天体,被科学家 G. Chapling 命名为"暗能量星"。对太空观测表明,在自由空间中存在含有能量的真空。哈勃空间望远镜观测 24 个超新星发出的光得出的结论是:暗能量在 90 亿年以前就出现了。这个神秘的、巨大的暗能量一直在推动宇宙加速膨胀,使宇宙膨胀的速率每 100 亿年胀大一倍。这些科学家的猜测都被认为是虚拟的,只有天文学家何香涛教授所说的更真实:"再聪明的智慧也想不出物质在奇点中是如何排列的。"

2007 年 10 月 17 日,美国天文学家在 M33 星系中发现一个巨大的恒星级黑洞,有 15.7 倍太阳质量,正在围绕它的伴星旋转,周期 3.5 天,被命名为 M33X - 7,这是最大的包含黑洞的双星。伴星也非常臃肿,有 70 倍太阳质量。天文学家们推测,由于恒星的质量越大寿命越短,而 70 倍太阳质量的伴星还在,黑洞前期恒星至少有 80 倍太阳质量,发生超新星爆发以后的星核才会有 15.7 倍太阳质量。这个双星系统是一对臃肿的胖子,主星爆发以前是一对异常接近的双星,共同享用同一个外层大气,可谓亲密至极。不料 1 亿年以前,主星仙逝。主星发生超新星大爆发对伴星是一场巨大的冲击。从此,伴星就与一个黑洞为伍了。

最近,英国剑桥大学的天文学家们发现了一个更大的恒星级黑洞,质量至少有太阳的 24 倍,位于天鹅座的一个矮星系中,距离太阳 180 万光年。黑洞的伴星是一颗灼热的蓝巨星,正以星风的形式抛射大量的气体。黑洞得到伴星的物质最多也只有两倍太阳质量。黑洞的庞大是由于前身星巨大,不是形成黑洞以后慢慢变大的。人们推测黑洞的前身星有 90 倍太阳质量。黑洞和巨星组成的双星系统,轨道面侧向对着我们,所以能看到它们的相互掩食现象。

根据威尔金森宇宙微波背景辐射各向异性探测器(WMAP)对宇宙参数进

行的精确测量,宇宙大爆炸4亿年以后,在万有引力的作用下,一团团由氢、氦和锂组成的气团在宇宙中运动,气团中形成第一代恒星;大爆炸4.7亿年以后出现第一批星系。第一代恒星的质量都很大,大部分都有太阳质量的100倍。这些大质量恒星疯狂地消耗核心中的燃料,不久就发生超新星爆发了。超新星爆发将恒星外围的物质以及新制造出来的化学元素(如碳、硅等)抛向空间,形成新的恒星或行星;恒星核心的物质猛烈收缩、坍缩,直接坍缩成黑洞。所以,黑洞遍布太空,新恒星也遍布太空。在万有引力的作用下,数以亿计的恒星靠拢,形成星系,数以万计的恒星级黑洞并合,形成大的黑洞。这种大黑洞就是星系级黑洞。

每年吃掉15个太阳的星系级黑洞

天文学家们对河外星系与银河系进行比较时,发现银河系中心比其他活跃的星系中心安静得多。他们把那些剧烈活跃的星系核心叫做AGN(Active Galaxy Nucleus)。AGN一般比银河系中心每秒辐射的能量要大得多,光学波段能量是银河系中心的几十倍,X射线波段能量和射电波段能量是银河系中心的几十万倍。AGN的尺度只有1光日(光在1日内走的距离),是银河系中心的1/‰。

比较著名的AGN(剧烈活跃的星系核心)要属圆规星座的圆规星系(图7-3)(照片是哈勃空间望远镜拍摄的)。我们可以看到它的核心非常明亮。它每秒辐射的能量是银河系的几千倍,距离地球1500万光年。

AGN为什么如此活跃呢?

天文学家们发现,剧烈活跃的星系核心都有一个大质量的黑洞,黑洞的质量一般是太阳质量的100万至1亿倍,超大质量黑洞竟然是太阳质量的10亿倍。在大质量的黑洞吸积物质的过程中,物质落入黑洞时,物质的势能减少,物质围绕黑洞旋转,"摩擦"失去角动量,产生巨大的热量。根据爱因斯坦的质量和能量关系方程:物质蕴藏的能量等于它的质量乘以光速的平方,其公式如下:

$$E(尔格) = M(克) \times C^2(厘米/秒)$$

把这个公式应用到物质落入超大质量的黑洞时,计算结果显示,只要每年有15个太阳质量的物质落入黑洞,落入黑洞质量的10%转换成能量,就能提供我们观测到剧烈活跃的星系核心的能量辐射。换句话说,剧烈活跃星系核心的黑洞每年会吃掉 15 个太阳质量的物质。

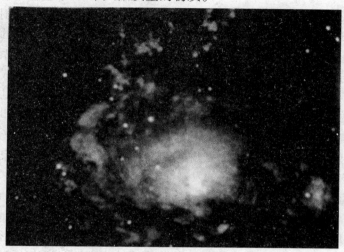

图 17-3　圆规座圆规星系

黑洞吃"太阳"的事件被两颗人造卫星发现了:2004 年 2 月 18 日,美国航天局宣布,两颗人造卫星发回的数据证明,宇宙中的一个巨大黑洞撕裂了一颗恒星,这颗恒星的质量与太阳相当。这个遥远的黑洞离地球 7 亿光年,有 1 亿个太阳那么大,在 RXJ1242-1119 星系的中心(在下一节里详细介绍)。黑洞吃"太阳"的事件不是罕见的,不仅星系中心有,像天鹅座 GRS1915 + 105 小黑洞也正在啃食一个大"太阳";在双星中也不是罕见的。

当物质掉进黑洞时,圆规座星系的活跃星系核会发出短暂明亮的辐射,放射出强烈的紫外线,形成一个内层的亮环。偏绿色的内环直径 260 光年,中心的大质量黑洞的云气呈现粉红色,以垂直的方向上下喷射。

活动星系核物质密度非常高,活动非常剧烈,新恒星在那里不能形成。因为恒星的形成是通过吸积周围的低温气体而形成的,而活动星系核中心有一个大黑洞,黑洞把物质的引力转变成强大的紫外线辐射出来,紫外线把星系核附近的氢与氦的外层电子剥离,这个剥离过程使氢和氦的温度升高到 22000度,如此高的温度抑制了气体引力坍缩,故不能形成新恒星。

圆规座星系的外层有一个偏红色的外环,是从星系中心向空间喷射的物质向外扩散的产物,大部分恒星和星际气体都集中在两个环上。外环直径 1300 光年,银河系的直径 10 万光年,圆规座星系每秒辐射的能量是银河系的几千倍。如此小的星系辐射出如此大的能量,中心还有一个大质量黑洞,无疑是个奇迹。

更让人们惊奇的是,剧烈活跃的星系核心 AGN 竟然发射宇宙射线。1938年,法国物理学家皮埃尔·沃格尔发现高能宇宙射线,但宇宙射线的源头没有确定;2007年,沃格尔天文台发现宇宙射线的源头是剧烈活跃的星系核心。当宇宙射线与地球上的大气分子碰撞时,将触发一系列连锁反应,生成数以亿计的二级粒子。这些粒子从大气进入水中,产生激波,引发闪光,可见能量非常大。欣慰的是,地球有臭氧层,有大气,地球上每一平方千米、每个世纪只有一个高能宇宙射线粒子来到地球。天文学家们研究宇宙都是从光子中取得成就,而宇宙射线是带电的质子,并以接近光的速度运行,给天文学家们打开了另一扇窗户,预计不久就会有新的发现。

长蛇座 M83(NGC5236)在长蛇座与半人马座交界处,赤经 13.6 时,赤纬 −30,是著名的旋涡星系(或棒旋星系),有明亮的核心,有浓密的尘埃带,有粗壮的旋臂,旋臂上的亮点是一个个星团,星团内新恒星正在激烈形成。经过100 年的观测,M83 发生 36 次超新星爆发,我们的银河系 400 年还没有爆发过一次。M83 不但有一个剧烈活跃的星系核心 AGN,而且整个星系都很活跃。照片(图 17-4)是哈勃空间望远镜拍摄的。

图 17-4　长蛇座 M83(NGC5236)　　图 17-5　NGC1068 星系

NGC1068 星系中心也非常明亮,它的中心也有一个正在成长的大黑洞。钱德拉 X 射线天文望远镜观测表明,该星系异常活跃,中心异常明亮,中心以450 千米/秒的速度向外喷射高温气体,使附近的气体升温,发出耀眼的光线,说明星系中心有一个正在吞噬物质的大黑洞。

钱德拉 X 射线天文望远镜最近发现,银河系核心附近聚集着 2 万多个小质量恒星黑洞,这些小黑洞是大质量恒星爆发以后形成,在几十亿年内移居到银河系中心的。在不到 3 光年的范围内(太阳系的直径 3 光年),有 1 万多个黑洞和中子星已经被人马座 A 大黑洞俘获,预计在 100 万年以内,可能被人马座 A 并合,使人马座 A 大黑洞的质量增加 3%。这些资料会帮助天文学家们进一步了解巨大黑洞是如何演化来的。

近年来红外高分辨率望远镜观测发现,在人马座 A 周围 1 角秒处,有一颗年轻的恒星围绕人马座 A 做轨道运动,轨道周期为 15.56 年。根据它环绕的轨道、速度和它的质量计算,银河系中心黑洞有太阳质量的 4000 万倍,黑洞的半径只有 8% 天文单位。它每当吞噬附近天体的物质时,就会发出 X 光闪烁。图 17-7 是计算机模拟的黑洞和吸积盘。

图 17-6　仙王座 NGC6946 星系　　图 17-7　计算机模拟的黑洞和吸积盘

我们知道,银河系自转周期为 2.3 亿年,这么快的旋转所产生的离心力非常巨大。要平衡这个离心力,需要很大的引力。正是因为银河系巨大的暗物质和中心黑洞的巨大引力,才使我们银河系 2000 亿颗星没有走散。通过计算,单靠银河系可见恒星质量的吸引力,银河系这 2000 亿颗星就会飞散出去。所以,人们说,银河系中心的暗物质和黑洞是台发动机,它使银河系的四个旋臂像螺旋桨那样转动起来,就像仙王座星系 NGC6946 那样。

一个巨大的黑洞撕裂了一颗恒星

银河系中心附近的大质量黑洞人马座 A(SgrA)质量如此之大,连光线都不能发射出来。银河系中心的那个黑洞我们并没有看到它,只知道从那里发出强大的 X 射线闪烁,那是银河系中心黑洞正在一小口、一小口地吞噬物质。

　　人们早些时候认为,星系级黑洞的胃口那么好,消化力那样强,吞噬的物质无影无踪,随着时间的流失,最终会吞噬掉整个大星系。天文学家们对数以百计的星系级别的黑洞进行计算,发现黑洞的质量只有它的星系质量的1/500。通过对银河系核心黑洞的了解,古老的大星系不会被黑洞吞噬掉,黑洞们只是在星系中心"守株待兔"。

　　果然,人们真的看到有一只"兔儿"跳进了黑洞。2004年2月18日,美国航天局宣布,两颗人造卫星发回的数据证明,宇宙中的一个巨大黑洞撕裂了一颗恒星,并吸入了该星球的一小部分。这个恒星的质量与太阳相当。它和另外一颗恒星近距离相遇以后,偏离了原先的轨道,运行到离黑洞非常近的空间。在黑洞的强大引力下,它被拉伸变形,被引力撕裂,爆发出极其强烈的X射线,并被黑洞吸食了自身的一小部分,其余的被抛离黑洞,形成热气体组成的、围绕黑洞的吸积盘,供黑洞以后慢慢享用。这个遥远的黑洞离地球7亿光年,有1亿个太阳那么大,它的位置在RXJ1242-1119星系的中心。

　　2006年1月6日,人们又看到一只"兔儿"跳进了黑洞,位置就在我们的大邻居仙女座星系中心。仙女座星系黑洞与银河系黑洞一样,在上百亿年的时间里,中心黑洞已经极大地吞噬掉了它中心的物质,而处在出奇的安静状态。突然,2006年1月6日X射线大爆发,在短时间内X射线猛增100倍,爆发以后又平静下来,但比起2006年以前X射线还是增大了10倍。这是为什么呢?那是一颗恒星运行到离黑洞非常近的空间,在黑洞的强大引力下被黑洞吸食了自身的10%。饥饿的黑洞猛吃一顿后,X射线猛增100倍;恒星的其余物质被抛离黑洞,形成热气体组成的、围绕黑洞的吸积盘。吸积盘上的物质变浓变厚,在黑洞强大引力下,吸积盘物质不断地、陆续地落向黑洞,所以比2006年X射线还亮10倍。

图17-8 巨型黑洞撕裂一颗恒星　　图17-9　NGC4258星系中心的大质量黑洞

其实,天文学家们也没有看到这个黑洞,只是用射电太空望远镜测出巨大无比的 X 射线爆发。如果银河系中心的黑洞也发生类似吸入恒星的情况,则对我们地球的影响微乎其微,因为太阳离银河系中心 9000 秒差距(约合 3 万光年)。这么远的距离,X 射线的强度已经衰减到安全的程度了。

天文学家们还观测到,在 NGC4258 星系中心有一个大质量的黑洞,质量有银河系中心黑洞的 10 倍。在椭圆星系 M87 中心有一个巨大黑洞,质量有 30 亿个太阳质量,其半径有 0.001 光年,这个黑洞对我们的张角只有 4 微角秒。这是天文学家们目前发现的最大的黑洞了。

小星系中心也有黑洞。NGC4395 星系离地球 1400 万光年,是一个发育不健全的星系,但尽管如此,在它的中心仍然有一个不大的黑洞。NGC4395 星系是一个很古怪的星系,它的中心不像其他星系那样有一个球状的核,而是有一些松散的恒星组成的中心,中心有一个质量只有 30 万至 40 万个太阳质量的黑洞。俄亥俄州大学天文学家 BradleyPeterson 认为,正是这个黑洞把星系中心的恒星吃掉了,而且从来没有吃饱过。通常黑洞的质量大都在 1000 万至 10 亿个太阳质量,30 万太阳质量的星系级黑洞是比较少的,黑洞质量小,引力也小,造成了这个星系的古怪状态。这样的黑洞虽然也称为星系级黑洞,但它是最小的。

黑洞并合造成巨大的爆炸

黑洞有强大的引力。当它把物质吸引到黑洞里时,会发出强大的 X 射线。任何从黑洞逃逸的物质都会被黑洞的强大引力拉回。此时,时空分成两部分,一部分是自然宇宙世界,光线自由传播;另一部分就是黑洞,物质一旦进入黑洞,所有物质都被禁锢,所有信息都被封锁,所有物质性质的知识都已经失效,留下的只有黑洞的新质量、角动量和电荷数值。这两部分的分界点就是"奇点"。

钱德拉 X 射线天文望远镜最近发现,距离我们 4 亿光年的 NGC6240 星系的核心有两个星系级黑洞,相距 3000 光年。两个黑洞不断靠近,几亿年以后就会整合成一个大黑洞。NGC6240 为什么有两个黑洞呢?仔细观察发现,这个星系中的新恒星正在迅速形成,星系中的气体和尘埃带杂乱无章,星系的外围还有尾巴状的结构,这无疑是两个星系碰撞的结果。图 17-10 中的两个亮点是两个星系的核心,两个星系都有一个黑洞。通过研究 NGC6240,可了解到星系级的黑洞是怎样形成和演化成大黑洞的。

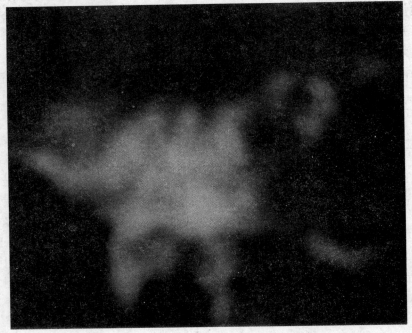

图 17-10 NGC6240 星系核心的两个星系级黑洞

不是所有星系级黑洞都像 NGC6240 星系那样。在离地球非常遥远的区域,有一个肉眼看不见的星系,是类星体 3C273。类星体是体积小、光度大的遥远天体,它的直径小于 1 光年,比银河系小 10 万倍。可是,3C273 辐射出的能量是银河系的 1000 倍。根据光度与质量的对应关系,3C273 的质量就大得惊人了,质量巨大而占的体积极小,不可能是密集的星团,也不可能是大质量的恒星,无疑是一个正在吸积着物质的非常活跃的巨型黑洞。

距离地球 127 亿光年的类星体,编号 SDSSpJ1306 的中心有一个完全成熟的大黑洞,质量有 10 亿太阳质量,是宇宙大爆炸 10 亿年以后形成的。

距离地球 128 亿光年的类星体,编号 SDSSpJ1030 的中心也有一个完全成熟的大黑洞。这是发现的最古老的黑洞。这些黑洞无疑是宇宙大爆炸以后不到 10 亿年,由质量有 100 倍太阳质量的恒星发生超新星爆发坍缩形成的恒星级黑洞并合而成的。无论年轻的和古老的黑洞,特征如此相似,都会帮助天文学家们进一步了解巨大黑洞是如何演化来的。

星系级黑洞有像银河系那样的,已经极大地吞噬掉它中心的物质而处在饥饿状态的黑洞;有像圆规星系那样剧烈活跃的,每年至少吞噬 15 个太阳(质量),正在吸积着物质的非常活跃的巨型黑洞;有像类星体 3C273 星系那样的,每年吞噬 1000 个太阳质量的特大黑洞。

天文学家们观测到的 X 射线大爆发,强度非常之大,一般只持续几秒钟,就像闪电一样,他们相信那是黑洞正在吸积物质;天文学家们观测到的 γ 射线大爆发,是已知的宇宙中强度最大的爆发,一次爆发释放出的能量相当于太阳 1000 亿年释放的能量,亮度达到太阳的 100 亿亿倍,持续时间只有 50 毫秒,天文学家们相信这是两个黑洞在并合,或者白洞排斥物质引发的 γ 射线暴。

自从 1965 年发现第一个黑洞以来,对黑洞的研究只有 40 多年。发生在我们身边的国内新闻和国际新闻,又是照相又是录音,还有很大误差,何况发生在几万光年之外、看不见摸不着的黑洞呢! 但是不要紧,如果有新的发现和误差,会进行修正的。

宇宙将变成一个特大黑洞(恒星时代大结局)

本书开头说道,137 亿年以前,宇宙发生了大爆炸,这是人们能够想象的最大的爆炸。从此,宇宙由黑暗变成了光明,宇宙空间迅速膨胀。随着时间的推移,宇宙有了巨大的天体物质,庞大的空间,后来甚至有了各种生物和有思维能力的人类。

宇宙既然有一个轰轰烈烈的开始,也应该有一个气势雄伟的结局:

大约 70 亿年以后,太阳将变成一颗红巨星;

大约 1000 万亿年以后,宇宙将停止膨胀,开始收缩;

10^{31} 年以后,宇宙收缩成一个特大黑洞;

10^{106} 年以后,巨型黑洞蒸发成电子和光子,宇宙最后消亡。

这是天文学家丁·伊思兰揣测的"宇宙的最终命运"。

宇宙大爆炸以后,宇宙空间迅速膨胀。在过去的 100 亿年里,宇宙空间增加了一倍,一直到现在仍然还在膨胀中。如果宇宙继续膨胀下去,宇宙中所有的巨大星球都会把燃料耗尽,星风不断减弱,新恒星形成率也不断下降,老恒星都会坍缩形成白矮星、中子星或恒星级黑洞,星系中心的黑洞也越来越大。这样推测下去,宇宙中就会形成白矮星、中子星、黑洞和永久的黑暗。

恒星的寿命大体上决定于它的质量,质量越大寿命越低。比太阳质量大 3.2 倍的巨星,它的寿命只有 1×10^6 年。质量是太阳质量 0.2 倍的红矮星,它的寿命有 2×10^{11} 年。

恒星质量、光谱型与寿命的关系

恒星的质量 (太阳质量的倍数)	恒星相应的光谱型	恒星的寿命 (10^6 年的倍数)
32	O5	小于 1
16	B0	10
6	B5	100
3	A0	500
2	A5	1000
1.75	F0	2000
1.25	F5	4000
1.06	G0	10000
1	G2	11000
0.92	G5	15000
0.80	K0	20000
0.69	K5	30000
0.48	M0	75000
0.20	M5	200000

所谓白矮星,是小质量的恒星耗尽氢核燃料以后坍缩形成的星。天文学家们对"白矮星本质"的研究表明,当白矮星的质量为 0.4~1.44 太阳质量(钱德拉塞卡极限)的时候,组成白矮星的物质,仍然是原子 + 电子层的结构,电子层能够阻止原子核相互靠近,虽然白矮星的密度特别大,平均密度一般在 10^8 ~ 10^{10} 千克/立方米,比水银的密度高约 8000 倍。

当白矮星的质量在 1.44~3.2 太阳质量的时候,"电子简并压力"(斥力)将不足以抵抗引力,星体必然继续坍缩,但不会无限坍缩下去,只是电子被"压"进原子核里形成中子,被命名为"中子星";高速旋转而造成周期性振荡的"中子星",我们把它叫做"脉冲星";中子星平均密度一般在 10^{14} ~ 10^{17} 千克/立方米。

我们前面说过,别看金属那么坚硬,其实它们都是原子组成的。如果把一个正常的原子放大到直径 100 米,它的原子核只有绿豆那么大,核外的电子层非常蓬松,电子被"压"进原子核里直径小了 5000 倍,1 立方厘米的质量有 1 亿吨。

白矮星是坍缩形成的星。恒星质量越大,坍缩越严重,白矮星的直径越小。当白矮星的质量大于 3.2 太阳质量时(奥本海默极限),"电子简并压力"(斥力)比引力小很多,星体必然无限坍缩下去,所有物质都落向奇点,形成黑洞。

有矛就有盾,有黑就有白。有黑洞,人们自然就想出个白洞来,而且把白洞还炒热了。黑洞吸集物质时从外向里,白洞挥发物质时从里向外。更让人们注意的是,白洞排斥物质引发 γ 射线暴。天文学家们观测到的 γ 射线大爆发,是已知的宇宙中强度最大的爆发,一次爆发释放出的能量相当于太阳 1000 亿年释放的能量,持续时间只有 1 秒左右,直径只有 30 万千米左右,足以与黑洞匹配。于是,白洞也站住了脚跟。人们不会就此满足,不久以前人们又想出个"虫洞"来。

虫洞是连接黑洞和白洞的通道。如果说宇宙本身就是一个大黑洞,后面跟着一个大白洞,两个宇宙用什么连接起来呢? 用虫洞。一条"虫"咬开了两个宇宙的界限(这条虫儿可够大的),把两个宇宙连接起来,被命名为"时空隧道"。人们可以通过虫洞到另外一个宇宙中去。预计不久以后,人们还会想出个更离奇的什么"洞"来。

宇宙还在膨胀。天文学家们发现,宇宙中的各个星系大体上似乎都在远离我们(局部的并非如此),这是宇宙还在膨胀的证据,是 20 世纪科学上的最重大发现之一。宇宙膨胀的速率很小,每 100 亿年宇宙才胀大一倍,是神秘的、巨大的暗能量一直在推动宇宙加速膨胀。

德国天文学家维尔兹在观测河外星系时,发现远处的星系都有谱线红移,说明它们都在远离我们。后来,天文学家哈勃发现星系离我们越远,退行速度越快,每增加 100 万秒差距,退行速度增加 500 千米/秒(哈勃定律)。天文学家赫马森验证,哈勃定律宇宙普适,多远都成立,距离 2.4 亿光年之远的星系,退行速度已经达到 1/7 光速。这样推算下去,距离我们远到一定程度、达到"临界距离"时,星体可能以光速退行,以 30 万千米/秒的速度远离我们,星体发出的光线就传不到地球上来,我们就看不见它了。这个"临界距离"之外,看不到星体,并不意味着这个距离就是宇宙的边界。

爱因斯坦的相对论打破了人们固有的速度和时间概念。他认为有质量的物质的运动速度都不可能超过光速,同时,又把光速规定为"物质运动的极限速度"。现在,我们所知道的宇宙中最快的速度是光和电磁波的速度。1972年确定的光在真空中传播的速度是299792457.4±0.1米/秒,近似30万千米/秒。光速极限问题已经多次被验证,没有理由再怀疑它的正确性。难道真有一些星体(物质)会以光速远离我们? 爱因斯坦的相对论指出:宇宙中的最高速度就是光速,距离、速度、时间、光速有牵连关系,如果运动速度超过光速,就会得出负的距离和负的时间,违背因果关系。怎么星体可能以光速退行,以30万千米/秒的速度远离我们呢? 测定喷流速度的天文学家,测量的M87喷流速度超过光速的1.3倍,3C273喷流速度5.57倍光速,3C345喷流速度14.7倍光速,3C111类星体膨胀速度45倍光速……以上的这些数字,有的已经被低于光速的数据取代,有的不久就会被取代。

宇宙膨胀到一定程度,推动宇宙膨胀的暗能量消耗到一定比例,必然开始收缩。随着100亿年收缩时间的推移,宇宙不会发生大的变化,只是宇宙的体积缩小了,从此收缩速度开始加快。宇宙为什么收缩呢? 因为宇宙有足够的质量,其中包括暗物质,暗物质的总质量比可见物质大5倍有余,可见物质便是我们知道的这个宇宙。宇宙如此大的质量所产生的引力,超过不断消耗的暗能量产生的斥力,足以使宇宙膨胀到一定程度开始收缩。一些世界顶级天文学家对宇宙收缩观点嗤之以鼻。他们认为,宇宙没有足够的质量阻止宇宙膨胀,宇宙的总体密度Ω0值不可能大于1,充其量也只有0.3。然而,一些年轻的天文学家们,心下却老大不以为然,他们相信,地球上的物理定律不能预言宇宙最终会永远膨胀下去,或者宇宙最终既不膨胀也不收缩,会完全静止。宇宙就没有完全静止的东西。

主张"宇宙膨胀到一定程度,推动宇宙膨胀的暗能量消耗到一定比例,必然开始收缩"的天文学家们的证据是:在几十亿年以前,宇宙曾经收缩过,宇宙大爆炸0秒开始的极早期,是一个"暴涨"时期。从那时起,宇宙膨胀加剧,然后宇宙膨胀放缓。由于宇宙温度不断降低,宇宙停止膨胀。这个过程延续了70亿年。

宇宙大爆炸时温度达到100亿度,宇宙由一个灼热的辐射火球填充,于是宇宙空间大暴涨。随着时间的推移,温度下降到10亿度时,化学元素开始形成,宇宙大爆炸产生的化学元素只有氢、氦和锂,约有2×10^{50}吨,同时还产生了比这个数字大6倍的暗物质,大17倍的暗能量。随着时间的推移,温度不断下降,宇宙膨胀放缓。大爆炸4亿年以后,背景辐射温度降到28.8 K,宇宙膨胀因素几乎失去,只剩膨胀的惯性,宇宙几乎停止膨胀。没想到半路杀出个程咬金——暗能量。暗能量在宇宙物种中占73%,竟然是化学元素总量的17倍。它的强大斥力使宇宙又开始加速膨胀。没有人知道暗能量为何物,是怎么产生的,为什么在宇宙大爆炸70亿年以后开始发力。

正当宇宙在"暴涨"时期后停止膨胀的时候,暗能量接过了接力棒,开始了一波新的膨胀。宇宙就是这么点物质,不会再增加,如果宇宙永远膨胀下去,必然导致黑暗、空虚、寒冷、大撕裂;如果宇宙不断消耗暗能量产生的斥力,足以使宇宙膨胀到一定程度开始收缩,前面已经有了先例,如果没有别的物质接力,宇宙将最终收缩,形成一个大黑洞。

美国宇航局和能源部制订了一项暗物质联合探测计划,简称 JPEM 计划,研究宇宙膨胀是否最终会停止。

宇宙收缩120亿年以后,宇宙温度升得很高。此时,正如英国科学家伯特兰·罗素所说的:"人类的一切被埋葬在宇宙的废墟中,其中包括人类的希望、报复和狂妄的野心。这一切,几乎如此之肯定。"宇宙收缩最后的1亿年,宇宙的任何物质都会与其他的任何东西撞在一起,都会挤压在一起,黑洞就会将很多星体吸进自己的怀抱而壮大。

宇宙收缩最后的4000年,星体不能排除自身的热量而爆发,宇宙越来越热。最后的时刻到来了,黑洞之间也合并成大黑洞,γ 射线暴充斥全宇宙,最终宇宙变成一个特大黑洞。黑洞中形成一个体积很小的、无限黑暗的、只有巨大质量的奇点,从此,宇宙结束了往日之白,开始了来日之黑。在那里,地球上的一切科学定律、定理全部失效,甚至时间也停止了(爱因斯坦的相对论认为,时间本身在宇宙大爆炸中起始,在黑洞中终结)。印度有一句名言:"世界最终将回归到一个鸟巢里。"也许这个鸟巢就是黑洞。

中国天文学家何香涛教授认为,宇宙的质量是 10^{23} 倍太阳质量,宇宙本身的大小是 10^{10} 光年,宇宙的引力参数达到17,远远超过了黑洞的要求。宇宙不必做任何压缩,本身就是一个黑洞。如果一个观测者站在我们的宇宙之外,他是无法看到我们这个宇宙的。

黑洞还可怕吗?我们已经在黑洞之中了。

如果"奇点"引发新的宇宙大爆炸,那就是本书开篇所说的宇宙"重新诞生",或者说宇宙再一次诞生;如果"奇点"没有引起新的宇宙大爆炸,特大黑洞蒸发成电子和光子,至少需要再经历约 10^{75} 年。科学家霍金证明:比太阳质量大3倍的恒星级黑洞全部蒸发也需要 3×10^{66} 年;像小行星质量那样的黑洞(没有这样的黑洞),全部蒸发需要 10^{-22} 秒。宇宙大部分时期都是在黑暗中度过的。在这个黑暗时代，任何粘在一起的东西都没有了，也没有任何能看到的东西。

回想起来，宇宙最精华、最脆弱的组成部分是人类。他们肉眼凡胎，有判断和推理的思维能力，生活在最优雅的行星上。不论地球人还是外星人，在宇宙漫长的岁月里都只是"昙花一现"。

人类是宇宙大舞台下的观众，不能支配和控制舞台上的主角，也不能从宇宙的其他地方获得资源，只能看着它们一幕一幕地表演。它们的表演激发了人类独有的智慧神经，使人类看清了大舞台上主角们的本质。他们在台下欢呼、鼓掌、争论、喝倒彩，甚至往舞台上扔汽水瓶子（发射宇宙飞船）。他们窥测舞台上"演员"们的隐私，笑谈它们的花边新闻，却不能动摇大舞台上的程序，一直到宇宙恒星时代大结局，瞧到最后一个"看点"。当人类发现与自己隔开的第二个宇宙，正准备通过"虫洞"时空隧道往那里移民的时候，宇宙与携带着遗憾和悲伤的人类一起消失了。

从宇宙大爆炸、宇宙膨胀、膨胀到极点、宇宙收缩、宇宙坍缩、形成"黑洞"，然后宇宙再大爆炸，这样周而复始，不断循环，每循环一次大约经历 10^{31} 年。宇宙大爆炸学说没有说明宇宙大爆炸的起因，也许宇宙大循环能够解释这个问题，就像一个圆周，没有起点，也没有终点一样。宇宙将变成的那个特大黑洞与宇宙大爆炸前夕非常相似，也许这就是宇宙大爆炸的起因。

附 录

星空十大奇迹评选目录：推荐十八个著名的星空奇迹

名称 代号	名称	简要说明	简 图
1	剧烈碰撞的星系	碰撞星系被巨大引力所控制，星系快速靠拢，前面相互穿越，后面形成尾巴。星系中的恒星携带着它们的行星从高温高压云中穿过，有的被蒸发或摧毁。碰撞星系使气体和尘埃云相互渗透和挤压，催生新的恒星。星系中的中子星或黑洞并和，产生 γ 射线暴，使那里的外星人灭绝，为银河系与仙女座星系碰撞做出示范。	
2	大质量恒星	大质量恒星是生产化学元素的超级大工厂，它们已经演化成超新星，大爆发迫在眉睫，大爆发时亮度可达 2 亿个太阳，外层形成星云，星核形成黑洞。船底座 η 星有 120 倍太阳质量，一次小爆发就喷出几个太阳。大质量恒星的辐射和强大的星风将周围的气体弄得凌乱不堪，它们都诞生在暗涛汹涌、星际尘埃密布的星云中。	
3	棒旋星系	两条动人旋臂从棒状核心两端展开，蓝色的巨星、醒目的尘埃带、明亮的中心棒、快速的位移、两个高速旋转的质量核心，搅动着棒旋星系，将外围的恒星、蓝色星团及尘埃弄得杂乱无章。中心棒为物质进出星系盘提供了通道，为中心黑洞吸积物质以及新恒星形成创造了条件。中心大质量黑洞每年能吃掉几个太阳质量。	
4	椭圆星系	椭圆星系恒星密集，质量巨大，热气体活跃，高速旋转，中心有大质量黑洞。有的整个星系暗涛汹涌，物质大抛射，抛出的物质甚至可以组成一个银河系。有的有强大明亮的喷流，喷出 5000 光年之远，泛着蓝色的光。强大的引力，使外围大星团和明亮恒星向椭圆星系掉落。一旦能量耗尽，就会强力坍缩，后果难以想象。	

名称代号	名称	简要说明	简图
5	星空中黑洞	大质量恒星爆炸后的星核超过3.2倍太阳质量时,中子间的排斥力不能抵抗住引力的作用,就会发生中子坍缩,物质落向奇点,形成黑洞。黑洞食欲旺盛,大量黑洞在银河系游荡,给人类造成致命的威胁。剧烈活跃的星系核心都有大质量黑洞,有的早期小星系也有超级大黑洞,暗示大质量黑洞在星系发育之前就已经形成。	
6	蓝色气团包裹着的地球	太阳系八大行星100多个卫星和矮行星,只有地球生机盎然:地球的太阳极佳,地球的质量极佳,地球的位置极佳,地球二氧化碳含量极佳,海洋和大陆布局极佳。地球78%的表面积被水覆盖,水占地球质量的0.06%,不多也不少。500多颗太阳系以外的行星,其环境没有超越地球的。地球是天堂,有爱、有月、有太阳。	
7	猎户星座	观天要看猎户座。猎户α是红色超巨星,大爆发迫在眉睫,爆发时会把地球照亮。猎户β是年轻的蓝色超巨星,它的星风使附近的星都产生一个尾巴状的气流。猎户座大星云是最著名的孕育新恒星的星云,超声波气体子弹从那里射出。猎户座三星家喻户晓。	
8	鲸鱼怪星(鲸鱼o)	鲸鱼怪星神出鬼没,直径比土星轨道还大,有一个犀牛角般的"触角"、13光年的长尾巴、隆隆作响的激波头盔,放射红色的光芒,自行速度很快,内部正在收缩,外部正在膨胀,不久就会形成白矮星。它是一颗变星最亮的、变幅最大的、红外辐射最强的星。	
9	超新星大爆发	最著名的超新星是中国记载的、1054年金牛座超新星,人们称之为"中国新星"。超新星爆发是巨大恒星一次分崩离析的爆炸,亮度可达2亿个太阳,爆发后形成星云,星核形成白矮星、中子星或黑洞。超新星爆发都留有遗迹,找到相关的星核却寥寥无几,爆炸把星抛出。有的超新星遗迹是由不同元素的同心层构成的,爆发以后形成的物质壳的元素含量与元素周期表非常匹配。	